J. C. POGGENDORFF

BIOGRAPHISCH-LITERARISCHES HANDWÖRTERBUCH DER EXAKTEN NATURWISSENSCHAFTEN

Unter Mitwirkung der Akademien der Wissenschaften zu Berlin, Göttingen, Heidelberg, München und Wien

herausgegeben von der

Sächsischen Akademie der Wissenschaften zu Leipzig

Band VIIb · Teil 2

2. Lieferung

Leitung der Redaktion

PROF. DR. HANS SALIÉ

AKADEMIE-VERLAG · BERLIN

1967

Redaktionsschluß: 31. 3. 1966

Erschienen im Akademie-Verlag GmbH, 108 Berlin, Leipziger Straße 3–4

Lizenznummer: 202 · 100/422/67
Gesamtherstellung: VEB Druckerei „Thomas Müntzer", 582 Bad Langensalza
Bestellnummer: 3050/II/2 · ES 18 A
24,–

S. De uitdrukkingswijze der wetenschap. Kennistheoretische openbare voordrachten, Univ. van Amsterdam 1932/33 (Groningen–Batavia '33) 79–95: Begriff und Begriffsbildung [niederländ.]. – Kernphysik (E. Bretscher) (Berlin '36) 86–95: Die Eigenschaften der primären kosmischen Strahlung. – Réunion internationale de physique, chimie, biologie. Congrès du Palais de la découverte, Paris, octobre 1937, **3**: Rayons cosmiques (Paris '38) (Actualités scientifiques et industrielles, 720) 135–51: La pénétration et la dégradation des rayons cosmiques dans la matière. – Physical Society of London. Report of an international conference on fundamental particles and low temperatures, Cambridge 1946, **1** (London '47) 47–56: Extensive cosmic ray showers and bursts. – Aspecten van de tijd (Assen '50) 71–82: Der Begriff Zeit in der Physik [niederländ.]. – Congrès international de philosophie des sciences, Paris 1949, **5**: Physique (Paris '51) (Actualités scientifiques et industrielles, 1153) 29–36: L'imperfection de notre connaissance.

W. Ontstaan en ontwikkeling van het energie-beginsel ('s-Gravenhage '42) 102 S.; ³('46) 76 S. (Servire's Encyclopaedie in monografieën, Afd. A III, Natuurkunde, Nr. 1). – Kosmische stralen ('s-Gravenhage '49) 199 S. (∼ Nr. 5). – Atmosferische electriciteit ('s-Gravenhage '51) 128 S. (∼ Nr. 9). – De ontwikkeling van het denken. Een inleiding in de problemen der kennisleer ²(Utrecht '50) 15 + 161 S. – Wetenschap in ontwikkeling. Specialisatie en universaliteit. Afscheidscollege, 1 Juli 1952 (Amsterdam '52) 16 S.

Algemeen nederl. Tijdschr. Wijsbegeerte en Psychol. Kausalität, Wahrscheinlichkeit und Zweckmäßigkeit: **44** ('51/52) 57–75 [niederländ.]. – Kultur und Natur: 119–34 [niederländ.].

Erkenntnis The regression of the unstructural: **7** ('39) 306–09.

Handelingen nederl. natuur- en geneeskund. Congr. Die Wirkung der kosmischen Strahlung auf die Materie: **25** ('35) 13 S. [niederländ.].

Ingenieur ['s Gravenhage] Schwerer Wasserstoff und schweres Wasser: **50** ('35) Nr. 26, 220–23 [niederländ.].

Ingenieur Nederlandsch-Indië Kosmische Ultrastrahlung: **1** ('34) 33–42 [niederländ.].

J. atmospher. and terrestr. Physics Ions and condensation nuclei in the atmosphere, balance of ions and value of cosmic radiation at sea level: **3** ('53) 132–40.

Naturwissenschaften Variation der Ultrastrahlung mit der geographischen Breite und dem Erdmagnetismus[4]): **20** ('32) 687 f. – Die korpuskulare Natur der Ultrastrahlung und ihr erdmagnetischer Effekt: **21** ('33) 43 f.

Nederlandsch Tijdschr. Natuurkunde Einführende Bemerkungen anläßlich der Expedition „Kosmische Ultrastrahlen": **1** ('34) 133–35. – Der Intensitätsverlauf der kosmischen Ultrastrahlung in tiefem Wasser: 136–. – Die Eigenschaften der primären kosmischen Strahlen: **3** ('36) 238–40. – Kosmische Strahlen in der Atmosphäre und in der Erde: **6** ('39) 194–220. – Naturwissenschaft und Erkenntnislehre: **10** ('43) 198–209. – Mesonen: **15** ('49) 2–12; **19** ('53) 82–89. – – Alle Arbeiten niederländ.

Physica Results of the Dutch cosmic-ray expedition 1933. Briefly communicated: 1 ('34) 363–82; ∼ 2: The magnetic latitude effect of cosmic rays; a magnetic longitude effect[3])[20]): 829–38; ∼ 3: Absorption phenomena of corpuscular cosmic rays[46]): 839–48; ∼ 4: Variation of the intensity of the radiation at different heights[3]): **2** ('35) 183–88; ∼ 5: The variation of the radiation with atmospheric pressure; a barometer paradox; the influence of clouds: 189–95; ∼ 6: The variation of the penetrative power of the radiation with magnetic latitude; the energy distribution of the particles: 299–308; ∼ 7: Positive and negative primaries; north-south asymmetry; difference of decrease in lead at different latitudes: 861–69; ∼ 9: The ionization balance for cosmic rays on the ocean[33]): **3** ('36) 781–96. – Cosmic rays inside the earth, 1[44])[18]): **1** ('34) 659–62; ∼ 2[13])[8]): 663 f. – Secondary cosmic rays from the wall of an ionization vessel[3]): 665 f. – Deep water measurements of cosmic rays in the North Sea[44])[20]): 1077–81. – Ionization by cosmic and radioactive radiation at different gas pressures. The influence of the wall of the vessel. Disintegration of heavy atoms by cosmic rays: **2** ('35) 111–24, 650 f. – The transformations of cosmic radiation in matter[9]): 551–56. – Diurnal variation of cosmic rays[45]): 582–84. – Comparison of the decrease of intensity of the primary cosmic radiation in different materials: 645–49. – Die Ionisation in einem Gas bei verschiedenen Drucken unter Einwirkung von Photonen- und von Korpuskular-Strahlung: 811–16. – Ionisationsmessungen in Luft bei hohen Drucken[38]): 825–32. – The variation of intensity of cosmic radiation in the magnetic field of the earth between Amsterdam and North Cape[20])[9]): 1033–38. – An arrangement for measuring the cosmic ray ionization in deep water[20]): 1039–41. – The decrease of primary cosmic radiation and showers in water down to a depth of 300 m [9]): 1042–50. – Decrease of the primary cosmic radiation in different materials: **3** ('36) 332–40. – The range of a single shower particle produced by cosmic rays in lead, iron, and aluminium: 352–58. – Decrease of primaries, showers, and ionization of cosmic rays under layers of lead and iron [16])[44]): 627–40. – Decrease of cosmic rays in the atmosphere and in a layer of ureum[44])[7]): 641–45. – Barometric variation of ionization, primaries, and showers by cosmic rays under thick layers of matter: 646–48. – The Dutch Cosmic Ray Expedition Amsterdam–Panama–Chile[7])[44]): 746–56. – Accurate determination of the absolute capacity of condensors: 757–62; ~ 2: **15** ('49) 484–88. – Soft primary corpuscular radiation as a shower producer[16]): **3** ('36) 763–68. – An experimental test of the supernova hypothesis. Intensity of cosmic rays in the earth's crust[20])[13])[44]): **4** ('37) 121–37. – Ionization of gamma rays in air at high pressure at various temperatures[35])[38]): 216–20. – The absolute intensity of the ionization by cosmic radiation at sea level[22]): 245–55. – The piezo-electric constant of quartz[24]): 311–15. – Decrease of hard primary cosmic rays in matter[44])[7]): 521–26. – The absolute intensity of the ionization in argon by cosmic radiation at sea level[32]): 527–30. – The specific ionization in air for cosmic rays and gamma rays: 645–47. – The determination of Eve's constant as a proof for the saturation of the ionization in air at high pressures[38]): 648–50. – Ionization by gamma rays and Röntgen rays in argon at high pressures. An absolute dosemeter[25]): 651–58. – Conductivity of gases at high pressures[25])[38]): 766. – Artificial radioactivity produced by cosmic rays[38]): 909–12. – The penetration of corpuscular cosmic rays in matter[23]): **5** ('38) 81–89. – The soft final corpuscular rays produced by cosmic rays in the walls of an ionization chamber[5]): 90–93. – An analysis of the cosmic radiation complex: 94–99. – Magnetic storm and variation of cosmic rays[7]): 111–14. – The ionization balance in the atmosphere and the amount of radium emanation[13]): 125–28. – Artificial radioactivity produced by cosmic rays in lead and iron[23]): 171–74. – Ionization in gases at high pressures by gamma radiation[28]): 725–36. – The absolute intensity of cosmic radiation on sea level[9]): 898–900. – The number of secondary electrons accompanying the penetrating component of cosmic rays in different materials[15]): **6** ('39) 171–73. – The decay of the penetrating cosmic radiation in different directions[23])[44]): 174–76, 648. – Determination of small amounts of emanation in water[43]): 177–83. – The penetrating cosmic radiation in water and rock down to 450 m water[9])[16]): 184–204, 510. – Decrease of the intensity of cosmic rays in the earth down to 1380 m waterequivalent[16]): 497–510. – Variations of cosmic ray intensity with variations of atmospheric pressure and temperature at sea level[7]): 628–32. – Absorption of the hard cosmic rays in different materials[16]): 649–55. – Ionization by cosmic rays in gases[35]): 663–72. – Maxima of secondary radiation in lead by the penetrating part of cosmic rays[39])[23]): **7** ('40) 673–84. – Ionization by gamma-rays in gases at high pressures[28]): 721–36. – The resistance of gold amalgams in solid and liquid state between –78 and +100 °C: 838–44. – Showers of the soft cosmic radiation in lead, iron, and aluminium[23]): 921–37. – Intensity of the corpuscular and the photon component of cosmic radiation at sea level[31]): **9** ('42) 158–68. – The extensive cosmic ray showers and bursts: 897–907. – Cosmic radiation bursts and extensive showers[20]): **10** ('43) 185–95. – Production of soft electronic radiation by mesonic collisions[39]): 735–47. – The absolute value of the dielectric constant of liquids[11])[19]): 768–76. – Ionization bursts and extensive showers of cosmic radiation[20]): **11** ('45) 251–69. – The number of high energy electrons present in cosmic rays at sea level: 304–10. – The structure of extensive showers in cosmic rays: 311–26. – Photonic and non-ionizing cosmic radiation[31]): **12** ('46) 321–50. – The production of secondary electrons by collision of mesons in the air and in iron: **13** ('47) 433–46. – Electric charge produced by rime on iced surfaces[27]): 508–16. – The second shower maximum in Au, Hg and Pb [34]): **14** ('48) 489–94. – The production of meson pairs in various materials: 495–98. – The spectrum of the soft, electronic, part of the cosmic radiation: 499–504. – The energy spectrum of the photon component of cosmic radiation: 569–74. – The absolute dielectric constant of gases at pressures of 0–80 Atm. at 25 °C [29]): **15** ('49) 467–80. – Extensive showers penetrating, soft particles, and photons; barometric influence: **16** ('50) 278–92. – The second maximum in the shower curve for tin (Sn)[26]): 293–96. – The production of coherent penetrating particles in the atmosphere[2]): 393–96. – Conductivity of liquids and the influence of mixing on dissociation[29]): 781–91. – The energy spectrum of the soft (electron) part of cosmic radiation found by absorption in Pb and Al[2]): **17** ('51) 711–14, 1032. – The balance of ions in the atmosphere; the production and the disappearance of ions[30]): 847–57. – The absorption of the photonic component of cosmic radiation in different materials[26]): 858–64. – Absorption of gamma radiation in thick layers of lead and the second maximum in the shower curve of cosmic radiation[42])[12]): **18** ('52) 582–86. – High energy electrons produced in a thunderstorm[22])[1]): 801–08. – Accurate half life determination[41])[40]): 1264–66. – The energy spectrum of the soft component of cosmic radiation: **19** ('53) 51–60. – The absorption of high energy cosmic ray photons[6]): 719–28.

Physical Rev. A remark on Erikson's measurements of the ionization by γ-rays at various pressures and potentials[46]): (2) **41** ('32) 679. – Ionization by gamma-rays and cosmic rays in gases at high pressure and high collecting fields: **52** ('37) 143–48. – The solar flare of November 19, 1949 and cosmic rays[22]): 79 ('50) 908f.

Proc., Koninkl. nederl. Akad. Wet. Measurements of ultraviolet sunlight in the tropics, 1: **35** ('32) 69–82; ~ 2: Measurement of the diffuse ultraviolet and of photographic sunlight in Bandoeng[10]): 172–85. — The earth-magnetic effect and the corpuscular nature of (cosmic) ultra-radiation, 4: 1282–90; The cosmic corpuscular ultra-radiation, 5: Ionization in the stratosphere and in the highest layers: **36** ('33) 62–70. — A temporary excess of ten percent in the cosmic radiation[7])[44]): **39** ('36) 813–15. — The absolute intensity of cosmic radiation at sea level[22]): 1171–73. — Die Energie und das Durchdringungsvermögen der kosmischen Strahlen: **40** ('37) 564–74 [niederländ. m. engl. Zusammenfassg.]. — Conductivity of pure gases at high pressures[25]): 663–67. — Ionization and conductivity in gases at high pressures: 824–36. — Magnetic storm and variation of cosmic rays[7]): **41** ('38) 215f. — Decrease of the intensity of cosmic rays in water to a depth of 440 m, measured with counters and ionization chamber[17])[9]): 694–705. — Distribution of the intensity of cosmic radiation for different directions round the vertical[44])[23]): 706–08. — Cosmic radiation penetrating into the earth to a depth of 1380 m waterequivalent[16]): **42** ('39) 672–86. — The decrease in the intensity of the cosmic rays in different directions and the decay of the mesons: **43** ('40) 436–39; ~ 2: 664–67. — The soft component of cosmic radiation: 1260–67. — Cosmic-ray showers: **44** ('41) 888–96. — Photons in extensive cosmic-ray showers: **52** ('49) 450–56. — Solar flares and the origin of cosmic radiation[22])[14]), 1: 899–905; ~ 2: 906–14; ~ 3 923–26.

Proc., Koninkl. nederl. Akad. Wet., Ser. B Similarity of initial processes of continuous cosmic radiation and showers: **54** ('51) 20–29; ~ 2: 210f. — Increase of cosmic-ray intensity in correlation with meteoric activity on Nov. 6–7, 1951[22])[14]): 430f. — Subject and object in physical science: **55** ('52) 293–99. — High energy particles from thunderstorms[22])[1])[21])[36]): 300–02. — Halflife determination of ^{31}Si by a precision-method and a preliminary result on ^{83}Kr[41])[40]): 303–09. — Latitude effect and asymmetry of cosmic radiation[36]): 310–16. — High energy particles in thunderstorms: 449f. — Comparison of the frequency and density of cosmic-ray showers in Amsterdam at sea level and in Kenya at 2880 m[36]): 613–19. — Intuitive and discursive thought, a comparison: **57** ('54) 20–28. — Second and higher maxima in the shower curve of cosmic radiation: 29–32. — On the neutral horizontal component of cosmic radiation[6]): 33–44.

Proc. roy. Soc., London, Ser. A The nature of cosmic rays: **151** ('35) 202–10.

Reviews modern Physics The absolute value of cosmic-ray ionization at sea level in different gases: **11** ('39) 123–27. — The intensity of cosmic radiation under thick layers: 128–35. — Variations of cosmic-ray intensity with variations of barometric pressure and temperature at sea level[7]): 158f. — Recent experiments on cosmic rays[16]): 281. — Narrow cosmic-ray showers[23]): 287. — The energy spectrum of cosmic-radiation particles and photons: **21** ('49) 82–93. — High energy particles, bursts, and showers: 94–100.

Suppl. Nuovo Cimento Solar flares and the origin of cosmic radiation[14])[22]): (9) **6** ('49) 332–45. — The radiation complex of extensive showers: 353–62.

Synthese [Holland] Die Entwicklung der Universität: **3** ('38) 34–48 [niederländ.]. — Combination of methods: 8 ('50/51) 471–79.

Versl. gewone Vergad. Afd. Natuurkunde, Koninkl. nederl. Akad. Wet. Der Komplex der kosmischen Strahlen: **52** ('43) 407f. — Das zweite Maximum in der Schauerkurve kosmischer Strahlen[39]): 409–14. — Die Energie in Lawinen und Stößen in der kosmischen Strahlung: **53** ('44) 365–74. — Ausgebreitete Mesonenlawinen in der kosmischen Strahlung[37]): 380–84. — Bericht der Untersuchungskommission für das Wünschelruten- und Erdstrahlenproblem: **63** ('54) 52–85. — — Alle Arbeiten niederländ., mit deutscher, engl., franz. Zusammenfassg.

Wetenschap en Samenleving Mathematik und Naturwissenschaft und Gesellschaft: **6** ('52) 354 [niederländ.].

Z. Physik Genaue und absolute Messung kleiner Kapazitäten: **78** ('32) 250–56. — Die Druckabhängigkeit der Ionisation durch Ultrastrahlung und durch Gammastrahlung: **109** ('38) 477–84.

Mit: [1]) A. J. J. Aarts; [2]) E. van Alphen; [3]) P. M. van Alphen; [4]) H. P. Berlage; [5]) J. de Bock; [6]) M. Bruin; [7]) E. M. Bruins; [8]) H. H. J. Bunschoten; [9]) P. H. Clay; [10]) T. Clay-Jolles; [11]) A. J. Dekker; [12]) Th. J. Dekker; [13]) L. J. L. Dey; [14]) A. J. Dijker; [15]) F. J. H. Duverge; [16]) A. van Gemert; [17]) A. G. M. van Gemert; [18]) G. N. Graaff; [19]) J. Hemelrijk; [20]) C. G. 't Hooft; [21]) B. Jongejans; [22]) H. F. Jongen; [23]) K. H. J. Jonker; [24]) J. G. Karper; [25]) G. van Kleef; [26]) G. Klein; [27]) C. Kramer; [28]) M. Kwieser; [29]) F. van der Maesen; [30]) H. van Marle; [31]) C. Levert; [32]) K. Oosthuizen; [33]) M. Rutgers van der Loeff; [34]) W. L. Scheen; [35]) H. J. Stammer; [36]) J. Strackee; [37]) H. Swiers; [38]) M. A. van Tijn; [39]) A. Venema; [40]) F. T. H. Veringa; [41]) L. J. de Vries; [42]) C. Wansdronk; [43]) F. Westerhof; [44]) J. T. Wiersma; [45]) H. R. Wolter; [46]) H. Zanstra.

VI **CLAY,** Reginald Stanley. Optik. — 1936–41 Member of the Board of Directors, '42– Technical Consultant, United Kingdom Optical Co., Mill Hill; '04–54

Associate, National Council for Domestic Studies. (⊠)

*1868, Dez. 28, Portsmouth, Hampshire; †1954, Apr. 10.

Nekr. W. L. Daughty, Nature [London] **174** ('54) 16f. — Proc. physic. Soc., Sect. A **67** ('54) 1124f., Sect. B **67** ('54) 912f.

W. History of the microscope; from original instruments and documents up to the introduction of the achromatic microscope (m. T. H. Court) (London '32) 14 + 266 S.

J. roy. microscop. Soc. Note on the introduction of the field lens in the microscope: Dr. Henry Power and his letters[1]): (3) **54** ('34) 23–28. — Mechanical development of the microscope: **57** ('37) 1–7. — Review of the mechanical improvements of microscopes in the last 40 years: **58** ('38) 1–29.

J. sci. Instruments The design of drills[3]): **10** ('33) 1–4. — Craftsmanship and draughtsmanship competition: **13** ('36) 54. — Metal turning for instrument makers[3]): 109–14. — The design of small milling cutters and other matters[3]): **15** ('38) 81–87. — New non-electrical instruments: **16** ('39) 47–53. — Calculation of gear wheels to obtain the best approximation to a given ratio: **18** ('41) 66. — Some mechanics' own tools: 109–13. — Solid iris diaphragms[2]): 224f. — Suggestions for the reorganization of the instrument industry after the war: **22** ('45) 41–43. — The Whipple Museum at Cambridge: **28** ('51) 286f.

Nature [London] R. S. Whipple †: **173** ('54) 240.

Mit: [1]) T. H. Court; [2]) Ch. E. Foster; [3]) A. S. Newman.

IV–VI **CLAYTON,** Henry Helm. Meteorol. — 1925– Private weather service and consulting meteorologist for business organizations, Canton, Mass. (⊠)

*1861, März 12, Murfreesboro, Tenn.; †1946, Okt. 27.

Nekr. St. P. Fergusson, Ch. F. Brooks, Science [USA] **105** ('47) 247f.

W. World weather (Canton, Mass. '–) 393 S. — Solar relations to weather and life **1** (Canton, Mass. '43) 137 S.

Bull. amer. meteorol. Soc. Rating weather forecasts: **15** ('34) 279–82. — Centers of action and long period weather changes: **19** ('38) 27–29.

Gerlands Beitr. Geophysik Solar activity and atmospheric changes: **35** ('32) 151f.

Monthly Weather Rev. Long period weather changes and methods of forecasting: **1936**, 359–76.

Popular Astron. Planets and sunspots: **49** ('41) 462–66. — Terrestrial cycles: **56** ('48) 360–70.

Science [USA] Solar variations and atmospheric pressure: **77** ('33) 568.

Smithsonian miscell. Collect. World weather and solar activity: **89** ('34) Nr. 15, 52 S. (Publicat. Nr. 3245). — (Bearb.) World weather records 1921–1930: **90** ('34) 616 S. (∼ Nr. 3218); (Bearb.) ∼ 1931–1940[1]): **105** ('47) 646 S. (∼ Nr. 3803). — The sunspot period: **98** ('39) Nr. 2, 18 S. (∼ Nr. 3526). — The 11-year and 27-day solar periods in meteorology: **99** ('41) Nr. 5, 20 S. (∼ Nr. 3589). — Sunspot changes and weather changes: **104** ('46) Nr. 19, 29 S. (∼ Nr. 3816). — Solar cycles: **106** ('47) Nr. 22, 18 S. (∼ Nr. 3870).

Terrestrial Magnetism and atmospher. Electr. Aurorae and sunspots: **45** ('40) 13–17. — Persistent solar-rotation period of 27·26 days: **46** ('41) 71–77. — Corpuscular geomagnetic index and related solar changes: **47** ('42) 15–20.

Trans. amer. geophysic. Union Meteorological periods and solar periods: **16** ('35) 158–60.

Mit: [1]) F. L. Clayton.

VI **CLEMENTI,** Antonino. Physiol., Biochem. — Stud. Univ. di Catania, Univ. di Roma; 1912 Dott. med., Univ. di Roma; '15–20 Assist. nell'Ist. di Chimica fisiol., '20–25 nell'Ist. di Fisiol. umana, Univ. di Roma; '25–26 Prof. incar., Univ. di Cagliari; '27–58 Prof. ord. Fisiol. umana e Prof. incar. Chim. biol., '59–63 Prof. fuori ruolo, '64 Prof. emer., Univ. di Catania. — '59 Medaglia d'Oro dei Benemeriti della Cultura e dell'Arte (Repubbl. ital.).

*1888, Febr. 9, Catania.

Zur Biogr. R. R[eitano], Medicina ital. **13** ('32) 441 (m. Bildn.).

Archives néerl. Physiol. Homme et Animaux La genesi argininolitica dell'urea negli uccelli e l'incapacità dell'organismo del pollo a trasformare l'istidina in arginina: **28** ('44/47) 586–98.

Archivio Fisiol. L'azione dell'alcaloide lupanina e dell'infuso di semi di Lupinus albus sulla glicemia normale e sulla glicosuria e iperglicemia diabetica[4]): **34** ('34/35) 270–91. — Iperdiastole compensatoria e non pausa compensatoria di Marey: **38** ('38) 305–42. — Le modificazioni della capacità lavorativa di un gruppo di muscoli consecutive alla attività volontaria pregressa di altri gruppi muscolari: **42** ('42) 235–93.

Archivio ital. Sci. farmacol. Ulteriori ricerche sull'incapacità dell'organismo degli uccelli a utilizzare direttamente l'urea nella sintesi dell'acido urico: **6** ('37) Suppl., 407–21.

Archivio Sci. biol. Esperimenti di nutrizione dei polli con carenza di aminoacidi. L'arginina come sostanza madre esclusiva dell'urea nell'organismo dei polli: **18** ('33) 97f. – Ricerche di embriochimica vegetale, 1: Sulla sintesi di nuovi aminoacidi durante i primi giorni di sviluppo dei semi di frumento „Mentana" in soluzioni saline prive di azoto[4])[3]): **21** ('35) 483–94. – L'arginina come unica sostanza madre dell'urea nell'organismo degli uccelli: **24** ('38) 357–73. – Ulteriore dimostrazione della derivazione dell'urea dalla sola arginina nell'organismo degli uccelli: **28** ('42) 149–63. – La produzione dell'urea nell'organismo dei polli in rapporto al contenuto in arginina delle proteine presenti nei semi delle piante alimentari: **35** ('51) 167–76. – Ulteriori ricerche sul carattere duplice uricotelico e ureotelico del metabolismo azotato di Testudo Graeca: **36** ('52) 10–22.

Atti Accad. Gioenia Sci. natur. Catania Influenza del catione calcio sul potere emoagglutinante ed emolitico della bilirubina[1]): **20** ('35) Mem. 6, 9 S. – L'azione emetica di due alcaloidi della Lobelia inflata, la lobelanina e la lobelanidina: (6) **1** ('36) Mem. 1, 12 S. – L'arginina come unica sostanza madre dell'urea nell'organismo degli uccelli: **3** ('39) Mem. 18, 13 S. – Sulla presenza dell'adenosindesaminasi e sulla possibilità della formazione catabolica di ipoxantina nel fegato di piccione (Columba livia)[2]): **9** ('52/54) 37–49.

Atti Accad. nazion. Lincei, Mem., Sez. III L'aspetto istochimico dell'attività lipidosecretrice delle ghiandole intestinali di Galeazzi-Lieberkühn: (8) **4** ('54) 97–108.

Atti Accad. nazion. Lincei, Rend. Sull'ipersecrezione enterica dei lipidi durante l'iperlipidemia sperimentale: (8) **12** ('52) 660–66. – Formazione di acido urico dall'acido dialurico ecc. e dall'uracile nel fegato isolato e sopravvivente di piccione (Columba livia): **17** ('54) 5–11. – L'acido urico quale prodotto terminale del catabolismo degli acidi isobarbiturico, isodialurico e dialurico e dell'uracile nel piccione e nel pollo: 92–100. – L'azione agglutinante della bilirubina sui globuli rossi in assenza di ioni calcio e in presenza di ioni magnesio: **21** ('56) 29–35. – Un nuovo tipo di epilessia sperimentale: l'epilessia stricnica bifocale senso-motoria: **26** ('59) 345–52.

Atti Soc. ital. Progr. Sci. Sfera corticale gustativa del cervello del cane ed epilessia riflessa da stimoli gustativi: **21**, 3('33) 176f. – L'emoagglutinazione da bilirubina e l'importanza dell'ione calcio[1]): 177–79.

Biochemische Z. Neue biochemische Eigenschaften der Gallenpigmente, 2: Über den Einfluß des Calciumkations auf das hämagglutinierende und hämolytische Vermögen des Bilirubins[1]): **266** ('33) 221–25. – Einfache und praktische Verbesserungen der Methodik bei den chemischen Überschichtungsreaktionen: **274** ('34) 205–07.

Boll. Sedute Accad. Gioenia Sci. natur. Catania Sulla possibilità di praticare fistole intestinali (ansa alla Vella) con cannule metalliche a impianto terminale: (3) **3** ('36) 8–11. – Modificazione dell'apparecchio di Wo. Pauli per l'impiego nelle ricerche di vivielettrodialisi e di semimicroelettrodialisi: (4) **4** ('61) 230–33.

Boll. Soc. ital. Biol. sperim. Ulteriori osservazioni sul centro auricolo-palpebrale della corteccia cerebrale del cane: **8** ('33) 876f. – Nuove proprietà biochimiche dei pigmenti biliari, 4: Sull'inattività emoagglutinante della biliverdina: 882–84; ~ 8: L'importanza essenziale della presenza dell'ione calcio nel determinismo dell'emoagglutinazione da bilirubina: **16** ('41) 515f.; ~ 9: L'adsorbimento della bilirubina da parte dei globuli rossi in rapporto al meccanismo della sua azione emoagglutinante: 517f.; ~ 10: Meccanismo della neutralizzazione della carica elettrica dei globuli rossi nell'agglutinazione provocata dalla bilirubina: 519–21; ~ 11: L'azione della bilirubina sugli organi sopravviventi in liquido di Ringer e la sua inattività in presenza di proteine: **19** ('44) 133–36. – Sulla presenza nella corteccia cerebrale del gatto di un centro auricolo-palpebrale: **8** ('33) 1135–37. – Effetti della stricninizzazione circoscritta del centro auricolo-palpebrale del cervello del gatto[5]): 1550f. – L'azione dell'alcaloide lupanina e dell'infuso di semi di Lupinus albus sulla glicemia normale e sulla glicosuria e iperglicemia diabetica[4]): **9** ('34) 1004–08. – Un nuovo modello di pompa per respirazione artificiale: **11** ('36) 977–80. – Il trauma da estesa asportazione del tavolato cranico come possibile fattore di epilessia a tipo sensoriale uditivo: **13** ('38) 212–15. – Prime registrazioni elettroacustiche dei rumori esofagei durante la deglutizione (fonodeglutogrammi): **14** ('39) 256–59. – Sull'iperdiastole compensatoria nelle diverse classi di vertebrati e sull'ipersistole post-iperdiastolica: 569f. – Ulteriore dimostrazione della derivazione esclusiva e totalitaria dell'urea dall'arginina nell'organismo degli uccelli: 570–72. – L'ampiezza dell'estrasistole sperimentale in funzione della distensione della fibra miocardica: **16** ('41) 512–15. – Ricerche di embriochimica vegetale, 2: La formazione di ammoniaca e di azoto amidico non proteico durante la germogliazione dei semi di Lupinus albus in soluzioni saline prive di sali azotati: **19** ('44) 129–31. – Sulla origine argininolitica dell'urea esogena negli uccelli: **20** ('45) 14–16. – Sulla origine argininolitica dell'urea endogena negli uccelli, 1: Il consumo delle proteine corporee e dell'arginina tissulare nell'organismo del pollo durante il digiuno: 16–19; ~ 2: La produzione dell'urea nel pollo durante il digiuno in rapporto al consumo dell'arginina tissurale: 19–21. — Il rene quale organo della funzione ureaformatrice nell'organismo degli uccelli, 1: Il contenuto percentuale in urea dei reni di pollo (Gallus D.): 461–63; ~ 2: Il movimento del sangue nel sistema della vena porta renale del pollo (Gallus D.): 464–66; ~ 3: Allestimento di un preparato per la perfusione dei reni isolati di pollo (Gallus D.): 466f. ~ 4: La produzione dell'urea nei reni di pollo isolati e perfusi attraverso l'aorta addominale e le vene iliache esterne: 468–70. — Sull'assenza assoluta e incondizionata dell'arginasi nel fegato degli uccelli: **22** ('46) 1075f. — Variazioni quantitative dei lipidi secreti dall'ansa intestinale alla Thiry-Vella nelle diete ipolipidiche e nelle diete iperlipidiche: **25** ('49) 1274–77. — L'ureagenesi e l'uricosintesi nella serie dei vertebrati: **26** ('50) 391–453. — Il contenuto in lipidi del succo enterico secreto dall'ansa dell'intestino tenue isolata alla Thiry-Vella durante il periodo della lipemia postassorbitiva: 1477–79. — Azione agglutinante della bilirubina sui batteri (B. coli) e meccanismo elettrochimico dell'agglutinazione serica: **27** ('51) 512–15. — Dimostrazione della sintesi dell'acido urico a partire dall'ammoniaca nel fegato isolato e sopravvivente di piccione (Columba livia)[2]): 868–71. — Il significato del fenomeno del Ducceschi nel quadro della sindrome simpaticopriva facciale del coniglio: **34** ('58) 270–72. — Dimostrazione della partecipazione del parasimpatico all'innervazione della muscolatura liscia delle palpebre e del bulbo oculare nel coniglio: 1135–38. — L'area gustativa della corteccia cerebrale del cane e i suoi rapporti coi centri dell'area sensitivo-motrice esplorati colla tecnica elettrocorticografica: 1550–53. — Il tasso ematico dell'acido urico e delle basi xantiniche nel colombo e nel pollo in rapporto al processo dell'uricosintesi nel fegato dei vertebrati uricotelici[2]): **35** ('59) 1439–43. — L'azione flocculante della bilirubina sulle soluzioni proteiche in presenza di elettroliti e il suo meccanismo fisico-chimico: **36** ('60) 1329–33. — Effetto cardiaco inotropo negativo consecutivo alla stimolazione del nervo depressore cardioaortico dopo doppia vagotomia: **38** ('62) 505–07. — Sul ruolo fisiologico del colesterolo e dei lipidi presenti nelle cellule epiteliali della cistifellea e dei dutti biliari: **40** ('64) 831f.

Enzymologia L'arginasi epatica. I suoi rapporti con la genesi dell'urea durante l'autolisi del fegato nella serie dei vertebrati: **4** ('37) 205–16.

Fisiologia e Med. L'eccitabilità della corteccia cerebrale della sfera gustativa e l'epilessia sensoriale riflessa a tipo gustativo: **6** ('35) 881–92.

Naunyn-Schmiedebergs Arch. exper. Pathol. u. Pharmakol. Über die emetische Wirkung von zwei Nebenalkaloiden der Lobelia inflata, nämlich des Lobelanins und des Lobelanidins: **181** ('36) 265–72.

Mit: [1]) F. Condorelli; [2]) G. Ricceri; [3]) C. Ruta; [4]) D. Torrisi; [5]) S. Sapienza.

VI **CLEMO,** George Roger. Org. Chem. — 1925–54 Prof., '33–54 Head of the Chemistry Departm., '54 Prof. Emeritus, King's College, Univ. of Durham, Newcastle upon Tyne. — Hon. Sc. D. (Trinity College, Dublin).

*1889, Aug. 2, Slapton, Devon.

Zur Biogr. Nature [London] **173** ('54) 426.

Ber. dtsch. chem. Ges. Über die Einwirkung von Jodwasserstoffsäure auf Lupanin[54]): **67** ('34) 463f.

British J. Cancer A comparison of the response of two inbred strains of mice to the carcinogenic action of city smoke[44]): **11** ('57) 403–08. — Tumor production by the neutral fraction of cigaret smoke[44]): **14** ('60) 651–56.

Chemistry and Industry Some post-war developments in pure and applied organic chemistry: **10** ('32) 1049–52. — Photosynthetic organisms[40]): **13** ('35) 134. — Report on science and industry[13]): 702–04. — The Clemmensen reduction of 2-propionyl-1-methylpyrrolidine[64]): **1949**, 856. — ψ-Santonin[5])[38])[41]): **1950**, 291f. — The constitution of humulene[23]): **1951**, 50. — The structure of humulene[23]): 799f. — Tazettine from snowdrop leaves[15]): **1952**, 807f. — The oxidation of catechol[14]): **1953**, 195. — The configurations of tropine and of pseudotropine[31]): 195. — Tazettine[25]): **1954**, 1046. — The carcinogenic action of city smoke[44]): **1955**, 38. — The structure of tazettine: 1086f. — M. P. Applebey: **1957**, 514.

J. chem. Soc., London Strychnine and brucine, 16: Neostrychnine[1])[50])[55]): **1932**, 767–75. — Synthetical studies in the decalin series, 1: The preparation of 9-substituted decalins[49]): 1778–83. — The lupin alkaloids, 6[53])[54]): 2959–69; ~ 7: The structure of lupanine and sparteine[54]): **1933**, 644f.; ~ 8[46])[54]): **1935**, 1743–45; ~ 9: The synthesis of 5,5'-dimethyldi(1,2)-pyrrolidine[43]): **1936**, 606f.; ~ 10: The synthesis of dl-oxysparteine[46])[54]): 1025–28; ~ 11: The octahydropyridocoline-norlupinane relationship[43])[54]): 1429–31; ~ 12: The synthesis of dl-lupinine and dl-isolupinine[46])[54]): **1937**, 965–69; ~ 13: The resolution of dl-lupinine[46])[54]): **1938**, 1574f.; ~ 14[54])[59]): **1949**, 663–65; ~ 15: Some derivatives of the 4-oxo-3-(2'-pyridyl)pyridocoline system[17])[54]): **1954**, 2693–701; ~ 16: The synthesis of externally compensated lupanine[54])[58]): **1956**, 3390–94. — Octahydropyrrocoline[53]): **1932**, 2969–73. – Structural changes produced in the selenium dehydrogenation method, 1: Ring changes in spirocompounds[49]): **1933**, 352f. – The Reformatsky reaction with compounds of the ethylene oxide type[49]): 362. – β-Santonin: **1934**, 1343–46. – The synthesis of pyridylpyrazoles [26]): 1739–41. – A new phenazine synthesis. The phenazhydrins, 1[40]): 1991–93; Syntheses and molecular complexes in the phenazine series, 2[40]): **1935**, 738–41; ∼ 3: The isomeric octahydrophenazines[40]): **1936**, 258–61; ∼ 4: The octa- and per-hydrophenazines[40]): 1698–1701; ∼ 7: The pigment of Chromobacterium iodinum; the phenazine di-N-oxides[40]): **1938**, 479–83; ∼ 8: Constitution of the pigment of Chromobacterium iodinum[8]): **1950**, 1481–85. – The alkaloids of Ulex europaeus, 1[54]): **1935**, 10f. – The action of selenium on compounds containing angular methyl groups[11]): 735–38. – Experiments on hexadeuterobenzene, 1[66]): 851–55. – A micropyknometer method for density determinations[66]): 1220. – The formaldehyde method of detecting the vinyl group[39]): 1294f. – Octadeuteronaphthalene[66]): 1325. – The synthesis of substituted acridines as possible antimalarials[28]): **1936**, 608f. – The synthesis of α-picolylisoquinolines as possible antimalarials, 1[40])[46]): 610f. – Molecular dissymmetry due to symmetrically placed hydrogen and deuterium, 1: The resolution of α-pentadeuterophenylbenzylamine[66]): 808–10; ∼ 2[54])[56]): **1939**, 431–35; ∼ 3: Attempted resolution of 4,4′-dibromo-2,3,5,6-tetradeuterobenzhydrylamine[61]): **1942**, 370–74. – The occurrence of solanidine in sprouting potatoes[46])[54]): **1936**, 1299f. – The alkaline degradation of strychnine: 1695–98. – The action of selenium on compounds containing quaternary carbon atoms[11]): **1937**, 255–57. – Syntheses in the octahydropyrrocoline and octahydropyridocoline series[43]): 1518–23. – bicyclo[1,2,2]Aza-1-heptane[43]): 1523–26. – 2-Ketoquinuclidine and a new synthesis of quinuclidine[43]): 1989f. – 1-Azabicyclo[1,2,2]-heptane[52]): **1938**, 400. – A convenient method for preparing γ-picoline[21]): 478f. – The synthesis of phenyl- and pyridyl-glyoxalines[26])[37]): 753–55. – The octahydropyridocoline-norlupinane relationship, 2[6])[54]): 1183–86; ∼ 3[6])[54]): 1318f. – The absorption spectra of 4-(p-dimethylaminostyryl)pyridine methiodide and 2,4-di(-p-dimethylaminostyryl)pyridine methiodide[61]): 1454f. – The polymerization of dideuteroacetylene[56]): **1939**, 429f. – The synthesis of 3,4,8,9-dibenzo-5,10-diazapyrene[10]): 1114–16. – Synthesis of 5-substituted rubans[24]): 1241–44. – Optical rotatory powers of some 4-substituted benzohydrylamines[19])[54]): 1958–60. – Molecular dissymmetry due to symmetrically placed hydrogen and deuterium. The α-pentadeuterophenylbenzylamine problem[61]): 1960f. – Action of selenium at high temperatures on gem-methylethyl groups [2]): **1940**, 1277–79. – Attempts to prepare 7-substituted bicyclo[1,2,2]-1-aza-heptanes[24]): **1941**, 41–47. – 5-Ethinylruban-5-ol and related compounds[24]): 476f. – Synthesis of "heavy" dl-adrenaline[61]): **1942**, 395–98. – Synthesis of 2-methylpyrrolizidine[42]): 424–26. – Some basically substituted derivatives of benziminazole and lupinane[61]): **1944**, 274–76. – Synthesis of 3-methylisoquinolines, 1[63]): **1945**, 533–35; ∼ 2[63]): **1946**, 701–05. – Contribution to the study of nicotine and the synthesis of 7-azaindole and derivatives[61]): **1945**, 603–07. – Melanin formation [, 1][65]): 702–05; Formation of tyrosine melanin, 2[14]): **1950**, 1795–1800; ∼ 3: The use of carboxyl-labelled tyrosine and dihydroxyphenylalanine in melanin formation[14])[61]): **1952**, 3464–68; ∼ 4[14]): 3844–48. – Derivatives of 1-azanthraquinone, 1[12]): **1945**, 829–33; Chemistry of 1-azanthraquinone, 2: Sulphonation of 1-azanthraquinone[36]): **1947**, 539–44; ∼ 3: Chloroderivatives of 2,4-dimethyl-1-azanthraquinone[36]): 545–49. – Some derivatives of 3-aminoquinoline[61]): **1945**, 867–70. – Constitution of ψ-santonin, 1[5]): **1946**, 30–36; ∼ 4[5])[29]): 616f. – Constitution of yohimbine, 1: 617–21; ∼ 2[61]): **1949**, 487–92. – Strychnine, 2[54]): **1946**, 891f.; ∼ 3: Some new reduction products[33]): **1948**, 161–66. – Sulfonation of some derivatives of eugenol[63]): **1947**, 124–27. – Some amines and amides derived from vanillin[4]): 613–18. – Homovanillin[4]): 1692–97. – Synthesis of derivatives of 4- and 5-azaindole[61]): **1948**, 198–200. – Synthesis of 1,3-dihydroxyphenazine[8]): 2318. – A new galactoside of luteolin[15]): **1949**, 1535f. – Nitration of some derivatives of eugenol[63]): 1870f. – Preparation and resolution of an externally compensated formyl acid[7])[54]): 1923f. – Clemmensen reduction of certain α-amino ketones and its bearing on the reduction of 1-ketooctahydropyridocoline[54])[64]): 2095–97. – N-Oxides of nicotinic acid and its esters[34]): Suppl. Nr. 1, S 231f. – Synthesis in the octahydropyrrocoline series[16])[18])[54]): **1950**, 1140–43. – Stobbe condensation between mesobenzanthrone and ethyl succinate[47])[61]): 1513f. – Action of hydroxyl radicals on cholesterol and some of its esters[32])[65]): 3470–72. – Contribution to the chemistry of the sesquiterpene humulene [, 1][23]): **1951**, 22–25; The chemistry of humulene, 2[23]): **1952**, 665–71. – Syntheses of structural isomers of the terpenes, 1[9]): **1951**, 447–50. – Influence of structure on the ultraviolet absorption spectra of heterocyclic systems [, 1][15]): 671–77; ∼ 2: Nitrogen analogues of the monobenzofluorenes[15]): **1952**, 1658–67. – Chemistry of carbazoles[15]): **1951**, 700–03. – Indene series, 1: Synthesis of 1,2,3,8-tetrahydro-1-ketocyclopent[a]indene[22])[47])[61]): 863–67. – Synthesis of possible antimalarials, 2: Compounds with the iso-quinoline ring attached to the quinuclidine system[51]): 1406–09; ∼ 3: Synthesis of 1- and 3-isoquinolyl- and 2-quinolyl-2′-quinuclidylmethanol[25]): **1954,** 95–99. – Syntheses from lupinine[57]): **1951,** 2714–18. – The delphinine alkaloids, 1[48]): **1952,** 1750–53. – A synthesis of dibenzo[c,k]sparteine[48]): 2196–98. – Synthesis in the santonin series, 1: Some oxidation products of α-(2-keto-4-methylcyclohexyl)propionic acid[41]): 3835–39; ∼ 2[41]): 3839–44. – The seed fat of Myrrhis odorata. Contributions to the chemistry of petroselinic acid[60]): 4684f. – Experiments on the synthesis of aza-steroids, 1[45]): **1953,** 192–96; ∼ 2[3]): **1955,** 1775–81. – The chloromethylation of eugenol and the preparation of some new isoquinoline bases[62]): **1953,** 678–83. – Synthesis of 5,6,7,8-tetrahydro-1-methyl-β-carboline[27]): 1313f. – The synthesis of 5,6-dihydroxythionaphthen[3]): 1314f. – 6-Ethylpyrrocoline[17])[54]): 4173–75. – The preparation of β-p-hydroxyphenyl-α-mercaptopropionic acid and some related acids, and the action of tyrosinase on the former[3]): **1954,** 1150f. – The rearrangement of some N-substituted hydrazobenzenes[35]): 2417–19. – Syntheses in the indole series[58]): 2582–84. – 5-Formyl-8-hydroxyquinoline[30]): **1955,** 3552f. – Reactions in the diene series: Condensation of isoprene with aniline and phenol[20]): 4347–49. – Syntheses of hydrocarbons possibly related to carcinogenic factors in city smoke[20]): **1956,** 1068–72.

Nature [London] Prof. P. P. Bedson †: **151** ('43) 496f. – Constitution of melanin[65]): **159** ('47) 339. – Phenazine synthesis[8]): **160** ('47) 752f. – Synthesis of l-sparteine[54])[59]): **162** ('48) 296. – Structure of ketoyobyrine[61]): 693. – Structure of the pigment of Chromobacterium iodinum[8]): 776. – The nitrogen cycle in nature[61]): **164** ('49) 811–13.

Obituary Notices Fellows roy. Soc. London Frederick Daniel Chattaway †: **4** ('42/44) 713–16.

Perfumery and essent. Oil Rec. "Head-to-tail" isoprene rule in terpene chemistry: **41** ('50) 435–37, 448. – Bicyclic sesquiterpenes and their relationship with naphthalene and azulene[41]): **42** ('51) 329–32, 356.

Proc. chem. Soc., London Molecular dissymmetry due to symmetrically placed hydrogen and deuterium[54]): **1961,** 333.

Tetrahedron Some aspects of the chemistry of cigaret smoke, 1: **3** ('58) 168–74; ∼ 2: **11** ('60) 11–14.

Mit: [1]) O. Achmatowicz; [2]) R. L. Barker; [3]) D. G. Bew; [4]) A. A. L. Challis; [5]) W. Cocker; [6]) J. G. Cook; [7]) W. A. Cummings; [8]) A. F. Daglish; [9]) B. K. Davison; [10]) E. C. Dawson; [11]) H. G. Dickenson; [12]) G. W. Driver; [13]) J. T. Dunn; [14]) F. K. Duxbury; [15]) D. G. I. Felton; [16]) N. Fletcher; [17]) B. W. Fox; [18]) G. R. Fulton; [19]) C. Gardner; [20]) N. D. Ghatge; [21]) W. M. Gourlay; [22]) L. H. Grovies; [23]) J. O. Harris; [24]) E. Hoggarth; [25]) M. Hoggarth; [26]) Th. Holmes; [27]) R. J. W. Holt; [28]) W. Hook; [29]) St. Hornsby; [30]) R. Howe; [31]) K. H. Jack; [32]) M. Keller; [33]) T. J. King; [34]) H. Koenig; [35]) T. B. Lee; [36]) N. Legg; [37]) G. C. Leitch; [38]) C. Lipman; [39]) J. McL. Macdonald; [40]) H. McIlwain; [41]) F. J. McQuillin; [42]) T. A. Melrose; [43]) T. P. Metcalfe; [44]) E. W. Miller; [45]) L. K. Mishra; [46]) W. McG. Morgan; [47]) L. Munday; [48]) Bhola Nath; [49]) J. Ormston; [50]) W. H. Perkin, jr.; [51]) S. P. Popli; [52]) V. Prelog; [53]) G. R. Ramage; [54]) R. Raper; [55]) R. Robinson; [56]) A. C. Robson; [57]) J. Rüdinger; [58]) J. C. Seaton; [59]) W. S. Short; [60]) R. Stevens; [61]) G. A. Swan; [62]) R. W. Temple; [63]) J. H. Turnbull; [64]) H. J. Vipond; [65]) J. Weiss; [66]) A. McQuillen.

VI **CLERC,** Louis Philippe. Optik, Photogr. — 1926 Fondateur, '26– Prof., Ecole Technique de la Photogr. et de Cinématogr., '37– Chef du Service de Documentation et Chargé de Cours, Inst. d'Optique théorique et appliquée, Paris. — '12 Médaille (Ligue de l'Enseignement); '14 Médaille (Ministère de l'Instruction Publique); '23 Médaille Peligot (Soc. Française de Photographie); '24 Médaille de Vermeil (Soc. Nationale d'Encouragement au Progrès); '50 Progress Medal (Royal Photographic Society).

*1875, Aug. 20, Paris;

†1959, Sept. 7, Paris.

Zur Biogr. W. Clark, Photographic Sci. and Engng. **2** ('58) 185 (m. Bildn.). – G. E. Matthews, PSA Journal **18** ('52) 581, 609 (m. Bildn.).

Zum 80. Geb.tag J. St. Thomas, Photographic Engng. **6** ('55) 132–34 (m. Bildn.). – Revue Opt. théor. et instrument. **34** ('55) 531f.

Nekr. J. Boichard, Revue Opt. théor. et instrument. **38** ('59) 413–15; Science et Industries photogr. (2) **30** ('59) 353–56 (m. Bildn., Schr.verz.). – H. M. Cartwright, Photographic J. **100** ('60) 35f. – S. Kikuchi, Nippon Shashin Gakkai Kaishi **22** ('59) 113 (m. Bildn.). – British J. Photogr. **106** ('59) 393. – Cahiers Physique **13** ('59) 329.

H. 8e Congrès international de photographie scientifique et appliquée, Dresde 1931. C. R. des séances et mémoires présentés (Paris '33). – 9e ∼, Paris 1935. Procès-verbaux, rapports et mémoires (Paris '36). – Journées internationales de science photographique, Zürich 1949 (Paris '50).

HZ. (Chefredakt.) Procédé 1901–59. – (Chefredakt.) Revue Sci. photogr. 1914–. – Revue Opt. théor. et instrument. 1941–44 Chefredakteur, 1944–59 Direktor. – Science et Industries photogr. 1921 Mitbegründer, bis 1959 Chefredakteur.

W. Guide complet de manipulations chimiques conforme aux plus récents programmes du certificat d'études physiques, chimiques et naturelles (P.C.N.) à la Faculté des Sciences de Paris **2. 3** [3](Paris '33) 132 S. – La technique photographique [2](Paris '34) 30+907 S.; [3]('42); **1. 2** [4]('47), [5]('50); [6]('57) 20+764 S.; engl.: Photography, theory and practice [2](New York '37) 15+590 S., [3]('54) 606 S.; ukrain.: Technika fotografii (Kiev '32); span.: La técnica fotográfica (Barcelona '54). – L'industrie des produits photographiques (Paris '34) 48 S. (Les monographies de la Revue de chimie industrielle, Fasc. 4, Suppl. de la Revue d'octobre 1934). – Quatrième Congrès et Exposition internationaux de photogrammétrie, novembre–décembre 1934 (Paris '35) 79 S. – Etude technique de la lunette moderne et catalogue général de lunetterie (m. J. Monnert, Masson, Humbert) (Morez-du-Jura '37) 99 S. – Structure et propriétés des couches photographiques (Paris '39) 160 S.; [2]('48) 8+196 S.; engl. (London '50) 230 S. – Ilford manual of process work [3](London '41) 13+422 S.; [5]('51). – La copie sur métal en photolithographie (Paris '45) 76 S. – La technique des reproductions photomécaniques 1: Généralités, reproductions monochromes: photogravures, photolithographie, phototypie, héliogravure (Paris '47) 16+596 S.; 2: Procédés photomécaniques polychromes: trichromie, photogravures, photolithographie et héliogravure en couleurs, illustrations polychromes par interprétation, anaglyphes (Paris '48) 24+126 S.; 1. 2 [2]('55) 25+731 S.

Ber. int. Kongr. wiss. u. angew. Photogr. Zur historischen Entwicklung der Sensitometrie: 8.1931 ('32) 80–84.

Photographe Les divers procédés de récupération de l'argent des bains photographiques: **1942**, 13–16.

VI **COATES,** Joseph Edward. Chem. – 1920-48 Prof., Univ. College of Swansea, Wales.

*1883, Mai 6, Oakamoor, Staffordshire.

Zur Biogr. Nature [London] **161** ('48) 1004.

J. chem. Soc., London Studies on hydrogen cyanide, 8: The conductivity of electrolytes in anhydrous hydrogen cyanide; some uni-univalent salts at 18° [3]): **1936**, 1245–56; ~ 9: The conductivity of electrolytes in anhydrous hydrogen cyanide; some ammonium and tetra-alkylammonium salts at 18° [3]): 1495–1500; ~ 13: Dielectric constant of anhydrous hydrogen cyanide[1]): **1944**, 77–81; ~ 18: Some physical properties of anhydrous hydrogen cyanide[2]): **1950**, 1194–99. – Haber memorial lecture: **1939**, 1642–72.

Nature [London] Electrical conductivity of salts in anhydrous hydrogen cyanide[3]): **134** ('34) 141.

Mit: [1]) G. E. Coates; [2]) R. H. Davies; [3]) E. G. Taylor.

V, VI **COBLE,** Arthur Byron. Math. – 1928-47 Prof., '33-47 Head of the Departm., '47 Prof. Emeritus, Univ. of Illinois, Urbana, Ill.; '47-49 Visiting Prof., Haverford College, Haverford, Pa., '53 Univ. of North Carolina, Chapel Hill, N.C.; '53-54 Phillips Lecturer, Haverford College.

*1878, Nov. 3, Williamstown, Pa.

Zur Biogr. R. C. Archibald, A semicentennial history of the American Mathematical Society 1888–1938 (New York '38) (American Mathematical Society, Semicentennial publ., 1) 233–36 (m. Bildn., Faks., Schr.verz. 43 Nrn.).

HZ. Duke math. J. 1935–1937.

MHZ. American J. Math. **41** ('19) – **55** ('33).

American J. Math. Hyperelliptic functions and irrational binary invariants, 1: **54** ('32) 425–52; ~ 2: **55** ('33) 1–21; ~ 3: 349–75. – Cremona's diophantine equations: **56** ('34) 459–89. – The geometry of the Weddle manifold W_p[1]): **57** ('35) 183–218. – Collineation groups in a finite space with a linear and a quadratic invariant: **58** ('36) 15–34. – Ternary and quaternary elimination: **68** ('46) 521–43. – On the expression of an algebraic form in terms of a set of forms with non-zero resultant: 544–52.

Bull. amer. math. Soc. The geometry of Weddle manifold W_p: **41** ('35) 209–22. – Frank Morley †: **44** ('38) 167–70. – Cremona transformations with an invariant rational sextic: **45** ('39) 285–88. – Virgil Snyder †: **56** ('50) 468–71.

Duke math. J. Groups of Cremona transformations in space of planar type: **2** ('36) 1–9; ~ 2: 205–19. – A class of linear groups with integral coefficients: **3** ('37) 175–99. – Configurations defined by theta functions: **5** ('39) 479–88. – Trilinear forms: **7** ('40) 380–95. – Conditions on the nodes of a rational plane curve: 396–410. – Double N_n configuration: **9** ('42) 436–49. – A particular set of ten points in space: 450–53.

Mit: [1]) J. H. Chanler.

V, VI **COBLENTZ,** William Weber. Physik. – 1905-45 Physicist, later Chief of the Radiometry Section, '45- Consulting Physicist, National Bureau of Standards, Washington, D.C. – '10 Potts Medal (Franklin Institute); '20 Médaille Janssen (Acad. Sci. Paris); '24 John Scott Award (City of Philadelphia); '34 Gold Key (American Congr. Physical Therapy); '37 Rumford Gold Medal (American Acad. of Arts and Sci.); '45 Frederic Ives Medal (Optical Soc. of America); '53 Medal of the Soc. of Applied Spectroscopy; '54 Niels Finsen Medal (International Committee on Photobiology).

*1873, Nov. 20, North Lima, Ohio; †1962, Sept. 15.

Zum 80. Geb.tag E. C. Crittenden, W. R. Brode, J. opt. Soc. America **43** ('53) 939f. (m. Bildn.).

Autobiogr. From the life of a researcher (New York '51) 11 + 238 S.

Nekr. Gedenkheft: Applied Optics **2** ('63) Nr. 11 (S. 1089–1208); darin Würdigungen: E. K. Plyler: 1089; R. N. Jones: Coblentz' contribution to infrared spectroscopy: 1090–97; J. A. Sanderson: The influence of W. W. Coblentz on radiometry: 1098–1100; J. Strong: On the astrophysical work of W. W. Coblentz: 1101f. — E. K. Plyler, Applied Spectroscopy **16** ('62) 73–77 (m. Bildn.). — Physics today **15** ('62) 88. — Current Biogr. **23** ('62) 7; Current Biogr. Yearb. **1962** ('63) 87.

W. Man's place in a superphysical world (New York '54) 233 S. — Supplementary investigations of infrared spectra (Norwalk, Conn. '62) 642 S.

American J. Ophthalmol. Transmissive properties of tinted lenses: **15** ('32) 932–42.

American J. Roentgenol. and Radium Therapy Considerations relative to evaluation of ultraviolet radiation in absolute units: **33** ('35) 793–800.

Annales Inst. Actinol. Méthode pour déterminer la distribution de l'énergie dans l'extrême ultra-violet solaire[3]): **10** ('36) 161–65.

Biographical Mem., Nation. Acad. Sci. USA Edward Bennett Rosa, 1861–1921: **16** ('36) 355–68.

Bull. amer. meteorol. Soc. A radiometric method of measuring ultraviolet solar radiation intensities in the stratosphere[3]): **18** ('37) 345–52. — The spectral range of ultraviolet solar radiation useful in bioclimatology: **22** ('41) 316–18. — Bioclimatic measurements of UV-solar and sky radiation in Washington, D. C., 1941–44: **26** ('45) 113–17. — Measurements of biologically effective ultraviolet solar and sky radiation in Washington, D. C., 1941–46: **28** ('47) 465–71. — Correlation of bioclimatic ultraviolet and total solar radiation in Washington, D. C., 1941–1948: **30** ('49) Nr. 6.

Circular Bur. Standards Spectral-transmissive properties and use of colored eye-protective glasses[3]): Nr. **C 421** ('38) 28 S.

Contributed techn. Papers, Nation. geogr. Soc., Solar Eclipse Ser. Spectral energy distribution of the standard comparison lamp used in evaluating flash spectrum of the solar eclipse of 1940[3]): **2** ('42) 48–52.

Fundamenta radiol. [Berlin] Ultraviolettdosierungseinheit und -standard in der Therapie: **5** ('39) 85–88.

International Clinics Physics of ultraviolet and infrared radiation: **42** ('32) 183–93.

J. amer. med. Assoc. Ultraviolet radiation useful for therapeutic purposes: **98** ('32) 1082–86; ~ 2: Specification of minimum intensity or radiant flux: **99** ('32) 125–27. — Report to the Council on Physical Therapy on heliotherapy methods in some European sanatoriums: **100** ('33) 410. — Tinted lenses: present deal: **102** ('34) 1223f. — Sources of ultraviolet and infrared radiation used in therapy: **103** ('34) 183–88, 254–57. — Physical aspects of ultraviolet therapy: **111** ('38) 419–.

J. opt. Soc. America Frederick Eugene Fowle †: **31** ('41) 464–. — Measurement of ultraviolet radiation useful in heliotherapy: **36** ('46) 72–76. — Measurements of biologically effective ultraviolet solar and sky radiation in Washington, D. C., 1941–50: **41** ('51) 292.

J. Res. nation. Bur. Standards The spectral erythemic reaction of the untanned human skin to ultraviolet radiation[3])[2]): **8** ('32) 541–47 (RP 433). — Tests of a balanced thermocouple and filter radiometer as a standard ultraviolet dosage intensity meter[3])[2]): 759–78 (~ 450). — Measurements of ultraviolet solar radiation in various localities[3])[2]): **10** ('33) 79–88 (~ 517). — The present status of the standards of thermal radiation maintained by the Bureau of Standards[3]): **11** ('33) 79–87 (~ 578). — Infrared absorption spectra of some plant pigments[3]): 703–11 (~ 617). — Data on the spectral erythemic reaction of the untanned human skin to ultraviolet radiation[3]): **12** ('34) 13f. (~ 631). — A portable ultraviolet intensity meter, consisting of a balanced amplifier, photoelectric cell, and microammeter[3]): 231–37 (~ 647). — Ultraviolet transmission changes in glass as a function of the wave length of the radiation stimulus[3]): **13** ('34) 773–97 (~ 744). — Factors affecting ultraviolet solar-radiation intensities[3]): **15** ('35) 123–50 (~ 816). — Infrared absorption spectra of plant and animal tissue and of various other substances[3]): 295–316 (~ 830). — A standard source of ultraviolet radiation for calibrating photoelectric dosage intensity meters[3]): **16** ('36) 83–92 (~ 858). — Evaluation of ultraviolet solar radiation of short wave lengths[3]): 315–47 (~ 877). — Distribution of the energy in the extreme ultraviolet of the solar spectrum[3]): **17** ('36) 1–6 (~899). — Radiometric measurements of ultraviolet solar intensities in the stratosphere[3]): **20** ('38) 185–215 (~ 1075). — Note on the spectral reflectivity of rhodium[3]): **22** ('39) 93–95 (~ 1168). — Distribution of ozone in the stratosphere[3]): 573–606 (~ 1207). — Distribution of ozone in the stratosphere: Measurements of 1939 and 1940[3]): **26** ('41) 161–74. – Temperature estimates of the planet Mars, 1924 and 1926: **28** ('42) 297–309. – Measurements of ultraviolet solar- and sky-radiation intensities in high latitudes[3])[1]): 581–91.

Medical Rec. Physical characteristics of sources of ultraviolet used in therapy: **150** ('39) 103–.

Meteorologische Z. Methoden zur Messung der ultravioletten Sonnenstrahlung in absoluten Einheiten: **53** ('36) 474f.

Monthly Weather Rev. Methods of evaluating ultraviolet solar radiation in absolute units: **64** ('36) 319–21.

Physical Rev. The infrared absorption spectrum of deuterium-containing stearic acid[3]): (2) **49** ('36) 869. – The distribution of ozone in the stratosphere[3]): **55** ('39) 590f.

Proc. nation. Acad. Sci. USA Ultraviolet transmission changes in glass as a function of the wave-length of the radiation stimulus[3]): **20** ('34) 630–35. – The evaluation of ultraviolet solar radiation of short wave-lengths[3]): **22** ('36) 229–33.

Publ., Amer. astron. Soc. Note on the spectral reflectivity of rhodium: **10. 1940/44** ('46) 9. – The emissivity and energy distribution of tungsten in the photographic region of the spectrum: 222f.

Puerto Rico J. publ. Health and trop. Med. Evaluation of ultraviolet radiation for use in medicine **11** ('35) 1–25.

Radiologica [Berlin] A radiometric method of measuring ultraviolet solar radiation intensities in the stratosphere[3]): **1** ('37) 12–20. – Physical methods in light dosimetry: **3** ('38) 219–35.

Science [USA] Copenhagen meeting of the 2nd International Congress on Light: **76** ('32) 412.

Scientific Monthly The emergence of the Cicada: **43** ('36) 239–43. – Early history of infrared spectroradiometry: **68** ('49) 102–07.

Strahlentherapie Ultraviolettstrahlung für therapeutische Zwecke. Welche Minimumintensität muß ein Ultraviolettstrahler aufweisen?: **45** ('32) 433–44. – Vergleichende Untersuchungen über die Erythemwirksamkeit und die radiometrisch sich ergebende UV-Intensität bei verschiedenen Lichtquellen als Grundlage für die Festsetzung einer Maßeinheit: **50** ('34) 179–90. – Betrachtungen zur Ultraviolettlichtmessung in absoluten Einheiten: 487–98. – Über die Messung der ultravioletten Anteile des Sonnenlichtes für medizinische Zwecke: **55** ('36) 545–59. – Künstliche Lichtquellen für Heil- und Leuchtzwecke: **60** ('37) 251–54.

Mit: [1]) F. R. Gracely; [2]) J. M. Hogue; [3]) R. Stair.

VI **COCKCROFT,** Sir John Douglas. Physik. – 1928-46 Fellow of St. John's College, Cambridge, England; '39-46 Prof. of Natural Philosophy, Univ. of Cambridge, England; '39-41 Assist. Dir. of Research, Ministry of Supply; '41-44 Chief Superintendent, Air Defence Research and Development Establishment; '44-46 Dir. of the Montreal and Chalk River Laboratories, Atomic Energy Division, National Research Council of Canada; '46-58 Director of the Atomic Energy Research and Development Establishment, Harwell; '52-54 Chairman of the Defence Research Policy Committee and Scientific Adviser to the Ministry of Defence; '55-61 Member of the United Nations Scientific Advisory Committee; '54-59 Member for Scientific Research, '59 Part-time Member, Atomic Energy Authority; '60 Master of Churchill College, Cambridge, England; '61 Chancellor of the Australian National Univ., Canberra; '60-62 President of the Institute of Physics and of the Physical Soc.; '61- President of Manchester College of Science and Technology. – Hon. D. Sc.: '49 (Oxford Univ.); '50 (Univ. of London); '51 (Trinity College, Dublin); '52 (Univ. of Sydney); '52 (The Australian National Univ., Canberra); '53 (Victoria Univ. of Manchester); '54 (Birmingham Univ.); '54 (Univ. of Cambridge, Engl.); '55 (Univ. de Coimbra, Portugal); '56 (Univ. of Leeds). – Hon. D. Sc. (Techn.): '59 (Techn. Hogeschool te Delft); '59 (Univ. of Leicester); '60 (Univ. of Sheffield); '61 (Temple Univ., Philadelphia, Pa.); '62 (Univ. of Western Australia, Perth); '62 (Univ. of Saskatchewan, Can.). – Hon. LL.D.: '45 (Univ. of Toronto, Can.); '51 (Univ. of Glasgow); '52 (Univ. of Melbourne); '55 (St. Andrews Univ., Scotland); '60 (Dalhousie Univ., Halifax, Nova Scotia, Can.). – '51 Nobel Prize in Physics. – '36 Mackenzie Davidson Medal (British Inst. of Radiology); '38 Hughes Medal (Roy. Soc. London); '46 Hopkins Prize 1933-39 (Cambridge Philos. Soc.); '47 Golden Palms, U.S. Medal of Freedom; '48 J. A. Ewing Medal

(Instn. Mechanical Engineers); '54 Royal Medal (Roy. Soc. London); '55 Faraday Medal (Instn. Electrical Engineers); '56 Kelvin Gold Medal (Instn. Civil Engineers); '58 Niels Bohr Guldmedalje (Dansk Ingeniørforening); '61 Atoms for Peace Award (Ford Foundation); '61 Wilhelm-Exner-Medaille.

*1897, Mai 27, Todmorden, Yorkshire.

Zur Biogr. E. D. Adrian, Proc. roy. Soc., London, Ser. A **227** ('54/55) 280. – W. Bragg, ibid. **169** ('38/39) 24. – R. Calder, Großbritanniens Atomchef ist ein bescheidener Mann: Englische Rdsch. **5** ('55) 526f. – R. W. Clark, Sir John Cockcroft (London '59) 112 S. (m. Bildn.); (Dallas, Tex. '60). – D. B. Coghlan, Foote Prints **31** ('59) Nr. 1, 23–28. – T. Grotdal, John D. Cockcroft og E. T. S. Walton, Nobelprisen i fysikk i 1951: Fysikkens Verden **14**. 1952 ('53) 4–7. – R. Haag, Nobelpreis 1951 für Physik an Sir John D. Cockcroft und E. Th. S. Walton: Ärztliche Praxis [München] **3** ('51) 12. – N. Hole, Tidsskr. Kjemi, Bergvesen og Metallurgi **12** ('52) 4–6. – P. Huber, Experientia **7** ('51) 478f. – N. O. Lassen, Fysisk Tidsskr. **51** ('53) 1–18 (m. Bildn., Schr.verz.). – Atomwirtschaft **1** ('56) 67. – Endeavour **14** ('55) 112. – Nature [London] **142** ('38) 1045; **143** ('39) 846; **157** ('46) 128; **161** ('48) 592; **168** ('51) 897; **169** ('52) 608; **174** ('54) 1030f.; **191** ('61) 956. – Les Prix Nobel en 1951 (Stockholm '52) 85f. (m. Bildn., Faks.). – Physics today **14** ('61) 72. – Science [USA] **133** ('61) 181f. (m. Bildn.).

S. Papers and discussions, International conference on physics, London 1934, 1: Nuclear physics (London '35) 112–29: Transmutations produced by high-speed protons and diplons, 1. – Kernphysik (E. Bretscher) (Berlin '36) 70–76: The energy emission in transmutations in which electrons or positrons are emitted. – Actes 7e Congrès international du froid, Den Haag 1936, 1 (Utrecht '37) 373–78: Der Entwurf und die Arbeitsweise des Heliumverflüssigers nach Kapitza [engl.]. – Canal rays (Bangalore '37) (Current Science, Special Nr.) 29–31: High speed positive rays of hydrogen and deuterium and artificial radioactivity. – Atomic challenge. A symposium (London '47): A new science. – Trans. Fuel economy conference of the World power conference, The Hague 1947 (London '48) Sect. A6, Paper No. 3: Application of nuclear energy to the generation of heat and power. – Atomic energy; its international implications (H. Dale) (London '48): Peaceful uses of atomic energy. – Les Prix Nobel en 1951 (Stockholm '52) 101–18: Experiments on the interaction of high speed nucleons with atomic nuclei. – Trans. 4th World power conference 1950, 4 (London '52) 2441–48: The development of power from nuclear energy. – Problemi dell'energia nucleare (Varese '59) 7–36, 65–82: Futuri sviluppi dell'energia nucleare (Future development of nuclear power).

W. The development and future of nuclear energy (Oxford '50) 23 S. – Development of radiation chemistry and radiochemistry (London '54) 12 S. (Royal Inst. of Chemistry. Lectures, monographs, and reports ser., 1954, 1).

Advancement Sci. Recent developments in nuclear physics: **11** ('54) 129–35.

Atom The future development of nuclear power: Nr. **5** ('57) 15–18. – Development of a national atomic energy programme: Nr. **29** ('59) 9–12. – Controlled thermonuclear reactions: Nr. **32** ('59) 12–16.

Atomic Scientists J. Atomic research at Harwell: **4** ('54) 182–92.

Atomic Scientists News Nuclear power: (N. S.) **1** ('51) 4–9.

Atomics (and atom. Technol.) Metallurgical and mining problems in atomic energy: **1** ('49) 45–51. – The industrial application of radioactive materials: **4** ('53) 245–52. – Recent developments in nuclear physics: **5** ('54) 279–85, 294.

BEAMA Journal Nuclear energy – power of the future: **65** ('58) 60–66.

Biographical Mem. Fellows roy. Soc. Niels Henrik David Bohr 1885–1962: **9** ('63) 37–53.

Biology and human Affairs The biological implications of atomic energy: **22** ('57) 10–18.

British J. appl. Physics Recent advances in nuclear physics: **4** ('53) 289–97. – Science and technology in industry: **7** ('56) 199–203. – Scientific problems in the development of nuclear power: Suppl. **5** ('56) (Physics of nuclear reactors) S1–S8.

British J. Radiol. High-velocity positive ions (Their application to the transmutation of atomic nuclei and the production of artificial radioactivity): **10** ('37) 159–70. – The future role of atomic energy in industry, science, and medicine: **29** ('56) 256–60.

Bull. atom. Scientists Development and future of nuclear energy: **6** ('50) 325–31.

Chemical Trade J. and Chemical Engr. Nuclear power: **121** ('47) 248, 250.

Chemistry and Industry British experience in the technical development of nuclear power reactors: **1961**, 728–32.

Electrical News and Engng. Peacetime possibilities of atomic energy: **55** ('45) Nr. 14, 66f.

Electrician Atomic energy and electricity: **139** ('47) 42–45.

Endeavour Nuclear reactors in scientific experiments: **9** ('50) 55–63. – High energy particle accelerators[10]): **14** ('55) 61–70.

Engineer [London] Atomic Energy Research Establishment: **186** ('48) 114–17.

F. B. I. Review The application of radioisotopes to industry: **13** ('51) 22f.

Gazz. chim. ital. Nuclear energy: **89** ('59) 15–32; italien.: Energia nucleare: 33–51.

Impact of Sci. on Soc. The future of nuclear energy: **8** ('57) 187–96.

Ingenieur ['s Gravenhage] Technical developments in the field of nuclear energy: **69** ('57) 409–20.

J. Electronics Nuclear instrumentation: **4** ('58) 261–74.

J. Inst. Metals Engineering and atomic transmutation: **66** ('40) 141–48.

J. Instn. electr. Engr. The transmutation of matter by high-energy particles and radiations: **79** ('36) 532–40.

J. Instn. Locomotive Engr. Atomic energy and propulsion: **45** ('56) 458–78.

J. Instn. Product. Engr. Industrial applications of radioactive materials: **32** ('53) 342–53.

J. joint Panel nuclear marine Propuls. Some recent progress in nuclear engineering: **3** ('59) Nr. 1, 1–3.

J. Physique et Radium La désintégration des éléments par les protons de grande vitesse: (7) **4** ('33) 421–26.

J. and Proc., Instn. mech. Engr. Possibilities of nuclear energy for heat and power production: **156** ('47) 206–11.

J. roy. Inst. brit. Architects Architectural and building requirements as related to atomic energy: **65** ('58) 75–86.

J. sci. Instruments A magnet for α-ray spectroscopy: **10** ('33) 71–75. – Cyclotron and its applications: **16** ('39) 37–44. – Cyclotron and betatron: **21** ('44) 189–93.

Memoirs and Proc. Manchester lit. and philos. Soc. The industrial application of atomic energy and its products: **93** ('51/52) 15–30.

Mining J. [London] Metallurgical and mining problems in atomic energy: **233** ('49) 857–60.

Nature [London] Hydrogen liquefaction plant at the Royal Society Mond Laboratory[5]): **129** ('32) 224–26. – Artificial production of fast protons[11]): 242. – Disintegration of lithium by swift protons[11]): 649. – Disintegration of light elements by fast protons[11]): **131** ('33) 23. – Production of induced radioactivity by high velocity protons[4])[11]): **133** ('34) 328. – Peaceful applications of nuclear fission: **160** ('47) 451–53. – High energy electron accelerators as pulsed neutron sources[2])[9]): **163** ('49) 869. – Industrial application of atomic energy: **166** ('50) 535f. – William Birtwhistle †: 717. – Experiments on the high-energy nucleons and quanta: **168** ('51) 1060–64. – Radiological hazards from nuclear explosions and nuclear power: **175** ('55) 873–75. – Genetical effects of radiation from products of nuclear explosions: **176** ('55) 115. – The peaceful uses of atomic energy. The Geneva international conference: 482–84. – The Baghdad Pact nuclear training centre: **179** ('57) 936. – Atomic energy and its biological implications: **180** ('57) 64–67. – Peaceful uses of atomic energy: United Nations conference at Geneva: **182** ('58) 903–05. – Recent developments in nuclear engineering: **1334–37**. – Prof. N. Bohr †: **196** ('62) 1037f.

Naturwissenschaftliche Rdsch. Wettbewerbsfähige Kernenergie und deren künftiger Beitrag zur Weltenergieversorgung: **19** ('66) 266–70.

New Scientist The next stages with ZETA: **3** ('58) Nr. 63, S. 14.

Nucleonics Industry – the atom and nuclear power[12])[1]): **10** ('52) Nr. 1, 16–23.

Nuovo Cimento Experiments at low temperatures: **15** ('38) 35–40.

Pharmaceutical J. Biological effect of nuclear explosions: **174** ('55) 387f., 391.

Physikalische Bl. Wissenschaftliche Probleme bei der Entwicklung der Kernenergie: **13** ('57) 297–311.

Proc. Instn. civil Engr., Part I The development of nuclear power: **4** ('55) 791–805. – The further development of the United Kingdom nuclear power programme: **10** ('58) 437–52.

Proc. Instn. electr. Engr., Part 1 Development of linear accelerators and synchrotrons for radiotherapy and for research in physics: **96** ('49) 296–303. – Nuclear reactors and their applications: **100** ('53) 83–89.

Proc. roy. Instn. Great Britain New phenomena in liquid helium: **30** ('39) 800–13.

Proc. roy. Soc., London, Ser. A A permanent magnet for β-ray spectroscopy[3])[6]): **135** ('32) 628–36. – Experiments with high velocity positive ions, 1: Further developments in the method of obtaining high velocity positive ions[11]): **136** ('32) 619–30; ∼ 2: The disintegration of elements by high velocity protons[11]): **137** ('32) 229–42; ∼ 3: The disintegration of lithium, boron, and carbon by heavy hydrogen ions[11]): **144** ('34) 704–20; ∼ 4: The production of induced radioactivity by high velocity protons and diplons[4])[11]): **148** ('35) 225–40; ∼ 5: Further experiments on the disintegration of boron[7]): **154** ('36) 246–61; ∼ 6: The disintegration of carbon, nitrogen, and oxygen by deuterons[7]): 261–79. – A discussion on β-type of nuclear transmutations: **161** ('37)

450–56. – The scientific work of the Atomic Energy Research Establishment: **211** ('52) 155–68. – The Rutherford memorial lecture: **217** ('53) 1–8.

Proc. roy. Soc., London, Ser. B The scientific work of the Atomic Energy Research Establishment: **139** ('52) 300–13.

Research Radiological hazards from nuclear explosions and nuclear power: **8** ('55) 215–18.

Revista Fac. Ci., Univ. Coimbra Atomic energy research at Harwell: **24** ('55) 110–22.

Ricerca sci. L'avenir de l'énergie atomique: **26** ('56) 11–24. – Il programma britannico per l'energia nucleare: **27** ('57) 1413–25.

Science [USA] Peaceful uses of atomic energy: **129** ('59) 247–52.

Scientific Monthly Future of atomic energy: **82** ('56) 136–41.

Trans., Inst. Marine Engr. Atomic propulsion – with special reference to marine propulsion: **65** ('53) 105–12.

Veröff. Arbeitsgemeinsch. Forsch. des Landes Nordrhein-Westfalen Die friedliche Anwendung der Atomenergie: **1956,** Nr. 54a, 34 S.

Vital Speeches Day Nuclear power in Britain: **24** ('57) 107–10.

Mit: [1]) G. Dean; [2]) J. C. Duckworth; [3]) C. D. Ellis; [4]) C. W. Gilbert; [5]) P. Kapitza; [6]) H. Kershaw; [7]) W. B. Lewis; [8]) –; [9]) A. W. Merrison; [10]) T. G. Pickavance; [11]) E. T. S. Walton; [12]) T. K. Glennan.

VI **COFFIN,** Carl Cowan. Physikal. Chem. — 1930 Assoc. Prof., '42–54 Prof., Head of Departm. of Chem., Dalhousie Univ., Halifax, N. S., Can.

*1903, März 14, Tatamagouche, Nova Scotia, Can.;

†1954, Jan. 12, Halifax.

Nekr. F. R. Hayes, Proc. Nova Scotian Inst. Sci. **24.**1954/1958 ('60) 41. – E. W. R. Steacie, Proc. and Trans. roy. Soc. Canada, Sect. III **1954,** 65 f. (m. Bildn.).

Canadian J. Chem. The metal-solution silver-ion exchange[20])[11]): **34** ('56) 14–40.

Canadian J. Res. Studies on homogeneous first-order gas reactions, 2: The decomposition of the isomeric esters butylidene diacetate and ethylidene dipropionate: **6** ('32) 417–27; ~ 3: The decomposition of paraldehyde: **7** ('32) 75–80; ~ 4: The decomposition of parabutyraldehyde and paraisobutyraldehyde: **9** ('33) 603–09; ~ 5: The decomposition of paracetaldehyde at high pressures[8]): **11** ('34) 180–89. – Note on solid-liquid equilibria in some two-component systems involving hydrogen cyanide[19]): **8** ('33) 114–18.

Canadian J. Res., Sect. A Studies on explosive antimony, 3: The magnetic susceptibility: **13** ('35) 120–25.

Canadian J. Res., Sect. B Studies on homogeneous first-order gas reactions, 6: The decomposition of methylene diacetate, methylene dipropionate and methylene dibutyrate[2]): **15** ('37) 229–36; ~ 7: The decomposition of ethylidene dibutyrate and heptylidene diacetate[4])[18]): 247–53; ~ 8: The decomposition of trichloroethylidene diacetate and trichloroethylidene dibutyrate[18])[4]): 254–59; ~ 9: The decomposition of furfurylidene diacetate and crotonylidene diacetate[4]): 260–63; ~ 11: The decomposition of benzylidene diacetate, o-chlorobenzylidene diacetate and dibutyrate[18])[1]): **18** ('40) 223–30; ~ 12: The decomposition of glyoxal tetraacetate[1])[4]): 410–13. – Platinized glass as a laboratory substitute for massive platinum: 318–21. – A new low-pressure gauge[6]): **19** ('41) 129–31. – Heterogeneity of activated cocoanut-shell charcoal[17]): **25** ('47) 502–08. – Thermal decomposition of complex molecules: **26** ('48) 643–46. – An 80° isothermal calorimeter[5])[6])[9])[22])[24]): **28** ('50) 579–92. – A 40° isothermal calorimeter[3]): 639–43. – Studies on explosive antimony, 4: The heat of explosion at 40°[12]): 644–47.

Canadian J. Res., Sect. D Exchange of materials in a lake as studied by addition of radioactive phosphorus[10])[15])[21]): **27** ('49) 207–22.

Endeavour The nutrient cycle in lakes as studied with radioactive phosphorus[10]): **10** ('51) 78–81.

J. amer. chem. Soc. A simple automatic pressure regulator: **55** ('33) 3646 f.

J. chem. Educat. Students' gas-density balance: **12** ('35) 142 f. – A presentation of the thermodynamic functions: **23** ('46) 584–88. – Experiments simulating first- and second-order gas reactions: **25** ('48) 167–69.

J. chem. Physics The decomposition of complex molecules at high pressures[8]): **2** ('34) 47 f. – Studies on homogeneous first-order gas reactions, 10: The thermal decomposition of methylene diacetate, ethylidene diacetate and paracetaldehyde at low pressures[4]): **7** ('39) 315–17. – Exchange of silver ions between aqueous solutions and surfaces of metallic silver[20]): **17** ('49) 502 f. – Diffusion of silver nitrate and of silver ion in aqueous solution[21])[16]): **18** ('50) 229 f. – Effect of the isomeric transition in bromine[80] on its reactivity with the tetrachlorides of carbon, silicon, germanium, and tin[13]): **20** ('52) 1324 f.

J. physic. and Colloid Chem. Effect of sound waves on fractional distillation[7]): **53** ('49) 891–94.

Nature [London] Exchange of materials in a lake as studied by radioactive phosphorus[10])[15])[21]): **163** ('49) 963 f.

Proc. Nova Scotian Inst. Sci. Anhydride–aldehyde–ester systems: Rate of formation of butylidene diacetate[23]): 18 ('31/34) 1–10. – Mercury-in-glass thermoregulator: 213f.

Proc. roy. Soc., London, Ser. A Studies on explosive antimony, 1: The microscopy of polished surfaces[14]): **146** ('34) 564–70; ~ 2: Its structure, electrical conductivity and rate of crystallization: **152** ('35) 47–63.

Trans. roy. Soc. Canada, Sect. III Monomolecular reaction velocities and intramolecular energy exchange: (3) **27** ('33) 161–68.

Mit: 1) J. C. Arnell; 2) W. B. Beazley; 3) E. J. Caule; 4) J. R. Dacey; 5) J. C. Devins; 6) J. R. Dingle; 7) B. L. Funt; 8) A. L. Geddes; 9) J. H. Greenblatt; 10) F. R. Hayes; 11) I. H. S. Henderson; 12) C. E. Hubley; 13) W. D. Jamieson; 14) St. Johnston; 15) L. H. Jodrey; 16) D. F. MacLennan; 17) B. F. Long; 18) N. A. D. Parlee; 19) A. L. Peiker; 20) I. I. Tingley; 21) S. G. Whiteway; 22) T. R. Ingraham; 23) P. A. Miller; 24) S. Schrage.

VI **COHEN,** Abraham. Math. — 1926-40 Prof., '40 Prof. Emeritus, Johns Hopkins Univ., Baltimore, Md.

*1870, Sept. 11, Baltimore, Md.;

†1951, Apr. 25, Baltimore, Md.

Todesanzeige Bull. amer. math. Soc. **58** ('52) 112.

MHZ. American J. Math. **32** ('30) – **62** ('40).

W. An elementary treatise on differential equations [2](New York '33) 7+337 S.; (London '48). – Elements of calculus (Boston, Mass. '40) 5+583 S.

VI **COHEN,** Barnett. Physiol. Chem. — 1928- Assoc. Prof., School of Medicine, Johns Hopkins Univ., Baltimore, Md.; '41-45 Official Investigator, Office for Scientific Research and Development.

*1891, Febr. 16, Rogačev, Rußland;

†1952, Okt. 21.

Nekr. W. M. Clark, Bacteriological Rev. **16** ('52) 205–09.

HZ. Bacteriological Rev. **1** ('37) ff.

S. 3rd International congress of microbiology, New York 1939. Report of Proc. (New York '40) 211f.: Chemistry of pneumococcal hemolysin.

Cold Spring Harbor Sympos. quantitat. Biol. Reversible oxidation–reduction potentials in dye systems: **1** ('33) 195–204. – Reactions of oxidation–reduction indicators in biological material, and their interpretation: 214–23.

Industrial and Engng. Chem. Dye-antidote: **25** ('33) 472.

J. amer. chem. Soc. Reaction kinetics of aliphatic tertiary β-chloroethylamines in dilute aqueous solution, 1: Cyclization process[1])[5]): **70** ('48) 281–85; ~ 2: Hydrolysis of the ethylenimonium ion[1])[5]): **74** ('52) 1875–78; ~ 3: Reactions of the ethylenimonium ion with certain anions[1])[5]): 1878–82. – N-Methyl-di-β-propionyloxyethylamine[1]): 2119f.

J. Bacteriol. Some oxidation and reduction reactions of pneumococcal hemolysin[10]): **29** ('35) 54f. – Further observations on pneumococcal hemolysin and its inactivation[10]): **31** ('36) 67f. – Reactions of pneumococcal hemolysin with certain sterols[10]): **33** ('37) 67f. – Reaction between hemolysin and cholesterol[7])[9]): **39** ('40) 59f. – Pneumococcal hemolysin: preparation of concentrates, and their action on red cells[4])[7]): **43** ('42) 607–27.

J. biol. Chemistry On the reversible inactivation of pneumococcal hemolysin. The effects of oxidation and reduction and of metal compounds[6])[10]): **107** ('34) 257–65.

Proc. Soc. exper. Biol. and Med. Reduction intensity in anaerobic Amoeba dubia[3]): **31** ('33) 115. – Inactivation of pneumococcal hemolysin by certain sterols[10])[7]): **35** ('36/37) 586–91.

Protoplasma Intracellular oxidation–reduction studies, 4: Reduction potentials of European marine ova and Amoeba proteus as shown by indicators[2])[8]): **17** ('32) 376–87.

Mit: 1) E. R. van Artsdalen; 2) R. Chambers; 3) T.-T. Chen; 4) S. P. Halbert; 5) J. Harris; 6) L. Hellerman; 7) M. E. Perkins; 8) H. Pollack; 9) S. Putterman; 10) H. S(c)hwachman.

IV–VI **COHEN,** Ernst Julius. Physikal. und anorg. Chem., Gesch. d. Chem. — 1901 ao. Prof., Univ. Amsterdam; '02-39 o. Prof., '04-39 Dir. d. Chem. Inst., Abt. für Anorg. Chem. (van't Hoff Labor.), Univ. Utrecht. — Goldene Medaille (Batav. Ges. exper. Philos., Rotterdam).

*1869, März 7, Amsterdam;

†1944, März, KZ Auschwitz.

Zur Biogr. Afscheid van Prof. Dr. Ernst Cohen van de Universiteit te Utrecht: Chemisch Weekbl. **36** ('39) 515–22 (m. Bildn., Schr.verz. 403 Nrn.).

Nekr. F. G. Donnan, J. chem. Soc. **1947**, 1700–06 (m. Bildn.); Obituary Notices Fellows roy. Soc. London **5** ('45/48) 667–87 (m. Bildn., Faks., Schr.verz.). – C. A. Browne, E. J. Cohen as historian of chemistry: J. chem. Educat. **25** ('48) 302–07. – A. L. T. Moesveld, ibid. 308–14. – H. R. Kruyt, Jaarb. koninkl. nederl. Akad. Wet. **1949/1950**, 265–74 (m. Bildn.); Chemisch Weekbl. **41** ('45) 126–28.

S. Verhandelingen, op 25 Mei 1935 aangeboden aan P. Zeeman ('s Gravenhage '35) 395–: Wer hat zum ersten Mal ein Gas verflüssigt? [6]). – De Utrechtsche Universiteit

1815–1936 (Utrecht '36): Die Chemie an der Universität Utrecht (1775–1936) [niederländ.]. – Memoralia Herman Boerhaave optimi medici (Haarlem '39): Wiedergefundene Manuskripte und Briefwechsel von Herman Boerhaave[6]).

Anales Soc. españ. Física y Quím. Ältere und neuere Anschauungen über die Metastabilität der Materie: **32** ('34) Revista 14–20 [span.].

Chemisch Weekbl. Chemisch-historische Notizen, 14: Wem verdanken wir die „Schwebemethode" zur Bestimmung der Dichte von festen Stoffen?: **30** ('33) 191–93; ~ 15: Ein physikalisch-chemisches Quiproquo: **37** ('40) 3–7; ~ 16: Ein chemisches Autodafé: 91–94; ~ 17: Chemie und chemische Industrie in Amsterdam im Laufe der Jahrhunderte: 486–502; ~ 18: Die Chemie in Utrecht im Laufe der Jahrhunderte, 1: **38** ('41) 299–307; ~ 19: ≈ 2: 314–20; ~ 20: ≈ 3: Buys Ballot als Physico-Chemicus: 570–74; ~ 21: Die Entstehung der Substitutionstheorie: **39** ('42) 33–37; ~ 22: Neue Beiträge zur Geschichte des Lachgases: 163–67; ~ 23: Die „Natuurkundig Genootschap der Dames te Middelburg"[6]): 242–46. – Hugo Rudolph Kruyt: **30** ('33) 414–30. – Fritz Haber: **31** ('34) 155. – „Universidad Internacional de Verano te Santander": 354–. – Ein halbes Jahrhundert osmotischer Druck: 782–88. – Warum nicht so, sondern so?: **32** ('35) 574–. – Daniel Gabriel Fahrenheit[6]): **33** ('36) 374–93; ~ 2[6]): **34** ('37) 727–30. – Henry Louis Le Chatelier: **33** ('36) 775f. – Eine unbekannte Autobiographie von Martinus van Marum (1750–1837): **35** ('38) 165–68. – Ansprache, gehalten bei der Eröffnung des neuen organisch-chemischen Laboratoriums der Rijks-Universiteit Utrecht: 872–. – Fünfzig Jahre Umsturz: **36** ('39) 351–56. – Von Kasteleijn bis Jorissen: 846–55. – Das Halten von naturwissenschaftlichen Vorträgen: **38** ('41) 451–54. – – Alle Arbeiten niederländ.

Ingenieur ['s Gravenhage] Allotropie und Korrosion: **50** ('35) Nr. 25, 13–22. – Akute Metallkrankheiten und das Korrosionsproblem[6]): **54** ('39) Nr. 16, 11–18. – – Alle Arbeiten niederländ.

Jaarb. koninkl. Akad. Wet. Amsterdam Tua res agitur: **1936/37** ('37) 152–67 [niederländ.].

Nederlandsch Tijdschr. Geneeskunde Wiedergefundene Manuskripte und Briefwechsel von Herman Boerhaave[6]): **82** ('38) 4327–30 [niederländ.].

Proc., Koninkl. nederl. Akad. Wet. Der Einfluß des Dispersitätsgrades auf physikalisch-chemische Konstanten[13]): **35** ('32) 441–53; ~ 2[13]): 798–802; ~ 3[6]): **37** ('34) 270–74; ~ 4[2]): **38** ('35) 842–49; ~ 5[2]): 978–82; ~ 6[2]): **39** ('36) 154–63; ~ 7: Der Einfluß der Dispersität kristallisierter Stoffe auf das elektrische Leitvermögen ihrer gesättigten Lösungen[2]): **43** ('40) 32–40; ~ 8: ≈ 2[2]): 189–97; ~ 9: Polarographische Analyse der bei 25.00 °C gesättigten Lösung des Bariumsulfats[2]): 334–39. – Die vermeintliche Allotropie des flüssigen Nitrobenzols[3]): **35** ('32) 1016–23. – Die unbekannt gebliebenen Andreaeschen Präzisionsverfahren zur Dichtebestimmung fester Stoffe[6]): 1255–66. – Ist flüssiges Benzol allotrop?, 1[5]): **37** ('34) 55–61; ~ 2[5]): 198–201; ~ 3[5]): 278–80. – Die Oxydationsgeschwindigkeit des Zinns[4]): **38** ('35) 130–32. – Der Einfluß mechanischer Deformation auf die Umwandlungsgeschwindigkeit polymorpher Metalle [, 1][6])[10]): 377–87; ~ 2: Der Einfluß metallischer Beimengungen, 1[10]): **39** ('36) 352–58; ~ 3: ≈ 2[10]): 1174–79. – Der negative Ausdehnungskoeffizient des Jodsilbers[4]): 358–60. – Studien über Korrosion[6]): 361–65. – Ein elektrisches Druckdilatometer[10]): 596–603. – Daniel Gabriel Fahrenheit, 2[6]): **40** ('37) 682–89. – Die akute Zinnpest[6])[9]): 746–52; ~ 2[6]): **41** ('38) 462–67; ~ 3[6]): 860–66. – Eine unbekannte Selbstbiographie von Martinus van Marum (1750–1837): 246–52. – Piezodynamische Prüfung der Gladstone-Tribeschen Theorie des Mechanismus des Bleiakkumulators[11]): **42** ('39) 834–48.

Recueil Trav. chim. Pays-Bas Briefe, die uns nicht erreichten. Blätter zur Biographie von G. J. Mulder: **57** ('38) 729–36. – Bis repetita desiderantur. Wer hat zum ersten Mal ein Gas verflüssigt? [6]): **59** ('40) 583–92.

Verhandelingen koninkl. nederl. Akad. Wet., Afd. Natuurkunde, 1. Sect. Daniel Gabriel Fahrenheit[6]): **16**, Nr. 2 ('36) 37 S. – Der vermißte Brief Antoni Leeuwenhoeks an Herman Boerhaave vom 26. August 1717: **17**, Nr. 1 ('39) 25 S. [deutsch u. niederländ.]. – Was lehren uns die Archive in bezug auf Gerrit Jan Mulder?: **19**, Nr. 2 ('48) 71 S. [niederländ.].

Verhandelingen koninkl. nederl. Akad. Wet., Afd. Natuurkunde, 2. Sect. Katalog der wiedergefundenen Manuskripte und Briefwechsel von Herman Boerhaave[6]): **40**, Nr. 2 ('41) 45 S.

Z. analyt. Chem. Die genaue quantitative Analyse von Chloriden neben Rhodaniden: **99** ('34) 258–69.

Z. physik. Chem., Abt. A Die Metastabilität der Elemente und Verbindungen als Folge von Enantiotropie oder Monotropie, 16: Fällungsreaktionen, 1[7]): **161** ('32) 161–78; ~ 17: ≈ 2[7]): 179–91; ~ 18: Das Bleioxydproblem[1]): **168** ('34) 188–201. – Piezochemische Studien, 30: Der Einfluß des Druckes auf das chemische Gleichgewicht in kondensierten Systemen[12]): **167** ('34) 365–93; ~ 31: Der Einfluß des Druckes auf die Affinität, 4[12]): **170** ('34) 145–48; ~ 32: Piezodynamische Prüfung der Gladstone-Tribeschen Theorie des Mechanismus des Bleiakkumulators[11]): **188** ('41) 316–

30. — Die Bedeutung der Grenzflächenspannung bei der pyknometrischen Dichtebestimmung fester Stoffe[1]): **168** ('34) 202–14. — Die Geschwindigkeit polymorpher Umwandlungen, 1: Neue Untersuchungen über die Zinnpest[10]): **173** ('35) 1–31; ~ 2[10]): 67–70; ~ 3: Einfluß mechanischer Deformation auf die Umwandlungsgeschwindigkeit[6]): 169–77; ~ 4: Einfluß mechanischer Deformation auf die Umwandlungsgeschwindigkeit polymorpher Metalle, 2: Einfluß metallischer Beimengungen, 1: **177** ('36) 331–36; ~ 5: ≈ 3: ≊ 2[10]): **178** ('37) 221–26. — Physikalisch-chemische Studien am Zinn, 10: Die Umwandlungstemperatur graues Zinn ⇌ weißes Zinn[10]): **173** ('35) 32–34. — Der negative Ausdehnungskoeffizient des Jodsilbers[4]): **178** ('37) 184–86. — Die akute Zinnpest[6])[9]): **181** ('38) 124–32; ~ 2[6]): **182** ('38) 103–09; ~ 3[6]): **183** ('39) 190–98. — Der Einfluß des Dispersitätsgrades auf die Löslichkeit kristallisierter Stoffe[2]): **186** ('40) 257–81.

Z. physik. Chem., Abt. B Die vermeintliche Allotropie des flüssigen Nitrobenzols[3]): **24** ('34) 241–58. — Die vermeintliche Allotropie des flüssigen Benzols[5]): **35** ('37) 270–84. — Die Metastabilität der Elemente und Verbindungen als Folge von Enantiotropie oder Monotropie, 19: Die Monotropie des Eises bei 1 Atm. Druck (Eis VIII)[8]): **40** ('38) 231–51.

Mit: [1]) N. W. H. Addink; [2]) J. J. A. Blekkingh, jr.; [3]) L. C. J. te Boekhorst; [4]) H. L. Bredée; [5]) J. S. Buij; [6]) W. A. T. Cohen-de Meester; [7]) J. W. A. van Hengel; [8]) C. J. G. van der Horst; [9]) J. Landsman; [10]) A. K. W. A. van Lieshout; [11]) G. W. R. Overdijkink; [12]) K. Piepenbroek; [13]) C. Thönnessen.

IV–VI **COHEN, Julius Berend.** Chem. (org.). — 1904-24 Prof., '24-35 Prof. Emeritus, Univ. of Leeds; '24-32 Research Member, Chemotherapy Committee of the Medical Research Council, Leeds Medical School.

*1859, Mai 6, Manchester;

†1935, Juni 14, near Coniston Lake, Lancashire.

Nekr. F. G. Hopkins, Proc. roy. Soc., London, Ser. A **153** ('35/36) 254f. — H. S. Raper, J. chem. Soc., London **1935**, 1331–37.

W. Theoretical organic chemistry (P. C. Austin) [4](London '42, New York '43) 15 + 622 S.

J. chem. Soc., London The preparation of quinoline-2-aldehyde and some of its derivatives[3]): **1932**, 723f.

J. Pharmacol. and exper. Therapeut. Note on the preparation of silver thioglycerol sulphonate of sodium (Lumière's compound): **46** ('32) 283.

Proc. roy. Soc., London, Ser. B Therapeutic interference caused by isomerides of trypanocidal styryl quinoline derivatives [2])[3])[5]): **109** ('31/32) 51. — The antiseptic and trypanocidal action of certain styryl and anil quinoline carboxylamides[2])[1])[5]): **110** ('32) 249–60. — The trypanocidal action of some derivatives of anil and styryl quinolines, 2[2])[3])[5]): 372–77. — The antiseptic and trypanocidal properties of some anil and styryl derivatives of 4 amino quinaldine[1])[2])[5]): **113** ('33) 293–99. — The antiseptic properties of further amino derivatives of styryl and anil quinoline[2])[3])[4])[5]): **115** ('34) 1–13.

Mit: [1]) J. N. Ashley; [2]) C. H. Browning; [3]) K. E. Cooper; [4]) S. Ellingworth; [5]) R. Gulbransen.

VI **COHEN, Louis.** Elektrotechnik, Rundfunktechnik. — 1916- Prof. of Electrical Engineering, George Washington Univ., Washington, D. C.; '28- Lecturer and Collaborator of the National Bureau of Standards, Washington, D. C.

*1876, Dez. 16, Kiev;

†1948, Sept. 28, Washington, D. C.

Todesanzeige Science [USA] **108** ('48) 376.

VI **COHEN, Willem David.** Chem. (org.). — 1930-40 Privatdoz., Techn. Hochsch. Delft.

*1889, Mai 11, Amsterdam;

†1942, Sept., KZ Auschwitz.

Nekr. J. Böeseken, Chemisch Weekbl. **45** ('49) 165f.

Recueil Trav. chim. Pays-Bas La synthèse de sésamol et de son glucoside-β. La réaction de Baudouin[1])[2]): **55** ('36) 815–20. — Studies on sesamine, 2: **57** ('38) 653–58. — Über die Stabilität der beiden Glycerolphosphorsäuren und diejenige ihrer Salze[4])[3]): **59** ('40) 886–92. — Synthesen von Glyceriden mit Hilfe von Tritylverbindungen, 4: Ein- und zweisäurige αβ-Diglyceride[4])[5]): 1123–40.

Mit: [1]) J. Böeseken; [2]) C. J. Kip; [3]) J. C. Stoppelenburg; [4]) P. E. Verkade; [5]) A. K. Vroege.

VI **COHN, Edwin Joseph.** Chem. (biol.). — 1914 B. S., '17 Ph. D., Univ. of Chicago, Ill.; '20- Research Chemist, Departm. of Physical Chemistry, Harvard Medical School, '36-49 Chairman of the Division of Medical Sciences, '49-53 Prof., Director of the Univ. Laboratory of Physical Chem. related to Medicine and the Public Health, Harvard Univ., Cambridge, Mass.; '49 Founder of the Blood Characterization and Preservation Laboratory in Jamaica Plain. — '42 Alvarenga Prize; '45 Passano Award; '48 Theodore

William Richards Medal (Northeastern Sect. of the Amer. Chem. Soc.).

*1892, Dez. 17, New York;

†1953, Okt. 1, Boston, Mass.

Zur Biogr. D. B. Robinson, 100 most important people in the world today (Boston, Mass. '52) 291–94. – Chemical and Engng. News **26** ('48) 1514f.

Nekr. J. T. Edsall, Biographical Mem., Nation. Acad. Sci. USA **35** ('61) 47–84 (m. Bildn., Faks., Schr.verz.); Ergebn. Physiol. **48** ('55) 23–48 (m. Bildn., Faks., Schr.verz.); Nature [London] **173** ('54) 104f. – Chemical and Engng. News **31** ('53) 4239 (m. Bildn.). – Lancet **265** ('53) 838. – Time [New York] **62** ('53) 34.

MH. Proteins, amino acids and peptides as ions and dipolar ions (New York '43) (American Chem. Soc. monogr. ser., 90); darin eigene Beiträge: VII–X: Preface[10]); 1–6: Introduction[10]); 196–216: Interactions between organic solvents and dipolar ions estimated from solubility ratios[10]); 217–35: Interactions between amino acids, peptides, and related substances; 236–75: Interactions between ions and amino acids or peptides; 338–69: The elementary and amino acid composition of the proteins; 370–81: Density and apparent specific volume of proteins[10]); 382–95: Osmotic pressure and molecular weight of proteins[10]); 569–85: The solubility of proteins; 586–622: The interactions of proteins with ions and dipolar ions[12]).

S. Blood substitutes and blood transfusions (S. Mudd, W. Thalhimer) (Springfield, Ill. '42) Kap. 20: Properties and functions of the purified proteins of animal and human plasmas[29])[34])[2])[13])[19]). – La transfusion sanguine. Sang total, plasma sanguin et dérivés du sang (New York–Bruxelles '44) (Actualités médico-chirurgicales, No. 1) B: Etude biochimique, actualités, 31 S. – Advances in military medicine **1** (Boston, Mass. '48) Chapter XXVIII, 364–443: The history in plasma fractionation. – Memoirs of the University Laboratory of Physical Chemistry related to Medicine and Public Health **1**: Enzymes and enzyme systems, their state in nature (John T. Edsall) (Cambridge, Mass. '51) 105–43: The state in nature of proteins and protein enzymes of blood and liver[35])[20]); **2**: Blood cells and plasma proteins (J. Tuliss) (New York '53) 1–17: Historical prologue on the discovery of the formed and fluid parts of human blood; 18–28: A chemical prologue on the characterization and separation of proteins by virtue of their interactions with neutral salts; 29–42: Interactions of proteins with each other and with heavy metals; 43–58: Interactions of proteins with alkaline earths, with steroids, with blood cells, and with specific polysaccharides. – Chemical specificity in biological interactions (F. R. N. Gurd) (New York '54) 1–16: Chemical specificity in biological interactions.

American Scientist Blood and blood derivatives: **33** ('45) 61–83. – Research in the medical sciences. Medicine today, the march of medicine: **37** ('47) 69–90, 243–54.

Annals intern. Med. The separation of blood into fractions of therapeutic value: **26** ('47) 341–52.

Annals New York Acad. Sci. The influence of ionic strength and pH on electrophoretic mobility[8]): **34** ('39) 209–12. – Introduction to the conference on crystalline protein molecules: **41** ('41) 79–86.

Annual Rev. Biochem. The chemistry of the proteins and amino acids: **4** ('35) 93–148.

Archivio Sci. biol. The dielectric constant as a factor in the internal environment[25])[10])[36]): **18** ('33) 98f.

Blood Blood: **1** ('46) 3–9. – The chemical specificity of the interaction of diverse human plasma proteins: **3** ('48) 471–85.

Bull. Harvard med. School Alumni Assoc. The university and the biologic laboratories of the state of Massachusetts: **24** ('50) 75–79.

Bull. New York Acad. Med. Proteins as chemical substances and as biological components: (2) **15** ('39) 639–67.

Chemical Reviews Influence of the dielectric constant in biochemical systems: **19** ('36) 241–73. – Some physical-chemical characteristics of protein molecules: **24** ('39) 203–32. – The properties and functions of the plasma proteins, with a consideration of the methods for their separation and purification: **28** ('41) 395–417.

Cold Spring Harbor Sympos. quantitat. Biol. Number and distribution of the electrically charged groups of proteins: **6** ('38) 8–20.

C.R. Trav. Labor. Carlsberg, Sér. chim. Studies in the physical chemistry of amino acids, peptides, and related substances, 11: The solubility of cystine in the presence of ions and another dipolar ion[25])[5]): **22** ('38) 142–54.

Discuss. Faraday Soc. The lipoproteins of human plasma[17])[29])[10]): **6** ('50) 70–74. – The interactions of plasma proteins with heavy metals and with alkaline earths, with specific anions and specific steroids, with specific polysaccharides and with the formed elements of the blood[35])[32])[4])[21])[1]): **13** ('53).

Endocrinology Studies in the physical chemistry of the anterior pituitary hormones. Separation of five anterior pituitary hormones into different fractions by isoelectric and ammonium sulfate precipitation[14])[22])[18]): **26** ('40) 999–1004.

Experientia Chemical, physiological, and immunological properties and clinical uses of blood derivatives: **3** ('47) 125–36, 340.

Harvard Alumni Bull. Blood and blood derivatives: **49** ('47) 591–93.

J. amer. chem. Soc. Studies in the physical chemistry of amino acids, peptides, and related substances, 1: The apparent molal volume and the electrostriction of the solvent [25][10][5]: **56** ('34) 784–94; ∼ 2: The solubility of α-amino acids in water and in alcohol–water mixtures[25][10][36]: 2270–82; ∼ 3: The solubility of derivatives of the amino acids in alcohol–water mixtures[25][36]: **57** ('35) 626–33; ∼ 4: The distribution coefficients of amino acids between water and butyl alcohol[11]: 634–37; ∼ 5: Influence of amino acids, urea, and alcohol upon the velocity constants of chemical reactions[33]: 1794–1800; ∼ 6: The densities and viscosities of aqueous solutions of amino acids[7]: **58** ('36) 415–23; ∼ 7: A comparison of the solubility of amino acids, peptides, and their derivatives[25][36]: 2173–81; ∼ 8: The relation between the activity coefficients of peptides and their dipole moments[25][16][36]: 2365–70; ∼ 10: The solubility of cystine in solutions of chlorides and sulfates[25][5]: **59** ('37) 2717–23. – Studies of multivalent amino acids and peptides, 3: The dielectric constants and electrostriction of the solvent in solutions of tetrapoles[16][37]: **57** ('35) 637–42. – Studies in the physical chemistry of the proteins, 13: The solvent action of sodium chloride on egg albumin in 25% ethanol at −5° [13][28]: **58** ('36) 2370–75; ∼ 14 [a]: The amphoteric properties of hemoglobin[15][5]: **59** ('37) 509–17; ∼ 14 [b]: The solvent action of sodium chloride on carboxyhemoglobin in 25 and 35% ethanol at −5° [13][28]: **60** ('38) 1480–86. – The influence of ionic strength and pH on electrophoretic mobility[8]: **61** ('39) 2092–98. – Søren Peter Lauritz Sørensen, 1868–1939: 2573f. – Preparation and properties of serum and plasma proteins, 1: Size and charge of proteins separating upon equilibration across membranes with ammonium sulfate solutions of controlled pH, ionic strength, and temperature[25][29][27][19]: **62** ('40) 3386–93; ∼ 3: Size and charge of proteins separating upon equilibration across membranes with ethanol–water mixtures of controlled pH, ionic strength, and temperature[24][29][2][8]: 3396–3400; ∼ 4: A system for the separation into fractions of the protein and lipoprotein components of biological tissues and fluids[34][19][26]u.a.: **68** ('46) 459–75; ∼ 13: Crystallization of serum albumins from ethanol–water mixtures[19][36]: **69** ('47) 1753–61. – Studies in the physical chemistry of insulin, 2: Crystallization of radioactive zinc insulin containing two or more zinc atoms[12][23][5]: **63** ('41) 17–22. – A system for the separation of the components of human blood. Quantitative procedures for the separation of the protein components of human plasma[17][35][3][6]u.a.: **72** ('50) 465–74.

J. amer. pharm. Assoc. New knowledge of blood proteins and their uses: **6** ('45) 165–70.

J. biol. Chemistry The electrical forces in systems containing biological components, 2: Molal volumes of amino acids, proteins, and certain related substances[25][10][5]: **100** ('33) XXVIII–XXXI. – Studies in the physical chemistry of the proteins, 11: The amphoteric properties of zein[10][5]: **105** ('34) 319–26; ∼ 12: The solubility of human hemoglobin in concentrated salt solutions[15][5]: **109** ('35) 631–34. – On the relation between the solubility in different solvents of amino acids, peptides, and certain related substances[25]: **114** ('36) XX f. – The solvent action of neutral salts upon carboxyhemoglobin in solutions of low dielectric constants[13][28]: XXXIV f. – The amphoteric properties of globin and iodized globin[31][13]: **123** ('38) XXIV f. – The dielectric properties of lactoglobulin and its interaction with ions and dipolar ions[12][29][5]: **128** ('39) XXVIII f.

J. clin. Investigat. Chemical, clinical, and immunological studies on the products of human plasma fractionation, 1: The characterization of the protein fractions of human plasma[29][34][19][2]: **23** ('44) 417–32.

J. exper. Medicine The preparation and physicochemical characterization of the serum protein components of complement[30][9][29]: **74** ('41) 297–308.

J. gen. Physiol. Studies in the physical chemistry of amino acids, peptides, and related substances, 11: The solubility of cystine in the presence of ions and another dipolar ion[25][5]: **21** ('38) 651–63.

J. physic. Chem. Studies in the physical chemistry of amino acids, peptides, and related substances, 12: Interactions between dipolar ions in aqueous solution[25][12][5]: **43** ('39) 169–88.

Medicine The chemical separation and the clinical appraisal of the components of the blood: **24** ('45) 333–38.

Naturwissenschaften Die Löslichkeitsverhältnisse von Aminosäuren und Eiweißkörpern: **20** ('32) 663–72.

Nucleus Interactions of proteins and other body constituents: **25** ('48) 271–76.

Proc. amer. philos. Soc. Blood, blood derivatives, and blood substitutes: **88** ('44) 159–73.

Science [USA] Contrasting properties of ions, "zwitterions" and uncharged molecules: **79** ('34) 83f. – Studies in the physical chemistry of insulin[12][23][5]: **90** ('39) 183–85. – Blood proteins and their therapeutic value: **101** ('45) 51–56.

Science in Progr. Blood and blood derivatives: **4** ('45) 273–323.

Trans. electrochem. Soc. Recent advances in the electrochemistry of the proteins: **71** ('37) 127–33.

Trans. and Studies College Physicians Philadelphia The plasma proteins: their properties and functions: (4) **10** ('42) 149–62.

Yearb., Amer. philos. Soc. George Richards Minot, 1885–1950: **1950**, 313–19.

A number of special pamphlets by the University Laboratories on file at the Library of Harvard Medical School.

Mit: [1]) E. H. Alameri; [2]) S. H. Armstrong, jr.; [3]) B. A. Barnes; [4]) W. H. Batchelor; [5]) M. H. Blanchard; [6]) R. K. Brown; [7]) J. Daniel; [8]) B. D. Davis; [9]) E. E. Ecker; [10]) J. T. Edsall; [11]) A. England, jr.; [12]) J. D. Ferry; [13]) R. M. Ferry; [14]) H. L. Fevold; [15]) A. A. Green; [16]) J. P. Greenstein; [17]) F. R. N. Gurd; [18]) F. L. Hisaw; [19]) W. L. Hughes, jr.; [20]) M. J. Hunter; [21]) H. C. Isliker; [22]) M. Lee; [23]) J. J. Livingood; [24]) J. A. Luetscher, jr.; [25]) T. L. McMeekin; [26]) D. J. Mulford; [27]) J. M. Newell; [28]) E. S. Newman; [29]) J. L. Oncley; [30]) L. Pillemer; [31]) W. T. Salter; [32]) K. Schmid; [33]) D. Straup; [34]) L. E. Strong; [35]) D. M. Surgenor; [36]) J. H. Weare; [37]) J. Wyman, jr.

V, VI **COKER,** Ernest George. Mech. — 1914-34 Prof. of Civil and Mechanical Engineering, Director of the Engineering Labor., '34 Emeritus Prof., Univ. College, London. — '11 Gold Medal (Instn. of Naval Architects); '21 Telford Medal (Instn. of Civil Engineers); '22 Thomas Hawksley Medal (Instn. of Mechanical Engineers); '22 Howard N. Potts Medal (Franklin Inst.); '26 Levy Medal (Franklin Inst.); '32 Howard Quinquennial Medal (Instn. of Civil Engineers); '36 Rumford Medal (Roy. Soc., London).

*1869, Apr. 26, Wolverton, England; †1946, Apr. 9.

Zur Biogr. W. Bragg, Proc. roy. Soc., London, Ser. A **157** ('36) 723f. — Nature [London] **134** ('34) 207, 598; **138** ('36) 979.

Nekr. H. T. Jessop, Obituary Notices Fellows roy. Soc. London 8 ('52/53) 389–93 (m. Bildn., Faks., Schr.verz.). — G. T. R. Hill, Nature [London] **157** ('46) 722.

W. Treatise on photo-elasticity (m. L. N. G. Filon) [2](Cambridge '57) 35 + 720 S.

Engineering French and British cleavage tests of timber[2]): **134** ('32) 306. — Thermo-elasticity: **138** ('34) 373f. — An experimental investigation of cracking in mild-steel plates and welded seams[1]): **139** ('35) 467–78.

Proc. Instn. mech. Engr. The stresses in fusion joints[2])[3]): **124** ('33) 601. — Force fits and shrinkage fits in crank webs and locomotive wheels: **127** ('34) 249.

Trans. Instn. Naval Architects Stress distributions in fusion joints of plates connected at right angles: **75** ('33) 69.

Mit: [1]) B. P. Haigh; [2]) R. Levi; [3]) R. Russell.

VI **COLEMAN,** George Hopkins. Chem. (org.). — 1930-46 Prof., Univ. of Iowa, Iowa City, Ia.; '42-46 Research with U. S. Office of Scientific Research and Development; '46-50 Dean of Graduate Studies, '47-48 Acting Technical Director, Inst. of Textile Technol., Charlottesville, Va.; '50-62 Prof., '53-61 Chairman of the Departm., '50-53 Director of the Friends of Kresge-Hooker Library, Wayne Univ., Detroit, Mich.

*1891, Okt. 5, Evansville, Wis.

Zur Biogr. J. org. Chemistry **30** ('65) vor S. 1 (m. Bildn.).

HZ. J. org. Chemistry **17** ('52) – **26** ('61). — Record chem. Progr. 1950–1953.

S. Methods in carbohydrate chemistry (R. Whistler, M. Wolfrom) **2** (New York '63) 397–99: 1,6-Anhydro-β-d-glucopyranose triacetate (levoglucosan triacetate).

W. Laboratory manual of organic chemistry [5](Iowa City, Ia. '32) 80 S. — Laboratory manual of organic chemistry; experiments on a semimacro scale (m. St. Wawzonek, R. E. Buckles) (New York '49) 10 + 127 S.; [2]('62) 231 S.

Chemical and Engng. News American Chemical Society official reports for 1955[21])[46])[19])[56])[27])[42]): **34** ('56) 1211–45; ~ 1957[21])[46])[19])[u.a.]): **36** ('58) Nr. 9, 57–86.

Industrial and Engng. Chem. Preparation of triacetyllevoglucosan[38])[35]): **36** ('44) 1040f.

Industrial and Engng. Chem., Analyt. Edit. Vacuum-jacketed groundglass joint for high-vacuum distillations at elevated temperatures [38])[60]): **16** ('44) 94.

Inorganic Syntheses Nitrosyl chloride[63])[25]): **1** ('39) 55–59. — Monochloroamine[33]): 59–62. — Dibromoamine[25]): 62–65. — Cyanogen chloride[36])[55]): **2** ('46) 90–94.

J. amer. chem. Soc. The reaction of monobromoamine with Grignard reagents[57])[62]): **55** ('33) 2075–80. — The reaction of alkylchloroamines with Grignard reagents: 3001–05. — The reaction of nitrogen trichloride with Grignard reagents[14])[48]): 3669–72. — The reaction of potassium amide in liquid ammonia with chloroethenes[40]): **56** ('34) 132–34. — The preparation of dibromoamine and its reaction with Grignard reagents[62])[57]): 965f. — The reaction of chloroamines with zinc alkyls [5])[28]): 1381f. — Disaccharides in "hydrol"[14])[47]): **57** ('35) 1119–21. — A study of possible rearrangement reactions of monochloroamine and certain Grignard reagents[23]): **58** ('36) 27f. — The reaction of haloamines with ketenes[19])[25]): 1874–76. — The reaction of potassium amide in liquid ammonia with diarylbromomethenes[30])[40]): 2310–12. — Monochloroamine with organolithium and zinc compounds[28])[33]): **59** ('37) 1896f. — Bactericidal properties of certain organomercuric acetates[61])[43]): 2703f. — Preparation of pyrrolidines[25]): **60** ('38) 730. — Reactions of monochloroamine with dialkylmagnesium compounds and Grignard reagents[11]): **63** ('41) 1692–94. — Azoyl derivatives of sugars and separation by chromatographic adsorption[22])[41]): **64** ('42) 1501f. — Preparation of β-primeverose heptaacetate and β-vicianose heptaacetate[33]): **65** ('43) 1778–80. — Preparation of β,β-trehalose octaacetate[38])[51]): **66** ('44) 349f. — Separation and identification of the products of hydrolysis and alcoholysis of methylated disaccharides[53])[60])[38]): **67** ('45) 381–86. — New synthesis of the 3,4,6-trimethyl-β-d-glucoside and the preparation of crystalline 3,4,6-trimethyl-d-glucose[60])[38])[53]): 1080–84. — Syntheses of 4-cyclopentylvaleric acid[15])[20]): **68** ('46) 1101f. — Equilibrium composition of certain Grignard reagents in butyl ether[13]): 1620f. — Addition of primary and secondary amines to ethylenimine in the presence of aluminium chloride[15]): 2006f. — Beckmann rearrangement in the preparation of aldehydes[51]): 2007–09. — Alcoholysis of sugar derivatives[17])[60])[38]): **71** ('49) 276–78. — Cyclic dienes, 10: 2,3-Dimethylenedecalin[7])[37]): **77** ('55) 990f.

J. org. Chemistry Reactions of diazomethanes with Grignard reagents[24])[1])[50]): **3** ('38) 99–107. — A proposed inversion mechanism for the formation of levoglucosan from phenyl β-d-glucoside and trimethyl-glucosylammonium compounds[38]): **10** ('45) 184–93. — Mechanism of the formation of levoglucosan[8]): **15** ('50) 169–73. — Preparation of 3,5-di-O-methyl-d-glucose and 2,3,5-tri-O-methyl-d-glucose[12])[38]): **22** ('57) 1336–38.

Organic Syntheses p-Tolualdehyde[18]): **12** ('32) 80–83. — sym-Tribromobenzene[64]): **13** ('33) 96–98. — Di-n-butylcarbinol[18]): **15** ('35) 11–13. — p-Nitrobenzyl bromide[31]): **16** ('36) 54f. — p-Bromobenzaldehyde[31]): **17** ('37) 20–22. — o-Aminobenzylalcohol[33]): **21** ('41) 10–12. — Cyclopropanecarboxylic acid: **24** ('44) 36–38. — 1-n-Butylpyrrolidine[45])[39]): **25** ('45) 14–19. — β-d-Glucose-2,3,4,6-tetraacetate[38]): 53–55. — Nitrosobenzene[38])[59]): 80–83. — p-Phenylazobenzoyl chloride[45])[38])[6]): 87–89. — 9-Acetylphenanthrene[15])[20]): **28** ('48) 6–8. — 9-Bromophenanthrene[20])[15]): 19–21. — 9-Cyanophenanthrene[15])[20]): 34f. — Phenanthrene-9-aldehyde[20]): 83–87.

Proc. Iowa Acad. Sci. The preparation and analysis of monobromoamine, dibromoamine, and nitrosyl chloride[25]): **43** ('36) 178. — The reaction of dialkylmagnesium with monochloroamine[11]): 201. — Variations in the composition of Steffen's waste, 2 [9])[52]): **44** ('37) 111–16. — Ring compounds from chloroamines and amides: **46** ('39) 217f. — Cyanogen chloride with organomagnesium compounds[36]): **47** ('40) 201–05. — Pyrrolidines from primary amines[55])[32]): 264. — Pyrrolidine from N-alkyl-N-chloroureas[3]): **48** ('41) 246. — Azoyl derivatives of sugars and separation by chromatographic adsorption[22]): 246f. — Electrodialysis of sugar borates[41]): **49** ('42) 257–61. — Rearrangement of aminoethanols[44]): 286. — Ring closure of N-methylcycloheptylamine[16]): 288. — Addition of amines to ethylenimine[29]): **53** ('46) 207–09.

Mit: [1]) C. E. Adams; [2]) —; [3]) G. Alliger; [4]) —; [5]) H. P. Andersen; [6]) H. D. Anspon; [7]) W. J. Bailey; [8]) M. P. Bardolph; [9]) E. Bartow; [10]) —; [11]) R. F. Blomquist; [12]) St. S. Brandt; [13]) J. W. Brooks; [14]) M. A. Buchanan; [15]) J. E. Callen; [16]) J. J. Carnes; [17]) E. E. Combs; [18]) D. Craig; [19]) E. J. Crane; [20]) C. A. Dornfeld; [21]) A. H. Emery; [22]) A. G. Farnham; [23]) R. A. Forrester; [24]) H. Gilman; [25]) G. E. Goheen; [26]) —; [27]) W. A. Hamor; [28]) J. L. Hermanson; [29]) Z. A. Hicks; [30]) W. H. Holst; [31]) G. E. Honeywell; [32]) H. A. Hoppens; [33]) H. L. Johnson; [34]) —; [35]) R. Kirby; [36]) R. W. Leeper; [37]) Chien-Wei Liao; [38]) C. M. McCloskey; [39]) T. F. Martens; [40]) R. D. Maxwell; [41]) A. Miller; [42]) W. J. Murphy; [43]) C. D. Myers; [44]) C. S. Nicholopoulos; [45]) G. Nichols; [46]) W. A. Noyes, jr.; [47]) P. T. Paul; [48]) W. L. Paxson; [49]) R. L. Peterson; [50]) P. E. Pratt; [51]) R. E. Pyle; [52]) H. E. Redman; [53]) D. E. Rees; [54]) —; [55]) Ch. C. Schulze; [56]) R. L. Shriner; [57]) H. Soroos; [58]) —; [59]) F. A. Stuart; [60]) R. L. Sundberg; [61]) L. A. Weed; [62]) Ch. B. Yager; [63]) G. A. Lillis; [64]) W. F. Talbot.

V, VI **COLIN**, Henri-Ernest. Physiol., Pflanzenphysiol. — 1911-21 Maître de Conférences aux Instituts Catholiques de Lille et de Paris; '21-43 Prof. de Physiol. végétale, '32-43 Doyen de l'Ecole Supérieure des Sciences, Institut Catholique, Paris; '32- Membre du Conseil scientifique de l'Institut belge de la Betterave. — '12 Prix Montagne, '22 Prix Lonchampt, '34 Prix Vaillant (Acad. Sci. Paris); '20, '30 Prix de l'Association des Chimistes de Sucrerie de France.

*1880, Nov. 1, Bains-les-Bains, Vosges; †1943, März 21, Paris.

Nekr. H. Belval, Bull. Soc. Chim. biol. **25** ('43) 431–33; Bull. Soc. chim. France, Mém. (5) **10** ('43) 493–502 (m. Schr.verz.). — G. Bertrand, C.R. hebd. Séances Acad. Sci., Paris **216** ('43) 393–95; **217** ('43) 626f. — A. Chevalier, Notices et Discours, Acad. Sci., Paris **2** ('49) 383–89. — R. Souèges, ibid. 401–45 (m. Bildn., Faks.). — J. Dubourg, Bull. Assoc. Chimistes **60** ('43) 97–103. — R. Wz., Annales pharm. franç. **1** ('43) 33f.

Zur Biogr. R. Combes, Inauguration d'une place portant le nom de Henri Colin à Bains-les-Bains (Vosges): Notices et Discours, Acad. Sci., Paris 4 ('64) 695–704.

Zur Bibliogr. Notices sur les travaux scientifiques (Supplément 1933–1937) de M. Henri Colin (Paris '37) 143 S.

S. Hommage au Professeur E. C. Théodoresco (București '37) 5–27: La corrélation des caractères et la sélection; le cas de la betterave. — — Ferner Beiträge zur Zuckerrübenindustrie auf mehreren Kongressen.

W. La chimie des plantes **1** (Paris '45) 314 S. (Bibliothèque de philosophie scientifique). — Oxydases et déshydrases (Neuauflage von: Les ferments d'oxydation) (H. Belval, G. Legrand) (Paris '47) 155 S. (Actualités scientifiques et industrielles, 1034. Physiologie végétale, 2).

Annales Brasserie et Distillerie L'hydrolyse acide du sucre, influence des sels neutres[6]: **30** ('32) 387–.

Annales Sci. natur., Bot. L'hérédité des caractères physiologiques chez la betterave: **19** ('37) 93–112.

Bull. Assoc. anciens Etudiants Ecole supér. Brasserie Univ. Louvain Chemie des Gerstenkorns: **34** ('34) 14–26 [franz.].

Bull. Assoc. Chimistes (Sucrerie, Distillerie et Industries agric. France et Colonies) La floculation des jus végétaux en milieu alcalin[6]: **49** ('32) 172–79. — L'hydrolyse acide du sucre, influence des sels neutres[6]: 365–70. — Structure et richesse saccharine dans les hybrides de betteraves[4]: 471. — Vers des rendements meilleurs: **50** ('33) 241–52. — Les matières pectiques, nature, recherche et dosage: **52** ('35) 92–111. — Les matières pectiques dans la betterave et dans les jus sucrés: 625–36. — Les croisements entre betteraves sucrières et fourragères[4]: **53** ('36) 209–. — La théorie de la fermentation: 513–22. — La fermentation panaire[2]: 729–39. — Les sucres de la "manne céleste" du désert de Bagdad[2]: **54** ('37) 12–15. — Le rapport du phosphore à l'azote dans la betterave[4]: **55** ('38) 97–104. — A la recherche de petites quantités de matières pectiques dans les produits de sucrerie[10]: 433–40. — Les grands courants d'idées en sélection betteravière: 521–. — Chiffre de décarboxylation et teneur en pectine de la pulpe de betterave[10]: **56** ('39) 385–89. — La gomme de canne à sucre[2]: 481–90. — Données récentes sur l'enchaînement des réactions dans la fermentation alcoolique: **57** ('40) 21–36. — Azote nitrique ou ammoniacal pour la betterave: **58** ('41) 3–11. — Caramélisation du fructose et des fructosanes par la chaleur[2]: 281f. — Les glucides du topinambour: **59** ('42) 179–215. — Le calcium et le magnésium dans la betterave[4]: **60** ('43) 104–17.

Bull. Assoc. franç. Avancement Sci. Les glucides des algues: **1935,** 304.

Bull. Muséum nation. Histoire natur. Paris Le sucre des Floridées: (2) **6** ('34) 153–55.

Bull. Soc. bot. France Chimisme spécifique et hybridation chez les iris: **79** ('32) 578–80. — Les glucides de la prêle des champs[1]: **80** ('33) 50f. — La descendance de l'hybride orge noire et lisse × orge blanche rugueuse: 537–42. — La lévosine dans la tige des céréales[2]: **81** ('34) 779–81. — Sur la manne céleste du désert de Bagdad[2]: **83** ('36) 482–84. — Les fructosanes et leur identification[2]: **87** ('40) 341–44.

Bull. Soc. Chim. biol. Composition de la „synanthrine" de Tanret[6]: **15** ('33) 402–06. — La „scilline" de Scilla maritima et le fructoside de Scilla nutans[6]: 1520–26. — Le raffinose dans les grains de céréales[2]: **16** ('34) 424–27. — Pectine et ciment intercellulaire[6]: 1333–43. — La lévosine des grains et des farines[2]: **17** ('35) 1040–44. — Pectate et arabane dans la membrane pecto-cellulosique[10]: **18** ('36) 1578–88. — La lévosine, du grain de blé au pain[2]: **19** ('37) 65–68. — Recherche et dosage des matières pectiques[10]: **20** ('38) 343–51.

Bull. Soc. chim. France, Mém. Les sucres de la farine et de la pâte[2]: (5) **2** ('35) 1907–12. — Sur le floridoside, d-monogalactoside du glycérol: **4** ('37) 277–81.

Chimie et Industrie Utilisation de la soude en raffinerie[15]: **27** Numéro spécial 3bis ('32) 761–66.

Chimie et Industrie, Congr. Chim. industr. Lévosine et raffinose dans les grains et les farines[2]: **14,** 1 ('35) 8 S. — Le phosphore dans la betterave[4]: **15,** 2 ('35) 677–81.

C.R. hebd. Séances Acad. Sci., Paris Pelvetia canaliculata Dec. et Thur., source de l-fucose [14]: **194** ('32) 643–45. — Action des sels neutres sur l'inversion du sucre par les acides[6]: 1074–76. — Structure et richesse saccharine dans les hybrides de betteraves[4]: 1680–82. — Sur la gelée de l'œuf de Phallus impudicus[13]: **195** ('32) 1313–15. — Les glucides solubles de Lemanea nodosa Kütz[1]: **196** ('33) 1042f. — Le raffinose dans les céréales[2]: 1825–27. — Floridoside, tréhalose et glycogène chez les algues rouges d'eau douce (Lemanea, Sacheria)[1]: **197** ('33) 423–25. — Le floridoside chez les Floridées[8]: 1688–90. — Le sucre de Rivularia bullata[11]: **198** ('34) 384–86. — Affinités chimiques et hybridations chez les iris[5]: 1257f. — La composition du ciment intercellulaire[6]: 2116–18. — Sur l'amidon des Floridées: **199** ('34) 968–70. — Sucre, cendres, azote et phosphore dans les betteraves fourragères et sucrières et dans leurs hybrides[4]: **200** ('35) 853–55. — Les glucides de la farine et de la pâte[2]: 2032–34. — Hydrolyse diastasique, in situ, du ciment intercellulaire[6]: **201** ('35) 407–09. — L'inulogenèse chez les composées: 1414f. — Sur la dégradation diastasique du ciment intercellulaire[6]): **202** ('36) 973–75. —

Le taux des cendres et leur alcalinité dans la betterave[16]): 2171–73. — Inulogenèse artificielle chez les composées: **203** ('36) 1280–82. — Sur la gomme de canne à sucre[2]): **204** ('37) 1010–12. — Affinités chimiques et classification chez les Hordéées[2]): **205** ('37) 191–93. — Affinité et chimisme spécifique chez les Héliantes greffés: **206** ('38) 140–42. — Azote, organates et richesse saccharine dans la betterave[16]): **207** ('38) 1345–47. — L'inulogenèse chez les plantes annuelles[7]): **208** ('39) 549–52. — Un glucide original chez les Floridées du genre Polysiphonia, le d-mannoside α du l-glycérate de sodium[1]): 1450–53. — Le diagnostic précoce de la variété[10]): **209** ('39) 426–28. — Le jaunissement automnal des feuilles de betterave[10]): 970–72. — Sur la constitution de dextrane[2]): **210** ('40) 517–20. — La matière uronique de la moelle d'Helianthus[10]): **211** ('40) 44–47. — Phénolases et indophénolase chez les champignons[9]): 450–53. — Caramélisation des fructosanes sous l'action de la chaleur[2]): **212** ('41) 521–24. — Sur la fermentation du jus de topinambour[2]): **214** ('42) 522–25. — Chaux et magnésie dans la betterave[4]): **216** ('43) 167–69. — Sur la catalposide, hétéroside des fruits du Catalpa [17])[7]): 677–79.

Etudes Familles de plantes et espèces: **1935**, 386–. — Réactions biochimiques et structure cellulaire: **1937**, 804–.

J. Fabricants Sucre Transformations chimiques au cours de la dessiccation: **73** ('32) 3. Sept. — Réflexions sur le sucre et la betterave à sucre: **74** ('33) 28. Jan. — La composition du ciment intercellulaire[6]): **75** ('34) 7. Juli. — Le taux des cendres et leur alcalinité dans la betterave: **76** ('36) 563–. — Le jaunissement automnal des feuilles de betterave: **81** ('40) 33. — Sur la constitution du dextrane[2]) 208. — Physionomie du bouquet foliaire de la betterave à l'automne[10])[4]): **82** ('41) 68, 83.

Monde industr. Betterave et canne à sucre; la betterave peut-elle encore se défendre?: **1934**, 61–69.

Notices et Discours, Acad. Sci., Paris Notice sur la vie et les travaux de Louis Mangin (1852–1937): **2** ('49) 256–81.

Publ. Inst. belge Améliorat. Betterave L'espèce spontanée Beta patellaris, Moq. Tand.[12]): **2** ('34) 129. — Les matières mucilagineuses de la betterave: **3** ('35) 145–50. — L'alcalinité des cendres de betterave, sa signification, sa mesure: 247–51. — Détails de structure chez diverses sortes de betteraves cultivées[12]): 255. — Recherche et dosage des matières pectiques dans les betteraves et les produits de sucrerie; exposé critique des méthodes: 231–65. — Les glucides des feuilles de betterave à l'automne; feuilles vertes et feuilles jaunes: **4** ('36) 191–98. — Les cendres et leur alcalinité dans la betterave[16]): 199–205. — La sixième génération de l'hybride Géante blanche × Sucrière Vilmorin A.[4]): 267–. — Phosphore et azote dans la betterave[4]): 271–79. — Les oxydases de la betterave: **5** ('37) 151–54. — Azote, cendres et organates dans la betterave[16]): 509–18. — Azote et phosphore dans les feuilles de betterave à l'arrière-saison[4]): 519–33. — Sur une expérience de vicinisme: **5** ('37). — La structure du cordon radiculaire de la betterave[12]): ibid. — L'amidon des feuilles de betteraves: **6** ('38) 133–41. — Azote et organates dans la betterave suivant la source d'azote[16]): 459–63. — Une sélection laborieuse[4]): 465–. — Première génération d'hybrides: Kuhn × Mangold, Vilmorin A. × Mangold, Mangold × Kuhn[4]): 471–. — La déhiscence des anthères et l'épanouissement du stigmate chez diverses sortes de betteraves[18]): **6** ('38). — Les croisements de sucrières et de fourragères, dissociation en F_2, de l'hybride Kuhn × Mangold[4]): **7** ('39) 28–47. — Biochimie de la betterave dans les premières semaines de végétation[10]): 135–43. — Physionomie du bouquet foliaire de la betterave à l'automne[10])[4]): **8** ('40). — En attendant la betterave polyploïde: **9** ('41) 219–26.

Revue Bot. appl. et Agric. tropic. Betterave et canne à sucre; la betterave peut-elle encore se défendre?: **14** ('36) 653–58.

Revue gén. Bot. Potasse et betterave[3]): **44** ('32) 5. — Le métabolisme du sucre dans la fermentation alcoolique: **48** ('36) 697–.

Revue gén. Sci. pures et appl. Le déclin du sucre de betterave: **44** ('33) 19–25. — Chimisme et classification chez les végétaux: **46** ('35) 185–. — Chimisme et hybridation chez les végétaux: 699–.

Revue Questions sci. La classification naturelle: l'œuvre d'Adanson: **1935**. — La glycolyse: **1937**. — La tyrosinase: **1939**.

Sucrerie belge Structure du cordon de la betterave[12]): **56** ('37) 309–. — Azote et phosphore dans les feuilles de betterave avant la récolte[4]): **57** ('38) 181–94. — Sur la gomme de canne à sucre[2]): 373 f. — Sur la constitution du dextrane[2]) **59**: ('40) 343–45.

Vie agricole et rurale Remarques sur l'effeuillage des betteraves: **30** ('40) 14–.

Mit: [1]) J. Augier; [2]) H. Belval; [3]) P. Billon; [4]) E. Bougy; [5]) J. Carles; [6]) A. Chaudun; [7]) M.-M. Chollet; [8]) E. Guéguen; [9]) G. Legrand; [10]) S. Lemoyne; [11]) J. Payen; [12]) M. Picault; [13]) M. Quillet; [14]) P. Ricard; [15]) A. Rousseau; [16]) M. Simon; [17]) G. Tanret; [18]) J. Vidal.

VI **COLLANDER,** Paul Runar. Pflanzenphysiol., Botanik. — 1925 Doz., '35 ao. Prof., '39–61 o. Prof., Univ. Helsinki. — '61 Dr. rer. nat. h. c. (Univ. Greifswald).

*1894, Mai 1, Viborg, Finnland.

Bildn. Physiologia Plantarum [København] 7 ('54) H. 2.

Zur Biogr. H. Borriss, Wissenschaftliche Z. Univ. Greifswald 11 ('61) 1–6 (m. Bildn. u. Schr.verz.).

S. Handwörterbuch der Naturwissenschaften (R. Dittler, G. Joos u. a.) 7 ²(Jena '32) 804–12: Permeabilität. – Proc. Zesde [6.] internationaal botanisch congres, Amsterdam 1935, 2: Abstracts of sectional papers (Leiden '35) 289–91: Salzpermeabilität und Salzaufnahme der Zellen von Chara ceratophylla und Tolypellopsis stelligera. – Handbuch der Pflanzenphysiologie (W. Ruhland) 2: Allgemeine Physiologie der Pflanzenzelle (Berlin–Göttingen–Heidelberg '56) 196–217: Methoden zur Messung des Stoffaustausches; 218–29: Der Ort des Penetrationswiderstandes; 779–91: Narkose und Narkotica (unter besonderer Berücksichtigung ihrer Einwirkung auf den aktiven Stofftransport und die Protoplasmapermeabilität)[6])[9]). – Plant physiology (F. C. Steward) 2: Plants in relation to water and solutes (New York '59) 3–102: Cell membranes: Their resistance to penetration and their capacity for transport.

W. Kasvifysiologian perusteet [Grundlagen der Pflanzenphysiologie] 1 (Helsinki '45) 401 S.; 2 ('47) 414 S. – Kasvifysiologian alkeet [Elemente der Pflanzenphysiologie] (Helsinki '47) 204 S.; ²('60) 278 S. – Permeabilitätstheorien (m. V. Wartiovaara) (Wien '60) 98 S. (Protoplasmatologia II C 8d). – Kasvitieteen historia [Geschichte der Botanik] (Helsinki '64) 88 S.

Acta bot. fennica Permeabilitätsstudien an Chara ceratophylla, 2: Die Permeabilität für Nichtelektrolyte[3]): **1933**, Nr. 11, 114 S. – The distribution of different cations between root and shoot: **1941**, Nr. 29, 12 S.

Acta chem. scand. Die Verteilung organischer Verbindungen zwischen Äther und Wasser: **3** ('49) 717–47. – Distribution of organic compounds between isobutanol and water: **4** ('50) 1085–98. – Partition of organic compounds between higher alcohols and water: **5** ('51) 774–80.

Acta physiol. scand. Lipoid solubility: **13** ('47) 363–81. – A simple permeability experiment for class work and demonstration purposes[1]): **14** ('47) 171–73.

Acta Soc. Fauna et Flora fennica Die Aufnahme von Sulfosäurefarbstoffen seitens pflanzlicher Zellen – ein Beispiel der adenoiden Tätigkeit der Protoplasten[4]): **60** ('37) 129–35.

Annual Rev. Biochem. Permeability: **6** ('37) 1–18.

Annual Rev. Plant Physiol. Permeability of plant cells: **8** ('57) 335–48.

Årsbok-Vuosikirja, Soc. Sci. fennica Fredrik Elfving. Minnestal: **21 C** ('43) 1–42.

Ber. dtsch. bot. Ges. Über die Kationenselektion der höheren Pflanzen: **55** ('37) 74–81.

Commentationes biol., Soc. Sci. fennica The permeability properties of Torulopsis cells: **16** ('57) Nr. 15, 1–7.

Leopoldina Ernest Overton, 1865–1933, a pioneer to remember: (3) **8/9**. 1962/63 ('65) 242–54.

Naturens Verden Växtcellernas permeabilitet och ämnesutbyte: **27** ('43) 145–63.

Naturwissenschaften Diffusion und adenoide Tätigkeit bei der Ionenaufnahme pflanzlicher Zellen: **30** ('42) 484–89.

Physiologia Plantarum [København] Die Permeabilität pflanzlicher Protoplasten für Harnstoff und Alkylharnstoffe[8]): **2** ('49) 235–46. – The permeability of plant protoplasts to small molecules: 300–11. – The permeability of Nitella cells to rapidly penetrating non-electrolytes: **3** ('50) 45–47. – The permeability of Nitella cells to non-electrolytes: **7** ('54) 420–45. – Die Permeabilität des Plasmalemmas für Säuren: **10** ('57) 397–405. – Das Permeationsvermögen des Pentaerythrits verglichen mit dem des Erythrits: **12** ('59) 139–44. – Permeation of polypropylene glycols: **13** ('60) 179–85.

Plant Physiol. The selective absorption of cations by higher plants: **16** ('41) 691–720.

Protoplasma Ernst Overton: **20** ('33) 228–31. – Plasmolytische Beobachtungen an den Epidermiszellen von Rhoeo discolor: **21** ('34) 226–34. – Der Zellsaft der Characeen: **25** ('36) 201–10 [m. engl. Zusammenfassg.]. – Die Undurchlässigkeit pflanzlicher Protoplasten für Sulfosäurefarbstoffe[7]): **31** ('38) 499–507. – Permeabilitätsstudien an Characeen, 3: Die Aufnahme und Abgabe von Kationen: **33** ('39) 215–57 [m. engl. Zusammenfassg.]. – Das Permeationsvermögen eines basischen Farbstoffes mit demjenigen einiger Anelektrolyte verglichen[5])[2]): **37** ('43) 527–37. – Permeability studies on luminous bacteria: **46** ('56) 123–42.

Schriften physik.-ökon. Ges. Königsberg Einige neuere Ergebnisse und Probleme der botanischen Permeabilitätsforschung: **69** ('37) 251–66.

Tabulae biol. [Den Haag] Die Elektrolyt-Permeabilität und Salz-Akkumulation pflanzlicher Zellen: **19** ('42) 313–33.

Trans. Faraday Soc. The permeability of plant protoplasts to non-electrolytes: **33** ('37) 985–90.

Wissenschaftliche Z. Univ. Greifswald Aus der Geschichte der Permeabilitätsforschung: **11** ('61) 7–11.

Mit: [1]) T. Äyräpää; [2]) E. Arhimo; [3]) H. Bärlund; [4]) A. Holmström; [5]) H. Lönegren; [6]) K. Paech; [7]) E. Virtanen; [8]) B. Wikström; [9]) V. Wartiovaara.

VI **COLLARD,** Auguste Jean Marie Victor Gesch. d. Astron. — 1904-39 Bibliothécaire, Observatoire royal de Belgique, Uccle.
*1881, Juli 28, Leuze-Longchamps;
†1953, Apr. 14, Uccle.

Nekr. A. Vincent, Archives, Bibliothèques et Musées Belgique **24** ('53) 178–80. — Ciel et Terre **69** ('53) 316 (m. Bildn.).

H. Catalogue alphabétique des livres, brochures et cartes de la Bibliothèque de l'Observatoire royal et de l'Institut royal météorologique de Belgique, 4: Accroissements de 1923 à 1932 (Gembloux '36).

S. C. R. du 2e Congrès national des sciences, Bruxelles 1935, **1** (Bruxelles '35) 82–88: Magister Jacobus Angelus de Ulma et son "Tractus de cometis".

Archives, Bibliothèques et Musées Belgique Une bibliothèque belge centenaire. La Bibliothèque de l'Observatoire royal et de l'Institut royal météorologique de Belgique 1833–1933: **12** ('35) 78–109.

Ciel et Terre Bibliographie des travaux belges d'astronomie et de météorologie: **48** ('32) 61–65; **50** ('34) 38–40, 86–88. — L'Abbé Aloys Verschaffel (1850–1933): **49** ('33) 8 S. — Adolphe Quetelet et l'astronomie: **51** ('35) Nrn. 6–8, 10 S.

Isis Goethe et Quetelet. Leurs relations de 1829 à 1832: **20** ('34) 426–35.

VI **COLLENBERG,** Oscar Edvard Olsson. Chem. (anorg.). — 1926-50 Prof., '50 Prof. Emeritus, Techn. Hochsch. Stockholm.
*1885, Jan. 4, Ulrika, Prov. Östergötland.

Nature [London] Influence of the nature and concentration of supporting electrolyte on polarographic diffusion of current⁷): **158** ('46) 449f.

Svensk kem. Tidskr. Katalytische Reduktion von Wolframtrioxid mit Wasserstoff⁶): **53** ('41) 192–201 [schwed.]. — Über die Benennung organischer Verbindungen¹)²)⁴)³)⁵)⁸): **55** ('43) 55–63 [schwed.].

Mit: ¹) H. Arnfelt; ²) S. Bodforss; ³) G. Hägg; ⁴) J. A. Hedvall; ⁵) A. Ölander; ⁶) B. Sandberg; ⁷) A. Scholander; ⁸) A. Westgren.

IV–VI **COLLIE,** John Norman. Chem. (org.). — 1928 Prof. Emeritus, Hon. Fellow, Univ. College, London. — Hon. LL.D. (Univ. of Glasgow; Univ. of St. Andrews); Hon. D. Sc. (Univ. of Belfast; Univ. of Liverpool).
*1859, Sept. 10, Alderley Edge;
†1942, Nov. 1, Sligachan, Isle of Skye.

Nekr. E. C. C. Baly, Chemistry and Industry **21** ('43) 7f.; Nature [London] **150** ('42) 655f.; Obituary Notices Fellows roy. Soc. London **4** ('42/44) 329–56 (m. Bildn., Faks., Schr.verz.). — H. Dale, Proc. roy. Soc., London, Ser. A **181** ('42/43) 216.

Zur Biogr. R. W. Clark, Six great mountaineers (London '56) 87–116.

V, VI **COLONNETTI,** Gustavo. Mech. — 1911-14 Prof. straord. Mecc. appl., R. Scuola Superiore Ingegneria di Genova; '14-16 Prof. ord. Scienza delle Costruzioni, R. Univ. di Pisa; '20-27 Prof. ord. Mecc. tecnica superiore, '28-46 Prof. ord., '57-62 Prof. fuori ruolo Scienza delle Costruzioni, Politecnico di Torino; '46-56 Presidente del Consiglio Nazion. delle Ricerche, Torino. — Dr. h. c. (Universités de Toulouse, Lausanne, Poitiers, Liège). — Medaglia d'Oro (Ministero Pubblica Istruzione).
*1886, Nov. 8, Torino.

Zur Biogr. Annuario pontificia Accad. Sci. **1** ('36/37) 241–45 (m. Bildn., Faks., Schr.verz.).

H. A. Castigliano, Selecta. Nel cinquantesimo anniversario della morte dell'autore (Torino '35). — Grandi primati italiani (Torino '61); darin eig. Beitr.: 131–44: Barsanti e Matteucci, il motore a scoppio. — Il mondo della tecnica **1–6** (Torino '62/63).

S. Atti I Convegno nazionale dei laureati cattolici, Firenze 1936 (Roma '37) 10 S.: I problemi attuali della professione dell'ingegnere che interessano il pensiero e la vita cristiana. — La formazione dell'uomo nella ricostruzione mondiale. Atti VIII Congresso internazionale Montessori, San Remo 1949 (Roma '50): L'educazione del senso della responsabilità; Il primato dello spirito sulla tecnica. — Giornata della scienza, Milano 1951 (Consiglio nazionale delle ricerche) (Spoleto '51) 21 S.: La grande avventura. — Istruzione tecnica e professionale. Atti del convegno tenuto a Como 1951 dall'Unione cattolica italiana insegnanti medi (Roma '52): La tecnica strumento di elevazione dell'uomo. — Conferenze del corso di perfezionamento 1954 (Milano '56) 12 S.: Saggio di generalizzazione della teoria classica dell'equilibrio elastico. — La ricerca operativa. Atti del convegno, Torino 1956 (Torino '57): La ricerca operativa nel quadro generale della ricerca scientifica in

Italia. — Convegno internazionale sui problemi dell'automatismo, Milano 1956 (Roma '58) 3–8: L'automazione nei suoi aspetti fondamentali; 159–70: La crisi della ricerca scientifica in Italia. — Laureati nell'industria. Annuario per il 1959 sulle possibilità d'impiego dei laureati nell'industria italiana (Milano '59) 57–61: I laureati e le attività di ricerca pura ed applicata. — Lauree e carriere moderne. Università degli studi, Politecnico, Provveditorato agli studi, Rotary club, Torino 1959 (Saluzzo '59) 75–78: Le nuove tecniche nell'industria moderna. — Atti II Giornata universitaria. La preparazione universitaria, oggi (Milano '61) 23–30: Per una soluzione del problema universitario. — Cinquant'anni di progresso scientifico 1907–1956 (Milano '61) 40–43: La scienza delle costruzioni nel decorso cinquantennio.

W. La statica delle costruzioni **2**, 1: Teoria generale delle travature reticolari piane e calcolo degli sforzi nelle aste dei sistemi statisticamente determinati (Torino '32) 6+410 S.; **2**, 2: Calcolo delle deformazioni elastiche e determinazione dei valori delle incognite nei sistemi iperstatici ('34) 557 S. — Dalla scuola alla professione (Milano '36) 141 S. — Recenti ricerche sperimentali sulla elasticità e resistenza dei tubi in cemento-amianto (Casale Monferrato '37) 7 S. (1º Congresso nazionale del cemento, Casale Monferrato 1937). — Esami e lauree. Conferenza, Torino 1936 (Roma '37) 11 S. — I margini di sicurezza e la loro funzione (Torino '38) 7 S. — Calcolare meglio (Torino '38) 7 S. — Su la resistenza dei tubi per condotte forzate affondati nel suolo (Torino '39) 7 S. — Ingegneria, scienza delle costruzioni (m. E. Giacchero) (Milano '39) 7 + 252 S. (Enciclopedia scientifica monografica italiana del ventesimo secolo, Ser. 1, Nr. 3). — Relazione sulla nuova tecnica del cemento armato (Torino '40) 13 S. — Scienza delle costruzioni (Torino '41) 8 + 509 S.; ^{2}('48) 8 + 562 S.; **1**: Teoria generale dell'equilibrio ^{3}('53) 2 + 12 + 462 S.; **2**: La statica delle travi e degli archi ^{3}('55) 8 + 431 S.; **3**: La tecnica delle costruzioni: le pareti sottili (Realizzazioni di Pier Nervi, Edouardo Torroja, Guido Oberti) ^{3}('57) 125 S. — Il problema dell'istruzione tecnica superiore in Italia (Torino '42) 7 S. — L'ora dell'Italia (Torino '48) 7 S. — Responsabilità degli intellettuali (Torino '48) 10 S. — Per la ripresa edilizia con un atto di solidarietà e di giustizia sociale (Roma '48) 17 S. — Les phénomènes de coaction élastoplastique et l'adaptation à la résistance des matériaux (Paris '49) 12 S. (Annales de l'Institut technique du bâtiment et des travaux publics, No. 99. Théories et méthodes de calcul No. 6. Centre d'études supérieures). — Plasticité et fluage (Paris '—) 13 S. (~ . ~ No. 36. ~). — Spazio, tempo e materia nella nuova concezione dell'Universo (Spoleto '50) 12 S. — La materia e lo spirito (Roma '54) 10 S. (Consiglio nazionale delle ricerche). — L'équilibre des corps déformables (Paris '55) 14 + 162 S. — La crisi della ricerca scientifica in Italia. Ricerca libera e ricerca organizzata (Torino '56) 16 S. — Le macchine utensili nella vita moderna. Un incontro fra tecnica e umanesimo: saggio per i giovani che si preparano agli studi superiori (Milano '57) 63 S. — L'automazione. Aspetti tecnici, economici e sociali (Torino '58) 80 S.; ('59) 80 S. — Démonstration visuelle du phénomène d'hystérésis élastique (m. A. Bray) (Torino '58) 6 S. [auch engl.]. — Politica della ricerca (Bari '58) 80 S. — "La scuola è aperta a tutti. I capaci e i meritevoli, anche se privi di mezzi, hanno diritto di raggiungere i gradi più alti degli studi". "Le istituzioni di alta cultura, università ed accademie, hanno il diritto di darsi ordinamenti autonomi nei limiti stabiliti dalle leggi dello Stato" (art. 33 e 34 della Costituzione Italiana) (Torino '59) 14 S. — Les déformations non linéaires des corps solides (Torino '60) 23 S. — La scuola ed il Mercato comune europeo (Torino '60) 9 S. — Elastoplasticità. Saggio di interpretazione delle deformazioni plastiche come fenomeni ereditari (Roma '60) 107 S. — Istituto superiore di tecnologia, Torino. Relazione del presidente Gustavo Colonnetti alla chiusura del primo anno del corso di specializzazione in metrologia (Torino '60) 11 S.; ~ del secondo anno ~ ('61) 11 S. — Il progetto italiano per il salvataggio dei templi di Abu-Simbel (Torino '61) 19 S. — Si può salvare l'Università italiana? (Milano '61) 150 S. — La parificazione dei titoli di studio universitari nel quadro della futura unità culturale europea (Torino '61) 8 S.

Acta, Pontificia Acad. Sci. Saggio su la resistenza dei materiali in regime plastico (Il problema del gancio): **3** ('39) 27–34. — Contributo alla teoria delle travi inflesse in stato di coazione: 59–63. — Teoria e calcolo delle travi con armature preventivamente tese. Il caso della presso-flessione: **4** ('40) 1–13; ~ Il problema della sezione parzializzata: 143–45; ~ Il proporzionamento dell'armatura: 179–83; ~ Il problema dei margini di sicurezza: **6** ('42) 347–57. — Di un nuovo procedimento per la messa in tensione delle armature nelle strutture in cemento armato: **4** ('40) 61–67. — Stati di coazione da armature incrociate: 69–72. — Elasticità e resistenza di travi con armature preventivamente tese: 155–61. — Al di là dei limiti della teoria classica dell'elasticità: **5** ('41) 159–66. — Su di un caso caratteristico di rinforzo di una volta sottile: **6** ('42) 41–50. — La statica delle cupole cerchiate: 51–55. — Sul problema della flessione composta in regime elasto-plastico: 181–91. — Serbatoi sferici a sospensione funicolare: 209–14. — Deformazioni plastiche e deformazioni viscose: 217–24. — Il problema dei margini di sicurezza nelle strutture iperstatiche in stato di coazione: 273–93.

Annali Lavori pubbl. Sono ammissibile deformazioni plastiche nelle costruzioni ?[1]): **1940,** H. 5, 5 S.

Atti (reale) Accad. nazion. Lincei, Rend. A proposito della influenza dello sforzo di taglio sulla freccia di una trave inflessa, 1: (6) **15** ('32) 549–52; ~ 2: 646–49. — Su l'equilibrio elastico dei sistemi in cui si verificano anche deformazioni non elastiche: **25** ('37) 367–70; ~ 2: 439–43; ~ 3: 580–85; ~ 4: 694–98. — Il secondo principio di reciprocità e le sue applicazioni al calcolo delle deformazioni permanenti, 1: **27** ('38) 75–79; ~ 2: 173–76; ~3: 221–24. — Alla ricerca dei fondamenti sperimentali della teoria dell'equilibrio elastoplastico: **28** ('38) 254–58. — Il problema dell'aderenza nei cementi armati in stato di coazione: **29** ('39) 478–80. — Il problema del primato sulla invenzione della radio: (8) **4** ('48) 3–8. — Saggio di impostazione generale del problema delle deformazioni viscose: 515–19. — L'organizzazione della ricerca scientifica problema fondamentale di vita nazionale: **11** ('51) 133–39. — L'intervento U.S.A. e la sua possibile influenza su la scienza e la cultura italiana: 412–15. — A proposito del secondo principio di reciprocità: **17** ('54) 3f. — Su l'equilibrio elasto-plastico delle pareti sottili, 1: **22** ('57) 3–5; ~ 2: 130–32. — Giuseppe Albenga †: **23** ('57) 331–33. — Nuovi punti di vista sul problema dell'equilibrio elasto-plastico nel tempo, 1: **25** ('58) 140–45; ~ 2: L'equilibrio elasto-plastico delle strutture nel tempo: 239–45; ~ 3: Il problema dell'isteresi negli stati di coazione: 389–94; ~ 4: Verifica sperimentale di presunti rapporti tra deformazioni elastiche e deformazioni plastiche: **26** ('59) 6–8; ~ 5: Caratteristiche geometriche dei cicli di isteresi elastica: 111–13; ~ 6: Sui rapporti di forma e di posizione tra curve di rilassamento e cicli di isteresi: 415–17; ~ 7: 613–16. — Interpretazione di fenomeni elastoplastici per mezzo della teoria dell'eredità lineare: **27** ('59) 14–19. — Problemi di conservazione dell'equilibrio interno di una massa rocciosa eterogenea in corso di trasferimento: **30** ('61) 618–21. — Singolari proprietà degli stati di coazione: **32** ('62) 429–31.

Atti (reale) Accad. Sci. Torino Apparecchiature sperimentali per lo studio dell'equilibrio elasto-plastico delle pareti sottili: **91** ('56/57) 497f. — Giuseppe Albenga †: **92** ('57/58) 145–48. — Travi inflesse in stato di coazione: **96** ('61/62) 156–62. — Stati di coazione di strutture non omogenee: 307–12. — Ricerche sperimentali su di un modello di martinetto idraulico con controllo meccanico della corsa: **97** ('62/63) 57–64. — Su la possibilità di sottofondazione del campanile di Pisa: 1106–13, 1238–44. — Urgenza di attrezzature a salvaguardia del campanile di Pisa: **98** ('63/64) 585–88. — Prime registrazioni di movimenti dell'anello di base della Torre di Pisa: **99** ('64/65) 71–76. — Nuovi punti di vista sul regime statico della Torre di Pisa: 221–24.

Atti Collegio Ingegneri [Milano] Funzione e importanza della ricerca scientifica nel mondo moderno: **1949,** Nr. 5/6, 7 S.

Atti e Rassegna tecn. Soc. Ingegneri e Architetti Torino Nel cinquantesimo anniversario di una memoria di Vito Volterra che ha aperto vie nuove alla moderna scienza delle costruzioni: **11** ('57) (März-Nr.) 2 S. — Dalla legge Casati alla scuola di domani: **13** ('59) (Dez.-Nr.) 4 S.

Belfagor Il collegio, cellula di rinnovata vita universitaria: **17** ('62) 343–46.

Bull. techn. Suisse romande Théorie de l'équilibre des corps élasto-plastiques: **67** ('41) 82 S. — Les déformations héréditaires: **86** ('60) 225–31.

Casabella Le deformazioni plastiche e la loro funzione statica: **10** ('38). — Sistemi iperstatici in regime elasto-plastico: **11** ('39) Nr. 135, 3 S.

Cemento armato Sul calcolo delle travi in cemento armato: **34** ('37) Nr. 10, 6 S. — Analisi delle deformazioni plastiche e del conseguente stato di tensione nelle travi in cemento armato: **35** ('38) Nr. 1, 6 S. — Su la resistenza dei tubi per condotte forzate: **36** ('39). — Problemi nuovi e nuovi orientamenti: **36** ('39) Nr. 2/3. — Prospettive autarchiche in materia di cemento armato: Nr. 4. — La nuova tecnica del cemento armato: Nr. 8.

Commentationes pontificiae Acad. Sci. Saggio di una teoria generale dell'equilibrio elasto-plastico: **2** ('38) 131–50. — Incrudimento ed isteresi elastica nel quadro della nuova teoria dell'equilibrio elasto-plastico: 309–19. — La statica dei corpi elasto-plastici: 439–514. — Su la resistenza alla flessione in regime elasto-plastico: **3** ('39) 1–11. — Risoluzione grafica generale del problema della flessione in regime elasto-plastico: 233–42. — Camillo Guidi – discorso commemorativo pronunciato nella seconda tornata ordinaria del settimo anno accademico, il 5. 6. 1943: **7** ('43) 283–97. — Teoria e calcolo delle travi con armature preventivamente tese: **8** ('44) 77–87.

C. R. hebd. Séances Acad. Sci., Paris Valeur pratique d'une théorie de l'équilibre élastoplastique: **232** ('51) 584f. — L'équilibre élastoplastique dans le temps, 1: **233** ('51) 593–95, 1708; ~ 2: 644–46; ~ 3: 677f.; ~ 4: 717f. — De la valeur du coefficient de Poisson dans les phénomènes élasto-plastiques: **235** ('52) 1460–62. — Expression généralisée du théorème de réciprocité: **237** ('53) 589–91, 635–37. — L'équilibre des voiles minces hyperstatiques: **243** ('56) 761–64; **244** ('57) 423–25; ~: Le cas des voiles cylindriques: **243** ('56) 793–96; ~: Le cas des voiles de surface minimum: 1087–89, 1701–04. — Plasticité et fluage: **247** ('58) 376–78; ∼ 2: 561–63; ∼ 3: 840–42; ∼ 4: 897–99. – Relaxation et écrouissage: **248** ('59) 2429–32, 3670f.; **249** ('59) 599f. – Vérification expérimentale de la théorie héréditaire des déformations plastiques: **250** ('60) 2489–91, 3256f., 4087; **251** ('60) 182f. – Fluage et relaxation: 2845–47. – La fatigue des matériaux: **254** ('62) 47–49. – Un nouvel appareillage pour la création d'états de coaction: **255** ('62) 1283–85. – Le problème de la synchronisation des vérins dans le relevage de masses imposantes: **256** ('63) 561f.

Geotecnica Progetto di sollevamento del campanile di Pisa onde rendere possibile la costruzione sotto di esso di una fondazione efficiente: **1964**, Nr. 1.

Idea [Roma] Ricostruzione universitaria: **1** ('45) Nr. 4, 15 S. – Democrazia svizzera: **2** ('46) Nr. 2, 16 S.

Ingegnere A proposito delle prove sui cementi[2]): **8** ('34) 5 S. – Sulla attendibilità delle prove di resistenza a compressione su cubi prelevati da elementi di costruzioni in conglomerato cementizio: **10** ('36) Nr. 5, 5 S. – Su la resistenza alla trazione delle strutture in beton armato: Nr. 10, 6 S. – Su la definizione e la determinazione del limite elastico di certi materiali: **11** ('37) Nr. 2, 5 S. – Nuovi punti di vista sulla statica degli archi molto ribassati: Nr. 10–12, 16 S. – Un caso elegante di passaggio al limite in un problema di resistenza dei materiali: **12** ('38) Nr. 2. – Su la possibilità di un razionale impiego delle deformazioni plastiche dei materiali: Nr. 3, 3 S. – Cemento armato con acciai ad alto limite elastico: **13** ('39) Nr. 8, 4 S. – Cemento armato con acciai Isteg: **14** ('40) Nr. 1, 4 S.

Italia socialista Il senso dell'unità europea: **1948**, 20. Juni.

Mécanique Etude sur les états de coaction: **1939**, Sept./Okt., 8 S.

Minerva med. [Torino] L'energia nucleare ed alcuni suoi problemi tecnici e sociali: **46** ('55) Dez., Nr. 98, 912–18. – Casi di coscienza di uomini di scienza: **50** ('59) Febr., Nr. 12, 262–68.

Motor Italia Per risolvere il problema del traffico e del posteggio dei veicoli nella rinnovazione di via Roma a Torino: **1934**, Mai-Nr., 4 S.

Nuova Antol. L'esperienza in Svizzera e la nostra ricostruzione universitaria: **1945**, Nr. 7, 7 S.

Ossature métall. Les déformations plastiques et le dimensionnement des systèmes hyperstatiques: **4** ('38) 331–35.

Ponte [Firenze] Le scienze esatte in Piemonte: **5** ('49) Nr. 8/9, 2 S.

Quarterly appl. Math. Elastic equilibrium in the presence of permanent set: **7** ('50) 353–62.

Rassegna Istruzione media Valore umanistico degli studi scientifici: **3** ('48) Nr. 6, 7 S.

Revue univ. Mines, Métallurgie, Trav. publ., Sci. et Arts appl. Industrie La recherche scientifique en Italie: **100** ('57) 577f.

Ricerca sci. La ricerca scientifica e la ricostruzione: **15** ('45) Nr. 6, 3 S. – Per una più rapida soluzione del problema dei senza tetto: **16** ('46) Nr. 11, 7 S. – I titoli di ammissione agli studi di ingegneria: **17** ('47) 7 S. – Valore umanistico degli insegnamenti della matematica e della fisica: **18** ('48) Nr. 5/6. – Chi ci darà la libertà della scienza?: **19** ('49) 1–14. – Preminenza assoluta del problema della casa: 181f. – Funzione ed importanza della ricerca scientifica nel mondo moderno: 453–66. – Antonio Lo Surdo †: 471. – La formazione dell'uomo nella ricostruzione mondiale: 1037–42. – La visita di Enrico Fermi al Consiglio Nazionale delle Ricerche: 1113–18. – Responsabilità degli uomini di scienza: **20** ('50) 753–56. – La grande avventura: **21** ('51) 663–74. – L'organizzazione della ricerca scientifica problema fondamentale di vita nazionale: 1097–1104. – Libertà d'informazione scientifica: 1723–26. – La tecnica strumento di elevazione dell'uomo: 1917–30. – L'intervento degli Stati Uniti e la sua possibile influenza sulla scienza e sulla cultura italiana: **22** ('52) 3–7. – Guido Castelnuovo †: 1697f. – Limiti dell'esercizio delle professioni tecniche e conseguente indirizzo dei programmi scolastici: **23** ('53) 949–54. – Missione internazionale della Svizzera in tema di fisica nucleare: 2117–27. – Un sincrotrone all'Italia: **24** ('54) 3–8. – L'influence de la recherche scientifique dans le monde moderne: **25** ('55) 14–18. – Responsabilità dell'uomo di scienza: 1052–56. – Gli uomini dell'era atomica al bivio tra morte e fraternità: 1955–58. – Il „fatto nuovo" nella politica atomica: 3007–10. – Iniziative torinesi nel campo dell'ingegneria nucleare: 3235–43. – La crisi della ricerca scientifica in Italia: **26** ('56) 1363–71. – Onoranze ad Amedeo Avogadro: Nr. 9, 4 S. – Massimo Sella †: **29** ('59) 2029–31. – Außerdem Wiedergabe verschiedener Ansprachen: **15** ('45), **16** ('46), **18** ('48).

Studium [Napoli] Cultura e specializzazione: **1935**, Nr. 2, 19 S. – Il senso della perfezione nell'apostolato laico: Nr. 7/8, 18 S. – André Marie Ampère: **1937**, Nr. 2, 15 S. – Il senso dell'infinito: un pensiero di Pascal alla luce della scienza moderna: **1957**, Nr. 12, 7 S.

Svizzera ital. Il senso della libertà nei ricordi di un esule in Svizzera: **8** ('48) Nr. 72, 5 S.

Technique Trav. Le problème des déformations plastiques et la théorie des poutres fléchies: **14** ('38) 105–11. – Le problème des déformations plastiques et la théorie des arcs surbaissés: 221–24.

Université 45 L'université dans la lutte pour le progrès social: **1945**.
Mit: [1]) C. Guidi; [2]) B. Zunini.

VI **COLPITTS,** Edwin Henry. Elektrotechn. – 1933-37 Vice President, Bell Telephone Laboratories, Inc., New York; '37 retired.
*1872, Jan. 19, Point du Bute, N. B., Can.;
†1949, März 6, Orange, N. J., USA.

IV–VI **COLSON,** Albert Jules. Chem. – 1898-1913 Prof., '13-33 Prof. hon., Ecole Polytechnique, Paris. – '05 Prix L. La Caze de Chimie (Acad. Sci. Paris).
*1853, März 4, Varangéville près de Nancy, Meurthe;
†1933, Apr. 12.

V, VI **COMANDUCCI,** Ezio. Chem. (pharmaz.). – 1905-22 Libero Doc., Istituto di Chimica farmac., R. Univ. di Napoli.
*1873, Apr. 3, San Sepolcro, Arezzo;
†1922, Jan. 28, Napoli.
Nekr. Giorn. Chim. industr. ed appl. **4** ('22) 180.

V, VI **COMAS SOLÁ,** José. Astron. – 1903-37 Director, Observatorio Fabra, Sección Astronómica, Acad. de Ciencias y Artes de Barcelona.
*1868, Dez. 19, Barcelona;
†1937, Dez. 2, Barcelona.
Nekr. F. Kubesch, Weltall **38** ('38) 88–91 (m. Bildn.). – L'Astronomie (BSAF) **52** ('38) 127f. (m. Bildn.). – Ciel et Terre **54** ('38) 146–49 (m. Bildn.). – Circulaire, Union astron. int. Nr. **705** ('38). – Gazette astron. **24** ('37) 116f. – Himmelswelt **48** ('38) 66 (m. Bildn.). – Nordisk astron. Tidsskr. **19** ('38) 89. – Publ. astron. Soc. Pacific **50** ('38) 69f. – Revista astron. **9** ('37) 113–16 (m. Bildn.).
W. El cielo (Barcelona '33) 222 S.; ('50). – Astronomía (Barcelona '35) 639 S.; [5]('53) 232 S.
Astri Sopra la luce: **3** ('34) 358–60. – Stereoscopia astronomica: **4** ('35) 112–14.
Astronomische Nachr. Sur la vitesse radiale de quelques nébuleuses: **248** ('33) 185f. – Observaciones del cometa 1937f (Finsler): **264** ('37) 195f.
Boletín, Observat. Fabra, Barcelona Las grandes velocidades radiales y la aberración de la luz: **2** ('32/34) Nr. 3, 49–51. – Algunas consideraciones sobre la teoría corpuscular ondulatoria de la radiación: 51f. – Estudio del rayo luminoso en la teoría corpuscular ondulatoria cuando el foco está dotado de acceleración: Nr. 4, 1–5. – Nota adicional sobre la teoría corpuscular ondulatoria de la radiación: 7. – Los rayos cósmicos: 7. – Astronomía meteórica: Nr. 5.
C. R. hebd. Séances Acad. Sci., Paris Sur l'observation d'un bolide: **197** ('33) 128–30.
Revista Soc. astron. España y America La rotación del universo: **22** ('32) 40–42. – La expansión del universo: 50–52. – Ciencia y realidad: **23** ('33) 154f. – La rotación de las estrellas: **24** ('34) 17f. – Sobre la luz: 32–35. – Estereoscopía astronómica: 49–51. – Cosmogonía: 65f. – Marcha atrás: 89f. – Los colosos del universo: **25** ('35) 1–3.
Revue sci. Théorie corpusculaire ondulatoire de la radiation: **70** ('32) 289–93. – Essais de critique des concepts scientifiques: 673–77.
Scientia Analogías y diferencias en la constitución de los planetas: (3) **59** ('36) 188–94.

V, VI **COMESSATTI,** Annibale Alessandro. Math. – 1925-45 Prof. ord. Geometria analitica e proiettiva, Geometria descrittiva, Matematiche complementari e Prof. incar. Geometria superiore, '30-45 Direttore del Seminario Matematico, Univ. di Padova; in aggiunta '24–27 Prof. incar., Univ. di Ferrara; '37-39 Prof. incar., Univ. di Bologna. – '26 Medaglia d'Oro per la Matematica (Soc. Italiana dei XL); '33 Premio reale della Matematica (Accad. Nazion. dei Lincei).
*1886, Jan. 30, Udine;
†1945, Sept. 13, Padova.
Nekr. L. Berzolari, Rend., Reale Ist. lombardo Sci. e Lettere, Parte gen. e Atti uffic. **79** ('45/46) 39–72 (m. Schr.verz. 66 Nrn.). – F. Severi, Revista mat. hisp.-amer. (4) **7** ('47) 239–42. – A. Tonolo, Atti, Ist. veneto Sci., Lettere ed Arti **107** ('48/49) 85–91; Rend. Semin. mat. Univ. Padova **15** ('46) 1–7 (m. Bildn.).
Ehrung Premio per la Geometria col nome „Annibale Comessatti" (Univ. di Padova).
MHZ. (Redakt.) Rend. Semin. mat. R. Univ. Padova **1** ('30) – **14** ('43).
S. Verhandlungen des internationalen Mathematiker-Kongresses, Zürich 1932, **2** (Zürich '32) 169: Sulla connessione delle superficie algebriche reali. – Scritti matematici offerti a Luigi Berzolari (Pavia '36) 119–30: Sul gruppo topologico d'una coppia di coniche.

– Enciclopedia delle matematiche elementari 2, 2 (Milano '38) 307–75: Geometria descrittiva ed applicazioni. – Un secolo di progressi scientifici italiani 1839–1939 1 (Roma '39) 49–53: Introduzione allo studio del progresso della matematica in Italia negli ultimi cento anni. – Atti IX Convegno di scienze fisiche, matematiche e naturali della R. Accad. d'Italia 1939 (Fondazione Alessandro Volta): Matematica contemporanea e sue applicazioni (Roma '43) 15–41: Problemi di realtà per le superficie e varietà algebriche.

W. Elementi della teoria generale delle coniche (Padova '32) 103 S.; Neudruck ('35); ²('39) 6 + 115 S. – Lezioni di geometria descrittiva con applicazioni ²(Padova '33) 7 + 479 S.; Neudrucke ('38, '39, '42); ³('44) 483 S. – Lezioni di geometria analitica e proiettiva 1 ²(Padova '41) 15 + 470 S.; 2 ² ('42) 12 + 459 S.

Atti reale Accad. Italia, Mem. Sulle plurilinearità tra spazi: **14** ('43) 23–37.

Atti reale Accad. nazion. Lincei, Rend. Sulla serie canonica d'una superficie algebrica: (6) **16** ('32) 555–60.

Atti, Reale Ist. veneto Sci., Lettere ed Arti Sulla deduzione delle relazioni bilineari tra i periodi d'un corpo di funzioni abeliane[1]): **102** ('42/43) 541–49.

Atti e Mem. Reale Accad. Sci., Lettere ed Arti Padova Sui gruppi finiti di proiettività binarie: **50** ('34) 245–53. – Sui gruppi di sostituzioni lineari privi di sostituzioni lossodromiche: 257–67. – Topologia: **57** ('42) 9–34.

Atti Soc. ital. Progr. Sci. La produzione geometrica italiana nell'anno XV E. F.: **26**, 2 ('38) 47–56.

Boll. Unione mat. ital. Sui circuiti dispari delle curve algebriche reali tracciate sopra superficie razionali: **12** ('33) 289–93. – Una questione elementare studiata con mezzi superiori. Saggio sul problema delle sezioni di un diedro: (2) **1** ('39) 145–60, 236–58. – Intorno ad un classico problema di unisecanti: **2** ('40) 97–104. – Sulla normalizzazione delle forme bilineari alternate a coefficienti interi: **5** ('43) 61–72.

Bull. Soc. roy. Sci. Liège Sur les involutions dépourvues de points unis appartenant à une courbe algébrique: **6** ('37) 178–80.

Memorie Cl. Sci. fisiche, mat. e natur., Reale Accad. Italia Intorno ad un nuovo carattere delle matrici di Riemann: **7** ('36) 81–129.

Rend. Semin. mat. R. Univ. Padova Sulla connessione e sui numeri base delle superficie algebriche reali: **3** ('32) 141–62. – Sugl'indici di singolarità a più dimensioni delle varietà abeliane: **5** ('34) 50–79.

Scienza e Tecnica Matematica qualitativa: **5** ('41) 15–31.

Mit: ¹) F. Conforto.

IV, VI **COMEY,** Arthur Messinger. Chem. — 1921-33 retired from active work as a chemist.

*1861, Nov. 10, Boston, Mass.;

†1933, Apr. 6, Cambridge, Mass.

Nekr. J. F. Norris, Proc. amer. Acad. Arts and Sci. **68** ('33) 618f.

V, VI **COMPTON,** Arthur Holly. Physik. — 1929-45 Prof., '40-45 Chairman of the Departm. of Physics, Dean of physical Sciences, Univ. of Chicago, Chicago, Ill.; '45-53 Chancellor, '54- Distinguished Service Prof. of Natural Philosophy, '58- Hon. Director, Washington Univ., St. Louis, Mo.; '26-45 Consultant, General Electric Co.; '31-34 Director, World Survey of Cosmic Rays; '31-41 Research Assoc., Carnegie Institution of Washington; '37-44 Member of the National Advisory Cancer Council; '42-45 Director, U. S. Government's Plutonium Research Project; Special Lecturer and Visiting Prof. at various universities. — Hon. Sc.D.: '27 (College of Wooster, Wooster, Ohio); '29 (Ohio State Univ., Columbus, Ohio); '29 (Yale Univ., New Haven, Conn.); '34 (Princeton Univ., Princeton, N. J.); '35 (Brown Univ., Providence, R. I.); '36 (Harvard Univ., Cambridge, Mass.); '41 (Univ. Nacion. de San Augustin, Arequipa, Peru); '49 (Pandschab Univ., Lahore, Indien); '49 (Capital Univ., Columbus, Ohio); '50 (Muslim Univ., Aligarh, Indien); '52 (Univ. of Chicago, Chicago, Ill.); '53 (Coe College, Cedar Rapids, Ia.); '57 (Brandeis Univ., Waltham, Mass.); '57 (Lake Forest Univ., Lake Forest, Ill.). — Hon. LL. D.: '28 (Washington Univ., St. Louis, Mo.); '30 (Univ. of California, Berkeley, Calif.); '46 (Lehigh Univ., Bethlehem, Pa.); '49 (Texas Christian Univ., Fort Worth, Tex.); '51 (Baylor Univ., Waco, Tex.); '52 (Westminster College, Fulton, Mo.); '56 (Michigan State Univ., East Lansing, Mich.). — '34 M. A. (Univ. of Oxford); '41 L. H. D. (Univ. of Tampa, Fla.); '42 Litt. D. (Jewish Theol. Seminary of America, New York). — '27 Nobel Prize for Physics. — '27 Rumford Gold Medal (American Acad. of Arts and

Sci.); '28 Gold Medal (Radiol. Soc. of North America); '33 Medaglia Matteucci d'Oro (Soc. Italiana Sci., Roma); '40 Franklin Gold Medal (Franklin Inst.); '40 Hughes Medal (Roy. Soc. London); '45 Washington Award (Western Soc. of Engineers); '45 Franklin Medal (Amer. Philos. Soc.); '46 U. S. Governm. Medal for Merit; '46 Louis Award; '47 Grande Médaille des Ing. Dr. de France; '47 Officier de l'Instruction publique avec des Palmes; Röntgen-Plakette (Ges. d. Freunde u. Förderer d. Deutschen Röntgen-Museums, Remscheid-Lemgo).

*1892, Sept. 10, Wooster, Ohio;

†1962, März 15, Berkeley, Calif.

Bruder von Karl Taylor Compton V-VIIb

Bildn. Scientific Monthly **35** ('32) 384. – Nuovo Cimento (10) **23** ('62) vor S. 941 (m. Faks.).

Zur Biogr. W. Bragg, Proc. roy. Soc., London, Ser. A **177** ('40/41) 25f. – J. Frazer, Scientific Monthly **51** ('40) 185–89 (m. Bildn.). – N. de V. Heathcote, Nobel Prize winners in physics 1901–50 (New York '53) 259–68 (m. Bildn.). – E. Hylleraas, Fysikkens Verden A **12**. 1950 ('51) 113–18. – E. Schneider, Von Röntgen zu Einstein, von Planck zu Heisenberg (Berlin–München '53) 155–63. – Bull. amer. math. Soc. **40** ('34) 648. – Nature [London] **135** ('35) 176; **146** ('40) 752. – The Nobel Prize winners and the Nobel Foundation 1901–37 (Zürich '38) 87 (m. Bildn. S. 424).

Nekr. S. K. Allison, Science [USA] **138** ('62) 794–97 (m. Bildn.). – E. U. Condon, Nature [London] **194** ('62) 628f. – C. F. von Weizsäcker, Reden und Gedenkworte, Orden Pour le Mérite für Wissenschaften und Künste **5** ('62) 113–20 (Gedenkworte für Arthur H. Compton und Niels Bohr). – H. Zanstra, Jaarb. koninkl. nederl. Akad. Wet. **1961/62** ('62) 320–23. – Americana Annu. **1963**, 174. – Britannica Book of the Year **1963**, 866. – Bull. atom. Scientists **18** ('62) 28f. – Forschungen u. Fortschr. **36** ('62) 224. – Materialprüfung **4** ('62) 186. – Physics today **15** ('62) 88.

W. Freedom of man (New Haven, Conn. '35) 11 + 153 S. (Terry lectures, 9th ser. 1932). – x-Rays in theory and experiment (= 2. Aufl. v. x-Rays and electrons) (m. S. K. Allison) (New York–London '35) 14 + 828 S. – Human meaning of science (Chapel Hill, N. C. - Oxford '40) 12 + 88 S. (John Calvin McNair lectures). – Time and its mysteries (m. D. W. Hering, W. F. G. Swann, J. Dewey) (New York '40) 137 S. – Man's destiny in eternity (Boston, Mass. '49) 6 + 238 S. (The Garvin lectures). – Atomic quest, a personal narrative (New York–Oxford '56) 370 S.

American J. Physics War problems of the physics teacher: **10** ('42) 92–. – Scattering of x-ray photons: **14** ('46) 80–. – Social implications of atomic energy: 173–78. – The scattering of x-rays as particles: **29** ('61) 817–20.

American J. Roentgenol. and Radium Therapy Physical differences between types of penetrating radiation: **44** ('40) 270–75.

Annals amer. Acad. polit. and social Sci. The atomic crusade and its social implications: **249** ('47) Jan.

Annual Rep. Board Regents Smithsonian Instn. Assault on atoms: **1931** ('32) 287–96. – Science shaping American culture: **1941** ('42) 175–82. – Atomic energy as a human asset: **1946** ('47) 161–76.

Bull. atom. Scientists A poll of scientists at Chicago, July 1945[16]): **4** ('48) 44, 63. – The birth of atomic power: **9** ('53) 10–12.

General Electric Rev. Birth of atomic energy and its human meaning: **50** ('47) Nr. 7, 9–15.

Homiletic Rev. Immortality from the scientific point of view: **105** ('32) 487–91.

J. Franklin Inst. Time variations of cosmic rays: **227** ('39) 607–20. – What we have learned from scattered x-rays: **230** ('40) 149–57.

J. opt. Soc. America The appearance of atoms as determined by x-ray scattering[15]): **24** ('34) 229–33.

Nature [London] Nature of cosmic rays: **131** ('33) 713–15. – Composition of cosmic rays[3]): **134** ('34) 734f. – Magnitude of cosmic ray bursts: 1006. – Cosmic rays[5]): **135** ('35) 695–98. – Atomic energy as a human asset: **157** ('46) 146–51. – Nuclear energy and the growth of man: **180** ('57) 1157–59.

Physical Rev. Ionization by penetrating radiation as a function of pressure and temperature[2])[12]): (2) **39** ('32) 873–82. – Variation of the cosmic rays with latitude: **41** ('32) 111–13. – Diurnal variation of cosmic rays[2])[12]): 119–26. – Use of argon in the ionization method of measuring cosmic rays[8]): 539. – Progress of cosmic ray survey: 681f. – A geographic study of cosmic rays: **43** ('33) 387–403. – A positively charged component of cosmic rays[1]): 835f. – Cosmic-ray ionization at high altitudes[13]): **45** ('34) 441–50. – Incoherent scattering and the concept of discrete electrons: **47** ('35) 367–70. – An apparent effect of galactic rotation on the intensity of cosmic rays[6]): 817–21. – Scattering of x-rays by a spinning electron: **50** ('36) 878–81. – Cosmic rays as electrical particles: 1119–30. – On the origin of cosmic rays[4]): **51** ('37) 1104. – Cosmic rays on the Pacific Ocean[14]): **52** ('37) 799–814. – An alternative interpretation of Jauncey's "heavy electron" spectra: **53**

('38) 431. — Significance of sidereal time variations of cosmic rays[7]): **55** ('39) 233. — Effect of an eclipse on cosmic rays: **58** ('40) 841. — Recurrence pulses in cosmic ray intensity[9]): **59** ('41) 112.

Physikalische Bl. Röntgen, die Atomenergie und die „familia humana": **13** ('57) 481–85.

Popular Astron. The first of the sciences: **47** ('39) 349–53.

Proc. amer. philos. Soc. The composition of cosmic rays: **75** ('35) 251–74. — Science shaping American culture: **83** ('40) 573–82. — Atomic energy as a human asset: **90** ('46) 70–79. — The place of science in the program of UNESCO: **91** ('47) 303–06. — The world of science in the late 18th century and today: **100** ('56) 296–303.

Proc. nation. Acad. Sci. USA Scientific work in the "Century of Progress" stratosphere balloon: **20** ('34) 79–81.

Proc. physic. Soc. An attempt to analyse cosmic rays: **47** ('35) 747–73.

Review sci. Instruments An improved cosmic-ray meter[8]): **4** ('33) 491–95. — A precision recording cosmic-ray meter[15])[2]): **5** ('34) 415–22. — Recent developments in cosmic rays: **7** ('36) 71–81.

Reviews modern Physics The intensity of cosmic rays. Cosmic rays on the Pacific Ocean [7]): **11** ('39) 136. — Recurrence phenomena in cosmic-ray intensity[9]): 173–79.

Röntgen-Bl. Entstehung und Zukunft der Atomkraft: **8** ('55) 235–46. — Röntgen, die Atomenergie und die „familia humana": **10** ('57) 164–69.

Science [USA] The significance of recent measurements of cosmic rays: **77** ('33) 480–82. — Interpretation of data from World Cosmic Ray Survey: **79** ('34) 378–. — Physics and the future: **88** ('38) 115–21. — Protons as primary cosmic rays[11]): **93** ('41) 436. — What science requires of the new world: **99** ('44) 23–28. — Science and our nation's future: **101** ('45) 207–09. — Joyce Clennam Stearns †: **109** ('49) 43. — Hiroshima revisited: **134** ('61) 1231–33.

Scientific American What science really is: **146** ('32) 32–. — The secret message of the cosmic rays: **149** ('33) 5–7. — Cosmic rays: **153** ('35) 133f.

Scientific Monthly A geographic study of cosmic rays: **36** ('33) 75–87. — Science and industry in the coming century: **39** ('34) 74f. — Lord Rutherford of Nelson: **45** ('37) 567–69. — Chicago ray symposium: **49** ('39) 281–84.

Trans. amer. geophysic. Union Progress of world survey of cosmic rays: **14** ('33) 154–58.

Usp. fizič. Nauk Neueste Forschungen über die kosmischen Strahlen: **16** ('36) 566–85 [russ.].

Yearb., Carnegie Instn. Washington Studies of cosmic rays: **31** ('32) 331–33; **32** ('33) 334–39; **33** ('34) 316–21; **34** ('35) 336–40; **35** ('36) 343–46.

Mit: [1]) L. Alvarez; [2]) R. D. Bennett; [3]) H. A. Bethe; [4]) P. Y. Chou; [5]) G. Eastman; [6]) I. A. Getting; [7]) P. S. Gill; [8]) J. J. Hopfield; [9]) A. T. Monk; [10]) —; [11]) M. Schein; [12]) J. C. Stearns; [13]) R. J. Stephenson; [14]) R. N. Turner; [15]) E. O. Wollan; [16]) F. Daniels.

V, VI **COMPTON,** Karl Taylor. Physik. — 1930-48 President, '48-54 Chairman of the Corporation Board, Massachusetts Institute of Technology, Cambridge, Mass. — Numerous leading positions in public service. — Hon. Sc. D.: '23 (College of Wooster, Wooster, Ohio); '27 (Lehigh Univ., Bethlehem, Pa.); '30 (Princeton Univ., Princeton, N. J.); '31 (Stevens Institute of Technol., Hoboken, N. J.); '32 (Clarkson College of Technol., Potsdam, N. Y.); '32 (Boston Univ., Boston, Mass.); '40 (Columbia Univ., New York); '46 (New York Univ.); '48 (West Virginia Univ., Morgantown, W. Va.); '52 (Univ. of Cambridge, England); '54 (Israel Institute of Technol. (Technion), Haifa). — Hon. LL. D.: '30 (Harvard Univ., Cambridge, Mass.); '34 (Univ. of Wisconsin, Madison, Wisc.); '36 (Middlebury College, Middlebury, Vt.); '36 (Williams College, Williamstown, Mass.); '37 (Johns Hopkins Univ., Baltimore, Md.); '37 (Franklin and Marshall College, Lancaster, Pa.); '38 (Northeastern Univ., Boston, Mass.); '39 (St. Lawrence Univ., Canton, N. Y.); '41 (Univ. of California, Berkeley, Calif.); '42 (Northwestern Univ., Chicago, Ill.); '43 (Tufts College, Medford, Mass.); '44 (Norwich Univ., England); '47 (College of William and Mary in Virginia, Williamsburg, Va.); '49 (Rollins College, Winter Park, Fla.). — Hon. D. Eng.: '30 (Brooklyn Polytechnic Institute, Brooklyn, N.Y.); '31 (Case School of Applied Science, Cleveland, Ohio); '41 (Rutgers Univ., New Brunswick, N. J.); '46 (Worcester Polytechnic Inst., Worcester, Mass.). — '44 D. Applied Sci. (Ecole Polytechnique, Univ. de Montreal, Can.); '47 D. Humane Letters (L. H. D.) (Univ. of Hawaii, Ho, nolulu, Hawaii); '49 D. Technology (Tek, nillinen Korkeakoulu, Helsinki); '49 Ho, norary Fellow (Imperial College of Science and Technology, London). — '31 Rumford Medal (Amer. Acad. of Arts and Sciences); '46 U. S. Governm. Medal for Merit; '47 Washington Award (Western Soc. of Engineers); '47 Marcellus Hartley Public Welfare Medal (Nation. Acad. of Sci.); '48 CBE (Hon. Commander of the Civil Division of the Most Excellent Order of the British Empire); '49 Lamme Medal (Amer. Soc. for Engineering Education); '49 Thacher E. Nelson Award (Advertising Club of Boston); '50 William Procter Prize (Scientific Research Soc. of Amer.); '51 Hoover Medal (Engineering Societies); '54 Joseph Priestley Award (Dickinson College, Carlisle, Pa.).

*1887, Sept. 14, Wooster, Ohio;

†1954, Juni 22, New York.

Bruder von Arthur Holly Compton[V-VIIb]

Ehrungen Compton Gold Medal (Amer. Inst. of Physics, New York). — Karl Taylor Compton Memorial Room of the new Amer. Inst. of Physics in New York.

Zur Biogr. E. U. Condon, Scientific Monthly **40** ('35) 189–91 (m. Bildn.). — Nature [London] **139** ('37) 226; **160** ('47) 169; **161** ('48) 50.

Nekr. V. Bush, Yearb., Amer. philos. Soc. **1954**, 409–12. — G. R. Harrison, Physics today **7** ('54) Nr. 9, 4–6 (m. Bildn.); **10** ('57) Nr. 11, 19–22; Technology Rev. **57** ('54/55) 83f. — J. R. Killian, ibid. 87f. — E. L. Bartlett, The writings of K. T. Compton: ibid. 89–112 (Schr.verz. 379 Nrn. m. Bildn.). — W. R. Hawthorne, Nature [London] **174** ('54) 381f. — L. Turner, Bull. atom. Scientists **10** ('54) 296. — R. E. Wilson, Technology Rev. **58** ('56/57) 235–38. — Americana Annu. **1955**, 175. — Chemical and Engng. News **32** ('54) 2707 (m. Bildn.). — Engineering **178** ('54) 5. — Electrical Engng. [USA] **73** ('54) 754 (m. Bildn., Schr.verz.). — J. Engng. Educat. **45** ('54) 92. — J. opt. Soc. America **44** ('54) 746 (m. Bildn.).

S. Stabilization of employment (C. F. Roos) (Bloomington, Ind. - London '33) Kap. 15: Legislation for reduction and relief of unemployment. — For and against technocracy; a symposium (J. G. Frederick) (New York '33) Kap. 4: Technology's answer to technocracy. — Essays in science and engineering (F. Montgomery, L. N. Becklund) (New York '38): Engineering in an American program for social progress. — Proc. and papers 7th International congress for scientific management, Washington, D. C., 1938, 1 (New York '38): The influence of technical progress upon social development. — Science and social change (J. E. Thornton) (Washington, D. C. '39): Engineering in an American program for social progress. — Modern speeches on basic issues (L. R. Sarett, W. T. Foster) (Boston, Mass. - New York '39): Electron: its intellectual and social significance; Stuff of life: our talents and their care. — Organizing higher education for national defense. Rep. of a conference, Washington, D. C., 1941 (Washington, D.C. '41): Scientific research for national defence. — Science and man (R. N. Anshen) (New York '42): Man and technology. — Fire protection engineering; a symposium of papers presented at a summer conference, Cambridge, Mass., 1942 (Boston, Mass. '43): Importance of fire protection and the war. — New worlds in science (H. Ward) (New York '44): Omnipotent electron. — Science and life in the world (New York-London '46): Scientific progress - insurance against aggression and depression. — Modern man: slave or sovereign? New York Herald Tribune forum on current problems (New York '47): Universal military training for national security and world peace. — Scientists speak (W. Weaver) (New York-London '48): Science at the front. — The Pacific era (W. W. Davenport) (Honolulu, Hawai '48): The atomic age: from the threshold of the atomic age; On freedom of worship; The role of the university in the Pacific; Technological progress and the Pacific society. — Modern minds (Boston, Mass. '49): If the atomic bomb had not been used. — Age of danger (H. F. Harding) (New York '52): State of science. — Massachusetts Institute of Technology. Radiation Laboratory series **28**: Index (K. Henney) (New York-London '53): Establishment of the Radiation Laboratory.

W. Scientists face the world of 1942. Essays (m. R. W. Trullinger, V. Bush) (New Brunswick, N.J. '42) 80 S. (Rutgers Univ., Publ. of the 175th anniversary celebration, Nr. 3).

American Dyestuff Reporter Five atomic bombs and the future: **36** ('47) 295–97.

American J. Physics Nation-wide survey of first-year college physics: **1** ('33) 97–.

American Labor Legislat. Rev. Massachusetts plan for unemployment reserves: **23** ('33) 96–99.

American Mag. If I were starting out today: **150** ('50) 15.

American Scholar Tribute to Samuel Wesley Stratton: **1** ('32) 105–07.

Annals amer. Acad. polit. and social Sci. Long-range budgeting of public capital expenditures: **162** ('32) 127–32. — Technological and scientific resources: **218** ('41) 66–75.

Annals intern. Med. Possibilities in biological engineering: **12** ('38) 867–75.

Annual Rep. Board Regents Smithsonian Instn. High voltage: **1933** ('35) 249–67. — The battle of the alchemists: 269–82. – The state of science: **1949** ('50) 395–410.

Army Ordnance Our universities at war: **30** ('46) 51–53.

Atlantic Monthly If the atomic bomb had not been used: **178** ('46) 54–56.

Biographical Mem., Nation. Acad. Sci. USA Augustus Trowbridge, 1870–1934: **18** ('38) 219–44. – Elihu Thomson, 1853–1937: **21** ('41) 141–79.

Bull., Edison electr. Inst. The public interest: **5** ('37) 5–9.

Chemical Age Organization of American scientists for the war: **48** ('43) 599f.

Chemical and Engng. News Contributions to education by Colonel Bradley Dewey: **22** ('44) 2083. – Scientific and engineering progress, insurance against aggression and depression: **24** ('46) 1328–32.

Cotton Trade J., Int. Edit. The mission of science: **10** ('38) 24, 174, 191.

Educational Focus A challenge and an opportunity: **17** ('46) 4–8.

Educational Rec. Science in an American program for social progress: **17** ('36) 528–40.

Electrical Engng. [USA] The battle of the alchemists: **52** ('33) 75–80. – What's next in science?: **55** ('36) 436f. – Technical progress and social development: **58** ('39) 12–15. – Frank Baldwin Jewett – John Fritz medalist: 115–17. – Some comments on graduate training for engineers[12]u.a.): 168–74. – Engineers and national security: **70** ('51) 192–96.

Electrical World Moratorium on science would be fatal to recovery[11])[10]): **103** ('34) 324–26.

Engineering The definition of an "engineer": **116** ('38) 417.

Farm chemurg. J. The mission of science – the economic betterment of the American people: **1** ('37) 12–21.

Industrial and Engng. Chem. Looking forward in the research: **31** ('39) 1212–14.

Infantry-J. If the atomic bomb had not been used: **60** ('47) 16f.

J. Commerce and commercial Bull. Our patent system: it can be improved, but it must be preserved: **195** ('43) 3.

J. Engng. Educat. Cultural aspects of engineering education: **23** ('32) 69–76. – Relation between engineering educators and industry: **28** ('37) 38–49. – Engineering and social progress: **29** ('38) 7–11. – Instruments of social progress: 265–74. – Instruction in English in engineering colleges: 549f. – Academic freedom and academic responsibility: 573f. – Engineering and social progress: **30** ('39) 8–17. – Office of Scientific Research and Development: **33** ('42) 59–69. – Engineering education – the future: **34** ('43) 41–46.

J. Proc. and Addresses annu. Conf. Assoc. amer. Univ. A plan for post-doctorate fellowships: **37** ('35) 153–58. – Income from endowment as affected by conditions of the investment market: **39** ('37). – Relation of the federal government to higher education: **41** ('39).

J. Washington Acad. Sci. High voltage: **23** ('33) 277–97.

J. western Soc. Engr. The century of progress – what next?: **38** ('33) 197–202. – Electron and nucleus: lessons for those who can learn: **52** ('47) 56–61.

Letters [New York] M.I.T. men work: **3** ('36) 11. Mai, S. 1f.

Mechanical Engng. Calvin Winsor Rice – his work in professional-society organization: **54** ('32) 5–8. – Elihu Thomson: some of his mechanical inventions: **55** ('33) 225–28. – The century of progress – what next?: 478–80. – Education and business leadership: **59** ('37) 841–43.

Nation's Business Science fears an iron curtain: **36** ('48) 47–49.

Nature [London] The electron: its intellectual and social significance: **139** ('37) 229–40. – Organization of American scientists for the war: **151** ('43) 601–06.

Physical Rev. The electrostatic production of high voltage for nuclear investigations[6])[1]): (2) **43** ('33) 149–57. – A test of the classical "momentum transfer" theory of accomodation coefficients of ions at cathodes[7]): **44** ('33) 338–44. – Errata to **37** ('31) 1069: Potential drop and ionization at mercury arc cathode[7]): **48** ('35) 777. – High current ion sources for nuclear investigations[7])[8]): 886–92. – Low voltage proton sources[7])[3]): **51** ('37) 936–41. – The positive column of the nitrogen arc[9])[7]): **55** ('39) 1145. – The positive column of the nitrogen arc at atmospheric pressure[7])[9]): 1235–44.

Physics The new spectroscopy laboratory of the Massachusetts Institute of Technology: **2** ('32) 205–10.

Popular Mech. Science on the march: **97** ('52) 120–25.

Power Plant Engng. Future of engineering education: **48** ('44) 55.

Proc. annu. Convention, Investment Bankers' Assoc. America The public interest: characteristics of the utilities, private versus public ownership, research and development, growth of social responsibility: **1936**, 229–43.

Proc. nation. Acad. Sci. USA Accommodation coefficient of gaseous ions at cathodes: **18** ('32) 705–11.

Proc. roy. Soc., London Organization of American scientists for the war: Ser. A **182** ('43/44) 1–17; Ser. B **131** ('42/43) 297.

Radio Engng. The electron: **12** ('32) 26f.

Review sci. Instruments A broad range vacuum spectrograph for the extreme ultraviolet[2]): **5** ('34) 218–24. – Physics in national planning: 235f. – What's ahead in physics?: **8** ('37) 43–47. – A national asset: 182.

Rotarian Science has but started: **59** ('41) 8–10.

Scholastic National security and military training: **47** ('45) Suppl. 4, 17. Sept.

School and Soc. Patterns in our ways of thinking: **42** ('35) 209–15. – A plan for post-doctorate fellowships: 693–97. – College plans and systems: **48** ('38) 605–11.

Science [USA] Edison's laboratory in war time: **75** ('32) 70f. – George Eastman †: 402–05. – The George Eastman Research Laboratories for Physics and Chemistry: 472–79. – Interpretation of phenomena due to accomodation coefficient of ions at cathode surfaces: **76** ('32) 518f. – In honor of Professor Einstein: **77** ('33) 271f. – The significance of Professor Thomson's work in the development of electrical engineering: 415–18. – High voltage, 1: **78** ('33) 19–24; ~ 2: 48–52. – The National Academy of Science, Address of welcome: 515–18. – Science and prosperity: **80** ('34) 387–94. – Distribution of funds for research: 526. – Ground water and forest belt: **81** ('35) 72. – The government's responsibilities in science: 347–55. – Charles Elwood Mendenhall: **82** ('35) 317f. – Investment for public welfare: **83** ('36) 507–11. – Responsibility of engineering: **84** ('36) 393f. – The electron. Its intellectual and social significance: **85** ('37) 27–37. – Engineering in an American program for social progress: 275–80, 301–05. – Elihu Thomson, 1853–1937: 374–76; **89** ('39) 188–91; **95** ('42) 285–89. – Contributions to science by the Research Laboratory of the General Electric Company: **93** ('41) 100f. – Some educational effects and implications of the Defense Program: **94** ('41) 368f. – Progress at the Massachusetts Institute of Technology: 587f. – Isaiah Bowman, President of the American Association for the Advancement of Science: **97** ('43) 305f. – Organization of American scientists for the war: **98** ('43) 71–76, 93–98. – James Bryant Conant: **103** ('46) 191f.

Science Digest Science on the march: **31** ('52) 9–14.

Science Educat. Science in education: **20** ('36) 53–55

Science News Letter Young scientists and war: **45** ('44) 180. – Superior weapons: **56** ('49) 22.

Science Teacher Challenge to youth: **13** ('46) 64f.

Scientific American Engineers: **185** ('51) 65–68.

Scientific Monthly Science makes jobs: **38** ('34) 297–300. – Science advisory service to the government: **42** ('36) 30–39. – Science in an American program for social progress: **44** ('37) 5–12. – Contributions of the Mellon Institute to the advancement of science, a national asset: **45** ('37) 97–100. – A forecast of technological education: 357–60. – The genesis of a curriculum in biological engineering[4]): **48** ('39) 5–15. – Religion in a scientific era: **50** ('40) 73–77. – Science and national policy: **63** ('46) 125–28.

Sigma Xi Quarterly The government's responsibilities in science: **23** ('35) 91–102.

Tech Engng. News Three adventures in physics: **13** ('32) 85. – Looking ahead at the Institute of tomorrow – trends and objectives: **14** ('33) 65. – The engineer in industrial relations, 1: Why the engineer has an interest in industrial relations: **18** ('37) 173–75. – Technology girds for defense: **22** ('41) 51. – Relation between teaching and research: **32** ('51) 6.

Technion Yearb. Palestine needs a modern institute of technology: **5** ('46) 33–36.

Technology Rev. The future of engineering. Its significance as a social force: **34** ('31/32) 163–. – Educational objectives at M.I.T.: 242–. – Battle of the alchemists: **35** ('32/33) 165–. – The causes of war: **36** ('33/34) 295–. – The national sciences in national planning. Is half of one per cent of the federal budget enough?: 344–46. – The road to achievement in research: **37** ('34/35) 14–. – Put science to work! The public welfare demands a national scientific program: 133–. – A message from President Compton: 315–. – New worlds to conquer: 370–. – Objectives old and new at M.I.T.: **38** ('35/36) 57–. – Whither bound?: 265–. – New objectives for technology: **39** ('36/37) 15–. – Science and the college: **40** ('37/38) 80–. – The engineer in industrial relations, 1: Why does the engineer have an interest in industrial relations?: 178–80. – New demands on technology: **41** ('38/39) 77–. – Looking ahead in research: **42** ('39/40) 17–19. – Religion in a scientific era: 319. – Present pleasures or future benefits: **43** ('40/41) 347f., 370. – No subtleties to perplex: 415f., 436. – Beyond victory: **44** ('41/42) 369. – The post-graduate and his world: 444–. – Toward the mountain: **45** ('42/43) 235–. – The force of ideals: **46** ('43/44) 333f. – To train men liberally to be leaders: **47** ('44/45) 95f., 112, 116, 118, 122, 124. – Prerequisite to freedom: 563–. – Institute evaluates its war record: **48** ('45/46) 39–41. – Mission to Tokyo: 99–102, 114. – Return to religion: 349–52. – Address to the graduates. Real accomplishment and the satisfaction of living result in a democracy when leaders resolve difficulties through objective, analytical thinking: **49** ('46/47) 531f., 552, 554, 556. – Safely through rough waters:

50 ('47/48) 38–. – Food, fuel and faith. Graduation address. Class of February 1948: 288–. – The urge for a better life: 504–. – The state of science: **51** ('48/49) 403–. – Incentives and satisfactions: **52** ('49/50) 497–. – Universal military training: **53** ('50/51) 17–19. – Today's challenge to the family in Suburbia: **56** ('53/54) 201.

Think [New York] Research as a by-product of education: **6** ('40) 9, 31.

Trans. Soc. Naval Architects and Marine Engr. America's stake in world science: **60** ('52) 70–72.

Vital Speeches Day The government's responsibilities in science: **1** ('35) 425–31. – More for your money: science points the way: 671–73. – What's next in science?: **2** ('36) 250–52. – Science and opportunity: 653–56. – The stuff of life. Our talents and their care: **3** ('37) 556–59. – Science, employment and profits: **5** ('39) 179–84. – Living in a scientific age: 593–96. – Science, the soul of prosperity: **6** ('40) 322–25. – Peace and some of the ancient virtues: 631–33. – Our America tomorrow: **7** ('41) 361f.

Yearb., Carnegie Instn. Washington Research in high vacuum spectroscopy: **31** ('31/32) 334f.; **32** ('32/33) 344f.; **33** ('33/34) 329–32; **34** ('34/35) 346f.

Ferner Vorworte zu Büchern, Wiedergabe von Festansprachen, Tätigkeitsberichte von Instituten u. a.

Mit: [1]) L. C. van Atta; [2]) J. C. Boyce; [3]) W. W. Buechner; [4]) J. W. M. Bunker; [5]) –; [6]) R. J. van de Graaff; [7]) E. S. Lamar; [8]) E. W. Samson; [9]) A. M. Stone; [10]) F. B. Jewett; [11]) R. A. Millikan; [12]) M. W. Smith.

VI **COMRIE,** Leslie John. Math., Astron. — 1925 Deputy Director, '30-36 Superintendent, H. M. Nautical Almanac Office, Royal Naval College, London; '37 Founder, '37-50 Director, Scientific Computing Service, Ltd., London; '35- Member of the U. S. National Research Council Committee on Mathematical Tables, '39-45 as Chairman of the Sub-committee on Calculating Machines and Mechanical Computation.

*1893, Aug. 15, Pukekohe, Neuseeland; †1950, Dez. 11, London.

Zur Biogr. R. C. Archibald, Mathematical table makers: Scripta math. [USA] **11** ('45) 221f.

Nekr. A. C. Aitken, Proc. physic. Soc. **64** ('51) Sect. A, 1141f.; Sect. B, 1090f. – W. M. H. Greaves, Monthly Notices roy. astron. Soc. **113** ('53) 294–304. – J. Jackson, Monthly Notes astron. Soc. South Africa **10** ('50) 1, 4. – H. S. W. Massey, Obituary Notices Fellows roy. Soc. London 8 ('52/53) 97–107 (m. Bildn., Faks., Schr.verz.). – M. W. Mayall, Sky and Telescope **10** ('50) 82 (m. Bildn.). – J. C. P. Miller, Nature [London] **167** ('51) 14f. – J. G. Porter, J. brit. astron. Assoc. **61** ('50) 132–34 (m. Bildn.). – C. H. Smiley, Popular Astron. **59** ('50) 51, 115–17. – Circular brit. astron. Assoc. **321** ('50). – Nordisk astron. Tidsskr. **1951**, 38. – Observatory **71** ('51) 24–26. – Publ. astron. Soc. Pacific **63** ('50) 100. – Southern Stars **14** ('50) 145–47.

H. P. Barlow, Tables of squares, cubes, square roots, cube roots, and reciprocals, of all integer numbers up to 12,500 [4](New York '41, '50; London '41, '47).

MH. D. Clark, Plane and geodetic surveying for engineers 1 [2](London '34); 2 [2]('34), [3]('44); darin eig. Beitr.: **2**, Appendix **1**: Mechanical computing.

MHZ. Mathematical Tables and other Aids Computat. **1** ('45) – **3** ('48/49).

MUe. H. Sabielny, Modern machine calculation (London '39) 74 S.

S. Encyclopaedia Britannica. A new survey of universal knowledge 8 (Chicago–London–Toronto . . . '65) 630–32: Ephemeris[7]).

W. Modern Babbage machines (London '32) 29 S. – Planetary co-ordinates for the years 1800–1940 referred to the equinox of 1950.0 (London '33) 18 + 156 S. – (Bearb.) Geocentric direction cosines of seismological observatories (London '38) 8 + 14 S. – (Bearb.) Hughes' tables for sea and air navigation (London '38) 16 + 182 S. – On the application of the Brunsviga Twin 13z calculating machine to survey problems (London '38); [2]('40) 20 S. (Scientific Computing Service). – On the application of the Brunsviga Twin 13z calculating machine to artillery survey (London '38) 19 S. (~). – The twin Marchant calculating machine and its application to survey problems (London '42) 40 S. (~). – Tables of $\tan^{-1} x$ and $\log (1 + x^2)$, to assist in the calculation of the ordinate of a Pearson type IV curve (Cambridge '39) 18 S. (Tracts for computers, Nr. 23). – Chamber's four-figure mathematical tables (Edinburgh–London '47) 64 S. – Chamber's six-figure mathematical tables **1**: Logarithmic values (New York–London '48, Edinburgh–London '49) 22 + 567 S.; **2**: Natural values ('48, '49) 36 + 576 S. – Chamber's shorter six-figure mathematical tables (Edinburgh–London '50, '59; New York '54) 26 + 388 S.

Astronomical J. The reduction of lunar occultations: **46** ('37) 61–67.

Biometrika Description of the calculation, to: C. M. Thompson, Tables of percentage points of the incomplete beta-function[3]): **32**

('41/42) 154–61. — Table of Lagrangian coefficients for harmonic interpolation in certain tables of percentage points[3]): 183–86.

Empire Survey Rev. Eight-figure natural tables for every second of arc: **8** ('43) 42–.

J. brit. astron. Assoc. On transferring solar coordinates etc. from one annual equinox to another: **43** ('33) 158f. — James Duncan McNeile: **45** ('35) 208–10. — Appulse of the earth to the ring-plane of Saturn[6]): **46** ('36) 261f. — The computation of total solar eclipses[2]): **49** ('39) 408–12; **50** ('40) 73f. — The rigorous calculation of the moon's parallax and apparent semi-diameter with the aid of a calculating machine: **51** ('41) 159–61. — On the distance between two neighbouring points on the sphere: 162f. — Line of planets[1]): 163f. — The green (?) flash (?): **58** ('48) 280.

J. sci. Instruments Recent progress in scientific computing: **21** ('44) 129–35.

Mathematical Tables and other Aids Computat. Errata in Jahnke and Emde's Tables of functions: **1** ('45) 391–. — The application of commercial calculating machines to scientific computing: **2** ('46) 149–59.

Monthly Notices roy. astron. Soc. The Nautical Almanac Office Burroughs Machine: **92** ('32) 523–41. — The application of the Hollerith tabulating machine to Brown's tables of the moon: 694–707. — The computation of total solar eclipses: **93** ('33) 175–81, 414. — The total solar eclipse of 1940, October 1: 181–84. — Note added to: J. Robertson, Comments on statements by Dr. L. J. Comrie in Monthly Notices of R.A.S., 1933, January: 538.

Monthly Notices roy. astron. Soc., Geophysical Suppl. The correction of epicentres by least squares: **5** ('40/41) 27–29.

Nature [London] Dr. J. R. Airey †: **140** ('37) 796f. — Errors in mathematical tables: **150** ('42) 738. — Babbage's dream comes true: **158** ('46) 567.

Nautical Mag. Computing the "Nautical Almanac": **1933**, 16.

Nordisk astron. Tidsskr. Hvorledes "Nautical-Almanac"-Berechnungen: **15** ('34) 15–28 [dän.]. — Die Rechenkunst in Vergangenheit, Gegenwart und Zukunft: **1948**, 1–17 [dän.].

Observatory The application of the Brunsviga Twin 13z calculating machine to the Hartmann formula for the reduction of prismatic spectrograms: **60** ('37) 70–73.

Popular Astron. Line of planets[1]): **49** ('41) 397f. — The green (?) flash (?): **57** ('49) 42f.

Proc. physic. Soc. The use of calculating machines in ray tracing: **52** ('40) 246–52.

Suppl. J. roy. statist. Soc. Inverse interpolation. Scientific applications of the National Accounting Machine: **3** ('36) 87–. — Application of Hollerith equipment to an agricultural investigation[4])[5]): **4** ('37) 210–.

Mit: [1]) S. M. Burrough; [2]) M. Davidson; [3]) H. O. Hartley; [4]) G. Hey; [5]) H. Hudson; [6]) B. M. Peek; [7]) R. L. Duncombe.

IV–VI **COMSTOCK,** George Cary. Astron. — 1922-34 Prof. Emeritus and Director Emeritus of the Washburn Observatory, Univ. of Wisconsin, Madison, Wisc. — '07 Hon. LL. D. (Univ. of Illinois, Urbana, Ill.); '07 Hon. Sc. D. (Univ. of Michigan, Ann Arbor, Mich.).

*1855, Febr. 12, Madison, Wisc.;

†1934, Mai 11, Madison, Wisc.

Nekr. J. Stebbins, Biographical Mem., Nation. Acad. Sci. USA **20** ('39) 161–82 (m. Bildn., Faks., Schr.verz.); Proc. amer. Acad. Arts and Sci. **70** ('36) 511–14. — Nature [London] **134** ('34) 171. — Popular Astron. **42** ('34) 347; **43** ('35) 1–7 (m. Bildn.). — Publ. astron. Soc. Pacific **46** ('34) 160, 171–76 (m. Bildn.).

VI **CONANT,** James Bryant. Chem. (org.). — 1927-33 Prof., '31-33 Chairman of the Departm. of Chemistry, '33-53 President, '53 Emeritus President, Harvard Univ., Cambridge, Mass.; '53-55 U. S. High Commissioner, '55-57 Ambassador, Deutsche Bundesrepublik. — Hon. LL. D.: '33 (Univ. of Chicago, Chicago, Ill.); '34 (New York Univ.); '34 (Princeton Univ., Princeton, N. J.); '34 (Yale Univ., New Haven, Conn.); '35 (Amherst College, Amherst, Mass.); '35 (College of Charleston, S. C.); '36 (College of William and Mary in Virginia, Williamsburg, Va.); '38 (Williams College, Williamstown, Mass.); '38 (Dartmouth College, Hanover, N. H.); '39 (Tulane Univ., New Orleans, La.); '40 (Univ. of California, Berkeley, Calif.); '40 (Pennsylvania Univ., Philadelphia, Pa.); '41 (Univ. of Bristol, England); '41 (Queen's Univ., Kingston, Ont., Can.); '45 (North Carolina Univ., Chapel Hill, N. C.); '45 (Univ. of Toronto, Ont., Can.); '47 (Baylor Univ., Waco, Tex.); '47 (Univ. of Illinois, Urbana, Ill.); '47 (State Univ. of New York, Albany, N. Y.); '48 (Northeastern Univ., Boston, Mass.); '48 (Massachusetts Institute of Technology, Cambridge, Mass.); '49 (Univ. of Michigan, Ann Arbor, Mich.);

'49 (Yeshiva Univ., New York); '49 (Wesleyan Univ., Middletown, Conn.); '50 (Swarthmore College, Swarthmore, Pa.); '51 (Jewish Theological Seminary of America, New York); '54 (Univ. of Birmingham, England); '55 (Harvard Univ., Cambridge, Mass.); '55 (Univ. of Edinburgh, Scotland); '55 (Michigan State Univ., East Lansing, Mich.); '56 (Univ. of Leeds, England). – Hon. Sc.D.: '34 (Columbia Univ., New York); '34 (Stevens Institute of Technology, Hoboken, N. J.); '34 (Tufts College, Medford, Mass.); '35 (Univ. of Wisconsin, Madison, Wisc.); '41 (Univ. of Cambridge, England); '41 (Univ. of Oxford, England); '45 (McGill Univ., Montreal, Que., Can.); 46 (Univ. of London, England); '47 (Univ. de Lyon, France); '51 (Univ. of Melbourne, Victoria, Australia); '51 (Canterbury Univ. College, Christchurch, N.Z.). – Hon. L.H.D.: '34 (Boston Univ., Boston, Mass.). – Hon. D. C. L.: '36 (Univ. of Oxford, England); '36 (Harvard Univ., Cambridge, Mass.); '52 (Colgate Univ., Hamilton, N. Y.). – Hon. Litt. D.: '47 (Hamilton College, Clinton, N. Y.). – Hon. Dr.: '44 (Univ. d'Alger, Afrique). – Dr. h. c.: '51 (Univ. of Adelaide); '54 (Freie Univ., Berlin); '57 (Univ. Hamburg). – '47 Hon. Fellow of the Educational Institute in Scotland; Hon. Fellow of Emmanuel College, Cambridge. – '32 Chandler Medal (Columbia Univ., New York); '32 Nichols Medal (New York Section of the Amer. Chem. Soc.); '34 Medal (Amer. Inst. of Chemists); '44 Priestley Medal (Amer. Chem. Soc.); '48 Medal of Merit with Oak Leaf Cluster; '59 Woodrow Wilson Award.

*1893, März 26, Dorchester, Boston, Mass.

Zur Biogr. V. Bush, Scientific Monthly **62** ('46) 197–200. – K. T. Compton, Science [USA] **103** ('46) 191f. – P. F. Douglass, Six upon the world (Boston, Mass.–Toronto '54) 327–409. – H. Herrigel, Sammlung **11** ('56) 26–35. – A. McFadyen, Chemical and Engng. News **25** ('47) 2004, 2013 (m. Bildn.). – F. Patterson, NEA Journal **49** ('60) Nr. 8, S. 18. – D. Robinson, Hundred most important people in the world today (Boston, Mass.–Toronto '52) 346–49. – Annuario generale, Accademia Nazionale dei XL, Roma (Roma '61) 539f. (m. Bildn., Faks., Schr.verz.-Auszug). – Nature [London] **147** ('41) 704. – Scientific Monthly **37** ('33) 473f. (m. Bildn.).

Zum 60. Geb.tag Zahlreiche Artikel in deutschen Wochenzeitungen und Monatsschriften ('53).

H. Robert Boyle's experiments in pneumatics (Cambridge, Mass. '50) (Harvard case histories in experimental science, case 1). – Overthrow of the phlogiston theory: the chemical revolution of 1775–1789 (Cambridge, Mass. '50) (∼ 2). – Pasteur's study of fermentation (Cambridge, Mass. '52) (∼ 6). – Pasteur's and Tyndall's study of spontaneous generation (Cambridge, Mass. '53) (∼). – Invitational conference on the academically talented secondary school pupil, Washington, D.C. 1958: Identification and education of the academically talented student in the American secondary school. The Conference report (New York–Washington, D.C. '58).

MH. Harvard case histories in experimental science **1, 2** (Cambridge, Mass. '57).

W. Equilibria and rates of some organic reactions (London '32) 7 + 27 S. – The chemistry of organic compounds; a year's course in organic chemistry (New York '33) 10 + 623 S.; ²(New York–London '39) 10 + 658 S.; (m. A. H. Blatt) ³('47) 8 + 665 S., ⁴('52) 8 + 655 S., ⁵('59) 652 S. – Organic chemistry; a brief introductory course. Neudruck (New York '36) 9 + 293 S. – New practical chemistry; fundamental principles applied to modern life (m. N. H. Black) (New York '36, London '37) 10 + 621 S.; ²('42) 10 + 683 S.; ³('48) 10 + 683 S. – Academical patronage and superintendence; a historical discussion of the appointment of professors in universities (Cambridge, Mass. '38) 30 S. (Harvard Univ. Graduate School of Education. Occasional pamphlets, Nr. 3). – Education for a classless society; three essays on the purposes and problems of American education (Cambridge, Mass. '40) 43 S. (∼ 4). – Our fighting faith; five addresses to college students (Cambridge, Mass. '42) 105 S. – On understanding science; a historical approach (New Haven, Conn. '47) 15 + 145 S. (Dwight Harrington Terry foundation. Lectures on religion in the light of science and philosophy); deutsch: (Berlin '48) 173 S. (Bücherei der Volkshochschule). – Education in a divided world; the function of the public schools in our unique society (Cambridge, Mass. '48) 10 + 249 S. – Growth of the experimental sciences; an experiment in general education; progress report on the use of case method in teaching the principles of the tactics and strategy of science (Cambridge, Mass. '49) 4 + 67 S. – Fundamentals of organic chemistry; a brief course for students concerned with biology, medicine, agriculture, and industry (m. A. H. Blatt) (New York '50) 9 + 413 S. – The early development of the concepts of temperature and heat (Cambridge, Mass. '50) 106 S. – Science and common sense (New Haven, Conn. '51, '61) 12 + 371 S. – Modern science and modern man (New York '52, Oxford '53) 111 S. (Columbia Univ. Bampton lectures in America); franz.: (Paris '58) 127 S.; deutsch: (Frankfurt/Main '53) 122 S. (Schriftenreihe „Ausblicke"). – Anglo-American relations in the atomic age (New York '52) 42 S. – Education and liberty; the role of the schools in a modern democracy (Cambridge, Mass. '53) 168 S. – The citadel of learning (New Haven, Conn. '56) 79 S.; franz.: (Paris '58) 111 S. – Gleichheit der Chancen. Erziehung und Gesellschaftsordnung in den Vereinigten Staaten (Bad Nauheim '55) 102 S. – Germany and freedom; a personal appraisal (Cambridge, Mass. '58) 117 S. (Harvard Univ. Godkin lectures on the essentials of free government and the duties of the citizen, 1958); deutsch: (Frankfurt/Main '58) 125 S. (Ullstein-Bücher, 609). – The American high school today; a first report to interested citizens (New York '59) 140 S. – The child, the parent, and the state (Cambridge, Mass. '59, Oxford '60) 211 S.; deutsch: (Berlin–Bielefeld '61) 119 S. (Schulpolit. Forum, 2). – Revolutionary transformation of the American high school (Cambridge, Mass. '59) 39 S. (Harvard Univ. Graduate School of Education. Inglis lectures in secondary education, 1959). – Slums and suburbs; a commentary on schools in metropolitan areas (New York '61) 147 S. – Thomas Jefferson and the development of American public education (Berkeley–Los Angeles '62) 164 S. (Jefferson memorial lectures, 1960). – The education of American teachers (New York '63) 275 S.; Neuaufl. ('64) 319 S. – Two modes of thought; my encounters with science and education (New York '64) 32 + 96 S. – Shaping educational policy (New York '64) 139 S.

American Scientist The impact of science on industry and medicine: **39** ('51) Nr. 1, 33–49.

Chemical and Engng. News Science and the national welfare: **22** ('44) 1642–45. – Scientists, inventors, and executives: **29** ('51) 2262–64. – A sceptical chemist looks into the crystal ball: 3847–49. – Chemists and the building of international bridges: 4254f.

Chemical Reviews Energy changes involved in the addition reactions of unsaturated hydrocarbons[9]): **20** ('37) 181–94.

Hamburger Universitätsreden Zwei Denkweisen. Ein Beitrag zur deutsch-amerikanischen Verständigung: **21** ('57) 5–17.

Humanismus u. Techn. Verbindung zwischen der industriellen und der chemischen Revolution: **1** ('53) 135–44.

Industrial and Engng. Chem. Equilibria and rates of some organic reactions: **24** ('32) 466–72. – Lessons from the past: **31** ('39) 1215–17.

J. amer. chem. Soc. Studies in the chlorophyll series, 9: Transformations establishing the nature of the nucleus[2]): **55** ('33) 795–800; ~ 10: The esters of chlorin e [1]): 829–39; ~ 11: The position of the methoxyl group[6]): 839–49; ~ 14: Potentiometric titration in acetic acid solution of the basic groups in chlorophyll derivatives[3])[6]): **56** ('34) 2185–89. – The dissociation into free radicals of di-tert.-butyltetradiphenylethane[14]): **55** ('33) 2098–104. – The structure of the acids obtained by the oxidation of triisobutylene[15]): 2499–504. – The addition of free radicals to certain dienes, pyrrole and maleic anhydride[3]): 3475–79. – The measurement of oxidation-reduction potentials in glacial acetic acid solutions[3]): 3745–51. – The potential of free radicals of the triphenylmethyl type in glacial acetic acid solutions[3]): 3752–58.

J. biol. Chemistry The catalytic effect of ferricyanide in the oxidation of unsaturated compounds by oxygen[16])[8]): **94** ('31/32) 411–13. – The redetermination of the oxidation potential of the hemoglobin-methemoglobin system[12]): **98** ('32) 57–62. – The oxidation of hemocyanin[3])[13]): **101** ('33) 463–73. – The prosthetic group of limulus hemocyanin[5])[11]): **107** ('34) 755–66. – Metabolism of lactic acid containing radioactive carboxyl carbon[4])[7])[10])[17])[18]): **137** ('41) 557–66.

J. chem. Physics The heat of dissociation of the carbon-carbon linkage: **1** ('33) 427–31.

J. gen. Educat. Some aspects of modern Harvard: **3** ('50) 175–83.

Nature [London] Structural formulae of the chlorophylls[6]): **131** ('33) 131. – Anglo-American co-operation in scientific research: **149** ('42) 10–12. – Scientific freedom and security: **170** ('52) 215–18.

News Edit., Amer. chem. Soc. Chemists and the national defense: **19** ('41) 1237f.

Proc. amer. philos. Soc. The advancement of learning in the United States in the post-war world: **87** ('44) 291–98. – Certain ambiguities in the relationship between school, college, and university: **104** ('60) 562–64.

Science [USA] National science foundation: **105** ('47) 299–302. – Role of science in our unique society: **107** ('48) 77–83.

Studium gen. Die gemeinsame Entwicklung der Industrie und der Naturwissenschaft: **6** ('53) 369–74.

Tübinger Universitätsreden Probleme der Universitäten in Deutschland und in den USA: **22** ('65) 22 S.

Veröff. Arbeitsgemeinsch. Forsch. des Landes Nordrhein-Westfalen Staatsbürger und Wissenschaftler: Geisteswissenschaften: **17** ('53) 15–21.

Weitere Aufsätze, insbesondere über den Zusammenhang von Wissenschaft, Technik,

Politik und Kultur, in Wochenzeitungen und Monatsschriften.

Mit: [1]) K. F. Armstrong; [2]) C. F. Bailey; [3]) B. F. Chow; [4]) R. D. Cramer; [5]) F. Dersch; [6]) E. M. Dietz; [7]) A. B. Hastings; [8]) S. E. Kamerling; [9]) G. B. Kistiakowsky; [10]) F. W. Klemperer; [11]) W. E. Mydans; [12]) A. M. Pappenheimer, jr.; [13]) E. B. Schoenbach; [14]) R. F. Schultz; [15]) G. W. Wheland; [16]) G. P. Wright; [17]) A. K. Solomon; [18]) B. Vennesland.

VI **CONDON,** Edward Uhler. Theoret. Physik. — 1926 Ph. D., Univ. of California, Berkeley, Calif.; '26-27 National Research Fellow, Univ. Göttingen, Univ. München; '27-28 Lecturer, Columbia Univ., New York City; '28-29 Assistant Prof., Princeton Univ., Princeton, N. J.; '29-30 Prof., Univ. of Minnesota, Minneapolis, Minn.; '30-37 Associate Prof., Princeton Univ.; '37-45 Associate Director of Research, Westinghouse Electric Corporation; '45-51 Director, National Bureau of Standards, U. S. Department of Commerce, Washington, D. C.; '51-55 Director of Research and Development, Corning Glass Works, Corning, N. Y.; '55 Visiting Prof., Univ. of Pennsylvania, Philadelphia, Pa.; '56-63 Prof., Chairman of the Department of Physics, Washington Univ., St. Louis, Mo.; '63- Prof. of Physics and Fellow of the Joint Institute for Laboratory Astrophysics, Univ. of Colorado, Boulder, Colo. — Hon. D. Sc.: '50 (Univ. of Delhi, Panjab, India); '50 (New Mexico School of Mines); '51 (Alfred Univ., Alfred, N. Y.); '51 (American Univ., Washington, D. C.).

*1902, März 2, Alamogordo, N. Mex.

Zur Biogr. Nature [London] 177 ('56) 1109f.

H. Momentum books (Pocket book series) (Princeton, N.J. '63/64).

HZ. Reviews modern Physics 1957ff.

MH. Handbook of physics (New York '58).

MHZ. International Sci. and Technol. 1962ff.

S. Encyclopaedic dictionary of physics (J. Thewlis) 5 (Oxford–London–New York–Paris '62) 733f.: Quantization.

W. The theory of atomic spectra (m. G. H. Shortley) (New York–Cambridge '35) 14 + 441 S.; Neudruck ('52).

American Physics Teacher Note on the velocity of sound: **1** ('33) 18. — Where do we live? Reflection on physical units and the universal constants: **2** ('34) 63–69. — Three catch questions: **3** ('35) 85.

American J. Physics Physicist's peace: **10** ('42) 96–. — Franck-Condon principle and related topics: **15** ('47) 365–74. — Effect of oscillations of the case on the rate of a watch [9]): **16** ('48) 14–. — The development of American physics: **17** ('49) 404–08. — Physics of the glassy state, 1: Constitution and structure: **22** ('54) 43–53; ~ 2: The transformation range: 132–42; ~ 3: Strength of glass: 224–32; ~ 4: Radiation-sensitive glasses: 310–17. — Graphical representation for unit systems: **29** ('61) 487–91. — Intermediate courses in physics: **30** ('62) 166–71.

Astrophysical J. The absolute intensity of the nebular lines: **79** ('34) 217–34.

Ceramic Industry Industrial research for industrial growth: **59** ('52) 43f., 111.

Chemical and Engng. News Report on the International Conference on Weights and Measures[10]): **27** ('49) 982–84. — Scientists and the Federal Government: **30** ('52) 1370f.

Circular, Nation. Bur. Standards Preservation of the Declaration of Independence and the Constitution of the United States: **505** ('51) 16 S.

J. appl. Physics [USA] Electronic generation of electromagnetic oscillations: **11** ('40) 502–06. — Forced oscillations in cavity resonators: **12** ('41) 129–32.

J. chem. Physics Vibration spectra and molecular structure, 1: General remarks and a study of the spectrum of the OH group[4])[6]): **4** ('36) 772–78. — One-electron rotatory power [1])[13]): **5** ('37) 753–75. — New units for the measurements of radioactivity[11]): **14** ('46) 399.

J. Franklin Inst. Quantum phenomena in the biological effects of radiant energy: **214** ('32) 105f. — Mathematical models in modern physics: **225** ('38) 255–61. — Theory of nuclear structure: **227** ('39) 801–16. — Official announcement from the National Bureau of Standards regarding changes in electrical and photometric units: **243** ('47) 429.

J. opt. Soc. America Lorentz double refraction in the regular system[20]): **22** ('32) 393–401. — R. A. Millikan and Arnold Sommerfeld elected honorary members: **41** ('51) 63.

J. physic. Chem. Ionization and dissociation of molecules by electron impact[5])[22]): **41** ('37) 197–208.

Nucleonics Foundations of nuclear physics: **1** ('47) 3–11.

Ohio J. Sci. Development of high voltage for the production of neutrons and artificial radioactivity: **41** ('41) 131–34.

Philosophical Mag. and J. Sci. A new approach to the Hermite polynomials[16]): (7) **24** ('37) 281–87.

Physical Rev. The spin of the neutron[3]): (2) **41** ('32) 683–85. — Production of infrared spectra with electric fields: 759–62. — Notes on the Stark effect: **43** ('33) 648–54. — Relative multiplet transition probabilities from spectroscopic stability[23]): **44** ('33) 740–43. — The energy distribution of neutrons slowed by elastic impacts[7]): **49** ('36) 229–31. — Note on electron-neutron interaction: 459–61. — The photoelectric effect of the deuteron[7]): 904–11; correction[7])[24]): **51** ('37) 56. — Theory of scattering of protons by protons[7])[19]): **50** ('36) 825–45. — On nuclear forces[8]): 846–49. — A simple derivation of the Maxwell–Boltzmann law: **54** ('38) 937–40. — Note on the external photoelectric effect of semi-conductors: 1089–91. — Detection of metastable ions with the mass spectrometer[17]): **68** ('45) 54f. — Study of metastable ions with the mass spectrometer[17])[15]): **69** ('46) 257. — Metastable ions formed by electron impact in hydrocarbon gases[17])[15]): 347–56. — New units for the measurement of radioactivity[11]): 672f. — Investigation of the attractive forces between the persistent currents in a superconductor and the lattice[18]): **76** ('49) 578. — Flow of liquid helium through porous Vycor glass[2])[21]): **102** ('56) 582f.

Physics today The atom: **5** ('52) Nr. 1, 4–9. — Some thoughts on science in the Federal Government: Nr. 4, 6–13.

Proc. Inst. Radio Engr. Space-charge relations in the magnetron with plane electrodes: **29** ('41) 664.

Proc. nation. Acad. Sci. USA Immersion of the Fourier transform in a continuous group of functional transformations: **23** ('37) 158–64.

Proc. United States naval Inst. Food and the theory of probability: **60** ('34) 75.

Radiology Recent advances in nuclear physics: **34** ('40) 581–86.

Reviews modern Physics Theories of optical rotatory power: **9** ('37) 432–57. — Principles of micro-wave radio: **14** ('42) 341–89.

Science [USA] Science and our future: **103** ('46) 415–17. — The duty of dissent: **119** ('54) 227f. — A half-century of quantum physics: **121** ('55) 221–26.

Science Counselor Science and the national welfare: **11** ('48) 89–91, 103.

Scientific Monthly Dr. Karl Taylor Compton, President of the American Association: **40** ('35) 189–91.

Mit: [1]) W. Altar; [2]) K. R. Atkins; [3]) R. F. Bacher; [4]) R. B. Barnes; [5]) W. Bleakney; [6]) L. G. Bonner; [7]) G. Breit; [8]) B. Cassen; [9]) P. E. Condon; [10]) E. C. Crittenden; [11]) L. F. Curtiss; [12]) —; [13]) H. Eyring; [14]) —; [15]) R. E. Fox; [16]) R. Greenwood; [17]) J. A. Hipple; [18]) E. Maxwell; [19]) R. D. Present; [20]) F. Seitz; [21]) H. Seki; [22]) L. G. Smith; [23]) C. W. Ufford; [24]) J. R. Stehn.

V, VI **CONDUCHÉ,** Auguste François-Etienne. Chem. — 1909 Maître de Conférences, '20 Prof. adjoint, '31-45 Prof. tit., Univ. de Rennes.

*1878, Apr. 8, Dijon, Côte d'Or.

S. Traité de chimie minérale (P. Pascal) **2** (Paris '32) 125–273: Composés oxygénés du soufre[1]); **8** ('33) 495–549: Elaboration du cuivre et caractères des „cuivres industriels".

Mit: [1]) P. Germain.

VI **CONIGLIO,** Luca. Chem. (allg. u. angewandte). — Prof. incar. Tecnica farmac., Facoltà di Farmacia, '48-52 Prof. incar. Chimica generale ed applicata, Facoltà di Architettura, Univ. di Napoli.

*1892, Apr. 17, Irsina, Matera;

†1952, Jan. 21, Napoli.

W. Appunti di protezione antiaerea (Napoli '39) 98 S.

VI **CONRADY,** Alexander Eugen. Optik. — Stud., Univ. Bonn; Industrial business in England: Engineering Adviser; Optician and Mechanician at Keighley; Partner of Eugen Conrady & Co., Camden Town; 1898-1917 Chief Designer and Scientific Adviser, W. Watson & Sons, Ltd.; 1917-31 Prof. Technical Optics, shortly before his death Prof. Emeritus, Imperial College of Science and Technology, Univ. of London. — Traill-Taylor Medal (Royal Photographic Society).

*1866, Jan. 27, Burscheid, Düsseldorf;

†1944, Juni 16, London.

Nekr. R. Kingslake, J. brit. astron. Assoc. **54** ('44) 144; Monthly Notices roy. astron. Soc. **105** ('44) 67f. — L. C. Martin, Nature [London] **154** ('44) 173f., 491; Observatory **65** ('44) 247.

Zum 100. Geb.tag R. Kingslake, H. G. Kingslake, Applied Optics **5** ('66) 176–78.

Erfindung Microscope objectives = Holoscopic Series.

W. Applied optics and optical design. Neudruck: **1** (New York '57) 518 S.; **2** ('60) 321 S.

VI **CONSTABLE,** Frederick Hurn. Chem. (physikal.). — 1933- Prof. of Applied Science, Royal School of Engineering, Kairo; '43- Prof. of Physical Chemistry, Istanbul Üniversitesi.

*1901, Nov. 26, London.

S. Proc. 11th International congress of pure and applied chemistry, London 1947, **1** (London '50) 391–96: The dynamics of selective catalytic autopoisoning. – Handbuch der Katalyse (G. M. Schwab) **5**: Heterogene Katalyse II (Wien '57) 141–59: Aktive Zentren vom Standpunkt der Reaktionskinetik.

Bull. turk. physic. Soc. Effect of hydrogen-ion concentration on the heterogeneous decomposition of hydrogen peroxide by cupric ferrocyanide[11]): **19** ('55) 1f.

C.R. annu. et Arch. Soc. turque Sci. physiques et natur. Natural and artificial foams: **14**. 1947/48 ('51) 51–58 [türk.], 59–66 [engl.].

J. Colloid Sci. The decomposition of hydrogen peroxide by massive colloid metallic ferrocyanides: **11** ('56) 647–52.

J. roy. Soc. Arts Photoelectric cells in the service of man: **80** ('32) 629–48.

Nature [London] Heat flow during surface colour formation: **134** ('34) 100. – Variations in interference colours on copper and steel[14])[6]): **135** ('35) 791. – Electrical conductivity of copper oxide films showing interference colours: **136** ('35) 517. – Thermal conductivity of mud brick[13]): **142** ('38) 837. – Comparison of the adsorption, electrolytic, and interference methods of measuring film areas: **144** ('39) 630. – Distribution of catalytically active centres on surfaces: **152** ('43) 135f. – Solubility and heat of solution of caprylic acid in water[18]): **157** ('46) 735. – Magnetic permeability of nickel in the region of centimetre waves[18]): 735. – Silicic acid[18]): **160** ('47) 55f.

Revue Fac. Sci. Univ. Istanbul Apparent heats of activation and surface activity in surface catalysis over wide ranges of temperature: **8A** ('43) 112–19. – Molecular total surface energy of non-associated liquids[17]): 218–23. – Foaming of aqueous solutions of slightly soluble capillary-active substances[7]): **9A** ('44) 69–79. – Maximum life of bubbles in oil[17]): **10A** ('45) 42–53. – A study of foam columns from dilute solutions[7]): **12A** ('47) 38–52. – Heptylic acid foams[12]): 190–207. – Dynamics of heptylic acid foams[12]): **13A** ('48) 186–96. – A stirrer electrode for rapid electrochemical tests[18]): 303–13. – Velocity of solution of natural pandermite[19]): **14A** ('49) 121–27; **15A** ('50) 82–90. – Variations in apparent transition point of sodium sulfate[4]): 47–53. – Freundlich isotherm: 127–29. – Apparatus for rapidly preparing saturated solutions of sparingly soluble substances[18]): **16A** ('51) 77–80. – The heat of solution of benzoic acid and a formula for its solubility and critical consolution temperature[8]): 144–49. – Effect of electrolytes on the solubility of boric acid in water[10]): **17A** ('52) 66–69. – The corrosion of metallic iron stirrers by dissolved iodine[9]): 95–113. – The water solubility of the precipitated borates of calcium, strontium, and barium[19]): 191–95. – The effects of the salts of monoacid bases with strong, moderate, and weak acids on the solubility of boric acid in water[10]): **18A** ('53) 34–51. – The effect of electrolytes on the solubility of boric acid in water[10]): 166–77. – The spontaneous decomposition of precipitated silver thiosulfate[2]): **19C** ('54) 23–29. – Source of the Rhee: 67–72. – Long life soap roams[21]): 149–54. – Effet de la concentration des ions d'hydrogène sur l'activité catalytique du ferrocyanure de cuivre sur la décomposition du peroxyde d'hydrogène entre pH 2 et pH 10 dans les solutions tampons de phosphate[11]): 238–61 [m. engl. Zusammenfassg.]. – Effet de la concentration des ions d'hydrogène sur l'activité catalytique du ferrocyanure de cuivre plus actifs, sur la décomposition du peroxyde d'hydrogène entre pH 6 et pH 13 dans les solutions tampons de phosphate[11]): **20C** ('55) 62–85 [~]. – L'adsorption des ions d'hydrogène et d'hydroxyle sur le catalyseur ferrocyanure cuprique[11]): 113–22. – Variations in the activation energy on copper ferrocyanide catalyst[15]): 123–28. – The effect of mass of the catalyst (Prussian blue) on the velocity of decomposition of hydrogen peroxide in neutral solution[16]): **21C** ('56) 64–71; ~ (Turnbull's blue) ~[16]): **22C** ('57) 47–53. – Electric conductivity of carborundum at high temperatures[8]): 256–66. – Colloidal silver sulfide: 334–42. – Effect of nickel and copper sulfates on the catalytic activity of Prussian blue in the heterogeneous decomposition of aqueous hydrogen peroxide[16]): 353–70. – Stability of an emulsion of fine air bubbles in water[1]): 378–82. – Influence of ionization on the velocity of decomposition of H_2O_2 on a heterogeneous catalyst surface: **23C** ('58) 105–13. – Penetration of liquids in adsorbent solids[5]): 247–72. – Relation between the cube root and logarithmic laws for the penetration of liquids into porous solids[5]): 273–79. – Poisoning of a cupric ferrocyanide catalyst in the heterogeneous decomposition of H_2O_2[1]): **24C** ('59) 87–94. – Catalytic decomposition of hydrogen peroxide by a Prussian blue catalyst in the range pH 1.0–12.4[16]): 127–44. – The catalytic activity of the $[Cu(CN)_4]^{---}$ in the homogeneous decomposition of H_2O_2[1]): 217–22. – The birth of catalytic activity during the oxidation of cuprous cyanide[1]): 223–32. – Infrared investigation of the rate of evaporation of o-chlorophenol[5]): 233–38. – Effect of pH on the decomposition of H_2O_2 by the catalyst (Turnbull's blue)[16]): **25C** ('60) 1–15. – Infrared absorption in the spectrum of tea saponin[5])[3]): 66–70. – The effect of pH on the decomposition of hydrogen peroxide by the catalyst Prussian blue[16]): 101–08.

Trans. Faraday Soc. The kinetics of adsorption in relation to reaction velocity: **28** ('32) 227f. – Catalysis and photo-conductors[20]): 497–508.

Mit: [1]) V. Amirhanyan; [2]) T. Artun; [3]) T. Bigat; [4]) N. Cansever; [5]) D. N. Constable; [6]) H. Eldin; [7]) H. Erkut; [8]) L. Feridun; [9]) A. Göksel; [10]) A. H. Işnel; [11]) S. Kandare; [12]) S. Mergen; [13]) M. K. Nahas; [14]) M. Nazif; [15]) V. Ohanian; [16]) B. Pekin; [17]) S. Reizi; [18]) S. Tegul; [19]) M. Tuğtepe; [20]) A. F. H. Ward; [21]) H. Maltepe.

VI **CONTARDI,** Angelo. Chem. (org.). — Prof. incar., Facoltà di Scienze, Direttore del Laboratorio di Chimica organica, poi Prof. ord., Fac. di Agraria, Univ. di Milano.

*1877, Juli 26, Codogno;

†1951, März 23.

Nekr. G. Lantini, Boll. Ist. sieroterap. milanese **30** ('51) 430–32 (m. Bildn.). — C. Ravazzoni, Annuario, Univ. Studi Milano **1950/52** ('53) 170–75; Chimica e Industria **33** ('51) 163f.

S. Trabajos IX Congreso internacional de química pura y aplicada, Madrid 1934, **5** (Madrid '35) 163–73: Über neue Ester des Cholins[6]) [ ].

W. Utilizzazione dei sottoprodotti della cultivazione del mais e del sorgo zuccherino nel campo della preparazione della cellulosa nobile (m. B. Ciocca) (Parma '41) 30 S. — Chimica organica. Lezioni tenute all'Ateneo milanese per la facoltà di agraria, scienze naturali e biologiche (C. Ravazzoni-Cagnasso) (Milano '45) 409 S. — Chimica organica ad uso degli studenti di chimica industriale (C. Ravazzoni-Cagnasso) (Bologna '46) 537 S.

Annali Chim. appl. Über die Einwirkung von Kupfer auf einige aromatische Acetoxymercuriderivate[2]): **23** ('33) 362–66 [ital.].

Archives ital. Biol. Recherches sur la scission enzymatique de l'acide nucléinique du levain[10]): **92** ('34) 64–75.

Archivio Sci. biol. La scissione enzimatica delle lecitine e delle lisocitine[6]): **21** ('35) 1–44.

Atti reale Accad. Sci. Torino Intorno ad un recente metodo catalitico per la determinazione del carbonio e dell'idrogeno nelle sostanze organiche[8]): **68** ('32/33) 181–89.

Biochemical J. Studies on the phosphatases [, 1]: The influence of some electrolytes on the phosphatases of animal tissue; phosphatases of the liver, kidney, serum, and bones of the rabbit[1])[6]): **29** ('35) 517–27; ~ 2: Inactivation and reactivation of the phosphatases of animal organs[1])[6]): 842–46; ~ 3: On the mechanism of the inactivating action of sodium oxalate and of phosphates on the "alkaline" phosphatases of animal tissue[1])[6]): 1491–1507.

Biochemische Z. Über die enzymatische Spaltung der Lecithine und Lysocithine[6]): **261** ('33) 275–302.

Boll. chim.-farm. Scissione enzimatica della lecitina: **73** ('34) 3–12.

Chimica e Industria Contributo allo studio della $\beta\beta'\beta''$-triclorotrietilammina (azotoyprite-Ny)[5]): **29** ('47) 169–72.

Enzymologia Fosfatasi e fosfatesi del latte[10])[9]): **3** ('37) 170–79.

Ergebn. Enzymforsch. Lecithasen[1])[6]): **5** ('36) 213–32.

Gazz. chim. ital. Sopra alcune scissioni enzimatiche della lisocitina e della lecitina. Nuovi isomeri delle lecitine[6]): **63** ('33) 37–46. — Anomalia in un caso di introduzione di un nitrogruppo nel nucleo benzenico attraverso al diazocomposto[2]): 878–84. — Azione del fosgene sopra la α-monocloridrina[6]): **64** ('34) 522–26. — La racemizzazione delle inositi[2]): **79** ('49) 694–702.

Rend., Reale Ist. lombardo Sci. e Lettere Considerazioni su di un ipotetico caso di diorto-isomeria nel benzolo[3]): (2) **66** ('33) 203–06. — Osservazioni intorno ad un metodo proposto per la preparazione della novocaina[11]): 234–38. — Sulla preparazione della glicocolla[10]): 786–90. — Ricerche sulla scissione enzimatica dell'acido nucleinico del lievito [, 1][10]): **67** ('34) 503–17; ~ 2[10]): **68** ('35) 726–34. — Sulla pressione di scoppio di alcuni carburanti a base di alcool[4]): **67** ('34) 708–16. — Azione del carburo di calcio[2]): **68** ('35) 126–28. — Nuovo metodo biochimico per il riconoscimento degli avvelenamenti da fluoro nelle piante[10]): 363–73. — Nuovo apparecchio elettrico per la semimicroanalisi dell'azoto[7]): 702–06. — Reazione tra formaldeide e i polialcoli[2]): **69** ('36) 1057–66.

Rend., Reale Ist. lombardo Sci. e Lettere, Parte gen. e Atti uffic. Serafino Belfanti: **72** ('38/39) 151f.

Ricerca sci. Untersuchungen über das Acetylen[2]): (2) **7**, II ('36) 610–21. — Möglichkeit der Herstellung von gereinigter Cellulose in Italien[2]): **8**, II ('37) 155–59. — Über die industrielle Darstellung des Äthylenglykols[2]): **9** ('38) 9–16. — — Alle Arbeiten ital.

Mit: [1]) S. Belfanti; [2]) B. Ciocca; [3]) A. Dansi; [4]) S. Doldi; [5]) E. Dumontel; [6]) A. Ercoli; [7]) S. Erighian; [8]) C. Ferri; [9]) L. Osella; [10]) C. Ravazzoni; [11]) A. Sempronі.

V, VI **CONWAY,** Arthur William. Math. Physik. — 1901-40 Prof. of Mathematical Physics, '40-47 President, Univ. College, Dublin; '40 Chairman, School of Theoretical Physics in the Dublin Institute of Advanced Studies. — '01 Hon. D. Sc. (Roy. Univ. of Dublin); '38 Hon. Sc. D. (Univ. of Dublin); '38 Hon. LL. D. (Univ. of Saint Andrews); '40 Hon. Fellow of Corpus Christi College, Oxford.

*1875, Okt. 2, Wexford, Irland;

†1950, Juli 11, Dalkey, Co. Dublin.

Nekr. J. J. Nolan, Studies **39** ('50) 241–50. — H. T. H. Piaggio, Nature [London] **174** ('54) 479. — E. Whittaker, Nature [London] **166** ('50) 459f.; Obituary Notices Fellows roy. Soc. London **7** ('50/51) 329–40 (m. Bildn., Faks., Schr.verz.). — Proc. roy. irish Acad. **54** ('51/52) Minutes of Proc., [7]–[10] (m. Schr.-verz.).

Zur Bibliogr. Selected papers of Arthur William Conway (J. McConnell) (Dublin '53) 8 + 222 S. (m. Schr.verz.-Auszug, Nekr.).

MH. The mathematical papers of Sir William Rowan Hamilton **2**: Dynamics (Cambridge '40) (Cunningham Mem., Nr. 14).

S. C. R. 5e Congrès international des mathématiciens, Oslo 1936, **2** (Oslo '37) 233: A quaternion view of the electron wave equation.

Acta, Pontificia Acad. Sci. Applications of quaternions to modern scientific theories: **12** ('48) 9f. — Quaternions and quantum mechanics: 259–77.

Nature [London] Spectrum of cosmic radiation: **130** ('32) 581.

Proc. roy. irish Acad. The radiation of angular momentum: **41** ('32/33) Sect. A, 8–17. — On the determination of Hamilton's principal function[1]): 18–25. — Integrals of MacCullagh's equations: **43** ('35/37) Sect. A, 25–33. — Quaternions and matrices: **50** ('44/45) Sect. A, 98–103.

Proc. roy. Soc., London, Ser. A Quaternion treatment of the relativistic wave equation: **162** ('37) 145–54. — Applications of quaternions to rotations in hyperbolic space of four dimensions: **191** ('47) 137–45.

Revista Unión mat. argent. Quaternions and matrices: **11** ('45) 11–17 [span.].

Scientific Proc. roy. Dublin Soc. The influence of the work of Sir William Rowan Hamilton on modern mathematical thought: **20** ('30/33) 125–28.

Studies Whither mathematics?: **34** ('45) 158–62.

Mit: [1]) A. J. M'Connell.

VI **COOK,** Sir James Wilfred. Chem. (org.). — 1920 Assist., Univ. College, London; '20-28 Lecturer, Sir John Cass Technical Institute, London; '28-29 Chemist, Chemical Research Laboratory, Teddington, Middlesex; '29-39 Research Chemist, Royal Cancer Hospital, London; '32-35 Reader, '35-39 Prof., Univ. of London; '39-54 Prof., Univ. of Glasgow; '54-55 Principal, Univ. College of the South West, England; '55- Vice-Chancellor, Univ. of Exeter. — Hon. Sc.D. (Univ. of Dublin); D. hon. (Univ. de Rennes); Hon. D. Sc. (Univ. College, Ibadan, Nigeria). — '36 Prix (Union internationale contre le Cancer); '36 Prix (Union Minière du Haut Katanga); '39 Anna Fuller Memorial Prize; '40 Katherine Berkan Judd Prize (Memorial Hospital, New York); '54 Davy Medal (Roy. Soc. London).

*1900, Dez. 10, London.

Zur Biogr. E. D. Adrian, Proc. roy. Soc., London, Ser. A **227** ('54/55) 281f. — Nature [London] **173** ('54) 62; **174** ('54) 1031.

HZ. Progress org. Chem. **1** ('51); **2** ('53); **3** ('55); **4** ('58).

MHZ. Progress org. Chem. **5** ('61); **6** ('64).

S. Alkaloids. Chemistry and physiology (R. H. F. Manske, H. L. Holmes) **2** (New York '52) 261–329: Colchicine[53]); 331–52: Alkaloids of the Amaryllidaceae[53]). — Chemistry of carbon compounds (E. H. Rodd) **3 B** (Amsterdam–London–New York–Princeton, N. J. '56) 1446–1533: Aromatic compounds with condensed nuclei: fluorene, acenaphthene, and polycyclic compounds[10]). — Encyclopaedia Britannica. A new survey of universal knowledge **15** (Chicago–London–Toronto ... '65) 1171–74: Naphthalene; **17** ('65) 623f.: Perylene.

W. Chemistry and man (m. C. N. Hinshelwood, R. P. Linstead, J. Drummond) (London '53) 88 S. — Tobacco smoke and lung cancer (London '61) 18 S. (Roy. Inst. of Chem., Lecture ser., 1961, 5).

American J. Cancer A comparison of the action of some polycyclic aromatic hydrocarbons in producing tumors of connective tissue[7]): **20** ('34) 58–69. — Spindle-celled tumors and leucaemia in mice after injection with a water soluble compound of 1,2,5,6-dibenzanthracene[12]): **27** ('36) 267–78. — Chemical compounds as carcinogenic agents[40])[42])[43])[48])[60]): **29** ('37) 219–59; ~[48]): **33** ('38) 50–97; **39** ('40) 381–428, 521–82. — Effects produced in the livers of mice by azonaphthalenes and related compounds[42])[48])[49]): **40** ('40) 62–77.

Anales Asoc. quím. argentina Chemistry of colchicine: **37** ('49) 5–33 [ ].

Angewandte Chem., Ausg. A Die Oxydation mehrkerniger aromatischer Kohlenwasserstoffe durch Osmiumtetroxyd: **60** ('48) 62.

Annual Rep. Progr. Chem. Natural products of the sterol group: **33** ('36) 341–67. — Polycyclic aromatic compounds: **39** ('42) 155–91.

Ber. dtsch. chem. Ges. Chemische Beiträge zum Krebs-Problem: **69** ('36) Abt. A, 38–49.

Biochemical J. Isolation of $\Delta^{3:5}$-androstadiene-17-one from the urine of a man with a malignant tumour of the adrenal cortex[12])[73])

[84]): **31** ('37) 950–61. – John Masson Gulland †: **43** ('48) 161f.

Biographical Mem. Fellows roy. Soc. Ernest Laurence Kennaway: **4** ('58) 139–54.

British J. Cancer Effect of choline on experimental carcinogenesis[74]): **3** ('49) 557f. – Primary liver tumours in rats following feeding with alkaloids of Senecio jacobaea[26])[74]): **4** ('50) 405–10. – Carcinogenic activity of metabolic products of 3,4-benzopyrene: application to rats and mice[74]): **6** ('52) 400–06.

British J. Nutrition Preservation, colouring, and flavouring of foods, 1: Azo dyes and experimental liver tumours: **1** ('47) 245–53.

British med. Bull. Carcinogenicity of mineral oil fractions[17])[86]): **14** ('58) 132–35.

Bull. Soc. Chim. biol. Certains aspects de l'oxydation chimique et biochimique des hydrocarbures aromatiques polycycliques[74]): **31** ('49) 362–68.

Bull. Soc. chim. France, Mém. Les facteurs chimiques dans l'étiologie du cancer: (5) **4** ('37) 792–804.

Chemical Age Carcinogenic hydrocarbons: **33** ('35) 441.

Chemisch Weekbl. Carcinogenic hydrocarbons and their relationship to the sterols: **32** ('35) 563–66 [ ].

Chemistry and Industry Ring system of sterols and bile acids[48]): **10** ('32) 521. – The dehydrogenation of cholesterol[42]): **11** ('33) 451f., 603. – The conversion of a bile acid into a hydrocarbon derived from 1,2-benzanthracene[48]): 758f. – The constitution of ergosterol[40]): **12** ('34) 507f. – The pentacyclic aromatic hydrocarbon from cholesterol[42])[60])[73]): 569f. – The biochemical control of cancer: 1047f. – Migration of the quaternary methyl group during dehydrogenation of sterols and similar compounds: **13** ('35) 176. – The constitution of equilin[73]): 501f. – Stereochemistry of fluorene[45]): **14** ('36) 467f. – The constitution of hexahydropyrene[42]): 843f. – Proposed supplemental charter of the Institute of Chemistry: **15** ('37) 1078f. – Correlations among cancer-producing compounds: **19** ('41) 242f. – Composition of Scottish shale oil, 1[66])[71]): **1945**, 26f. – Isolation of 1,12-benzoperylene from coal-tar pitch[66]): 27f. – Structure of the anthracene photo-oxides[10]): **1949**, 353f. – The synthesis of tropolone[32])[69])[78]): **1950**, 427. – Synthesis of (±)-N-acetylcolchinol methyl ether[46])[53]): 650. – Nitration of tropolone[53])[79]): **1951**, 669. – Steroid nomenclature[13])[14])[23])[u.a.]): SN 1–10. – Pyridotropolone[53])[79]): **1952**, 562. – Oxindole alkaloids[30])[53]): **1953**, 640f. – Dehydration of lycorine[53])[55]): **1954**, 1199. – Mendeléeff: **1957**, 300. – Chemical approaches to the investigation of lung cancer: 1282–88. – College of technologists: **1962**, 954f.

Ergebn. Vitamin- u. Hormonforsch. Chemistry and biological properties of the carcinogenic substances: **2** ('39) 213–58.

Israel J. Chem. The composition of cigarette smoke, 8: Some aromatic hydrocarbon constituents[92])[93]): **1** ('63) 356–63.

J. amer. chem. Soc. Methylcholanthrene: **57** ('35) 1380f.

J. biol. Chemistry Conversion by the human of the testis hormone, testosterone, into the urinary androgen, androsterone[25])[39]): **130** ('39) 285–95.

J. chem. Soc., London Polycyclic aromatic hydrocarbons, 9: The synthesis of methyl and isopropyl homologues of 1,2-benzanthracene: **1932**, 456–72; ∼ 10: 1,2;7,8-Dibenzanthracene: 1472–84; ∼ 11: The acetylation of 1,2-benzanthracene[42]): **1933**, 1408–10; ∼ 12: The orientation of derivatives of 1,2-benzanthracene, with notes on the preparation of some new homologues and on the isolation of 3,4;5,6-dibenzphenanthrene: 1592–97; ∼ 13: Condensed fluorene derivatives[21])[42])[45])[60])[73]): **1935**, 1319–25; ∼ 15: New homologues of 1,2-benzanthracene[72])[35]): **1937**, 393–96; ∼ 17: Completion of the synthesis of the twelve monomethyl-1,2-benzanthracenes[72]): **1938**, 505–13; ∼ 19[72])[73]): **1939**, 266–68; ∼ 20[87]): 268–71; ∼ 21[10])[35]): **1940**, 16–18; ∼ 23[72]): 303f.; ∼ 24[59]): 1125–27; ∼ 29: Derivatives of 1,2;5,6-dibenzfluorene[68]): **1944**, 553–61; ∼ 30: Synthesis of chrysenols[74]): **1945**, 288–93; ∼ 31: Some nitrogenous analogues of chrysene, pyrene, and 3,4-benzphenanthrene[80]): 395–99; ∼ 33: Synthesis of naphtho(1′,2′;1,2)fluorene and naphtho(2′,1′;2,3)fluorene[94]): **1949**, 842–48; ∼ 34: Cyclization of α,β-diphenylglutaric anhydride[10])[16]): 1084–88; ∼ 35: Isomerization in the perinaphthene series[10])[17]): 1768–71; ∼ 36: Synthesis of the metabolic oxidation products of 3,4-benzpyrene[54])[74]): **1950**, 1112–21. – Polycyclic aromatic hydrocarbons: 1210–19. – A new synthesis of cadalene[8]): **1933**, 22–24. – The isolation of a cancer-producing hydrocarbon from coal tar, 2: Isolation of 1,2- and 4,5-benzpyrenes, perylene, and 1,2-benzanthracene[42])[43]): 396–98; ∼ 3: Synthesis of 1,2- and 4,5-benzpyrenes[42]): 398–405. – The Reformatsky reaction with anisil[52]): 827f. – The synthesis of compounds related to the sterols, bile acids, and oestrus-producing hormones, 1: 1,2-Cyclopentenophenanthrene[42]): 1098–111; ∼ 2: The formation of some tetracyclic hydroaromatic hydrocarbons[42]): **1934**, 365–76; ∼ 3: 7-Methoxy-1,2-cyclopentenophenanthrene, a dehydrogenation product of oestrin and equilenin[19])[42])[34]): 653–58; ∼ 4: The constitution of Diels's hydrocarbon "$C_{25}H_{24}$" from cholesterol[42])[60])[73]): 1727–38; ∼ 6: Experimental evidence of the complete structure of oestrin, equilin, and equilenin[19])[42]): **1935**, 445–55; ∼ 7[19])[42]): 1633–37; ∼ 9[19])[42]): **1936**, 52f.; ∼ 10: Ruzicka's hydrocarbon "$C_{21}H_{16}$" from cholic acid[4)42)45)]: 54–61. – The synthesis of 5,6-dimethyl-1,2-benzanthraquinone, a degradation product of deoxycholic acid[40)]: **1934**, 428–33. – β-iso-Propylnaphthacene: 1412. – The synthesis of polyterpenoid compounds, 1: Preliminary experiments[21)]: **1935**, 500–02; ~ 2[51)]: 1637f.; ~ 3[51)]: **1937**, 817–27; ~ 4[51)]: **1938**, 58–63. – Synthesis of cholanthrene[40)72)]: **1935**, 667–71. – Synthetic uses of as-octahydrophenanthrene, 1[40)]: 767–70. – A convenient synthesis of cholanthrene[40)]: 770f. – Substituted unsaturated cyclic ketones[19)]: 1570–72. – The dehydration of benzylcyclohexanols[42)]: **1936**, 62–71. – A new synthetic route to hydroaromatic ketones related to anthracene and phenanthrene[42)51)]: 71–80. – Cyclohexylnaphthalenes and related compounds[51)]: 1431–34. – 4-Phenylcyclohexylacetic acid[35)]: **1937**, 1559f. – Glucosides related to carcinogenic hydrocarbons[87)]: 1825–28. – Stereochemistry of as-octahydrophenanthrene[42)72)]: **1939**, 168–77. – The synthesis of growth-inhibitory polycyclic compounds, 1[10)]: 802–06; ~ 2[10)]: **1940**, 409–12. – Colchicine and related compounds, 1: Some observations on the structure of colchicine[19)73)]: 194–97; ~ 2: Synthesis of a simple analogue of N-acetylcolchinol methyl ether[28)]: 198–200; ~ 3[37)50)51)19)]: **1944**, 322–25; ~ 4: Synthesis of 2,3,4,5-, 2,3,4,6-, and 2,3,4,7-tetramethoxy-9-methylphenanthrenes [53)11)]: 325–29; ~ 5: Structure of Windaus's deaminocolchinol methyl ether[9)53)]: **1945**, 176–80; ~ 6: 3,4,5,6-Dibenzo-cyclohepta-1,3,5-triene[22)53)]: **1947**, 746–50; ~ 7[22)27)53)]: **1949**, 1074–78; ~ 8: Preliminary synthetic experiments[9)53)58)]: 1079–84; ~ 9[22)46)53)56)58)85)]: **1950**, 139–47; ~ 10[47)53)]: 537–43; ~ 11: Synthesis of N-acetylcolchinol methyl ether[46)53)11)58)]: **1951**, 1397–1403; ~ 12: Some molecular rearrangements[46)53)]: **1952**, 607–10; ~ 13[53)70)]: **1954**, 4234–38; ~ 16: Periodate oxidation of colchiceine[2)11)]: **1957**, 3278–80. – Structures of degradation products of picene: **1941**, 685–87. – Azulenes, 1: Synthesis of vetivazulene[18)]: **1942**, 559–62; ~ 2: Exploration of new synthetic routes[67)78)]: **1948**, 164–69. – Hydroanthracenes and hydrophenanthrenes, 2[57)61)]: **1944**, 286–93. – Condensation of chrysene with succinic anhydride[37)]: 329f. – Sterols of Calycanthus floridus[64)]: 336f. – Catalytic hydrogenation of pyrene[15)37)]: **1945**, 286–88. – Synthesis of piperidine derivatives, 1[6)]: 438–41; ~ 2: Aryldecahydroquinolines[10)83)]: **1948**, 2011–17; ~ 3: 5-Phenyl-1-azabicyclo-[3,3,1]nonane[10)83)]: **1949**, 1141–44; ~ 4: 4-Phenyl-piperidols[10)24)]: **1950**, 197–99; ~ 5: Decahydroiso-quinolines[10)24)]: **1951**, 1392–97. – Activating influence of para groups on the lability of chlorine in chlorobenzenes[10)82)]: **1947**, 1109. – Chloromethylation of naphthalene and of tetralin[10)20)]: 1432–34. – Synthetic studies in the steroid series, 1: Use of methyl γ-bromocrotonate in the synthesis of fused-ring hydroaromatic ketones[67)]: **1948**, 162–64. – Oxidation of carcinogenic hydrocarbons by osmium tetroxide[74)]: 170–73. – Isomerization reactions, 1[10)74)]: **1949**, 169–73; ~ 2[10)17)]: 2044–48; ~ 3[3)10)]: **1950**, **331–35**. – 1,5-Dimethoxyanthracene[65)]: **1949**, 2726. – Naphthalene-2,3-dialdehyde[44)74)]: Suppl. 1, S. 228. – Catalyzed hydrogen peroxide oxidation of aromatic hydrocarbons, 1[74)]: **1950**, 47–54. – Chemistry of the Mitragyna genus, 1: Rhynchophylline[10)63)74)]: 867–73; ~ 2: Synthesis of 7-methoxy-2-methyl- and 7-methoxy-1,2-dimethyl-β-carboline[53)55)]: **1951**, 1203–07; ~ 3: Synthesis of a degradation product of mitragynine[53)55)]: **1952**, 3904–12. – Stereochemistry of metabolic diols from naphthalene and anthracene[53)85)]: **1950**, 911–14. – Syntheses of some derivatives of 4-aza- and of 2,4-diazafluoranthene[62)]: 1160–70. – Synthesis of 4,5-dimethyl-phenanthrene[10)16)69)]: 2326–28. – Tropolones, 1: Preparation and general characteristics of tropolone[32)69)78)]: **1951**, 503–11; ~ 2: Synthesis of α-, β-, and γ-thujaplicins [69)76)]: 695–98; ~ 3: Halogenated derivatives of tropolone[69)32)]: 2244–48; ~ 4: The preparation of α,β-benzotropolone[32)69)78)]: **1952**, 603–07; ~ 5: Halogenocycloheptatrienones[1)53)79)]: 2350–53; ~ 6: Further reactions of tropolone [69)76)]: 4416–19; ~ 7: Orientation in tropolone [53)79)]: **1954**, 530–35. – Syntheses of some derivatives of 2-phenyl-1-azapyrene[62)]: **1951**, 2487–92. – 5-Hydroxy-1,2-benzanthracene and 1′-hydroxy-1,2;5,6-dibenzanthracene[74)]: **1952**, 9–11. – Fluorene derivatives related to amidone [10)75)]: 117f. – 8-Methyl-3,4-benzpyrene[15)74)]: 257. – Dehydration of 2-9′-fluorenyl-cyclohexanol[44)]: 3168–71. – New derivatives of 1,2-cyclopentenophenanthrene[10)17)]: 4996. – Synthesis of polymethylnaphthalenes[1)33)]: **1953**, 8–17. – The addition of maleic anhydride to 9,10-diphenylanthracene[44)]: 4109–11. – The reaction of o-nitroaniline with 1-naphthylamine[44)]: 4183. – Some methyl derivatives of β-carboline[30)53)]: **1954**, 568f. – The constituents of high-boiling petroleum distillates, 1: Preliminary studies[17)]: 2047–52. – A reaction of 2-chlorocyclohepta-trienone[53)70)]: 4041f. – Dehydration of lycorine[53)55)]: 4176–81. – Experiments confirming the structure of shellolic acid[17)57)90)]: **1961**, 5251–56.

J. and Proc. roy. Inst. Chem. Great Britain and Ireland Chemistry and cancer: **1943**, 36 S.

J. roy. Inst. Chem. Chemistry, medicine – and economics: **74** ('50) 101–10. – Some thoughts on the education of the chemist: **75** ('51) 142–52. – Schools of chemistry in Great Britain and Ireland, 8: The University of Glasgow: **77** ('53) 561–72.

Nature [London] Coal tar constituents and cancer[42)43)]: **130** ('32) 926. – A synthetic oestrus-exciting compound[23)42)]: **131** ('33) 56f. – Sex hormones and cancer-producing compounds[23)]: 205f. – Dehydrogenation of oestrin[34]): **133** ('34) 377f. – Recent progress in the chemistry of the sex hormones: **134** ('34) 758–60. – Chemistry of oestrogenic substances[23]): **135** ('35) 793, 959; ~[23])[84]): **136** ('35) 912f. – Photo-oxides of carcinogenic hydrocarbons[59])[73]): **143** ('39) 1020. – Cancer-producing chemical compounds: **145** ('40) 335–38. – Production of tumours in mice by deoxycholic acid[48])[49]): 627. – Carcinogenic colouring matters: 672. – Bile acids of elasmobranch fish: **147** ('41) 388. – Structure of colchicine: **155** ('45) 479. – Chemical carcinogenesis: **160** ('47) 375f. – Prof. J. Masson Gulland: 702f. – Oxidation of anthracene by osmium tetroxide[74]): **161** ('48) 237f. – Synthetic analgesics[10])[24])[36])[83]): **162** ('48) 21. – Synthesis of colchicine derivatives[11])[53])[58]): 692. – Synthesis of 3,4-benztropolone[78]): **163** ('49) 410. – 1,9-Cyclohexylenefluorene: 443. – Antibacterial and antifungal activity of benztropolone[5])[29])[78]): **166** ('50) 65. – Contaminant of commercial 3,4-benzpyrene[74]): **167** ('51) 725f. – Fifth centenary of the University of Glasgow: 964f. – Commonwealth Universities' Congress 1958: **182** ('58) 1283–85; ~ 1963[88])[91]): **199** ('63) 1127–31. – The role of the scholar in society: **183** ('59) 1772f. – Higher education in Africa: **196** ('62) 708–10.

Pharmaceutical J. Some biological applications of synthetic chemistry: **145** ('40) 201.

Proc. chem. Soc., London Ernest Laurence Kennaway, 1881–1958: **1959**, 68f. – Edward de Barry Barnett, 1886–1961: **1961**, 355f.

Proc. physic. Soc., Sect. A Relation between bond structure and the longest ultraviolet absorption band of polycyclic aromatic hydrocarbons[74])[77]): **63** ('50) 592–98.

Proc. roy. philos. Soc. Glasgow Experimental research on cancer: **66** ('42) 67–78.

Proc. roy. Soc., London, Ser. A The production of cancer by pure hydrocarbons[10])[42])[48])[49])[59])[72]): **176** ('40) S 72f.

Proc. roy. Soc., London, Ser. B The production of cancer by pure hydrocarbons, 1[43])[48])[60]): **111** ('32) 455–84; ~ 2: 485–96; ~ 3[7])[40])[42])[43])[48]): **117** ('35) 318–51; ~ 4[4])[21])[87])[40])[42])[72]): **123** ('37) 343–68; ~ 5[10])[42])[48])[49])[59])[72]): **129** ('40) 439–67; ~ 6[10])[42])[48])[49])[59]): **131** ('42/43) 170–82. – The oestrogenic activity of some condensed-ring compounds in relation to their other biological activities[23])[42])[52]): **114** ('34) 272–86. – Sex change in the plumage of Brown Leghorn capons following the injection of certain synthetic oestrus-producing compounds[23])[38]): 286–90. – Further observations on the oestrogenic activity of synthetic polycyclic compounds[23])[52]): **121** ('36/37) 133–41.

Quarterly Rev., Chemical Soc., London The tropolones[53]): **5** ('51) 99–130.

Recueil Trav. chim. Pays-Bas Derivatives of triaza-indolizines[31])[81]): **69** ('50) 343–50. – Derivatives of tetraza-indolizines[31])[81]): 1201–06.

Revista brasil. Quím. Chemical and biochemical oxidation of polycyclic aromatic hydrocarbons: **26** ('48) 323–26 [ ].

Scientific J. roy. College Sci. Recent advances in the chemistry of the sex hormones: **6** ('36) 18–31. – Chemical carcinogenic agents: **9** ('39) 48–59.

Yale J. Biol. and Med. Carcinogenic chemical reagents: **11** ('38) 1–13.

Mit: [1]) B. J. Abadir; [2]) K. Ahmad; [3]) R. Aitken; [4]) W. E. Bachmann; [5]) A. J. Baillie; [6]) W. Barr; [7]) G. Barry; [8]) E. de Barry Barnett; [9]) N. Barton; [10]) G. M. Badger; [11]) G. L. Buchanan; [12]) H. Burrows; [13]) R. S. Cahn; [14]) R. K. Callow; [15]) J. M. L. Cameron; [16]) J. E. Campbell; [17]) W. Carruthers; [18]) R. R. Coats; [19]) A. Cohen; [20]) G. W. Crosbie; [21]) A. Dansi; [22]) G. T. Dickson; [23]) E. C. Dodds; [24]) G. M. S. Donald; [25]) R. I. Dorfman; [26]) E. Duffy; [27]) D. Ellis; [28]) L. L. Engel; [29]) G. G. Freeman; [30]) R. M. Gailey; [31]) R. P. Gentles; [32]) A. R. Gibb; [33]) D. T. Gibson; [34]) A. Girard; [35]) F. Goulden; [36]) J. D. P. Graham; [37]) W. Graham; [38]) A. W. Greenwood; [39]) J. B. Hamilton; [40]) G. A. D. Haslewood; [41]) –; [42]) C. L. Hewett; [43]) I. Hieger; [44]) L. Hunter; [45]) J. Iball; [46]) J. Jack; [47]) F. Y. Johnston; [48]) E. L. Kennaway; [49]) N. M. Kennaway; [50]) R. W. Lapsley; [51]) C. A. Lawrence; [52]) W. Lawson; [53]) J. D. Loudon; [54]) R. S. Ludwiczak; [55]) P. McCloskey; [56]) J. McKeown; [57]) N. A. Glen ⟨McGinnis⟩; [58]) J. MacMillan; [59]) R. H. Martin; [60]) W. V. Mayneord; [61]) S. Mitchell; [62]) J. S. Moffatt; [63]) P. A. Ongley; [64]) M. F. C. Paige; [65]) P. L. Pauson; [66]) N. Percy; [67]) R. Philip; [68]) R. W. Preston; [69]) R. A. Raphael; [70]) R. K. Razdan; [71]) J.-M. Robertson; [72]) A. M. Robinson; [73]) E. M. F. Roe; [74]) R. Schoental; [75]) F. Schwarz; [76]) A. I. Scott; [77]) E. J. Y. Scott; [78]) A. R. Somerville; [79]) D. K. V. Steel; [80]) W. H. S. Thomson; [81]) S. H. Tucker; [82]) W. P. Vidal; [83]) T. Walker; [84]) F. L. Warren; [85]) W. F. Williamson; [86]) D. L. Woodhouse; [87]) C. G. M. de Worms; [88]) J. S. Fulton; [89]) –; [90]) F. D. Gunstone; [91]) D. G. James; [92]) R. A. W. Johnstone; [93]) P. M. Quan; [94]) E. F. M. Stephenson.

VI **COOKE,** William Ernest. Astron. – 1912-26 Prof., Univ. of Sydney, N.S.W.

*1863, Juli 25, Payneham, near Adelaide, South Australia;

†1947, Nov. 7, Adelaide.

VI **COOLIDGE,** Albert Sprague. Chem. – 1924-30 Instructor, '31-60 Lecturer, Harvard Univ., Cambridge, Mass.

*1894, Jan. 23, Chicago, Ill.

American J. Physics Lecture apparatus for thermal conduction: **12** ('44) 175–.

Astrophysical J. Quadrupole rotation-vibration spectrum of H_2[3]): **87** ('38) 438–59.

J. amer. chem. Soc. Adsorption at high pressures, 1: **56** ('34) 554–61; ~ 2[2]): 561–68. – The conductance of non-aqueous solutions, 2: The temperature coefficient of conductivity[1]): **58** ('36) 505f. – Poisson-Boltzmann equation derived from the transfer of momentum[4]): **68** ('46) 608–11. – Imaginary contact angles and the Jones-Ray effect: **71** ('49) 2153–67.

J. chem. Physics The ground state of the hydrogen molecule[3]): **1** ('33) 825–35. – Approximations involved in calculations of atomic interaction and activation energies[3]): **2** ('34) 811–17. – Correction and addition to the discussion of the ground state of H_2 [3]): **3** ('35) 129f. – Heitler-London repulsive state of hydrogen[3])[5]): **4** ('36) 187–93. – Franck-Condon principle[3])[5]): 193–211. – Wave functions and potential curves for excited H_2[3]): **6** ('38) 730–34.

J. opt. Soc. America Mercury arc as a standard of ultra-violet radiation: **34** ('44) 291–301.

Physical Rev. A quantum mechanics treatment of the water molecule: (2) **42** ('32) 189–209. – Improved calculation of ground state of H_2 [3]): **43** ('33) 588f. – The Hylleraas method applied to lithium[3]): **47** ('35) 700. – Wave functions for $1s2s^1S$ helium[3]): **49** ('36) 676–87. – On the ground state of lithium[3]): 688–95. – On the convergence of the Hylleraas variational method[3]): **51** ('37) 855–59. – On the determination of molecular potential curves from spectroscopic data[3])[6]): **54** ('38) 726–38. – Continuous spectra of H_2 and D_2[3]): **55** ('39) 184–90, 234. – Symmetry properties of variational functions[3]): 873f. – Experimental verification of the theory of the continuous spectra of H_2 and D_2: **65** ('44) 236–46.

Mit: [1]) H. E. Bent; [2]) H. J. Fornwalt; [3]) H. M. James; [4]) W. Juda; [5]) R. D. Present; [6]) E. L. Vernon.

V, VI **COOLIDGE,** Julian Lowell. Math. — 1908 Assist. Prof., '18-40 Prof., '27 Chairman of the Mathematics Department, '29-40 Master of Lowell House, Harvard Univ., Cambridge, Mass.

***1873,** Sept. 28, Brookline, Mass.; **†1954,** März 7.

Nekr. D. J. Struik, American math. Monthly **62** ('55) 669–82 (m. Schr.verz.).

W. A history of geometrical methods (Oxford–NewYork '40) 18+451 S. – A history of the conic sections and quadric surfaces (Oxford–NewYork '45) 11 + 214 S. – The mathematics of great amateurs (Oxford–New York '49) 8 + 212 S. – Treatise on algebraic plane curves. Neuauflage (New York '59) 24 + 513 S.

American J. Math. Systems of rational curves: **65** ('43) 257–62.

American math. Monthly The rise and fall of projective geometry: **41** ('34) 217–28. – A historically interesting formula for the area of a quadrilateral: **46** ('39) 345–47. – Three hundred years of mathematics at Harvard: **50** ('43) 347–56. – Two dimensions: **52** ('45) 557–62. – The beginnings of the analytic geometry in three dimensions: **55** ('48) 76–86. – The story of the binomial theorem: **56** ('49) 147–57. – The number e: **57** ('50) 591–602. – Story of tangents: **58** ('51) 449–62. – The origin of polar coordinates: **59** ('52) 78–85. – The unsatisfactory story of curvature: 375–79. – The lengths of curves: **60** ('53) 89–93.

Bull. amer. math. Soc. William Elwood Byerly †: **42** ('36) 295–98. – William Caspar Graustein †: **47** ('41) 343–49.

Osiris The origin of analytic geometry: **1** ('36) 231–50.

Proc. amer. Acad. Arts and Sci. Oliver Dimon Kellog †: **68** ('33) 642–44. – William Caspar Graustein 1888–1941: **75** ('42) 166f.

Science [USA] William Fogg Osgood † [1])[2]): **98** ('43) 399f.

Scripta math. [USA] Six female mathematicians: **17** ('51) 20–31.

Trans. amer. math. Soc. Analytic systems of central conics in space: **48** ('40) 359–76.

Mit: [1]) G. D. Birkhoff; [2]) E. C. Kemble.

IV, VI **COOLIDGE,** William David. Physikal. Chem. — 1905-07 Physico-chemist, '08-28 Assistant Director, '28-32 Associate Director, '32-40 Director, Research Laboratory, '40-44 Vice President and Director of Research, '45-61 Consultant on x-rays, '61- Director Emeritus, General Electric Company, Schenectady, N. Y. — '27 Hon. Sc. D. (Union Univ., Schenectady-Albany, N. Y.); '27 Hon. Sc.D. (Lehigh Univ., Bethlehem, Pa.); '37 Dr. med. h. c. (Univ. Zürich); '42 Hon. LL. D. (Ursinus College, Collegeville, Pa.); '45 Hon. Sc. D. (Univ. Católica de Chile, Santiago de Chile); '45 Dr. h. c. (Univ. São Paulo); '45 Dr. h. c. (Escola Nacional de Engenharia, Univ. do Brasil, Rio de Janeiro); '47 Eng. D. (Indiana Technical College). — '14 Rumford Medal (Amer. Acad. Arts and Sci.); '26 Howard N. Potts Medal and Louis Edward Levy Gold Medal (Franklin Institute, Philadelphia); '27 Edison Medal (Amer. Institute of Electrical Engineers); '27 Hughes Medal (Royal Society, London); '27 Gold Medal (Amer. College of Radiology); '32 Washington Award (Western Society of Engineers); '37 John Scott Award (City of Philadelphia); '39 Faraday Medal (Institution of Electrical Engineers of England); '40 Modern Pioneer Award (National Manufacturers Association); '42 Duddell Medal (British Physical Society); '44 Franklin Medal (Franklin Institute, Philadelphia); '52 K. C. Li Medal and Award (Columbia Univ., New York City); '53 Henry Spenadel Award (First District Dental Society); '63 Röntgen-Plakette (Gesellschaft der Freunde und Förderer des Deutschen Röntgen-Museums, Remscheid-Lennep).

*1873, Okt. 23, Hudson, Mass.

Zur Biogr. L. A. Hawkins, Chemical and Engng. News 18 ('40) 445f. (m. Bildn.). — J. A. Miller, Yankee scientist: William David Coolidge (Schenectady, N. Y. '63) 216 S. (m. Bildnissen u. Schr.verz.). — F. R. M., Scientific Monthly 48 ('39) 379f. (m. Bildn.). — Industrial Radiogr. 3 ('44) 33–35. — J. electrochem. Soc. 99 ('52) 221 C f. — Nature [London] 143 ('39) 233; 149 ('42) 521 (m. Bildn.). — Proc. physic. Soc. 54 ('42) 209f.

Zum 90. Geb.tag R. Seifert, Röntgen-Bl. 17 ('64) 160–62.

S. C. R. Congrès international d'électricité, Paris 1932 (Paris '33) Sect. 1, Rapp. No. 19, 18 S.: Experimental study of cathode rays outside of the generating tube[5]); Sect. 10, Rapp. No. 2, 14 S.: Modern x-ray tubes[2]). — The science of radiology (O. Glasser) (Springfield, Ill.–London '33) Kap. 6: Roentgen-ray tubes[2]). — Medical physics (O. Glasser) (New York–London '44): Roentgen-rays: Tubes[1]).

Albany med. Ann. x-Rays – then and now: 58 ('39) Nr. 4.

American J. Roentgenol. and Radium Therapy A high voltage induction coil and cascade tube Roentgen-ray outfit[4])[6]): 27 ('32) 405–14. — Experiences with the Roentgen-ray tube: 54 ('45) 583–89.

American J. Roentgenol., Radium Therapy and nuclear Med. A half century's development of x-ray generators: 75 ('56) 166f.

Armour Engr. and Alumnus Research in a large industry: 3 ('37) Nr. 2.

Electrical Engng. [USA] Faraday Medal acceptance address: 58 ('39) Nr. 6.

General Electric Rev. Experimental study of cathode-rays outside of the generating tube[5]): 35 ('32) 413–17. — Acceptance address of the award of Gold Medal by the American Institute of the City of New York to the General Electric Company: 37 ('34) Nr. 71. — Faraday Medal acceptance address: 42 ('39) Nr. 6. — Contribution of physics to cancer therapy: Nr. 7.

J. appl. Physics Response in accepting the Duddell Medal at the meeting of the American Physical Society 1942: 13 ('42) 478–80.

J. Franklin Inst. The rapidly expanding field of usefulness of x-rays: 237 ('44) 435–39.

Metal Progr. Gas-free metals used in x-ray tubes[2]): 24 ('33) 36–40.

Popular Sci. Monthly Seventy years of physical science: 140 ('42) Nr. 5.

Radiology The production of x-rays of very short wave length: 30 ('38) Nr. 5. — Radiation therapy: 34 ('40) 103. — Roentgen-ray tubes[2]): 45 ('45) 449–66.

Science [USA] Presentation of the Comstock Prize to Ernest O. Lawrence: 86 ('37) 405f. — Elihu Thomson[3]): 89 ('39) 187–91. — Research laboratory of the General Electric Company: 92 ('40) 594f. — The role of science institutions in our civilization: 96 ('42) 411–17. — A plea for more fundamental research effort: 119 ('54) 110f.

Scientific Monthly Scientific developments and their application: 38 ('34) 307–09.

Technology Rev. Research as a career: 36 ('34) 341–.

Trans. amer. Inst. chem. Engr. Discussion on x-ray tubes: 28 ('32) 31–.

X-Ray Technician Highlights of the past and a challenge for the future: 20 ('49) Jan.

Mit: [1]) Z. J. Atlee; [2]) E. E. Charlton; [3]) K. T. Compton; [4]) L. E. Dempster; [5]) C. N. Moore; [6]) H. E. Tanis, jr.

VI **COOPER,** Hermon Charles. Chem. — 1934- Researcher in Geochemistry and applied Chemistry, Univ. of Illinois, Urbana, Ill.

*1875, Nov. 22, Glen Ellyn, Ill.;
†1952, Nov. 16, Providence, R. I.

Nekr. Chemical and Engng. News 30 ('52) 5300.

J. chem. Educat. Modern abrasives: 19 ('42) 122–28.

VI **COOPS,** Jan. Thermochem. — 1929-64 Prof., Vrije Univ. te Amsterdam.

*1894, Mai 27, Amsterdam.

Zum 25jähr. Dienstjubil. Festgabe: Recueil Trav. chim. Pays-Bas 73 ('54) Nr. 11 = S. 861–1057 (m. Bildn.). — K. van Nes, Chemisch Weekbl. 50 ('54) 865–72 (m. Bildn. u. Schr.verz.).

S. Experimental thermochemistry (F. D. Rossini) (New York '56) 27–58: Calibration of calorimeters for reactions in a bomb at constant volume[33])[22]).

Analytical Chem. Self-cleaning still head for continuous take-off at atmospheric and reduced pressures[1])[14]): 26 ('54) 1529f.

Chemisch Weekbl. Verkade in Rotterdam, 1919–29: 57 ('61) 363–66.

Orgaan christel. Verenig. Natuur- en Geneeskundigen Nederland Het probleem der atoombinding in de chemie: **1936,** 65–.

Proc., Koninkl. Akad. Wet. Amsterdam Alternations in the properties of n-monoalkylmalonic acids. Some remarks on Malkin's views concerning the alternation phenomena[28]): **36** ('33) 76–87.

Recueil Trav. chim. Pays-Bas Calorimetric researches, 20: Alternation phenomena, 6: Alternations in the properties of n-monoalkylmalonic acids; some remarks on Malkin's views concerning the alternation phenomena[28]): **52** ('33) 747–67. – Stéréoisomérie chez les cyclohexanediols [, 1]: Préparation et purification des diols 1,3 et 1,4[6])[3]): **57** ('38) 303–15; Stereoisomerism of cyclohexanediols, 2: Some remarks on the preparation and properties of the 1,4-cyclohexanediols[6])[23]): 637–42. – The gradual decomposition by oxydation of fatty acids into their next lower homologues[19]): **58** ('39) 1133–43. – Diarylmethane derivatives, 8: Methyl substitution products of tetraphenylethanes[21])[8])[9]): **59** ('40) 1109–16. – Energetische Angaben über die Kohlenstoff-Kohlenstoff-Bindung, 1: Die Aktivierungsenergie der Dissoziation von sym. Tetra-(2,6-dimethylphenyl)aethan[21])[8]): **60** ('41) 245–59; ∼ 2: Die Aktivierungsenergie der Dissoziation von sym. Tetra-(2,6-dimethylphenyl)-aethan in den Lösungsmitteln ortho-, meta- und para-Xylen[21])[7]): **61** ('42) 476–80; ∼ 3: Die Aktivierungsenergie der Dissoziation von 1,2-Di(2,6-dimethylphenyl)-1,2-di(2,4,6-trimethylphenyl)aethan in ortho-Dichlorbenzol[21])[26])[8]): **62** ('43) 28–30; Energetic data on the carbon-carbon bond, 4: Energy of activation, Arrhenius constant, and period of half-life for the radical-dissociation reaction of six hydrocarbons of the pentaphenylethane type in o-dichlorobenzene as a solvent[10])[11])[18])[21]): **67** ('48) 469–83; ∼ 5: Energy of activation, Arrhenius constant, and period of half-life for the radical-dissociation reaction of five hydrocarbons of the pentaphenylethane type in o-dichlorobenzene as a solvent[10])[18])[4])[21]): **68** ('49) 160–68. – The heats of combustion of a number of hydrocarbons. Preliminary communication[20])[6])[24]): **65** ('46) 128. – Researches on heat of combustion, 1: Methods and apparatus for the accurate determination of heats of combustion [22])[15])[6]): **66** ('47) 113–30; ∼ 2: Internal lag and method of stirring in isothermally jacketed calorimeters[22]): 131–41; ∼ 3: Use of the Beckmann thermometer as a very accurate instrument for use in isothermally jacketed calorimeters[22]): 141–52; ∼ 4: Technique for the determination of the heats of combustion of volatile liquids[20])[6])[24]): 153–60; ∼ 5: Correction for the heat exchange between the calorimeter vessel and its surrounding[22]): 161–76. – Thermochemical investigations on arylethenes, 1: Heats of combustion of phenylethenes[12]): **69** ('50) 358–67; ∼ 2: Heats of combustion of some para- and orthotolylethenes and phenylbutadienes[12])[16])[9]): **72** ('53) 765–73. – Heat of combustion of cyclobutane[13]): **69** ('50) 1364. – Thermal quantities of some cycloparaffins, 1: Syntheses[13]): **70** ('51) 1033–41; ∼ 2: Purification of the samples[13]): **71** ('52) 125–36; ∼ 3: Results of measurements[13]): 261–76; ∼ 4: Heats of combustion of cycloparaffins with 10–17 C atoms[1,2,3 14])[17])[29]) [5]): **79** ('60) 1226–34. – Thermochemical investigations on arylethynes, 1: Heats of combustion of some diarylethynes[12])[16])[9]): **72** ('53) 781–84. – Thermochemical investigations on arylethanes, 1: Heats of combustion of phenylethanes[20])[6])[24]): 785–92; ∼ 2: Heats of combustion of some para- and ortho-tolylethanes and phenylbutanes[12])[16]): 793–97. – An adiabatic calorimeter for measuring heat of solution[4])[27]): **75** ('56) 75–81. – The absolute heat of combustion of benzoic acid[1])[22]): 237–53. – The reaction of ferrichloride with p-xylene (preliminary communication)[2]): **80** ('61) 468. – The use of potassium chloride as a standard substance in solution calorimetry[25])[27]): **82** ('63) 231–42. – Preparation of 9,10-dimethyltriptycene[32])[30]): 1051 f. – Some physical constants of normal saturated fatty acids and their methyl esters[1])[5]): **83** ('64) 557–72. – Asymmetric syntheses by Grignard compounds prepared in optically active solvents, 1: Optically active monofunctional ethers[31]): 1083–95.

Mit: [1]) N. Adriaanse; [2]) A. C. Akkerman-Faber; [3]) A. Aten; [4]) A. N. Balk; [5]) H. Dekker; [6]) J. W. Dienske; [7]) L. van Duuren; [8]) M. J. E. Ernsting; [9]) A. C. Faber; [10]) H. Galenkamp; [11]) J. Haantjes; [12]) G. J. Hoijtink; [13]) S. Kaarsemaker; [14]) H. van Kamp; [15]) A. Kentie; [16]) T. J. E. Kramer; [17]) W. A. Lambregts; [18]) H. L. Luirink; [19]) H. Mendel; [20]) D. Mulder; [21]) W. T. Nauta; [22]) K. van Nes; [23]) W. M. Smit; [24]) J. Smittenberg; [25]) G. Somsen; [26]) C. v. d. Stelt; [27]) M. W. Tolk; [28]) P. E. Verkade; [29]) B. J. Visser; [30]) A. J. van Bennekom; [31]) C. Blomberg; [32]) P. de Koe; [33]) R. S. Jessup.

V, VI **COPAUX,** Hippolyte Eugène. Chem. — 1910-34 Prof. de Chimie générale, '25-34 Directeur des Etudes, Ecole Municipale de Physique et de Chimie Industrielles, Paris. — '09 Prix Saintoin (Collège de France).

*1872, März 9, Paris;

†1934, Aug. 28, Etampes.

Nekr. H. Arsandaux, Bull. Soc. franç. Minéral. **58** ('35) 78–80. – Darmois, Bull. Soc. chim. France, Mém. (5) **1** ('34) 1612–14. – H. Perperot, Notice sur la vie et les travaux de Hippolyte Copaux 1872–1934: ibid. **2** ('35) 1777–85 (m. Bildn.).

W. Cinquantième anniversaire de la fondation de l'Ecole de Physique et de Chimie Industrielles de la Ville de Paris (Paris '34) 30 S. – Chimie minérale. Description des éléments chimiques et de leurs propriétés (m. H. Perpérot) 1 [3](Paris '35) 218 S. (Collection Armand Colin, Section de chimie, No. 41), [6]('52) 220 S.; 2 [6]('52) 191 S. (~ No. 42); 3 [6]('57) 204 S. (~ No. 43). – Cinquante années de science appliquée à l'industrie 1882–1932 (Paris '–) 369 S.

Bull. Soc. chim. France, Mém. Méthode simple pour doser l'argon: (4) **51** ('32) 989–92.

Moniteur Prod. chim. Der aktive Stickstoff und der aktive Wasserstoff. Die beiden Wasserstoffmodifikationen: **15** ('33) Nr. 166, 3–9 [franz.].

VI **COPELAND,** Arthur Herbert. Math. — 1929-36 Assistant Prof., '37-42 Associate Prof., '42- Prof., Univ. of Michigan, Ann Arbor, Mich.

*1898, Juni 22, Rochester, N. Y.

S. L. R. Ford, Alignment charts (Notre Dame, Ind. '44) 31–43: The teaching of the calculus of probability (Notre Dame mathematical lectures, 4). — Proc. 1st Berkeley symposium on mathematical statistics and probability, Univ. of California 1945/1946 (Berkeley–Los Angeles '49) 51–61: A postulational characterization of statistics; ~ 3rd ~, Univ. of California 1954, **2** ('56) 41–47: Probabilities, observations, and predictions. — Studies in mathematics and mechanics presented to R. von Mises (New York '54) 278–84: Finite frequency theory of probability.

W. Geometry, algebra, and trigonometry by vector methods (New York '62) 298 S.

American J. Math. Point set theory applied to the random selection of the digits of an admissible number: **58** ('36) 181–92. – Postulates for the theory of probability: **63** ('41) 741–62.

American math. Monthly Expansion of certain logical functions: **44** ('37) 213–18. – Fundamental concepts of the theory of probability: **48** ('41) 522–30.

Annals Math. A postulational treatment of the Poisson law[3]): (2) **37** ('36) 357–62.

Annals math. Statistics Theory of probability from the point of view of admissible numbers: **3** ('32) 143–56.

Bull. amer. math. Soc. A mixture theorem for non-conservative mechanical systems: **42** ('36) 895–900. – A new definition of a Stieltjes integral: **43** ('37) 581–88. – Note on normal numbers[1]): **52** ('46) 857–60.

Canadian J. Math. A characterization of implicative Boolean rings[2]): **5** ('53) 465–69.

Duke math. J. Probability limit theorem: **2** ('36) 171–76.

Erkenntnis Predictions and probabilities: **6** ('36) 189–203.

Mathematische Z. Matrix theory of measurement: **37** ('33) 542–55. – Implicative Boolean algebra: **53** ('50) 285–90.

Michigan math. J. Note on cylindric algebras and polyadic algebras: **3** ('55/56) 155–57.

Proc. amer. math. Soc. The extension of an arbitrary Boolean algebra to an implicative Boolean algebra[2]): **4** ('53) 751–58.

Revue Fac. Sci. Univ. Istanbul Admissible numbers: (N.S.) **1** ('36) 52–57.

Trans. amer. math. Soc. Consistency of the conditions determining kollektivs: **42** ('37) 333–57.

Mit: [1]) P. Erdös; [2]) F. Harary; [3]) F. Regan.

VI **COPISAROW,** Maurice. Biochem. — 1922-59 Consulting and Research Work, Manchester.

*1889, Juni 16, Voroneš;

†1959, Apr. 15, Manchester.

Nekr. T. K. Walker, Nature [London] **184** ('59) 315. – Proc. chem. Soc., London **1960,** 189f.

Chemical Age Die Koordination mit dem Stoffwechsel verknüpfter induktiver Emissionen: **35** ('36) 56 [engl.].

Chemistry and Industry Vitamin-C and cancer: **12** ('34) 135. – The contact and inductive function of oxidation enzymes: 534f. – The biochemical control of cancer: 1047. – Chemistry and cancer: **13** ('35) 111. – A new method of fruit and vegetable preservation. The metabolism of apples: 283. – The biochemical factors of cancer: **14** ('36) 422. – Maleic acid for plant-spraying: 746. – The chemistry of protoplasmic radiations: **15** ('37) 566f. – The chemistry of influenza and other viruses: 641. – Certain growth-promoters and fertilizers, 1: Calcium carbide and ferrous ammonium sulfate: **19** ('41) 245–47; ~ 2: **21** ('43) 173–75; ~ 3: $CaCN_2$ and $MnSO_4$ in the reclamation of bracken-land: **1944,** 190f. – Natural and artificial fertilizers: **20** ('42) 67f. – The fouling of ships: **1944,** 398.

Edinburgh med. J. Some biochemical factors of influenza and other viruses: **46** ('39) 46–49. – Cancer and its biochemical factors: 781–807. – Biochemical control of cancer: **49** ('42) 425–28. – Cancer and the coordination of contact and inductive influences: **55** ('48) 754–56.

J. amer. chem. Soc. Opalescence of silicic acid gels[1]): **67** ('45) 1915f.

J. industr. Hyg. Cancer and some anticarcinogenic influences: **16** ('34) 212–15.

J. physic. Chem. The coordination of periodic structures: **36** ('32) 752–59.

J. Pomol. and horticultur. Sci. The metabolism of fruit and vegetables in relation to their preservation: **14** ('36) 9–18.

Nature [London] Periodic precipitation structures: **129** ('32) 400f. – Twisted trees – real and mineral: **130** ('32) 541f. – Radiation and enzyme activity: 1001f. – Colloid substrate in photosynthesis: **132** ('33) 67; **138** ('36) 509. – Silica and the Liesegang phenomenon[1]): **149** ('42) 413. – Reclamation of bracken-land: **151** ('43) 139. – Potatoes and war economy: 421f. – Sprouting of potato tubers: **152** ('43) 275. – Grassland improvement: **153** ('44) 256f. – Structure of hyalite and opal[1]): **157** ('46) 768f.

Naturwissenschaften Free chromosomes as normal and carcinogenic milk factors: **41** ('54) 433f.

Protoplasma Metabolic oxidation and radiation: **21** ('34) 73–80. – Malignant growth in relation to enzyme activity: **22** ('34) 137–44. – The Liesegang phenomenon as a source of colloidal matter: **30** ('38) 258–64.

Science [USA] Is methylene-blue anticarcinogenic?: **78** ('33) 212. – Formation of hyalite and opal[1]): **104** ('46) 286.

Mit: [1]) A. C. Copisarow.

V, VI **COPPADORO,** Angelo. Chem. – 1926-49 Prof. incar. di Chimica generale e applicata nella Facoltà di Architettura, R. Politecnico di Milano; '27-35 Prof. della Tecnologia, Scuola superiore per il Commercio estero ,,Milziade Tirandi", Brescia; '39- Membro del Comitato per la Chimica, '45-56 Membro della Commissione italiana di Metrologia, Consiglio Nazion. delle Ricerche; '40-49 Preside, Istituto tecnico industriale per Chimici industriali ,,Ettore Molinari". – '54 Medaglia d'Oro dei Benemeriti della Scuola, della Cultura e dell'Arte (Presidente della Repubblica Italiana).

*1879, Aug. 4, San Vito al Tagliamento, Udine;

†1962, Apr. 11, Milano.

Nekr. A. Girelli, Chimica e Industria **44** ('62) 569 (m. Bildn., Faks.).

HZ. Giorn. Chim. industr. ed appl. (seit '35: Chimica e Industria) 1920–1959.

W. Formulario di chimica organica, **1**: Serie grassa (Milano '41) 62 S. – I chimici italiani e le loro associazioni (Milano '61) 349 S.

Chimica e Industria Rodolfo Namias: **20** ('38) 835. – Serafino Belfanti †: **21** ('39) 171. – Arturo Malignani †: 171. – Giovanni Ortoleva †: 511. – L. Leskovic †: **25** ('43) 155. – Anna Mannessier Mameli †: **26** ('44) 23. – Umberto Ceva †: **27** ('45) 216. – Rodolfo Namias †: 217. – Ercole Masera †: **30** ('48) 252. – G. Galletti di S. Ippolitor †: 252. – Luigi Sarcoli: **31** ('49) 64. – B. L. Vanzetti †: **32** ('50) 187. – E. Votoček †: 649. – Vittorio Molinari †: **33** ('51) 112. – Gino Testi †: 453. – Averardo Scandola †: 815. – Dante Rossi †: **35** ('53) 30. – Giuseppe Comin †: **36** ('54) 225. – C. L. Parsons †: 342. – Carlo Formenti †: 726. – Mario Giacomo Levi †: **37** ('55) 2. – Stampa chimica italiana del passato: **38** ('56) 203–10. – Paolo Rossi †: 816. – La gloria di Amedeo Avogadro: 871–81. – I chimici italiani e il risorgimento: **43** ('61) 585–88.

Zahlreiche Berichte über Kongresse in ,,Giorn. Chim. industr. ed appl." und ,,Chimica e Industria" von 1932–39.

VI **COPSON,** Edward Thomas. Math. – 1930-34 Lecturer, Univ. of St. Andrews, Scotland; '34-35 Assistant Prof., R. N. College, Greenwich; '35-50 Prof., Univ. College, Dundee (Univ. of St. Andrews); '50- Prof., '54-57 Master of St. Salvator's College, Univ. of St. Andrews; '57-58 Research Fellow, Harvard Univ., Cambridge, Mass. – '42 Keith Prize for the period 1939-41 (Roy. Soc. Edinburgh).

*1901, Aug. 21, Coventry.

Zur Biogr. Nature [London] **166** ('50) 634.

W. An introduction to the theory of functions of a complex variable (New York–Oxford–London '35) 448 S. – The mathematical theory of Huygens' principle (m. B. B. Baker) (New York–Oxford–London '39) 6 + 155 S.; [2]('50) 7 + 192 S. – Asymptotic expansions (London '65) 7 + 120 S. (Cambridge tracts in mathematics and math. physics, 55).

Archive ration. Mech. and Analysis On the Riemann-Green function: **1** ('58) 324–48. – On a singular boundary value problem for an equation of hyperbolic type: 349–56. – On a partial differential equation with two singular lines[1]): **2** ('58) 76–86.

Communications pure and appl. Math., New York Univ. Transport of discontinuities in an electromagnetic field: **4** ('51) 427–33.

C.R. hebd. Séances Acad. Sci., Paris Un théorème d'unicité pour l'équation des ondes à une dimension: **246** ('58) 2562–64.

Monthly Notices roy. astron. Soc. Expansion of a gas cloud into a vacuum: **110** ('50) 238–46.

Proc. Cambridge philos. Soc. On an infinite integral connected with the theory of Bessel functions: **37** ('41) 102–04.

Proc. Edinburgh math. Soc. An approximation connected with exp($-x$): (2) **3** ('33) 201–

06. — A series of "cut" Bessel functions[2]): **5** ('38) 159–68. — An integral formula for $Qn(\cos\vartheta)$: **7** ('45) 81f. — On the problem of the electrified disc: **8** ('47) 14–19. — On the Riesz–Riemann–Liouville integral: 25–36.

Proc. Glasgow math. Assoc. On certain dual integral equations: **5** ('61) 21–24. — On the asymptotic expansion of Airy's integral: **6** ('63) 113–15.

Proc. London math. Soc. The operational calculus and the evaluation of Kapteyn integrals: (2) **33** ('32) 145–53.

Proc. roy. Soc. Edinburgh Harmonic Riemannian spaces[3]): **60** ('40) 117–28.

Proc. roy. Soc. Edinburgh, Sect. A On an elementary solution of a partial differential equation of parabolic type, 1: **61** ('43) 37–53; ~ 2: The nature of the singularity: 54–60. — Some applications of Marcel Riesz's integrals of fractional order: 260–72. — On Whittaker's solution of Laplace's equation: **62** ('44) 31–36.

Proc. roy. Soc., London, Ser. A An integral-equation method of solving plane diffraction problems: **186** ('46) 100–18. — Diffraction by a plane screen: **202** ('50) 277–84. — On sound waves of finite amplitude: **216** ('53) 539–47. — The reflexion of sound waves of finite amplitude by a rigid wall: **222** ('54) 254–61. — On a regular Cauchy problem for the Euler–Poisson–Darboux equation: **235** ('56) 560–72.

Quarterly J. Math., Oxford Ser. On the discontinuous integral of Weber and Schafheitlin: **4** ('33) 134–39. — On an integral equation arising in the theory of diffraction: **17** ('46) 19–34.

Mit: [1]) A. Erdélyi; [2]) W. L. Ferrar; [3]) H. S. Ruse.

VI **CORBELLINI,** Arnaldo. Chem. — 1928- Prof. incar. Analisi e Sintesi org., Materie coloranti, poi Prof. ord. Chimica applicata, Fac. di Scienze, Univ. di Milano.

*1901, Dez. 28, Milano.

S. Atti X Congresso internazionale di chimica, Roma 1938, **3** (Roma '39) 82–89: Über einen neuen Fall von dehydrierender Wirkung des Thionylchlorids [ital.].

W. L'utilizzazione dell'acido citrico alla sintesi dell'1-fenil 3-metil 5-pirazolone e derivati (Palermo '34) 22 S.

Archivio Ist. biochim. ital. Eine Untersuchung über Provitamin C[17]): **10** ('38) 131–38 [ital.].

Atti (reale) Accad. nazion. Lincei, Rend. Sulla stereoisomeria dei derivati 2,2'-disostituiti del difenile [,1][20]): (6) **15** ('32) 287–91; ~ [,2][1]): 968–73. — L'azione cancerogena del 1,2-benzopirene sintetico[21]): **21** ('35) 128–33.

Atti Soc. ital. Progr. Sci. Sull'impiego dell'acido citrico nella fabbricazione di prodotti farmaceutici e prodotti intermedi per coloranti: **24, 3** ('36) 239. — Un nuovo caso di reazione intramolecolare dei diazocomposti: 260–67. — Sui coloranti agenti come sensibilizzatori fotografici: 272.

Boll. Assoc. ital. Chim. tessile e color. Anthanthron und seine Derivate: **12** ('36) 133–42 [ital.].

Gazz. chim. ital. Studi sul $\beta\beta$-dinaftocarbazolo[18]): **62** ('32) 39–50. — Sugli acidi benzo e naftopirazolil-ortobenzoici[7]): **63** ('33) 489–94. — Sulla stereoisomeria dei derivati 2,2'-disostituiti del difenile, 3[24]): **65** ('35) 735–43. — Sulla decomposizione anomala del tetrazoderivato della 2,2'-diammina-1,1'-dinaftile, 3[4])[25]): **66** ('36) 186–96; ~ 5: L'ossidazione dell'acido cis-[4,5-(nafto-1',2')-pirazolil-(3)]-orto-cinnamico con anidride cromica[6])[23]): **69** ('39) 137–50; ~ 6: L'azione deidrogenante del cloruro di tionile su di un doppio legame etilenico[10])[9]): 291–301. — Ricerche sugli acidi biliari, 3: Reazioni dei gruppi ossidrilici dell'acido yodesossicolico[19])[14]): **86** ('56) 35–55; ~ 4: L'inversione di Walden nei 3,6-derivati dell'acido colanico ed allo-colanico[19]): 1240–46.

Giorn. Chim. industr. ed appl. Ricerche sulla fermentazione citrica[5]): **14** ('32) 355–63. — Ricerche sulla sintesi della pentaerytrite[15]): **15** ('33) 53–56. — Untersuchungen über Anthanthron und Derivate, 2: Eine neue Synthese des Naphthostyrils[3]): 335–37 [ital.].

Chimica e Industria Untersuchungen über Anthanthron und Derivate, 7: Halogenierung, Nitrierung und Sulfurierung des Anthanthrons[2]): **18** ('36) 295–98 [ital.].

Rend., (Reale) Ist. lombardo Sci. e Lettere Ricerche sui sensibilizzatori fotografici per infrarosso[13]): (2) **68** ('35) 961–76. — Ricerche sull'antantrone e derivati, 3: Sintesi di alcuni naftostirili sostituiti[12]): **69** ('36) 258–72; ~ 4: Sintesi di alcuni antantroni sostituiti[2])[12]): 287–99; ~ 5: L'ossidazione dell'acido 7,8-(1'-carbossibenzo-3',2')-benzantrone[22]): 429–38; ~ 6: La fusione alcalina dell'antantrone[11]): 580–86. — La decomposizione anomala del tetrazoderivato della 2,2'-diammina 1,1'-dinaftile, 4: La reazione dell'acido [4,5-(nafto-1',2')-pirazolil-(3)]-orto-cinnamico con il cloruro di tionile[4])[6]): 477–84. — Stereoisomeria della disidratazione degli acidi 3,6-diossicolanici e allo-colanici ad acidi 3-ossi-Δ_5-colenici [19])[14])[8]): **91** ('57) 147–61.

Ricerca sci. Acido yodesossicolico[19])[14])[8]): **24** ('54) 2290–95.

Mit: [1]) M. Angeletti; [2]) M. Atti; [3]) L. Barbaro; [4]) C. Botrugno; [5]) O. Canonici; [6]) F. Capucci; [7]) A. Cecchi; [8]) O. Cerri; [9]) F. Chevallard; [10]) C. Chioldi; [11]) D. Crespi; [12]) V. Fossati; [13]) R. Fusco; [14]) V. Gurdjian; [15]) A. Langini; [16]) —; [17]) G. Lorenzini; [18]) L. Marconi; [19]) G. Nathanson; [20]) C. Pizzi; [21]) P. Rondoni; [22]) F. Steffenoni; [23]) G. Tommasini; [24]) C. Viganò; [25]) P. Villa.

IV–VI **CORBINO,** Orso Mario. Experimentalphysik. — 1909-37 Prof., '18-37 Direttore dell'Istituto Fisico, Univ. di Roma; '36 Fondatore e Presidente dell'Istituto Nazionale di Elettroacustica del Consiglio Nazionale delle Ricerche. — '18 Presidente del Consiglio Superiore delle Acque; '20 Senatore del Regno, '21 Ministro della Pubblica Istruzione; '23 Ministro dell'Economia Nazionale. — '09 Medaglia Matteucci (Società Italiana dei XL); '12 Premio Reale per la Fisica (R. Accad. Nazion. dei Lincei); '33 Premio Mussolini (Accad. d'Italia).

*1876, Apr. 30, Augusta, Sicilia;
†1937, Jan. 23, Roma.

Nekr. C. Bonacini, Atti e Mem. reale Accad. Sci., Lettere ed Arti, Modena (5) **2** ('37) XLIX–LII. — A. Carrelli, Rend. reale Accad. Sci. fisiche e mat., Napoli (4) **7** ('37) 178–82 (m. Bildn.). — E. Fermi, Annuario R. Univ. Studi Roma **1937/38**, 555f.; Nuova Antol. **389** ('37) 313–16. — L. Lombardi, Ricerca sci. 8 ('37) 53–57; **10** ('39) 377–82. — A. Pochettino, Atti reale Accad. Sci. Torino **72** ('36/37) 290–98. — F. Rasetti, Atti reale Accad. nazion. Lincei, Rend. (6) **27** ('38) 383–88. — G. C. Trabacchi, Nuovo Cimento **14** ('37) 201–16 (m. Bildn., Schr.verz.).

Zur Biobibliogr. O. M. Corbino, Conferenze e discorsi. Commemorazione di L. Federzoni (Roma '38) 7 + 306 S.

MHZ. Nuovo Cimento **4** ('27) – **13** ('36).

S. Reale Accademia d'Italia. Fondazione Alessandro Volta. Atti dei Convegni **1**: Convegno di Fisica nucleare, ottobre 1931 (Roma '32) 13–22: L'atomo e il nucleo.

Atti reale Accad. nazion. Lincei, Rend. Sugli effetti acustici derivanti da imperfezioni di centratura dei dischi fonografici[1]): (6) **21** ('35) 116–19. — Un metodo di taratura del microfono elettrostatico, fondato sul suo comportamento rispetto a una forza elettromotrice alternata: **24** ('36) 405–10.

Atti Soc. ital. Progr. Sci. Le nuove esperienze sulla disintegrazione degli atomi: **21**, Roma 1932, 2 ('33) 7–16.

Elettrotecnica Dalla fisica dell'atomo alla fisica della molecola: **20** ('33) 118–21.

Energia elettr. Dalla fisica dell'atomo alla fisica della molecola: **10** ('33) 1–4. — La fisica degli spazi e dei corpi piccolissimi: **12** ('35) 483–90.

Nuova Antol. Faraday – Maxwell – Marconi: **359** ('32) 129–33. — L'elettrone positivo e l'annientamento della materia: **371** ('34) 489–92. — Prospettive e risultati della fisica moderna: **373** ('34) 481–94. — Verso lo zero assoluto delle temperature: **377** ('35) 344–52. — Il radio artificiale, l',,Ausonio" e l',,Esperio": **388** ('36) 454–56.

Ricerca sci. Un metodo di taratura del microfono elettrostatico, fondato sul suo comportamento rispetto a una forza elettromotrice alternata: **2** ('36) 491–97.

Mit: [1]) E. Cambi.

VI **CORK,** James Murle. Physik. — 1932-37 Associate Prof., '37- Prof., Univ. of Michigan, Ann Arbor, Mich.

*1894, Juli 9, Yale, Mich.;
†1957, Nov. 20.

Todesanzeige Science [USA] **126** ('57) 1284.

S. Temperature. Its measurements and control in science and industry (New York '41) 321–25: Teaching of pyrometry in technical schools.

W. Heat (New York '33) 11 + 279 S.; [2]('42, London '47) 13 + 294 S. — Radioactivity and nuclear physics (Ann Arbor '46) 10 + 175 S., (London–New York '47) 10 + 313 S.; [2]('50) 13 + 415 S.; [3]('57) 415 S.; franz.: (Paris '49) 12 + 324 S., ('60) 14 + 406 S.

Nucleonics Gamma rays and internal conversion: **4** ('49) 24–34. — Nuclear energy levels for some long lived isotopes: **7** ('50) 24–33.

Physical Rev. Variation in the effective lattice constant of crystals with wave-length: **39** ('32) 193–96. — The measurement of x-ray emission wave-lengths by means of the ruled grating[41]): **42** ('32) 743–48. — Laue patterns from thick crystals at rest and oscillating piezoelectrically: 749–52. — The measurement of x-ray emission wave-lengths in the M-series by means of the ruled grating[26]): **44** ('33) 974–76. — The transmutation of platinum by deuterons[17]): **49** ('36) 788–92. — The disintegration of cadmium with deuterons[38]): **51** ('37) 608–11. — Radioactivity due to neutron ejection produced by fast neutrons[25])[38]): 890. — Evidence for the simultaneous ejection of three neutrons from elements bombarded with fast neutrons[25])[38]): **52** ('37) 41. — A survey of radioactivity produced by high energy neutron bombardment[25])[38]): 239f. — Positron-electron emitting isomer in radiosilver[25])[38]): 380. — The radioactive isotopes of indium[18]): 531–35. — Radioactive isotopes of palladium and silver from palladium[16]): 763–68. — Induced radioactivity in strontium and yttrium[34])[18]): 901–06. — The loss of neutrons by neutron bombardment and the radioactive isotopes of scandium[38]): **53** ('38) 866–68. — Radioactivity in cadmium and indium[18]): **55** ('39) 1136. — Excitation function for iron by energetic deuterons[7]): 1264. — Induced radioactivity in cadmium and indium[18]): **56** ('39) 291–94. —

The production of radium E and radium F (polonium) from bismuth[10)37)]: **57** ('40) 348, 371f. – Relative probability for the loss of neutrons and alpha-particles from an excited nucleus[10)]: 667f. – The radioactive isotopes of indium[18)]: 982–94. – Simultaneous emission of three particles from an excited nucleus[21)]: **58** ('40) 474. – Internally converted gamma-rays from radioactive gold[18)]: 580. – Photographic registration of heavy particles emitted during bombardment[1)]: 580f. – Characteristic x-rays produced by deuteron bombardment: **59** ('41) 934. – Production of characteristic x-rays by deuteron bombardment: 957–59. – Radioactive isotopes of barium from cesium[33)]: **60** ('41) 480–82. – Induced color in crystals by deuteron bombardment: **62** ('42) 30f. – Note on induced color in diamonds: 494. – Absorption of gamma-radiation in copper and lead[24)]: **66** ('44) 227–30. – Gamma-ray absorption: **67** ('45) 53f. – Relative probabilities of the (d, p) and the (d, n) reactions in bombarded bismuth: **70** ('46) 563. – The escape probability of protons and neutrons from bombarded bismuth: **71** ('47) 144. – Formation of radium E and polonium by deuteron bombardment of bismuth[37)]: 159–64. – Gamma-radiation from tantalum, iridium, and gold: **72** ('47) 581–85. – Internally converted radiation from europium, hafnium, and osmium[31)8)]: 1209–11. – Note on gamma-radiation from europium[31)8)]: **73** ('48) 78. – Neutron induced radioactivity in certain rare-earth elements[31)8)]: **74** ('48) 240–43. – Gamma-radiation from tellurium and samarium[31)8)]: 1249. – Converted gamma-radiation from silver, cadmium, indium, praseodymium, and rhenium[31)8)]: 1657–59. – Radioactivity induced in ytterbium by neutron bombardment[14)27)35)29)]: **75** ('49) 1133–35. – Gamma-radiation from neutron activated ytterbium[14)29)35)27)]: 1287f. – The electron spectrum of ^{131}I [14)29)27)35)]: 1621f. – Gamma-rays from ^{182}Ta [14)29)27)35)]: 1778f. – Neutron induced radioactivities in ^{52}V, ^{99}Mo, and ^{185}W [14)35)]: **76** ('49) 575f. – Radioactivity in ^{166}Ho, ^{170}Tm, and ^{177}Lu [14)35)]: 986f. – Radioactive ^{140}La [14)27)35)]: 1886. – Radioactivity in platinum by neutron capture[35)27)2)19)]: **77** ('50) 843. – Additional electron lines from radioactive europium[14)27)35)]: 848f. – A reinterpretation of the electron spectra of radioactive ytterbium and tantalum[14)27)35)]: **78** ('50) 95–98. – Radioactivity in hafnium[35)27)2)19)]: 299. – Gamma-rays from ^{160}Tb [2)27)35)19)]: 304. – The 282-day radioactivity in ^{110}Ag [27)35)2)19)]: **79** ('50) 237f. – Energy levels associated with ^{75}Se [27)2)35)19)]: 889. – Radioactivity from enriched isotopes of cadmium[27)35)2)19)]: 938f. – Electron spectrum of ^{233}Pa [14)]: 1030f. – Gamma-rays from ^{110}Ag [27)2)35)5)19)]: **80** ('50) 286f. – The radioactive decay of ^{131}I [27)35)2)5)]: **81** ('51) 482f. – The high energy gamma-radiation from ^{181}Ta [5)2)27)35)]: 642f. – Radioactivity induced in iridium by neutron capture[19)35)5)2)20)]: **82** ('51) 258f. – Gamma-radiation associated with radium and daughter products[2)35)14)19)5)]: **83** ('51) 681f. – The radioactivity of ^{140}Ba [19)35)20)2)5)]: 856. – Gamma-radiation from ^{140}La [35)19)2)20)5)]: 856f. – Additional data on the radioactive isotopes of tin and tellurium[35)2)5)20)19)]: **84** ('51) 596f. – Gamma-rays and nuclear levels associated with radioisotopes of europium, erbium, and cerium[14)]: 1079–83. – The radioactive decay of ^{197}Hg and ^{203}Hg [20)19)2)]: **85** ('52) 386f. – Radioactivity in neutron activated platinum[19)36)22)]: **86** ('52) 415f. – The radioactive decay of ^{103}Ru [19)36)22)]: 575f. – Gamma-rays associated with selected neutron-induced radioactivities[27)4)]: 775–86. – Energy levels associated with the radioactive decay of ^{153}Gd and ^{161}Tb [19)22)36)]: **88** ('52) 685f. – The radioactive decay of ^{187}W [3)22)19)20)]: **89** ('53) 1291f. – The radioactive decay of ^{134}Cs, ^{185}Os, ^{191}Os, and ^{193}Os [19)22)20)3)]: **90** ('53) 444–47. – Nuclear levels associated with ^{95}Zr and ^{95}Nb [19)20)22)3)]: 579–81. – The decay of ^{104}Rh^{m} (4.3 min) and ^{104}Rh (44 sec)[13)4)]: 862–64. – Nuclear levels in ^{131}Cs [19)22)3)]: **91** ('53) 76f. – The radioactive decay of ^{181}W [22)19)3)]: **92** ('53) 119f. – The radiations of ^{159}Gd(18 hr) and ^{161}Gd(3.7 min) [13)4)]: 315–18. – The radioactive decay of ^{47}Ca [19)3)22)]: 367–69. – Decay of ^{165}Dy^{m} (1.2 min) and ^{165}Dy(2.3 hr)[13)4)]: 1218–21. – Radiation from ^{122}Sb [3)12)30)]: **93** ('54) 1059–61. – Decay of ^{52}V [19)4)13)]: 1124f. – Neutron capture in the separated isotopes of platinum[3)30)12)23)]: **94** ('54) 1218–21. – Energies of the radiations from ^{144}Ce and ^{144}Pr [3)30)]: **96** ('54) 1295–97. – Radioactivities of ^{69}Zn and ^{71}Zn [19)4)]: **97** ('55) 750–53. – Decay of the 3.5-min metastable state of ^{122}Sb [19)4)]: **98** ('55) 39f. – Energies of radiations from ^{57}Co and ^{58}Co [3)30)]: **99** ('55) 703–05. – Radioactive decay of ^{97}Ru [3)30)11)]: **100** ('55) 188–90. – Decay of radioactive ^{143}Ce(33.4 hr) [20)3)4)]: **101** ('56) 182–88. – Radiations from the active isotopes of ytterbium[3)20)30)11)]: 1042–46. – Decay of ^{49}Ca and ^{49}Sc [20)4)]: **102** ('56) 457f.; **103** ('56) 1905. – Nuclear levels in ^{161}Dy [3)30)11)]: **104** ('56) 481–83. – Decay scheme of ^{199}Pt [19)4)]: 1670–73. – Transition energies and nuclear levels in ^{152}Sm, ^{154}Sm, ^{152}Gd and ^{154}Gd as derived from the separated isotopes of europium[3)11)28)]: **107** ('57) 1621–25. – Additional data on the radioactive decay of ^{166}Ho(27 hr), ^{147}Nd, and ^{153}Sm [3)11)42)]: **110** ('58) 526–28. – Decay of ^{161}Gd(3.73 min)[30)4)]: **115** ('59) 174–77.

Radiology Some recent applications of nuclear physics: **41** ('43) 337–42.

Review sci. Instruments Magnetic field measurement in beta-spectroscopy[31)32)]: **18** ('47) 315f. – Focusing in a semicircular magnetic spectrometer[8)31)]: **20** ('49) 966f.

Mit: 1) P. F. Bartunek; 2) C. E. Branyan; 3) M. K. Brice; 4) S. B. Burson; 5) W. J. Childs; 6) –; 7) B. R. Curtis; 8) C. M. Fowler; 9) –; 10) J. Halpern; 11) R. G. Helmer; 12) G. D. Hickman; 13) W. C. Jordan; 14) H. B. Keller; 15) –; 16) J. D. Kraus; 17) E. O. Lawrence; 18) J. L. Lawson; 19) J. M. Le Blanc; 20) D. W. Martin; 21) W. Middleton; 22) W. H. Nester; 23) H. Nino; 24) R. W. Pidd; 25) M. L. Pool; 26) E. G. Purdom; 27) W. C. Rutledge; 28) D. E. Sarason; 29) J. Sazynski; 30) L. C. Schmid; 31) R. G. Shreffler; 32) F. B. Shull; 33) G. P. Smith; 34) D. W. Stewart; 35) A. E. Stoddard; 36) F. B. Stumpf; 37) H. E. Tatel; 38) R. L. Thornton; 39) –; 40) –; 41) R. B. Witmer; 42) R. M. Woods, jr.

VI **CORLIN,** Axel Gustav Johan. Geophysik, Astrophysik. — 1921-41 Mitarbeiter, Lund Observatorium; '29-30, '32-33 Direktor der Forschungsstation, Geophysikal. Observatorium, Abisko; '34 Phil. Dr., '36-41 Doz., Univ. Lund; '41-47 Lektor am Gymnasium in Kristinehamn; '47-63 Lektor am Gymnasium in Landskrona. — '20 Guldmedalj (Kungl. Svenska Vetenskapsakad.).

*1896, Sept. 2, Linköping.

S. Conseil international des unions scientifiques. 4e Rapport de la Commission pour l'étude des relations entre les phénomènes solaires et terrestres, Firenze 1936 (Firenze '36) 127–31: Cosmic ultra-radiation and the flocculi of the sun. – Festskrift tillägnad Östen Bergstrand den 1 September 1938 (Uppsala–Stockholm '38) 107–24: On the origin of comets.

W. Revolt mot likheten. Världsåsåkdning i historisk och modern fysikalisk belysning [Revolte gegen die Gleichheit. Weltanschauung im Lichte der Geschichte und der modernen Physik] (Stockholm '59) 182 S.

Annales Astrophysique La densité d'une nébuleuse obscure entourant le système solaire, calculée d'après les mouvements cométaires: **1** ('38) 247–59.

Annals Observat. Lund Cosmic ultra-radiation in Northern Sweden: **4** ('34) 113 + 80 S. [Dissertat.].

Arkiv Mat., Astron. och Fysik Messungen der Höhenstrahlungsintensität zwischen 55° und 70° nördlicher geographischer Breite: **22B** ('30/32) Nr. 2, 6 S.

Circulaire, Union astron. int. A swarm of meteorites over Southern Sweden, 1938 May 27: **713** ('38).

Circular, Lund Observat. Measurements of the cosmic ultra-radiation in Northern Sweden: **1** ('32) 124–32.

J. Franklin Inst. Principles of statistical analysis occasionally overlooked[1]): **218** ('34) 255–58.

Kungl. svenska Vetenskapsakad. Handl. Catalogue of aurorae boreales, observed in Northern Sweden during the time August 1932 – March 1933: (3) **13** ('34) Nr. 6, 51 S.

Nature [London] Cosmic ultra-radiation and aurorae boreales: **133** ('34) 24f. – A new hard component of the cosmic ultra-radiation: **63**, 419.

Naturwissenschaften On some correspondences between envelopal and nuclear structure of the atoms: **44** ('57) 580.

Popular Astron. Meteorite falls and bright fireballs observed in Sweden in the last twenty years: **47** ('39) 436–39. – A preliminary report on fireballs observed in Southern Sweden on May 27, 1938: 525–37.

Z. Astrophysik On the existence of obscuring matter in the vicinity of our solar system: **11** ('35) 221–59. – How larger bodies may be built up out of small particles in interstellar space: **15** ('38) 239–62. – Reply to Dr. Lönnqvist's criticism: **17** ('39) 355–59. – On the building up larger bodies from small particles in interstellar space: **18** ('39) 1–24.

Mit: 1) A. G. McNish.

VI **CORNEC,** Eugène Louis. Chem. — 1908-19 Préparateur, Fac. des Sci. de Rennes; '19 Maître de Conférences, Univ. de Caen; '19-22 Maître de Conférences, '22-29 Prof. sans Chaire, '29-40 Prof. tit., Fac. des Sci. de Strasbourg.

*1882, Nov. 25, Landerneau, Finistère; †1940, März 17, Clermont-Ferrand.

Zum 25. Todestag A. Chrétien, Revue Chim. minérale **2** ('65) 355–71 (m. Bildn. u. Schr.verz.).

Annales Chim. Equilibres entre le chlorure de potassium, le chlorure de sodium et l'eau depuis –23° jusqu'à +190° 1)): (10) **18** ('32) 5–31.

Bull. Soc. chim. France, Mém. Méthode physique pour le dosage du chlorure de potassium dans les sylvinites[1]): (4) **51** ('32) 672–77. – Méthode d'analyse physico-chimique par détermination des lignes d'eutexie[2]): (5) **3** ('36) 2180. – Sur les hydrates du sulfate de magnésium[4]): 2181.

C. R. hebd. Séances Acad. Sci., Paris Equilibres entre l'eau, le chlorure de potassium et le chlorure de sodium depuis –23° jusqu'à +190° 1)): **194** ('32) 714–16. – Méthode physique pour le dosage du chlorure de potassium dans les sylvinites[1]): 784–86, 1111. – Sur l'abaissement des points d'eutexie[3]): 1735f. – Cryoscopie dans les solutions salines[3]): **207** ('38) 578–80. – Méthode d'analyse physico-chimique par détermination des lignes d'eutexie[2]): **208** ('39) 1816–18.

Mit: 1) H. Krombach; 2) M. Lohné; 3) H. Muller; 4) North.

VI **CORNOG,** Jacob. Chem. — 1921-49 Assistant Prof., '49-52 Associate Prof., '52 Emeritus Associate Prof., Univ. of Iowa, Iowa City, Iowa.

*1883, Febr. 19, Mount Holly Springs, Pa.

W. Iowa system of qualitative chemical analysis [4](Iowa City '37) 9 + 191 S. — Introductory qualitative analysis (m. W. C. Vosburgh) [2](New York '38) 7 + 222 S. — Iowa system of semimicro analysis (Iowa City '42) 192 S.; [2]('44) 192 S. — Semimicro experiments in general chemistry (Boston–New York '47) 6 + 216 S. — Semimicro qualitative analysis; a non-hydrogen sulfide system (H. T. Briscoe) (Boston–New York '48) 11 + 259 S.; ('61) 253 S.

Industrial and Engng. Chem., Analyt. Edit. A convenient weighing buret[3]): **5** ('33) 408. — Device for subliming iodine[7]): **11** ('39) 551.

Inorganic Syntheses Iodine monochloride[5]): **1** ('39) 165–67.

J. amer. chem. Soc. The preparation and properties of iodine monochloride[5]): **54** ('32) 1882–87; ~ 2: Reactions with salts[4])[5]): **60** ('38) 429–32; ~ 3: Systems iodine monochloride–acetic acid and iodine monochloride–carbon tetrachloride[7]): **62** ('40) 3328–30; ~ 4: System potassium chloride – iodine monochloride[1]): **64** ('42) 2620–24.

J. chem. Educat. Modification of the Bettendorf test as a confirmatory test for arsenic in qualitative analysis: **14** ('37) 130. — The Iowa system of qualitative analysis without hydrogen sulfide: **15** ('38) 420–24. — Apparatus for semi-micro filtrations[8]): **19** ('42) 217.

Proc. Iowa Acad. Sci. Iodine monochloride[5])[4]): **39** ('32) 159. — Some reactions in liquid sulfur dioxide[6]): **40** ('33) 97f. — Freezing-point curves of iodine monochloride mixed with iodine, acetic acid or carbon tetrachloride[7]): **46** ('39) 198. — The solubility of ignited ferric and chromic oxides[2]): 198–200.

School Sci. and Math. Note on balancing oxidation equations by the ion-electron method: **41** ('41) 419–23.

Mit: [1]) E. E. Bauer; [2]) D. Buck; [3]) R. Cornog; [4]) H. W. Horrabin; [5]) R. A. Karges; [6]) V. A. Lamb; [7]) L. E. Olson; [8]) F. O. Krause.

VI **CORNUBERT,** Raymond Alexandre Louis. Chem. (org.). — 1923-59 Prof., pendant quelque temps Directeur, Ecole Supérieure de la Métallurgie et de l'Industrie des Mines, Univ. de Nancy. — '38 Prix Jecker, '38 Médaille Berthelot (Acad. Sci. Paris).

*1889, Febr. 10, Paris.

Zur Bibliogr. Notice sur les travaux scientifiques de Raymond Cornubert (Nancy '57) 70 S., Suppl. 1957–1959 ('59) 71–96.

S. Centenaire de la Société chimique de France (1857–1957) (Paris '57) 116–34: Chimie organique.

W. Le camphre et ses dérivés (Paris '33) 424 S. — La littérature chimique mondiale (Paris '43) 7 + 74 S. (Contribution au développement de la recherche chimique 1). — Dictionnaire chimique anglais-français, mots et locutions fréquemment rencontrés dans les textes anglais et américains (Paris '52) 10 + 137 S.; [2]('59) 10 + 173 S.; [3]('62) 10 + 224 S. (~ 2). — Dictionnaire chimique allemand-français, mots et locutions fréquemment rencontrés dans les textes de langue allemande (Paris '56) 16 + 235 S.; [2]('62) 266 S. (~ 3).

Bull. Soc. chim. France, Mém. Préparation de la tétrahydropyrone[46]): (4) **53** ('33) 565–69. — Les combinaisons dites tétrahydropyroniques ont effectivement cette constitution[46]): 619–33. — Absorption dans l'ultraviolet d'alcoylcyclohexanones et d'allylcyclohexanones[42]): 744–53. — Isomérie géométrique chez des tétrahydro-γ-pyrones α.α'-disubstituées[46]): (5) **1** ('34) 90–97. — Contribution à l'étude de l'extinction de la fonction cétone[8])[13])[19])[21])[29])[47]): **2** ('35) 195–220. — Contribution à l'étude de la stéréochimie cyclanique, 1: **5** ('38) 509–12; ~ 2: Combinaisons monobenzylidéniques stéréoisomères[2])[13])[23])[33])[46])[49]): 513–20; ~ 3: Benzylidène-α-méthylcyclopentanones et cyclohexanones stéréoisomères[33]): 520–34; ~ 4: Combinaisons benzylidéniques stéréoisomères d'α-benzyl- et d'α-isopropylcyclopentanones; combinaisons benzylidéniques d'α.α'-dialcoylcyclanones; altération des combinaisons benzylidéniques[2])[13])[33])[49]): 534–46; ~ 5: Combinaisons dibenzylidéniques stéréoisomères[13])[23])[33])[49]): 1490–1501; ~ 6: Dibenzylidènecycloheptanones stéréoisomères; action du rayonnement ultraviolet sur les diarylidènecyclanones[23])[49]): 1501–05; ~ 7: α.α'-Diarylcyclanones stéréoisomères et structure spatiale de leurs oximes[2])[13])[23])[49]): **6** ('39) 103–13; ~ 8: α.α'-Dibenzyl- et α.α'-dihexahydrobenzylcyclohexanones[2])[13])[49]): 113–32; ~ 9: α.α'-Dibenzyl- et α.α'-dihexahydrobenzylcyclopentanones[13])[23])[49]): 132–43; ~ 10: α.α'-Di-p-tolylméthylcyclopentanones, -hexanones et -heptanones[2])[23]): 265–70; ~ 11[8])[35]): 270–73; ~ 12: Polybenzylcyclohexanones; isolement de quatre ortho-dibenzylcyclohexanones dont presque sûrement trois α.α'-dibenzylcyclohexanones[4])[2])[13])[37]): **10** ('43) 561–65; ~ 13: Polybenzylcyclopentanones[4])[37]): **11** ('44) 299–302; ~ 14: Phénomènes d'orientation spatiale lors de la réduction de l'α-méthylcyclohexanone[4]): **12** ('45) 359–66; ~ 15: Etude stéréochimique des α.α'-diméthylcyclohexanones et de leurs dérivés[4])[3])[13]): 367–80; ~ 16: Action de l'acide nitreux sur les α-méthylcyclohexylamines stéréoisomères[4]): **1948**, 857–60; ∼ 17: Conditions nécessaires de constitution des cyclanones substituées pour l'observation de phénomènes d'équilibre[3])[37]): 861–63; ∼ 18: Etude de la cis-β.β'-diméthylcyclohexanone[3])[20]): 863–67; ∼ 19: Dérivés de la β.β'-diméthylcyclohexanone cis[20]): 867–71; ∼ 22: Nouvelle étude stéréochimique des α.α'-diméthylcyclohexanols[4])[5])[20])[30]): **1950**, 631; ∼ 23: Nouvelle étude des α.α'-diméthylcyclohexanones[4])[5])[20])[30]): 636–39; ∼ 24: Etude des α-méthyl-α'-benzylcyclohexanones et de leurs dérivés[4])[5])[9]): 1202–05; ∼ 25: Etude de la pureté stérique de diverses cyclohexanones substituées en β et en α' par la méthode aux pH variés[4])[5])[9]): 1206–09; ∼ 26: Nouvelles tentatives de préparation de la β.β'-transdiméthylcyclohexanone[24]): **1952**, 981f.; ∼ 27: Nombre des dérivés monobenzylés en α et α' de la β.β'-cis-diméthylcyclohexanone reste compatible avec un schéma plan du noyau cyclohexanique[3])[24]): 983–88; ∼ 28: β-Méthyl-α.α'-dibenzylcyclohexanones stéréoisomères[32])[4]): 988f.; ∼ 30: „Essai" d'ordre chimique sur la structure cyclohexanique „en chaise": **1953**, 42–47; ∼ 31: α.α'-Dibenzylcyclohexanols; phénomènes de transposition entre ces alcools[4])[15])[27]): 816–18; ∼ 32: Contribution à l'étude des polybromocyclohexanes[45])[48]): **1955**, 46–60; ∼ 33: Contribution à l'étude des polybromocyclohexanes[45]): 60–74; ∼ 34: Au sujet du principe de Hassel de la prééminence des substitutions équatoriales chez les dérivés cyclohexaniques: 75–79; ∼ 35: Réducteurs doux pour la préparation de certains cyclanols stéréoisomères[6])[12])[15])[16]): 400–07; ∼ 36: Nouvelle méthode de préparation de certains isomères cis de cyclohexanols substitués en α par rapport à la fonction[4])[5])[6])[11]): 408–12; ∼ 37: α.α'-Tri- et tétraméthylcyclohexanols[6])[32]): **1957**, 1499f.; ∼ 38: α.α'-Dipropylcyclohexanones et cyclohexanols[9])[26]): **1958**, 335–38; ∼ 39: Contribution à l'étude de diverses diméthylcyclohexanones[10])[11])[31])[34])[52]): 837–43; ∼ 40: Etude des 2,3- et 2,5-diméthylcyclohexanones[11])[31])[34]): 843–47; ∼ 41: Etude des diméthyl-2,4-, -3,4- et -3,5-cyclohexanones[10])[31])[11]): 847–53; ∼ 42: Contribution à l'étude des inversions chez des cyclohexanones et des cyclohexanols stéréoisomères[28])[31]): 1340–46; ∼ 43: Chimie des n-menthones et de leurs dérivés, chimie des menthones racémiques et de leurs dérivés[28])[31]): 1346–52; ∼ 44: Au sujet du passage des méthylcyclohexanols aux chlorures de méthylcyclohexyle[27])[38])[39])[53]): **1959**, 373–84; ∼ 45: Transpositions entre cyclohexanols stéréoisomères[25])[27])[38])[53]): 385–89; ∼ 46: Transposition d'alcoylcyclohexanols à fonction axiale à l'état d'alcoolate sous l'influence de l'oxygène à froid[1])[17])[25]): **1960**, 661–70; ∼ 47: Transposition sous l'influence d'une petite quantité d'oxygène d'alcoylcyclohexanols axiaux à l'état d'alcoolate de sodium[1])[17])[25]): 1332–37; ∼ 48: La structure gauche des n-menthols[31]): 1747–49; ∼ 49: Peut-on utiliser la saponification des phtalates acides salifiés des alcoylcyclohexanols pour la détermination de la structure gauche de ces derniers[10])[17])[22]): **1961**, 240–53; ∼ 50: Action de divers organomagnésiens sur certaines α-alcoylcyclohexanones[55])[6])[7])[54]): **1962**, 1440–51. – Contribution à l'étude de la stéréochimie hétérocyclohexanique, 2: Stéréochimie des tétrahydropyrannones disubstituées sur des atomes de carbone différents[14])[36])[51]): **1949**, 819–24; ∼ 3: Stéréochimie du noyau tétrahydropyrannique; dérivés disubstitués en α et α'[14])[36])[51]): **1950**, 36–40; ∼ 4: Stéréochimie du noyau tétrahydropyrannique; dérivés substitués en β et β'[14])[36])[51]): 40–43. – Célébration du centenaire de la naissance du Professeur Albin Haller: 934–39. – Phénomènes de transposition stérique chez les α.α'-diméthylcyclohexanones et les cyclohexanols[4])[2])[u.a.]): **1951**, C 21–23. – Phénomènes de transposition stérique chez les cyclohexanones, cyclohexanols et lors du passage des cyclohexylamines aux cyclohexanols et des cyclohexanols aux acides cyclohexanecarboxyliques[4])[11])[u.a.]): C 23–28. – Contribution à l'étude des nickels de Raney, 1: Préparation de catalyseurs d'activité maximum[41]): **1952**, 399–403; ∼ 2: Hydrogénation sélective des cétones α.β-éthyléniques par des nickels contraints par l'acide chlorhydrique libre ou engendré par le chloroforme, ou contraints par l'anhydride de carbonique[41]): 403–07; ∼ 3: Nouvelles recherches sur l'hydrogénation sélective des cétones éthyléniques[43]): 407–10; ∼ 4: Nouvelles recherches sur l'hydrogénation sélective des cétones α.β-éthyléniques[24]): 410–13; ∼ 5: Catalyseurs contraints par le dichloréthane[16]): **1954**, 522f.; ∼ 6: Etude comparée de divers types de nickels contraints[50]): 524–28; ∼ 8: Hydrogénation sélective de dérivés carbonylés éthyléniques par des nickels contraints par divers dérivés halogénés[16]): 531–34; ∼ 9: Essais de préparation de la „β"-phényl tétrahydropyrannone par catalyse contrainte[43])[50]): 534–36. – Contribution à l'étude de la stéréochimie cyclanique[4])[11]): **1956**, 150f. – Le principe de la prééminence des liaisons équatoriales chez les dérivés cyclohexaniques: 996–1007.

C. R. hebd. Séances Acad. Sci., Paris Constitution des combinaisons dites tétrahydropyroniques[46]): **194** ('32) 107–09. – Phénomènes d'isomérie chez les tétrahydropyrones[46]): 1081–83. – Contribution à l'étude des dibenzylidènecyclopentanones[13]): 1587–89. – Contribution à l'étude de l'extinction de la fonction cétone et des théories émises pour interpréter ce phénomène[47]): **195** ('32) 252–54. – L'αα'-diméthylcyclohexanone trans de Skita doit être un isomère cis[13]): **197** ('33) 843–45. – Existence possible de trois αα'-dibenzylcyclohexanones: 1656–58. – Existence probable de trois αα'-dibenzylcyclohexanones[37]): **208** ('39) 1409–11. — L'$\alpha\alpha'$-diméthylcyclohexanone représente un mélange des isomères cis et trans en équilibre[4]): **217** ('43) 197–99. — Phénomènes d'orientation lors de la réduction d'une cyclanone ou de l'oxime d'une cyclanone[4]): 233–35. — Phénomènes d'orientation lors de la réduction de l'α-méthylcyclohexanone[4]): **219** ('44) 71f. — Préparation des α-méthylcyclohexylamines stéréoisomères et action de l'acide nitreux sur ces dernières[4]): **221** ('45) 103–05; **222** ('46) 764. — La $\beta\beta'$-diméthylcyclohexanone, contrairement à l'$\alpha\alpha'$-diméthylcyclohexanone, existe en formes stéréoisomères distinctes[3])[20]): 1505–07. — Réactions ménagées pour l'obtention de cyclohexanols stéréoisomères[4])[15]): **223** ('46) 358f. — Les cyclanones portant une substitution en β et en β' existent en stéréoisomères distincts[3]): **224** ('47) 397f. — Stéréochimie du cycle tétrahydropyrannique[51]): 1114–16. — α-Méthyl- et $\alpha\alpha'$-diméthylcyclohexanols: obtention de cyclanols stéréoisomères par électrolyse[4])[5]): **225** ('47) 878–80. — Les cyclohexanones liquides substituées en α et α' constituent des mélanges de stéréoisomères en équilibre, mais celles substituées en β et β' se présentent en stéréoisomères distincts[4])[5])[9]): **227** ('48) 943–45. — Etude systématique des nickels de Raney. Hydrogénation sélective de cétones $\alpha\beta$-éthyléniques[41]): 1131–33. — Nouvelle étude des $\alpha\alpha'$-diméthylcyclohexanones et cyclohexanols[4])[30]): **229** ('49) 431–33. — Nouvelles recherches sur le nickel de Raney et l'hydrogénation des cétones spécialement $\alpha\beta$-éthyléniques[41]): 460–62. — Etude des catalyseurs calciques de la saccharification de l'aldéhyde formique[40]): **230** ('50) 600–02. — La saccharification de l'aldéhyde formique par des catalyseurs barytiques[44]): 897–99. — Etude du mécanisme de la saccharification de l'aldéhyde formique sous l'influence de dérivés calciques[40]): **232** ('51) 778–80. — Nouvelles recherches sur l'hydrogénation sélective de cétones éthyléniques au moyen des nickels de Raney[24])[50]): 1166–68. — Nouvelles recherches sur l'hydrogénation des cétones éthyléniques en cétones saturées[16])[50]): **233** ('51) 1248–51. — La stéréoisomérie cyclohexanique reste une fois encore compatible avec une représentation plane de ce cycle[24]): 1333–35. — Hydrogénation presque totalement sélective des cétones $\alpha\beta$-éthyléniques en cétones saturées par des nickels de Raney contraints[16])[50]): **234** ('52) 2324–26. — Quelques précisions concernant la chimie des α-méthylcyclohexanols stéréoisomères[27])[38]): **237** ('53) 469–71, 852. — Structures gauches en série cyclohexanique[11])[31])[34]): 1471–73; **238** ('54) 309–11. — Processus d'élimination des atomes de brome des polybromocyclohexanes[45]): 867–69. — Nouvelles études stériques concernant des cyclohexanones et des cyclohexanols substitués symétriquement en α et α'[26]): **239** ('54) 333–35. — Action de l'acide chlorhydrique sur les α-méthylcyclohexanols[38]): **241** ('55) 7–10. — Contribution à l'étude des influences régnant dans les molécules cyclohexaniques simples[10])[11]): 718–20, 1184. — Phénomènes de transposition entre cyclohexanols stéréoisomères dissymétriquement substitués[31]): **242** ('56) 44–47. — La débromhydratation alcaline des dibromocyclohexanes et le principe de l'élimination transbiaxiale privilégiée[18]): **244** ('57) 1853–57. — Au sujet de la trans-3,5-diméthylcyclohexanone et de son alcool[31])[52]): 1986–89. — Epimérisation de certains cyclohexanols sous l'influence du sodium[25]): **245** ('57) 1362–66. — Nouvelles recherches sur les influences qui règnent dans les molécules cyclohexaniques simples[17])[22])[53]): **247** ('58) 378–82, 1424. — Peut-on utiliser les phtalates acides des alcoylcyclohexanols pour la détermination des structures de ces derniers?[17])[22]): **248** ('59) 2926–29, 3253–56.

Mit: [1]) B. Alexandre; [2]) M. André; [3]) R. André; [4]) P. Anziani; [5]) A. Aubry; [6]) G. Barraud; [7]) M. Bastick; [8]) Ch. Borrel; [9]) P. Bourguignon; [10]) D. Capon; [11]) M.-M. Claudon; [12]) M. Cormier; [13]) M. De Demo; [14]) R. Delmas; [15]) M. Descharmes; [16]) H. G. Eggert; [17]) Y. Fagnoni; [18]) M. Fronsaço; [19]) J. Garnier; [20]) P. Hartmann; [21]) R. Humeau; [22]) G. Ivanowski; [23]) R. Joly; [24]) C. Kaziz; [25]) V. Kondrachoff; [26]) P. Lafont; [27]) M. Lafont-Lemoine; [28]) F. Lainé; [29]) H. Le Bihan; [30]) M. Lemoine; [31]) H. Lemoine; [32]) A. Lemoine-Tressont; [33]) P. Louis; [34]) R. Malzieu; [35]) A. Maurel; [36]) S. Monteil; [37]) G. Morelle; [38]) K. Nadjme-Abadi; [39]) R. Nicolas; [40]) J. Peyrade; [41]) J. Phélisse; [42]) P. Ramart-Lucas; [43]) M. Réal; [44]) C. Renaud; [45]) A. Rio; [46]) P. Robinet; [47]) G. Sarkis; [48]) P. Sénéchal; [49]) A. Strébel; [50]) P. Thomas; [51]) J. Viriot; [52]) G. Vivant; [53]) B. Vuillemin; [54]) H. Guérin; [55]) Y. Perrin-Drouin.

V, VI **van der CORPUT,** Johannes Gualtherus. Math. — 1923- ord. Prof., Univ. te Groningen; später ord. Prof., Univ. van Amsterdam.

*1890, Sept. 4, Rotterdam.

S. C. R. 5e Congrès international des mathématiciens, Oslo 1936, **1** (Oslo '37) 249–60: Diophantische Approximationen. — C. R. Congrès des sciences mathématiques, Liège 1939 (Liège '39) 20–29: Sur la théorie additive des nombres. — Handelingen van het Nederlands natuur- en geneeskundig congres. 31. Congres, Groningen 1949 (Haarlem '49) 36–51: Über die Gesetzmäßigkeit großer Zahlen. — Colloques internationaux du Centre National de la Recherche Scientifique, No. 24, Paris 1949 (Paris '50) 11–18: Théorème fondamental de l'algèbre. — Centre Belge de Recherches Mathématiques. Colloque sur la théorie des nombres, Bruxelles 1955 (Liège–Paris '56) 163–82: Sur le reste dans la démonstration élémentaire du théorème des nombres premiers. — Studies in mathematical analysis and related topics; essays in honor of George Pólya (Stanford, Calif. '62) (Stanford studies in mathematics and statistics, 4) 410–18: Can a series possess a sum 1 and an asymptotic sum 0?

W. Het Mathematisch Centrum (Groningen '46) 22 S. – Démonstration élémentaire du théorème sur la distribution des nombres premiers (m. A. Selberg, P. Erdös) (Amsterdam '48) 32 S. (Mathematisch Centrum, Amsterdam, Scriptum 1). – Le théorème fondamental de l'algèbre (Amsterdam '50) 47 S. (~ 2,1). – Sur les fonctions symétriques (Amsterdam '49) 17 S. (~ 3). – La deuxième perle de la théorie des nombres (Amsterdam '50) 14 S. (~ 4). – On sums of systems (Amsterdam '54) 31 S. (~ 7).

Acta arithmet. [Warszawa] Verallgemeinerung einer Mordellschen Beweismethode in der Geometrie der Zahlen: 1 ('35) 62–66; ~ 2: 2 ('36/37) 145f. – Anwendung einer Blichfeldtschen Beweismethode in der Geometrie der Zahlen[10]): 152–60. – Sur l'hypothèse de Goldbach pour presque tous les nombres pairs: 266–90.

Acta math. Diophantische Ungleichungen, 2: Rhythmische Systeme: **59** ('32) 209–328.

Annali Mat. pura ed appl. On a generalization of the Lambert series: (4) **58** ('62) 125–41.

Bull. amer. math. Soc. On an identity of Block and Marschak: **66** ('60) 28–31.

Christiaan Huygens Symmetrische Funktionen: **18** ('40) 251–77 [niederländ.].

Compositio math. Zur Methode der stationären Phase, 1: Einfache Integrale: **1** ('34) 15–38; ~ 2: **3** ('36) 328–72. – Ungleichungen für Polynome und trigonometrische Polynome[10]): **2** ('35) 321–61; **3** ('36) 128.

C. R. hebd. Séances Acad. Sci., Paris Sur le théorème de Goldbach–Vinogradoff: **205** ('37) 479–81. – Une nouvelle généralisation du théorème de Goldbach–Vinogradoff: 591f.

Euclides [Groningen] A remarkable family: **18** ('41) 50–78.

Indagationes math. [Amsterdam] On Minkowski's fundamental theorem in the geometry of numbers[3]): **8** ('46) 409–15. – Rhythmic systems, 1: 416–29. – On the fundamental theorem of algebra, 1: 430–40; ~ 2: 549–57; ~ 3: 605–14. – Determinants and quadratic forms, 1[4]): 615–22; ~ 2[4]): 671–74. – The second pearl of the theory of numbers, 1[7]): **11** ('49) 226–34; ~2[7]): 277–85; ~3[7]): 325–35. – Approximations of integrals by integration by parts[5]): **13** ('51) 213–19.

J. Analyse math. On the transformation of certain trigonometric sums: **4** ('56) 236–45. – Asymptotic developments, 1: 341–418; ~ 2: Generalization of the fundamental theorem on asymptotic series: **5** ('57) 315–20; ~ 3: Again on the fundamental theorem of asymptotic series: **9** ('61/62) 195–204. – Introduction to the neutrix calculus: **7** ('59/60) 281–398. – On the method of steepest descent: **8** ('60/61) 159–83. – Distribution with compatible neutrices: 185–207. – Neutralized sum formula of Euler: **9** ('61/62) 205–43.

J. Soc. industr. and appl. Math. Neutrices: **7** ('59) 253–79.

Kongel. norske Vid. Selsk. Forh. Über den Viggo Brunschen Algorithmus zur Bestimmung der n^{ten} Primzahl[10]): **5** ('32) 36f.

Mathematica [Zutphen], B Über Weylsche Summen: **5** ('36) 1–30.

Mathematische Ann. Über Summen von Primzahlen und Primzahlquadraten: **116** ('38) 1–50.

Nieuw Arch. Wiskunde L. W. Wieland † [2]): (2) **22** ('48) 217–19. – On the integral from zero to infinity of the power of e with exponent $-pe^{x} + qe^{rx} + sx$: (3) **1** ('53) 99–104.

Proc., Koninkl. nederl. Akad. Wet. Tafel der primitiven gleichschenkligen Dreiecke mit rationalen Winkelhalbierenden und mit Schenkeln kleiner als 160000: **35** ('32) 51–54. – Über die Winkelableitung bei konformer Abbildung: 330–34. – Einige Ungleichungen bei bestimmten Integralen: 334–46. – Verteilungsfunktionen, 1: **38** ('35) 813–21; ~ 2: 1058–66; ~ 3: **39** ('36) 10–19; ~ 4: 19–26; ~ 5: 149–53; ~ 6: 333–44; ~ 7: 489–94; ~ 8: 579–90. – Über einige Vinogradoffsche Methoden, 1: 345–51; ~ 2: 494–503; ~ 3: 590–95. – Generalizations of Carleman's inequality: 906–11. – Generalizations of an inequality of Knopp: 1053–55. – On Kummer's solutions of the hypergeometric differential equation: 1056–59. – Sur la méthode de Weyl dans la théorie des nombres, 1: **40** ('37) 668–75; ~ 2: 756–63; ~ 3: 836–46. – Sur deux, trois ou quatre nombres premiers, 1: 846–51; ~ 2: **41** ('38) 25–36; ~ 3: 97–107; ~ 4: 217–26; ~ 5: 344–49. – Sur l'hypothèse de Goldbach: 76–80. – Contribution à la théorie additive des nombres, 1: 227–37; ~ 2: 350–61; ~ 3: 442–53; ~ 4: 556–67; ~ 5: **42** ('39) 2–12; ~ 6: 336–45. – Überkonvexe Mengen in der Ebene: **41** ('38) 946–55. – Reaktionsgeschwindigkeit von Gemischen, 1: Bimolekulare Reaktion von zwei gemischten Substanzen mit einer dritten Substanz[1]): 1058–73. – Sur quelques systèmes de congruences: **42** ('39) 328–35. – Sur un problème de Waring généralisé, 1[9]): 346–54; ~ 2[9]): 400–11; ~ 3[9]): 566–72. – Une inégalité relative aux sommes de Weyl: 461–67. – Sur la méthode des points décisifs: 468–75. – Sur la discrépance modulo un, 1[9]): 476–86; ~ 2[9]): 554–65; ~ 3[9]): 713–22. – Sur un certain système de congruences, 1: 538–46; ~ 2: 707–12. – Une inégalité relative au nombre des diviseurs: 547–53. – Sur quelques fonctions arithmétiques élémentaires: 859–66. – Sur un lemme de M. Vinogradov: 867–71. – A remarkable family, 3: **45** ('42)

129–35, 217–24; ~ 4: 327–34. — On the uniqueness of solutions of differential equations: 136–38. — Inequalities concerning polynomials and trigonometric polynomials[11]): 49 ('46) 383–92. — On Minkowski's fundamental theorem in the geometry of numbers[3]): 701–07. — Rhythmic systems, 1: 708–21. — On the fundamental theorem of algebra, 1: 722–32; ~ 2: 878–86; ~ 3: 985–94. — Sur l'approximation de Laguerre des racines d'une équation qui a toutes ses racines réelles: 922–29. — Determinants and quadratic forms, 1: 995–1002; ~ 2: 1111–26. — On sets of integers, 1: **50** ('47) 252–61; ~ 2: 340–50; ~ 3: 429–35. — On the method of critical points, 1: **51** ('48) 650–58. — Approximate division of an angle into equal parts[8]): **52** ('49) 317–28. — The second pearl of the theory of numbers, 1[7]): 696–704; ~ 2[7]): 801–09; ~ 3[7]): 927–37. — Sur les fonctions symétriques: **53** ('50) 703–17.

Proc., Koninkl. nederl. Akad. Wet., Ser. A Approximation of integrals by integration by parts[5]): **54** ('51) 213–19. — Asymptotics, 1: **57** ('54) 206–17; ~ 2: Elementary methods: **58** ('55) 138–50; ~ 3: The asymptotic behaviour of the real solutions of certain second order differential equations: **59** ('56) 1–14; ~ 4: The multiplication-interpolation method: 129–35, 136–42. — On the inequality of Mathieu[6]): 15–20. — On the coefficients in certain asymptotic factorial expansion, 1: **60** ('57) 337–45; ~ 2: 346–51; ~ 3: **62** ('59) 153–64; ~ 4: 329–37; ~ 5: 338–46; ~ 6: 347–56; ~ 7: 357–60. — On a limit theorem in the theory of the Laplace transformation: **61** ('58) 1–4. — Inequalities involving least common multiple and other arithmetical functions: 5–15. — Some identities and inequalities involving maxima and minima: 239–51. — Neutrix calculus, 1: Neutrices and distributions: **63** ('60) 115–23; ~ 2: Special neutrix calculus: **64** ('61) 1–37. — Introduction to the residue calculus: 143–56.

Simon Stevin Über eine Vermutung von de Polignac: **27** ('50) 99–105 [niederländ.]. — Moderne Rechenmaschinen: **29** ('52) 203–28 [niederländ.].

Mit: [1]) H. J. Backer; [2]) F. van d. Blij; [3]) H. Davenport; [4]) H. J. A. Duparc; [5]) J. Franklin; [6]) L. O. Heflinger; [7]) J. H. B. Kemperman; [8]) H. Mooij; [9]) Ch. Pisot; [10]) G. Schaake; [11]) C. Visser.

VI **COSTA,** Domenico. Chem. (angew.), Warenkunde. — 1927- Direttore del Laboratorio chimico della Camera di Commercio, Industria e Agricoltura; Direttore del Museo merceologico di Trieste; '39-45 Prof. straord. di Merceologia, Direttore dell'Istituto di Merceologia, '45- Prof. ord. di Chimica appl., Fac. di Ingegneria, Direttore dell'Istituto di Chimica appl., Univ. di Trieste. — Medaglia d'Oro (Ministero della Pubblica Istruzione).

*1895, Juli 31, Trieste;
†1955, März 2, Trieste.

Nekr. G. Sartori, Chimica e Industria **37** ('55) 382 (m. Bildn.); 645–47. — M. Cingolani, ibid. **38** ('56) 142.

S. Atti IV Congresso nazionale di chimica pura ed applicata, Roma 1932 (Roma '33) 687–98: I vini della Provincia di Trieste.

W. Cessione dell'azione sociale ed acquisto della qualità di socio (Roma '36) 52 S. — Corso di merceologia. Appunti presi alle lezioni di D. C. ²(Bologna '46) 531 S.

Annali Chim. appl. La ricerca della farina di estrazione di soia come adulterante nei prodotti alimentari: **23** ('33) 3–14. — Sulla ricerca delle lecitine vegetali quale surrogato di uova nelle paste alimentari: **25** ('35) 355–79. — Sul contenuto di acido lecitinfosforico solubile in alcool nei semolini di frumenti con riguardo alla determinazione delle materie d'uovo nelle paste alimentari[7]): **26** ('36) 83–88. — Sul riconoscimento delle farine di leguminose negli sfarinati e nelle paste di frumento, 1[3]): 309–17; ~2[8]): **27** ('37) 243–47. — Sullo stato di conservazione e sulla tendenza alla decomposizione del pesce razionalmente scongelato in confronto al pesce fresco[3]): **30** ('40) 402–12. — Sulla determinazione qualitativa e quantitativa della „Tergina" nei saponi: **31** ('41) 160–67. — Contributo allo studio dei carboni liburnici: il carbone di Cave Auremiane: **33** ('43) 211–19. — Sulle modificazioni pirolitiche del frumento[5]): **38** ('48) 531–51. — Sulla temperatura di autoaccensione dell'amido e su alcuni fattori che la influenzano[6]): **39** ('49) 3–26. — Ossidazione lenta e temperatura di autoaccensione delle polveri di zolfo nell'aria[6]): **40** ('50) 318–23. — Temperatura di autoaccensione di polveri di carboni in relazione alla loro resa di prodotti volatili combustibili di pirogenesi[4]): **42** ('52) 463–72. — Decomposizione termica della cianammide di piombo[2]): **43** ('53) 769–78.

Annali triestini (, Sez. II) Apporto della merceologia alla vita scientifica ed economica di Trieste: **15** ('44) Nr. 1/2. — Un'apparecchiatura per la determinazione della temperatura di autoaccensione di polveri combustibili[6]): **17** ('47) 131–39.

Chimica e Industria Le industrie minerarie metallurgiche e chimiche della Regione Giulia: **18** ('36) 355. — Comportamento del clorocaucciù al calore con riguardo al suo impiego per la preparazione delle vernici a lente combustione: **21** ('39) 1–4. — Studi e ricerche per l'ottenimento di carburanti dall'olio degli scisti dell'Alto Udinese: 609–12. — Analisi termica differenziale applicata alla determinazione di temperature caratteristiche e alla valutazione approssimativa delle tonalità termiche in processi chimici complessi, 1: Decomposizione termica dell'amido e della cellulosa[5]): **33** ('51) 71–76; ~ 2: Decomposizione termica di alcuni zuccheri[5]): 708–11; ~ 3: Temperature di autoaccensione di polveri organiche ed inorganiche[4])[6]): **34** ('52) 645–54.

Geopolitica [Milano] Il mercato del piretro della Dalmazia: **4** ('42) 366–73.

Industrie Cereali Pasta alimentare infestata dalle calandre sviluppatesi da uova presenti nella semola: **12** ('40) Nr. 1.

Pubbl. Fac. Sci. e Ingegneria Univ. Trieste, Ser. B Ein Gerät zur Bestimmung der Entzündungstemperaturen entflammbarer Stäube [6]): **8** ('47) 3–10. – Weizenpyrolyse[5]): **31** ('48) 531–51. – Die Entzündungstemperaturen von Luft–Kohlenstaub-Mischungen in bezug auf ihren Gehalt an flüchtigen Substanzen[4]): **106** ('52) 463–72. – – Alle Arbeiten ital.

Ricerca sci. Ricerche nel campo delle autocombustioni e delle esplosioni: **19** ('49) 868f.

Rivista Combustibili Comportamento al calore e temperature di autoaccensione delle polveri di sughero[1])[9]): **8** ('54) 429–37. – Temperatura di autoaccensione di polveri di carbone[5])[1])[10])[9])[11]): **9** ('55) 875–88. – Contributi allo studio dei fenomeni di autoaccensione: polveri di legno[5])[1])[10])[9]): **10** ('56) 101–24 [m. engl. Zusammenfassg.].

Tecnica ital. Resistenza dei tubi „Salonit" alla pressione e all'azione dei liquidi neutri e chimicamente attivi: **1937**, Nr. 4. – Apparecchiatura per le misurazioni di permeabilità di gas delle tubazioni di cemento-amianto: **1940**, Nr. 1.

Wein u. Rebe Die Verwertung der Trauben- und Weinrückstände: **13** ('32) 335–38.

Mit: [1]) P. Batti; [2]) C. Bolis-Cannella; [3]) C. Cannella; [4]) A. Cerniani; [5]) G. Costa; [6]) G. Costantinides; [7]) T. Denaro; [8]) G. Ravenna; [9]) E. Susa; [10]) S. Valussi; [11]) M. Veronese.

V, VI **COSTER,** Dirk. Experimentalphysik. — 1924-49 Prof., Directeur, Natuurkundig Laboratorium, Univ. te Groningen.

*1889, Okt. 5, Amsterdam;

†1950, Febr. 12, Groningen.

Zur Biogr. H. A. Kramers, D. Coster, 25 Jaaren hoogleraar: Nederlandsch Tijdschr. Natuurkunde **15** ('49) 285–87 (m. Bildn.). – A. R. Kronig, D. Coster in zijn Groningse tijd: ibid. 288–92. – E. Pilgrim, Entdeckung der Elemente (Stuttgart '50) S. 384 (m. Bildn.).

Nekr. H. A. Kramers, Jaarb. koninkl. nederl. Akad. Wet. **1951/1952** ('52) 198–201 (m. Bildn.). – F. Z., Jaarb. Rijksuniv. Groningen **1950**, 45f.

Zum 10. Todestag H. L. T. de Beaufort, Gids **123** ('60) 238–48.

S. Verhandelingen, op 25 Mei 1935 aangeboden aan P. Zeeman ('s-Gravenhage '35) 135–42: On the so-called "vibrational perturbations" in band spectra[3]).

Ergebn. techn. Röntgenkunde Energieniveaus in Atomen und röntgenspektroskopische Forschung: **3** ('33) 55–66.

Handelingen nederl. natuur- en geneeskund. Congr. De electronenbanden bij de overgangsmetalen in de buurt van wolfraam: **29** ('43) 13–15.

Nature [London] Relative excitation of the three x-ray L-levels with cathode rays of different velocities[27]): **129** ('32) 942f. – Predissociation in the upper level of the Ångström bands of carbon monoxide[2]): **133** ('34) 140. – Neutron experiments of the physical laboratory of Groningen[24])[6]): **159** ('47) 569.

Nederlandsch Tijdschr. Natuurkunde Kernniveaux: **10** ('43) 104–13. – Het 25-jarig doctorsjubileum van H. A. Kramers: **11** ('44) 73f.

Philosophical Mag. and J. Sci. On the fine structure near the FeK-absorption edges in the various oxides of Fe[9]): (7) **41** ('50) 144–51.

Physica On the fine structure of x-ray absorption edges and the influence of the polar character of the compound[10]): **1** ('34) 145–49. – Predissociation in the Ångström bands of CO [2]): 155–60. – On the Ångström bands of CO [2]): 634–48. – Experimental determination of the fine structure of x-ray absorption edges of the polyatomic vapours $GeCl_4$ and $AsCl_3$ [10]): 889–94. – The fine structure of x-ray absorption edges of copper and zinc in copper-zinc alloys[21]): **2** ('35) 1–12. – A new type of Auger effect and its influence on the x-ray spectrum[12]): 13–24. – Predissociation in the upper level of the second positive group of nitrogen ($C^3\Pi$) [5])[14]): 267–72. – Fine structure of x-ray absorption edges in close-packed cubic and close-packed hexagonal crystal lattices: 606–10. – Excitation potential of the x-ray satellites in the L-series[13])[8]): 870–78. – Auger effect and relative intensity of L-emission lines[16]): **3** ('36) 282–88. – On the Moseley diagram of the x-ray term values: **4** ('37) 418–25. – The absorption of gold and silver in the ultraviolet region[7])[19])[20]): **5** ('38) 643–56. – The effect of thermal agitation on the intensity of reflection of cathode rays from crystals[26]): **6** ('39) 17–26. – Fine structure of x-ray absorption K-edge of α-, β- and γ-iron[17]): 44–46. – On the emission spectra of some oxides and pure elements in the soft x-ray region[7]): **7** ('40) 655–68. – The resonance levels for neutron capture of silver, copper, and zinc [, 1] [24])[4])[18]): **8** ('41) 825–50; ~ 2 [24])[4]): **10** ('43) 281–98; ~ 3: Scattering of resonance neutrons[24])

[4]): 299–311; ~ 4: Overlapping of levels[4])[24])[6]): 312–23. – The inner Auger effect and its influence on the intensities and widths of x-ray spectral lines[1]): **9** ('42) 84–96. – The fine structure of the L-absorption edges of tungsten and tantalum and the electronic conduction band of these elements[1]): **10** ('43) 391–405. – High potential equipment of the neutron generator of 500 kV–1 mA at Groningen[24])[4]): 565–70. – On the resolving power of the ordinary x-ray spectrograph and the natural width of x-ray spectral lines[15]): **13** ('47) 379–84. – On the bands of conduction electrons in the tungsten crystal[15]): 385–91. – Slow neutron experiments in Groningen[6])[24]): **14** ('48) 1–7. – On the empty electron bands of lowest energy of the transition metals Mn and Fe and their oxides[9]): 175–88. – The x-ray-absorption edges L_I of tantalum and of tungsten and L_{II} and L_{III} of platinum[15]): **15** ('49) 351–57.

Proc., Koninkl. Akad. Wet. Amsterdam An x-ray investigation of the n-mono-alkyl malonic acids[25]): **35** ('32) 91–98. – On the dissociation energy of CO [2]): **38** ('35) 961–64.

Proc. roy. Soc., London, Ser. A The atomic scattering factor for x-rays in the region of anomalous dispersion[11]): **139** ('33) 459–66.

Z. Physik Die negativen Stickstoffbanden [28]): **73** ('31/32) 747–74. – Über die Feinstruktur der Röntgenabsorptionskanten[23]): **74** ('32) 191–208. – Über den Atomfaktor für Röntgenstrahlen im Gebiet der anomalen Dispersion[11]): **75** ('32) 340–47. – Das Bandenspektrum des CO^+ [28])[3]): **79** ('32) 787–822. – Die sogenannte zweite positive Gruppe des Stickstoffspektrums[2])[25]): **84** ('33) 304–34; **86** ('33) 411f. – Über die Anregung der Röntgenlinien zweiter Art[22]): **84** ('33) 686–93. – Zur Deutung der Störungen in den zweiten positiven Stickstoffbanden[2]): **97** ('35) 570–72.

Z. physik. Chem., Abt. B Über einen photochemischen Prozeß bei den Monoalkylmalonsäuren[25]): **20** ('33) 385–97.

Mit: [1]) A. Bril; [2]) F. Brons; [3]) H. Bulthuis; [4]) G. Diemer; [5]) E. W. van Dijk; [6]) H. Groendijk; [7]) S. Hof; [8]) W. J. Huizinga; [9]) S. Kiestra; [10]) G. H. Klamer; [11]) K. S. Knol; [12]) R. de L. Kronig; [13]) H. H. Kuipers; [14]) A. J. Lameris; [15]) H. de Lang; [16]) K. W. de Langen; [17]) H. Levi; [18]) P. Noteboom; [19]) G. Rathenau; [20]) C. F. E. Simons; [21]) R. Smoluchowski; [22]) W. J. Thijssen; [23]) J. Veldkamp; [24]) Hl. de Vries; [25]) A. van der Ziel; [26]) P. G. van Zanten; [27]) J. van Zuylen; [28]) H. H. Brons.

IV–VI **COTTON**, Aimé Auguste. Physik. – 1920-41 Prof. tit., Directeur du Laboratoire de Physique, Fac. des Sciences, Univ. de Paris; '41 retiré. – Dr. h. c. (Univ. de Bruxelles). – '07 Prix Pierson-Perrin (Acad. Sci. Paris); '18 Prix L. La Caze (Acad. Sci. Paris); '28 Prix du Prince Albert Ier de Monaco (Acad. Sci. Paris); '37 Prix Fondation Villemot (Acad. Sci. Paris).

*1869, Okt. 9, Bourg-en-Bresse, Ain; †1951, Apr. 16, Sèvres, Seine-et-Oise.

Bruder von Emile Cotton IV-VII b

Zur Biogr. Hommage à M. Aimé Cotton, 5 juin 1948 (Paris '51) 60 S. (m. Bildn.); darin eig. Beitr. S. 49–60: Réponse aux allocutions.

Nekr. L. F. Bates, Nature [London] **167** ('51) 923. – Louis de Broglie, Notice sur la vie et l'œuvre de Aimé Cotton (Paris '53) 31 S. (m. Bildn., Faks.). – J. Cabannes, Annales Physique (12) **6** ('51) 895–98 (m. Bildn.); Annuaire Bur. Longitudes **1954** ('51) B 1–6. – G. Dupouy, J. Rech. Centre nation. Rech. sci. **3** ('51) 309f. – P. Fleury, J. Physique et Radium **12** ('51) 35. – M. Javillier, C.R. hebd. Séances Acad. Sci., Paris **232** ('51) 1521–27. – P. Manigault, Revue Opt. théor. et instrument. **30** ('51) 217–20. – G. Teissier, Pensée **1951**, Nr. 36, 7f.

Zur Bibliogr. A. Cotton, Œuvres scientifiques (Paris '56) 303 S.

MHZ. Annales Physique (10) **1** ('24)–.

S. Verhandelingen, op 25 Mei 1935 aangeboden aan P. Zeeman ('s-Gravenhage '35) 102–07: Sur le changement de la constante diélectrique des liquides isolants soumis à des champs magnétiques intenses. – Actes 7e Congrès international du froid, La Haye 1936, **1** (Utrecht '37) 337–48: Magnetooptische Eigenschaften verflüssigter Gase[7]) [franz.]. – Jubilé de Charles Maurain (Paris '41): Allocution.

W. La polarimétrie en lumière ultra-violette (m. R. Descamps, J. Duclaux) (Paris '34) 36 S. – Effet Faraday. Biréfringence magnétique (m. M. Schérer, J. Rabinovitch, G. A. Boutry) (Paris '38) 42 S. (Coll. Tables annuelles de constantes, No. 13). – Quelques instruments nouveaux de la Section de physique du Palais de la découverte (Alençon '46) 31 S. (Les Conférences du Palais de la découverte, 8 mai 1943).

Annales Physique Sur la surface des ondes dans un liquide soumis à l'action d'un champ magnétique: (10) **19** ('33) 47–58. – Sur la séparation magnétique de substances diamagnétiques ou paramagnétiques, et sur l'obtention de champs magnétiques à gradient élevé[13]): (11) **17** ('42) 337–59. – Sur une expérience d'Ehrenhaft: **20** ('45) 228–30. – Sur la magnétophorèse d'Ehrenhaft. Recherches de P. Tauzin: 557–.

Annuaire Bur. Longitudes La vie et l'œuvre de Raymond Jouaust: **1951**, A1–A31, B1–B13.

C.R. hebd. Séances Acad. Sci., Paris Sur le pouvoir rotatoire magnétique de la blende et sur la mesure des champs d'électroaimants munis de pièces polaires percées[3])[10]): **194** ('32)

405–09. — Sur les propriétés optiques du nitrobenzène en couche mince soumis à une tension électrostatique[9]): 924–26. — Remarques à propos d'une note de M. Schérer: Sur le dichroïsme circulaire magnétique et sur la dispersion rotatoire magnétique: **195** ('32) 915–19. — Dispersion rotatoire magnétique d'un composé coloré diamagnétique: la thiobenzophénone[10]): 1342–45. — Sur la construction des piles thermoélectriques: **196** ('33) 586f. — Remarques à propos de la communication de W. J. de Haas, E. C. Wiersma, H. A. Kramers: Obtention d'une température extrêmement basse par démagnétisation adiabatique d'un sel d'une terre rare: 1975f. — Sur l'emploi des indicateurs colorés pour déceler l'hétérogénéité des alliages: **197** ('33) 501. — Remarques sur la note de V. Posejpal: Matérialisation de l'éther: **198** ('34) 61f. — Emploi, avec le grand électroaimant de Bellevue, d'une bobine supplémentaire destinée aux expériences de magnétooptique où le faisceau est normal aux lignes de force[13]): 1645–49. — Biréfringence magnétique de l'oxygène et de l'azote à l'état gazeux et des solutions aqueuses de chlorates[13]): 1889–93. — Remarques sur la note de Romolo Deaglio: Conductivité unipolaire intérieure de certains cristaux: **200** ('35) 1306. — Charles-Edouard Guillaume: **206** ('38) 1841–44. — Louis de Launay †: **207** ('38) 5–7. — De la Baume Pluvinel †: 265f. — Remarques au sujet d'une note de M. Bryliński intitulée: Sur les symétries du champ magnétique: 270f. — Sur un cas anormal de biréfringence provoquée par la compression d'une substance transparente[2])[4]): 313–15. — Maurice d'Ocagne †: 509–11. — Paul Helbronner †: 693f. — Georges Urbain †: 813–16. — Sur la mesure optique des courants continus très intenses: 820–22. — André Blondel †: 949–52. — Remarques sur la note de Julien Verhaeghe et Michel van Eyck: Sur le dichroïsme circulaire magnétique des sulfocyanures de cobalt: **208** ('39) 995. — Remarques sur la communication de Nicolas Perakis: Division cellulaire dans un champ magnétique: 1688–92. — Condenseurs sphériques. Applications à la détection de sources d'ultraviolet et à la réalisation de cataphotes fluorescents: **212** ('41) 32–35. — Remarque à propos de la note de Pauthenier et Brun: Méthode électrique permettant d'évaluation statistique des diamètres de gouttelettes de brouillard: 1084. — Remarque au sujet de la note de Fernand Prunier: Sur de curieuses relations entre certaines valeurs numériques: 1136. — Dispersion rotatoire magnétique de liquides diamagnétiques à l'intérieur d'une bande d'absorption (bande cétonique ultraviolette)[11]): **214** ('42) 513–17, 776. — Sur la séparation magnétique de substances diamagnétiques ou paramagnétiques[13]): 753–56. — Sur les observations en lumière polarisée à la loupe ou au microscope. Recherche du dichroïsme rectiligne[8]): **219** ('44) 249–52. — Sur l'emploi d'images auxiliaires dans les observations au microscope, notamment dans celles où l'on se sert de lumière polarisée[8]): 297–300. — Sur l'emploi de lames demi-onde dans divers appareils de polarisation[8]): 529–32. — Sur la réalisation des lames auxiliaires employées dans les recherches faites avec la lumière polarisée[8]): 597–99; **220** ('45) 480. — Sur l'emploi de lames auxiliaires épaisses dans les appareils de polarisation: **222** ('46) 310–12. — Microscopes polarisants utilisant la réflexion vitreuse[8]): 345–48. — Remarques sur la note de Jacques Rabinovitch: Influence du pouvoir réflecteur des lames de mica quart d'onde dans les mesures polarimétriques: 652–54. — Remarques sur la magnétophorèse, sur les photons et les éléments d'un faisceau de lumière polarisée: **223** ('46) 833. — Remarques sur l'explication des phénomènes de photophorèse à propos d'une note de Pierre Tauzin: **225** ('47) 969–72. — Remarques à propos de la note de Félix Ehrenhaft, H. Herzog: De l'influence sur le rayonnement d'un champ magnétique homogène et longitudinal[1])[12]): **227** ('48) 794–97. — Sur l'utilisation du champ magnétique et du microscope polarisant pour l'identification des micro-cristaux: **228** ('49) 1775–77. — Remarques sur la communication de Félix Ehrenhaft, Ernst Reeger: De la photophorèse et d'un effet de la lumière solaire provoquant une rotation de la matière dans le vide: **230** ('50) 940. — Remarques sur la note de Félix Ehrenhaft, Curt V. Desoyer: De la photophorèse et d'un effet de la lumière solaire provoquant une rotation de la matière dans le vide; influence d'un champ magnétique uniforme: 1656f.

J. Physique et Radium Un appareil oublié: l'appareil interférentiel de Jamin à faisceaux polarisés: (7) **4** ('33) 146S–148S. — Présentation de quelques appareils construits au Laboratoire de Recherches physiques de la Sorbonne: **6** ('35) 133Sf.

Nuovo Cimento Sur l'emploi dans des recherches récentes de champs magnétiques intenses et étendus: **15** ('38) 23–30.

Recherches et Invent. La construction des électro-aimants: **18** ('37) 115–.

Revue Opt. théor. et instrument. L'interféromètre de Jamin à faisceaux polarisés: **13** ('34) 153–66.

Mit: [1]) E. Cotton; [2]) G. Courtot; [3]) G. Dupouy; [4]) J. Guillemin; [5]) W. J. de Haas; [6]) H. A. Kramers; [7]) P. Laîné; [8]) P. Manigault; [9]) H. Mouton; [10]) M. Schérer; [11]) R. Servant; [12]) P. Tauzin; [13]) Belling Tsai; [14]) E. C. Wiersma.

IV–VI **COTTON,** Emile Clément. Mech., Math. — 1901-03 Maître de Conférences, '03-04 Prof. adjoint, '04-42 Prof. de Mécanique rationnelle et appliquée, '42-

50 Prof. honoraire, Univ. de Grenoble; '31-50 Directeur de Recherches au Centre National de Recherches Scientifiques. – '34 Dr. sc. h.c. (Univ. de Bruxelles). – '33 Grand Prix des Sciences mathématiques (Acad. Sci. Paris); '36 Prix Lasserre (Ministère de l'Instruction publique).

*1872, Febr. 5, Bourg-en-Bresse, Ain; †1950, März 14, Grenoble.

Bruder von Aimé Cotton IV-VII b

Nekr. M. Gignoux, Notices et Discours, Acad. Sci., Paris 3.1949/56 ('57) 96–98. – G. Julia, C.R. hebd. Séances Acad. Sci., Paris **230** ('50) 1117–19. – M. Moret, Annales Inst. Fourier, Univ. Grenoble **1**. 1949 ('50) 1–4 (m. Bildn.).

Zur Bibliogr. Notice sur les travaux scientifiques de M. Emile Cotton (Grenoble '43) 30 S.

Annales sci. Ecole norm. sup. Sur les intégrales dépendant de paramètres arbitraires: (3) **49** ('32) 351–82. – Sur les intégrales dépendant d'un paramètre: **50** ('33) 371–92. – Sur l'étude locale des fonctions holomorphes et des fonctions algébroïdes de plusieurs variables (extension d'une méthode de Puiseux): **52** ('35) 131–82. – Sur les intégrales abéloïdes dépendant d'un paramètre: **54** ('37) 81–100.

Annales Soc. polon. Math. Sur la stabilité de l'équilibre des corps flottants: **15** ('36) 40–53. – Sur les courbes tracées sur une surface: **17** ('38) 32–41.

Annales Univ. Grenoble Sur quelques liaisons imposées à un corps solide: (N.S.) **21** ('45) 101–07.

Annales Univ. Lyon, Sci., Sect. A Essai de théorie des nappes liquides fermées de Savart: (3) **4** ('41) 75–81.

Bull. math., Fac. Sci. Marseille Sur quelques extensions du théorème de Meusnier: **5** ('39) 97–104.

Bull. Sci. math. Sur certaines intégrales dépendant d'un paramètre: (2) **58** ('34) 175–85. – Sur certains systèmes différentiels admettant des solutions indéterminées: **62** ('38) 42–50. – Sur les critères de stabilité de Routh et de Hurwitz[1]): **72** ('48) 115–28.

Bull. Soc. math. France Intersection de deux surfaces définies par des trièdres mobiles: **69** ('41) 10–21. – Sur certains rapprochements entre la géométrie des espaces de Riemann et la mécanique rationnelle classique: **76** ('48) 1–19.

C.R. Assoc. franç. Avancement Sci. Sur les fonctions algébroïdes de deux variables: **57** ('33) 28–.

C.R. hebd. Séances Acad. Sci., Paris Sur les intégrales dépendant de paramètres variables: **194** ('32) 335–37. – Sur le mouvement irrotationnel d'un liquide limité par des parois mobiles indéformables: **195** ('32) 987–90. – Etude locale d'une surface et de certaines intégrales: **198** ('34) 1285–88. – Sur certaines intégrales singulières: **200** ('35) 1501–03. – Sur un système de bivecteurs associé à un cycle: **226** ('48) 1564–66.

C.R. Séances Soc. math. France Sur l'intersection de deux surfaces données par les trièdres mobiles: **1938** ('39) 43f.

J. Math. pures et appl. Sur les singularités de certaines intégrales: (9) **15** ('36) 207–24. – Sur le pivotement et le contact des surfaces: **17** ('38) 169–78. – Sur le calcul des invariants différentiels euclidiens d'une surface: **19** ('40) 211–20.

Revue Math. spéc. Sur la méthode de Newton et Puiseux: **48** ('37) 1–.

Mit: [1]) Ma Min Yuem.

V, VI **COTTRELL,** Frederick Gardner. Chem. – 1927-30 Chief of the Division of Fertilizer and Fixed Nitrogen Investigation, '30-40 Consultant, Bureau of Soils, U.S. Department of Agriculture; '28-29 Consultant, Smithsonian Institution; '35-38 President of Research Associates, Inc., Washington, D.C.; Director of Research Foundations at Purdue and Stanford Universities. – '27 LL.D. (Univ. of California, Berkeley, Calif.). – '19 Perkin Medal (Soc. of Chemical Industry); '20 Willard Gibbs Medal (Chicago Sect., Amer. Chemical Soc.); '24 Gold Medal (Mining and Metallurgical Soc. of America); '37 Washington Award (Western Soc. of Engineers); Holley Medal (Amer. Soc. of Mechanical Engineers); Medal of the Amer. Inst. of Chemists.

*1877, Jan. 10, Oakland, Calif.; †1948, Nov. 16, Berkeley, Calif.

Zur Biogr. H. E. Howe, Scientific Monthly **44** ('37) 383–85. – W. A. Schmidt, Chemist **15** ('38) 207f. – F. Cameron, Cottrell – Samaritan of science (New York '52) 403 S. – E. Yost, Modern Americans in science and technology (New York '62) 60–72.

Nekr. V. Bush, Biographical Mem., Nation. Acad. Sci. USA **27** ('52) 1–11 (m. Bildn., Faks., Schr.verz.). – F. Daniels, Science [USA] **110** ('49) 497f.; Yearb., Amer. philos. Soc. **1950**, 272–77. – Chemical and Engng. News **26** ('48) 3575. – Mechanical Engng. **71** ('49) 120.

Chemist Complete control of plant growth: **15** ('38) 209–17.

J. western Soc. Engr. The social responsibility of the engineer: **42** ('37) 65–77.

Review sci. Instruments Chart of some electromagnetic relations[1]): **3** ('32) Nr. 2.

Science [USA] The social responsibility of the engineer: **85** ('37) 529–33, 553–56.

Trans. amer. Inst. chem. Engr. Patent experience of the Research Corporation: **28** ('32) 222–25.

Mit: [1]) W. E. Deming.

VI **COUCH,** James Fitton. Chem., Gesch. d. Naturwiss. – 1917-40 Chemist, Bureau of Animal Industry, Washington, D.C.; '40-51 Chemist in charge, Tobacco section, Eastern Regional Res. Labor., U.S. Departm. of Agriculture; '28-40 Prof. History of Sci., National Univ., Washington, D.C. – '48 Hon. Sci. D. (Philadelphia College of Pharmacy and Sci.). – '46 Certificate of Merit (Amer. Med. Assoc.); '47 Distinguished Service Award (U.S. Departm. of Agriculture); '51 John Scott Award (Board of Directors of City Trusts, City of Philadelphia).

*1888, Okt. 22, Somerville, Mass.;
†1951, Aug. 9.

Nekr. B. A. Brice, Science [USA] **115** ('52) 301f. – Chemical and Engng. News **29** ('51) 3561 (m. Bildn.).

American J. Pharm. and Sci. supporting publ. Health Hydrogen ion concentration and cyanogenesis in sorghum[2]): **111** ('39) 55–64, 151–60, 193–201. – Rutin in Eucalyptus species[11])[8])[16]): **125** ('53) 117–21.

Archives Biochem. Determination of added rutin in urine[17])[7]): **21** ('49) 273–78.

Chemurgic Digest Rutin – medicinal agent found in bright tobacco[11]): **3** ('44) 230f.

Food Res. Rutin in green asparagus[6]): **13** ('48) 378–80.

Industrial and Engng. Chem. Fire-cured tobaccos: phenol, nicotine, and bacterial contents[16])[1]): **36** ('44) 556–59.

J. agric. Res. Preservation of cyanogenetic plants for chemical analysis[2]): **57** ('38) 81–107. – Mercuric chloride as a preservative of cyanogenetic plants for chemical analysis[2]): **62** ('41) 493–507.

J. amer. chem. Soc. Isolation of sparteine from Lupinus barbiger Watson: **54** ('32) 1691f. – Modification of the Dumas technique for substances difficult to burn: **55** ('33) 854f. – Lupine studies, 6: The alkaloids of Lupinus corymbosus Heller, 1: **56** ('34) 155f.; ~ 8: The alkaloids of Lupinus palmeri S. Wats.: 2434–36; ~ 9: Monolupine, a new alkaloid from Lupinus caudatus Kellogg: **58** ('36) 686f.; ~ 11: The alkaloids of Lupinus barbiger S. Wats.: 1296–99; ~ 12: The alkaloids of Lupinus laxus Rydb.: **59** ('37) 1469–71; ~ 13: Octalupine, a new alkaloid from Lupinus sericeus var. flexuosus C. P. Smith: **61** ('39) 1523f.; ~ 14: The isolation of anagyrine from Lupinus laxiflorus var. silvicola C. P. Smith: 3327f.; ~ 15: The alkaloids of Lupinus sericeus Pursh: **62** ('40) 554–56; ~ 16: The isolation of nonalupine from Lupinus andersonii Wats.: 986f. – Separation of dextro and inactive lupanines: **56** ('34) 1423f. – Deltaline, a new alkaloid from Delphinium occidentale S. Wats.: **58** ('36) 684f. – The numbering of the sparteine molecule and its derivatives: 688. – Hydrolysis of nicotinonitrile by ammonia[11]): **65** ('43) 2256f. – Isolation of rutin from Hydrangea paniculata var. grandiflora Sieb.[16]): **67** ('45) 1419. – Isolation of rutin from two varieties of Forsythia[16])[17]): **69** ('47) 572f. – Occurrence of rutin in a wild cherry Prunus melanocarpa (A. Nels.) Rydb.: **70** ('48) 256f. – Isolation of rutin from a citrus hybrid[11]): 257f. – Papilionaceous alkaloids, 10: Identity of hexalupine with d-thermopsine[22])[13]): **73** ('51) 1769f. – Rutin content of Sophora japonica L.[16])[11]): **74** ('52) 424f.

J. amer. Oil Chemists' Soc. Buckwheat leaf meal fat, 1[11]): **28** ('51) 382–85.

J. amer. pharm. Assoc. Production of rutin from buckwheat[11]): **39** ('50) 163–69. – Factors affecting the rutin content of dried buckwheat meals[16])[11])[17]): 696–98. – Use of paper chromatography for the estimation of quercetin in rutin[16])[8]): **40** ('51) 613–16. – Preparations of water-soluble metal complexes of rutin and related flavonals[11]): **41** ('52) 83–86.

J. amer. Soc. Agron. Hydrocyanic acid content of different parts of the sorghum plant[14])[2]): **30** ('38) 725–34.

J. chem. Educat. Chemistry of stock-poisoning plants: **14** ('37) 16–30.

J. Washington Acad. Sci. Remedies for cyanide poisoning in sheep and cattle[4])[3]): **24** ('34) 369–85. – The nitrite-thiosulphate combination as a remedy for cyanide poisoning in sheep[3])[4]): 528–32. – The relationship between time of administration and effectiveness of remedies for cyanide poisoning[4])[3]): **25** ('35) 57–59. – The toxicity for sheep of water solutions of hydrocyanic acid and the effectiveness of the nitrite-thiosulphate combination as a remedy[4])[3]): 272–76. – The toxicity of sodium cyanide and the efficiency of the nitrite-thiosulphate combination as a remedy for poisoned animals[4])[3]): 357–61. – Note on cyanogenesis in Liriodendron tulipifera L.[2]): **28** ('38) 477f. – Hydrocyanic acid content of sorghum varieties[2])[14]): **29** ('39) 146–61. – The destruction of hydrocyanic acid by prunase and the influence of sugars on the reaction[2]): 219–21. — Some new cyanogenetic plants[15])[2]): **30** ('40) 237–39. — Cyanogenesis and enzyme activity in sorghum varieties[2]): 413–21. — Use of chloroform to accelerate cyanogenesis in the analysis of cyanogenetic plants[2]): **31** ('41) 285–88.

Proc. Soc. exper. Biol. and Med. Effect of rutin on increased capillary fragility in man[9]) [12]): **55** ('44) 228f.

Science [USA] Buckwheat as a source of rutin[16])[11]): **103** ('46) 197f. — Effect of flavonols on the bacteriostatic action of dicoumarol[16])[5]): **105** ('47) 125f.

Scientific Monthly That perennial public enemy, poison ivy: **42** ('36) 460–63.

Technical Bull., U.S. Dep. Agric. Effects of agronomic factors on the rutin of buckwheat[16]) [19])[18])[21])[10])[20]): **1132** ('55) 50 S.

Mit: [1]) E. G. Beinhart; [2]) R. R. Briese; [3]) H. Bunyea; [4]) A. B. Clawson; [5]) M. J. Copley; [6]) F. De Eds; [7]) D. F. Dickel; [8]) C. S. Fenske, jr.; [9]) J. Q. Griffith; [10]) F. J. Holben; [11]) C. F. Krewson; [12]) M. A. Lindauer; [13]) L. Marion; [14]) J. H. Martin; [15]) E. A. Moran; [16]) J. Naghski; [17]) W. L. Porter; [18]) W. J. Sando; [19]) J. W. Taylor; [20]) J. B. Washko; [21]) J. W. White; [22]) W. F. Cockburn.

VI **COUDER,** André Joseph Alexandre. Astron. — 1930- Astronome, puis Directeur du Laboratoire d'Optique et Vice-président du Conseil administratif, Observatoire National de Paris; Membre du Centre National de Recherches Scientifiques; '51-53 Membre et Président du Bureau des Longitudes. — Prix Benjamin Valz (Acad. Sci. Paris); '52 Médaille Janssen (Acad. Sci. Paris).

*1897, Nov. 27, Alençon.

Zur Biogr. Bull. amer. math. Soc. **43** ('37) 160.

MH. Camille Flammarion, Astronomie populaire (Paris '55).

S. Vistas in astronomy (A. Beer) **1** (London–NewYork '55) (Journal of atmospheric and terrestrial physics, Supplement Nr. 3) 372–77: Thermal distortions of telescope mirrors and their correction. — Encyclopédie française **3**: Le ciel et la terre (Paris '56) 3·04, 5–7: Introduction: Aperçu des instruments d'observation.

W. L'emploi des liquides dans la construction des spectrographes (m.A.C.S. van Heel, A. Pérard, P. Bricout) (Paris '34) 20 S. — Lunettes et télescopes. Théorie, conditions d'emploi, description, réglage (m. A. Danjon) (Paris '35) 16 + 715 S.

Annales Astrophysique Le grand télescope du C.N.R.S. Description générale: **23** ('60) 305–13.

Annales Observat. astron., magnét. et météorol., Toulouse Etude du miroir du télescope de 0.80 m de l'Observatoire de Toulouse: **11** ('35) 11–15.

Annales Observat. Strasbourg L'objectif du grand réfracteur de Strasbourg; retouche et nouvelle étude, compensation de la biréfringence: **3** ('36) 113–34.

Astronomičeskij Ž. Agitation atmosphérique[1]): **17** ('40) 77–89 [russ.].

L'Astronomie (BSAF) Le télescope de 0.80 m de l'Observatoire de Paris (Station de Haute Provence): **47** ('33) 297–306. — Modification d'un effet de diffraction particulier aux télescopes réflecteurs: **48** ('34) 25–28. — Sur la construction cellulaire des miroirs de télescopes: **50** ('36) 65–67. — Coulée d'un grand miroir de télescope: **52** ('38) 30–32. — Du saros: **54** ('40) 3–15. — Sur un effet thermique observé dans les télescopes à réflexion: **63** ('49) 253–58. — Records de hauteur: **64** ('50) 105–11. — Satellites artificiels: **70** ('56) 357–63. — Nébuleuses lointaines: **71** ('57) 427–30.

Bull. astron. [Paris], (Mém. et Variétés) Recherches sur les déformations des grands miroirs employés aux observations astronomiques: **7** ('32/33) 201–312, 353–81. — Construction et étude d'un miroir de télescope de m 1,20 de diamètre: 423–33. — Sur la compensation thermique des pendules: **16** ('52) 191–96.

Ciel et Terre L'action du mercure sur les plaques photographiques: **60** ('44) 50f.

Communications et Mém., Comité nation. franç. Astron. Sur une nouvelle lunette zénithale: **1948,** 70–75.

C. R. hebd. Séances Acad. Sci., Paris Spectrographes doués d'astigmatisme pur par l'emploi de lentilles inclinées: **197** ('33) 1199–1201. — Compensation de la biréfringence des objectifs astronomiques: **199** ('34) 27–29. — Sur la construction cellulaire des miroirs de télescopes: **201** ('35) 595–97. — Mesure photographique de l'agitation atmosphérique des images stellaires: **203** ('36) 609–11. — Méthode pour l'observation de radiations de faible intensité au voisinage d'une raie brillante[3]): **208** ('39) 1639–41. — Sur l'exécution des surfaces optiques non sphériques; application au télescope de Schmidt: **210** ('40) 327–29. — Sur un cas de diffraction apériodique. Application: **219** ('44) 677–79. — Méthode pour la mesure des petites distances zénithales: **221** ('45) 534–36. — Correction des déformations thermiques des miroirs de télescope: **231** ('50) 1290f. — Application d'une déformation thermique intentionnelle à l'exécution d'une surface parabolique: **235** ('52) 491–93. — Les conditions micrométéorologiques de l'observation télescopique: tentative pour les améliorer: **236** ('53) 780–82. — Un prisme objectif à champ normal de 40 cm de diamètre pour la mesure des vitesses radiales stellaires[2]): **247** ('58) 2067–70.

J. Physique et Radium Construction des grands télescopes. Projection de photographies astronomiques prises avec le télescope de Forcalquier: (7) **5** ('34) 75Sf. — Construction et essai d'un grand spectrographe à liquide: **8** ('37) 99S–101S. — Observation des radiations de faible intensité au voisinage des raies intenses. Méthode et premiers résultats[3]): **10** ('39) 110S.

Publ. Observat. Haute Provence Le grand télescope du C.N.R.S. Description générale: **23** ('60) 311–19.

Réunions, Inst. Opt. théor. et appl. Sur la biréfringence des objectifs astronomiques: **3** ('32) 3 S. — Spectrographes astigmatiques par inclinaison des objectifs. Principe. Aberrations résiduelles: **6** ('36) Nr. 6, 9–14.

Revue Opt. théor. et instrument. L'objectif du grand réfracteur de Strasbourg. Retouche et nouvelle étude. Compensation de la biréfringence: **16** ('37) 1–22.

Revue Synthèse Bernard Le Bovier de Fontenelle – homme de science: **82** ('61) No. 21, 43–51.

Mit: [1]) A. Danjon; [2]) Ch. Fehrenbach; [3]) P. Jacquinot.

VI **COUNSON,** Léon Camille Joseph. Physik. — 1925-27 Prof. extraord., '27-50 Prof. ord., Directeur de l'Institut de Physique, Univ. de Liège; '33 Prof. d'Echange, Univ. de Poitiers.

*1885, Jan. 9, Francorchamps;
†1950, Juli 16.

Nekr. Bull. trimestr. Assoc. Amis Univ. Liège **22** ('50) Nr. 3, 65f. — Ouverture solennelle Cours, Univ. Liège **1950**, 35f.

W. Univers isomorphes et constantes physiques (Liège '37) 40 S. — Quantum d'action et nombres transcendants (Liège '38) 89 S.

VI **COURNOT,** Jean. Metallurgie. — 1914 Baccalauréat ès Sciences, Répétiteur, puis Examinateur, Ecole Polytechnique, Paris; Prof. à l'Ecole Supérieure de Fonderie, Prof. à l'Ecole Nationale Supérieure de Fonderie, Prof. à l'Ecole Nationale Supérieure de l'Aéronautique, '42-Prof. au Conservatoire National des Arts et Métiers, Paris; Prof. de l'Ecole Supérieure d'Electricité, Paris; Expert près la Cour d'Appel de Paris et le Tribunal Civil de la Seine; Arbitre-Expert près le Tribunal de Commerce de la Seine; Ingénieur-Conseil.

*1895, Juli 16, Angers, Maine-et-Loire.

S. La machine-outil (M. Metral) **1** (Paris '53) 99–144: La métallurgie dans ses rapports avec l'usinage des métaux[11]).

W. Les maillechorts (m. F. Hiltbold) (Paris '37) 20 S. (Alliages. Série A, No. 6). — Structures et traitements des métaux et alliages (Paris '44) 57 S. (Syndicat des constructeurs français de machines-outils. Centre syndical de documentation et de formation des techniciens de la machine-outil, 1944). — Perfectionnements dans la protection du magnésium et des alliages ultra-légers (m. L. Halm) [2](Paris '47) 2 + 27 S. (Publications scientifiques et techniques du Ministère de l'Air. Conservatoire national des Arts et Métiers. Laboratoire de métallurgie et travail des métaux, No. 166). — Structures des métaux et alliages (sans lieu '50) 2 + 78 S. (Soc. franç. des Electriciens. Ecole supérieure d'Electricité). — Alliages binaires (m. L. Guillet) (Paris '55) 29 S. (Les Cours du Conservatoire national des Arts et Métiers. Chaire de métallurgie). — Alliages ternaires (m. L. Guillet) (Paris '55) 28 S. (~).

Aciers spéc., Métaux et Alliages Die schützenden Überzüge: **9** ('34) 495–97 [franz.].

Bull. Assoc. techn. Fonderie L'oxygène dans les fontes[9])[5]): **6** ('32) Suppl. Nr. 9, 24–35. — Influence du molybdène sur la fonte[2]): 49–66.

Bull. Soc. Encouragement Industrie nation. La corrosion et ses remèdes: **131** ('32) 113–22.

Bull. Soc. franç. Electriciens La qualité dans les traitements thermiques; emploi des atmosphères contrôlées: **5** ('45) Nr. 44.

Bull. Soc. Ing. civils France Neuheiten auf dem Gebiete der Schnelldrehstähle: **1941,** 132f. [franz.].

Bull. techn. Bur. „Veritas" Progrès de la métallurgie: **40** ('58) 61–73.

Centre Informat. Nickel, Sér. B Les aciers et les fontes au nickel–molybdène: Nr. **13** ('37) 9 S. — Les aciers laminés au nickel–chrome–molybdène: Nr. **14** ('38) 16 S. — Les aciers moulés et les fontes au nickel–chrome–molybdène: Nr. **15** ('39) 8 S.

Chemistry and Industry The Protal process for the protection of light alloys: **11** ('33) 891f.

C. R. hebd. Séances Acad. Sci., Paris Sur la détermination de la perte de poids dans les essais de corrosion[3]): **194** ('32) 1823f. — Sur la graphitisation primaire des fontes au molybdène[2]): **195** ('32) 46–48. — Action du molybdène sur les propriétés mécaniques des fontes grises[2]): 139–42. — Sur la mesure du degré de poli en vue de la détermination de la tenue à la corrosion des aciers inoxydables[5]): **196** ('33) 1017–19. — Résultats comparés de mesure de la corrosion[4]): **197** ('33) 1409–11. — Sur la tenue de quelques alliages légers à la corrosion marine[3])[4]): **198** ('34) 85–87. — Sur les propriétés des maillechorts[6]): 749–51. — Etude de l'influence du mode d'immersion des éprouvettes dans les essais de corrosion[3]): **199** ('34) 1410f. — Sur la cémentation du cuivre par l'aluminium[7]): **200** ('35) 125f. — Sur la corrosion des assemblages[1]): **203** ('36) 1361–63; **204** ('37) 1564–66; ~[5]): **208** ('39) 439f. — Sur les méthodes d'essai à la corrosion du magnésium et des alliages ultralégers non protégés[5]): **204** ('37) 1333f. — Sur la corrosion des assemblages d'alliages ultra-légers[5]): **208** ('39) 239f. — Sur la corrosion des assemblages soudés d'alliages légers[1]): 280–82.

Cuivres, Laitons, Alliages Le titre fictif des alliages de cuivre: **1** ('51) 43–46.

Fonderia Die Gußeisensorten mit Nickel und Molybdän: **12** ('37) 440–42 [ ].

Génie civil L'oxygène dans les produits sidérurgiques[5]): **101** ('32) 7–11, 32–34.

J. Ecole polytechn., Paris Contribution à l'étude des phénomènes de cémentation: (3) **1937**, 45–57, 113–24.

Mémoires Soc. Ing. civils France Neuheiten auf dem Gebiete der Schnelldrehstähle [Schnelldrehstähle mit Molybdän]: **94** ('41) 471–80 [franz.].

Métaux La métallurgie des poudres: **31** ('56) 49–52. — Les fontes à graphite sphéroïdal: **33** ('58) 191f.

Métaux, Corrosion, Usure Neuigkeiten auf dem Gebiete der Schnellarbeitsstähle: **17** (18) ('42) 32 [franz.].

Revue Métallurgie [Paris] Etude sur les alliages d'argent[10])[8]): **29** ('32) 113–32, 183–207. — Sur la détermination de la perte de poids dans les essais de corrosion des produits sidérurgiques: **30** ('33) 280–83. — Sur la mesure des effets de corrosion par l'abaissement des caractéristiques d'emboutissage KWJ[4]): **31** ('34) 198–200. — Remarques complémentaires concernant la préparation des éprouvettes de corrosion sur tôles: 514. — Les récentes applications du molybdène en sidérurgie: **32** ('35) 562–76. — Sur une nouvelle méthode d'essai à la corrosion[3]): **34** ('37) 475–77. — Etude et mise au point d'un acier spécial électrique. Nickel-manganèse-molybdène de moulage: **39** ('42) 61–64.

Revue Nickel Résultats d'essais de corrosion sur aciers inoxydables. Influence du degré de poli: **3** ('32) 95–98. — Les alliages légers au nickel: **4** ('33) 137–42. — Les maillechorts[6]): **5** ('34) 16–33. — Die Vernickelung: Ihre Vervollkommnung und Kontrolle: 158f. [franz.]. — Les aciers et les fontes au nickel-molybdène: **8** ('37) 2–10. — Les aciers et les fontes au nickel-chrome-molybdène: **10** ('39) 38–51, 66–72.

Mit: [1]) M. Baudrand; [2]) J. Challansonnet; [3]) M. Chaussain; [4]) H. Fournier; [5]) L. Halm; [6]) F. Hiltbold; [7]) G. Meker; [8]) A. Petit; [9]) A. Le Thomas; [10]) L. Guillet; [11]) R. Farrenq.

VI **COURT,** Nathan Altshiller. Math. — 1916-17 Instructor, '17-23 Assist. Prof., '23-35 Assoc. Prof., '35-51 Prof., '51 Prof. Emeritus, Univ. of Oklahoma, Norman, Okla.

*1881, Jan. 22, Warszawa.

Bildn. Scripta math. [USA] **20** ('54) 229.

MHZ. (Assoc. Editor) American math. Monthly **38** ('31)–**43** ('36). — National Math. Mag. 1943–1945. — Scripta math. [USA] **16** ('50)–.

S. Encyclopaedia Britannica. A new survey of universal knowledge **6** (Chicago–London–Toronto ... '65) 333–35: Conic section; 918–23: Special curves[1]); **11** ('65) 992f.: Hyperbola; **17** ('65) 247f.: Parabola; 248: Paraboloid.

W. Modern pure solid geometry (New York '35) 10 + 311 S.; [2]('64) 353 S. — College geometry [2](New York '52) 19 + 313 S.; [3]('59) 313 S. — Mathematics in fun and in earnest (New York '58) 250 S.; franz.: Les mathématiques amusantes et sérieuses (Paris '62) 12 + 212 S.

American math. Monthly On the isodynamic points of four spheres: **39** ('32) 193–99. — On two intersecting spheres: **40** ('33) 265–69. — Notes on the orthocentric tetrahedron: **41** ('34) 499–502. — On the Cevian tetrahedron: **43** ('36) 89–91. — On mathematical nomenclature: **44** ('37) 317f. — Notes on cospherical points: **55** ('48) 218–21. — A special tetrahedron: **56** ('49) 312–15. — Mathematics "au naturel": **57** ('50) 684f. — The semi-orthocentric tetrahedron: **60** ('53) 306–10. — Three mutually orthogonal real circles: **62** ('55) 59–65. — Some missing theorems on the anticomplementary tetrahedron: **63** ('56) 714–16. — Three hyperbolas associated with a triangle: **64** ('57) 241–47. — A desmic system of tetrahedrons: **66** ('59) 123–25. — Four intersecting spheres: **67** ('60) 241–48. — Five points in space: **69** ('62) 614–17.

Boletín mat. On the inverse points with respect to a sphere: **14** ('41) 230f. — On the anharmonic associates of a point for a triangle and a tetrahedron: **15** ('42) 14–16, 25–28. — A generalization of a theorem of Thebault: 66f. — Pencils of conics: **28** ('55) 7–15.

Bull. amer. math. Soc. On the theory of the tetrahedron: **48** ('42) 583–88.

Duke math. J. A skew quartic associated with a tetrahedron: **13** ('46) 123–28. — The biratio of the altitudes of a tetrahedron: 383–86. — Skewly Cevian tetrahedrons: **15** ('48) 49–54. — Semi-inverse tetrahedrons: **17** ('50)

75–81. — Isogonal points for a tetrahedron: **19** ('52) 71–74. — Pascal's theorem in space: **20** ('53) 417–21.

Mathematical Gaz. Isogonal conjugate points for a triangle: **36** ('52) 167–70. — The harmonic and the polar transformations: **40** ('56) 205–07.

Mathematics Student Tetrahedral poles and polar planes: **2** ('34) 107–11. — On desmic tetrahedra: **3** ('35) 97–99. — A porism on eleven spheres: **10** ('42) 115–18. — Orthological triangles: **20** ('52) 51–57. — On three intersecting circles: **24** ('56) 217–26.

Mathematics Teacher The tetrahedron and its circumscribed parallelepiped: **26** ('33) 46–52. — Mathematics in the history of civilization: **41** ('48) 104–11. — Mascheroni constructions: **51** ('58) 369–72. — A historical puzzle: **52** ('59) 31f. — Notes on the centroid: **53** ('60) 33–35. — The problem of Apollonius: **54** ('61) 444–52. — Notes on inversion: **55** ('62) 655–57.

Mathésis Sur quatre sphères tangentes deux-à-deux: **47** ('33) 227f. — Sur le tétraèdre isodynamique: **49** ('35) 345–51. — Sur la géométrie du tétraèdre: **51** ('37) 307–13. — Sur deux tétraèdres homologiques et cosphériques: **56** ('47) 299–304. — Sur les cercles polaires des faces d'un tétraèdre: **58** ('49) 222–24. — Un tétraèdre spécial „de Darboux": **59** ('50) 11–17. — Sur les triangles homologiques: **60** ('51) 233–38. — Sur les tétraèdres orthologiques: **61** ('52) 249–56. — Sur les tétraèdres circonscrits par des arêtes à une quadrique: **63** ('54) 12–18. — Sur quatre sphères réelles deux-à-deux orthogonales: **65** ('56) 53–67. — Cercles cosphériques: 516–18. — Sur la transformation isotomique: **66** ('57) 291–97. — Sur la cubique gauche: **68** ('59) 110–27.

National Math. Mag. On the centroid: **15** ('41) 271–77. — Theorems, their converses, and their extensions: **17** ('43) 195–201. — On the Cevians of a triangle: **18** ('43) 3–6. — Elements at infinity in projective geometry: **19** ('44) 141–46.

Mathematics Mag. Imaginative mathematics: **37** ('64) 14–18.

Scientific Monthly Geometry and experience: **60** ('45) 63–66. — The motionless arrow: **63** ('46) 249–56. — Is mathematics an exact science ?: **67** ('48) 119–23. — Plane geometry and plain logic: **83** ('56) 28–34.

Scripta math. [USA] Art and mathematics: **3** ('35) 103–11. — Mathematical asides: **13** ('47) 79–85. — The tetrahedron and its altitudes: **14** ('48) 85–97. — Imaginary elements in pure geometry – what they are and what they are not: **17** ('51) 55–64, 190–201. — Fagnano's problem: 147–50; **18** ('52) 95f. — The problem of three bisectors: **19** ('53) 218f. — Desargues and his strange theorem: **20** ('54) 5–13, 155–64. — Castillon's problem: 118–20, 232–35. — The might and plight of reasoning: **22** ('56) 45–52. — The Cevian chain: 193–202.

Tôhoku math. J. On the Apollonian spheres of tetrahedron: **39** ('34) 264–68.

Zahlreiche Aufgaben und Aufgabenlösungen in denselben und in anderen Zeitschriften.

Mit: [1]) R. A. Archibald.

VI **COURTOT,** Charles Hippolyte. Chem. (angew. org.). — 1909-16 Préparateur à l'Institut Chimique, '21-24 Chargé de Cours, '24-47 Prof. de Chimie appliquée à la Teinture et à l'Impression, '48 Prof. hon., Fac. des Sci., Univ. de Nancy; aussi Prof. de Technol., Institut Commercial de Nancy; '40-42 Directeur de l'Ecole Nationale Supérieure des Industries Chimiques, Nancy. — '23 Palmes académiques; '28 Officier de l'Instruction Publique; '40 Prix Jecker et Médaille Berthelot (Acad. Sci. Paris).

*1888, März 7, Besançon;

†1955, Febr. 24, Nancy.

Nekr. M. Delépine, C. R. hebd. Séances Acad. Sci., Paris **240** ('55) 1289–91.

W. Traité de chimie organique **14**: Composés azotés de l'acide carbonique. Composés organo-arséniés, organo-phosphorés ou organo-siliciés (m. J. Dœuvre, A. Guillaumin, F. S. Kipping) (Paris '39) 19 + 600 S.

Bull. Soc. chim. France, Mém. Nouvelle règle de chromatabilité concernant les colorants azoïques dérivés des hydroxy-quinoléines (ou quinoléinols) et règle additive relative aux colorants azoïques en général[8]): (4) **51** ('32) 1179–99. — Victor Grignard (1871–1935): (5) **3** ('36) 1433–72.

Bull. Soc. Sci. Nancy Nouvel agitateur puissant pour le laboratoire[12]): **6** ('47) 1f. — Etude physicochimique du problème de la tautomérie du méthyl-2 benzothiazole, I: Etat du problème[12]): 3–6.

Chimie et Industrie Etat actuel de la chimie des colorants: **42** ('39) No. spéc. 3bis, 3–19. — Démonstration de la constitution de la 3-6-dibromophénanthrènequinone[11]): **45** ('41) 66–71. — Préparation de la 3-6-dibromofluorénone. Etude de ses propriétés[11]): 72–79. — Sulfinones de la série naphtalénique[16]): 80–83.

Chimie et Industrie, Congr. Chim. industr. Chimiluminescence[3]): **18**, II ('38) 761–65. — Sulfures, sulfinones, sulfones en série pyridinique[19]): 796–801.

C. R. hebd. Séances Acad. Sci., Paris Sur les thioniums aryliques purement hydrocarbonés[5]): **194** ('32) 986–88. — Sur la préparation du sulfure de diphénylène[4])[15]): 1660f. — Sur le mécanisme de l'action de l'amidure de sodium sur la diphénylsulfinone[4])[9]): 1837–39. — Chromatabilité des colorants azoïques issus des hydroxyquinoléines[8]): 1949–52. — Etude dans la série des thioniums aryliques[18]): **197** ('33) 1227–29. — Sur l'existence de positions privilégiées de substitution dans le sulfure de diphénylène[9]): **198** ('34) 2003–05. — Etude dans la série du sulfure de diphénylène: 2260–63. — Introduction à l'étude de la chimie du séléniure de diphénylène[13]): **199** ('34) 531–33. — Sur le phényltolyl- et les ditolylsulfinones[7]): 557–59. — Contribution à l'étude de l'halogénation de la laine[1]): **200** ('35) 675f. — Etude critique de l'action du chlorure de thionyle sur le phénol[18]): 1541–43. — Introduction à l'étude de la chimie du tellurure de diphénylène[2]): **203** ('36) 197–99. — Phénomènes de chimiluminescence, dans le spectre visible, de molécules à fonction amide[3]): **205** ('37) 989–91. — Nouvelles synthèses dans la série du dibiphénylène-éthène[11]): **208** ('39) 1230–33. — Composés organométalliques du méthylbenzthiazol. Organomagnésien du méthylbenzthiazol[17]): **217** ('43) 201–03. — Composés organométalliques du méthylbenzthiazol et du benzthiazol[17]): 231–33. — Etude dans la série du fluorène[14]): 453f. — Sur quelques dérivés bromés de fluorène[14]): 506f. — Essais de préparations de sulfinones d'hydrocarbures polynucléaires[10]): **218** ('44) 973–75. — Sur le 2-méthylbenzthiazole, principales propriétés physiques du 2-méthylbenzthiazole[12]): **219** ('44) 487–90. — Sur la préparation et les propriétés physiques et chimiques du benzsélénazole[6]): **221** ('45) 101f. — Etude du benzsélénazole et de quelques-uns de ses dérivés[6]): **223** ('46) 64–66.

Revue gén. Sci. pures et appl. Revue de chimie des colorants, 1: **47** ('36) 608–19; ∼ 2: **48** ('37) 31–35; ∼ 3: 144–50.

Mit: [1]) A. Baron; [2]) M.-G. Bastani; [3]) A. Bernanose; [4]) M. Chaix; [5]) P. Chiffert; [6]) J. Develotte; [7]) J. Frenkiel; [8]) H. Hartmann; [9]) I. Kelner; [10]) N. Kozertchouk; [11]) J. Kronstein; [12]) J. Metzger; [13]) A. Montamedi; [14]) J. Moreaux; [15]) L. Nicolas; [16]) Païvar; [17]) S. Tchelitcheff; [18]) Tsé-Yei Tung; [19]) J. P. Zwilling.

V, VI **COUSIN,** Henri Charles. Pharmaz. — 1887-1928 Préparateur, puis Chef des Travaux pratiques, Fac. de Pharmacie, Univ. de Paris; 1889-1928 Pharmacien, '28-36 Pharmacien en Chef honoraire des Hôpitaux de Paris.

*1863, Juni 3, Chaumont, Haute-Marne;

†1936, Jan. 17, Paris.

Nekr. J. Bougault, J. Pharm. et Chim. (8) **23** ('36) 483–86 (m. Bildn.). — Bull. Soc. chim. France, Mém. (5) **3** ('36) 346f.

VI **COWARD,** Hubert Frank. Chem. — 1923 Chief Assistant, '27 Assistant Director, '39-48 Director, '48-62 Occasional Scientific Officer, Safety in Mines Research Board, Sheffield.

*1883, Okt. 18, Blackburn, England.

S. Third symposium on combustion, flame, and explosion phenomena, Madison, Wis., 1948 (Baltimore, Md.–London '49) 518–22: The luminosities of the flames of some individual chemical compounds, alone and mixed[8]). — Encyclopedia of chemical technology (R. E. Kirk, D. F. Othmer) **5** (New York '50) 961–92: Explosions in gaseous mixtures.

Bull., U. S. Dep. Interior, Bur. Mines Limits of inflammability of gases and vapors[5]): **279** ('38) 136 S. — Limits of flammability of gases and vapors: **503** ('52) 155 S.

Chemical Reviews Problems in flame propagation[6]): **21** ('37) 359–66.

Fuel Sci. and Practice Diffusion of gases[3]): **20** ('41) 25–31.

J. chem. Soc., London Studies in the mechanism of flame movement, 1: The uniform movement of flame in mixtures of methane and air, in relation to tube diameter[4]): **1932,** 1996–2004; ∼ 2: The fundamental speed of flame in mixtures of methane and air[4]): 2676–84; ∼ 3: The speed of flame in currents of mixtures of methane and air[3]): **1933,** 546–51; ∼ 4: The vibratory period[4])[3]): **1937,** 1482–89. — Ignition temperatures of gases. "Concentric tube" experiments of (the late) Harold Baily Dixon: **1934,** 1382–1406. — The diffusion coefficient of methane and air[3]): **1937,** 1085–87.

Paper, Safety Mines Res. Board The movement of flame in fire-damp explosions[7]): Nr. **82** ('33/34) 59 S.

Rep. Investigat., U. S. Dep. Interior, Bur. Mines Accuracy of manometry of explosions[9]): Nr. **3274** ('35) 39 S.

Res. Rep., Ministry Fuel and Power Stone-dust barriers: A precaution against explosions in mines: Nr. **51** ('52) 97 S. — Research on spontaneous combustion of coal in mines: Nr. **142** ('57) 80 S. — Incendivity of coal-mine explosives: Nr. **210** ('62) 129 S.

Trans. Instn. Mining Engr. Movement of firedamp in air: **94** ('38) 446–53. — Firedamp: **101** ('42) 229–36, 256–64. — Some recent researches on explosions in mines: **105** ('46) 228–41.

Mit: [1]) –; [2]) –; [3]) E. H. M. Georgeson; [4]) F. J. Hartwell; [5]) G. W. Jones; [6]) W. Payman; [7]) R. V. Wheeler; [8]) D. W. Woodhead; [9]) M. D. Hersey.

VI **COWARD,** Katharine Hope. Biochem. — 1926-35 Head of Nutrition Department, Pharmaceutical Society of

Great Britain; '33 Reader, '35-50 Head of School of Pharmacy, Univ. of London. — '49 Hon. D.Sc. (Univ. of Manchester). — '39 Scheele Medalj (Kemiska Sällskapet, Stockholm).

*1885, Juli 2, Blackburn, England.

S. C. R. 5e Congrès international technique et chimique des industries agricoles, Schéveningue 1937, **1** (Amsterdam '37) 39–47: The accuracy of biological determinations of the vitamins.

W. The biological standardization of the vitamins (London '37) 8 + 227 S.; [2]('47) 7 + 224 S.

Analyst The relative vitamin A and vitamin D contents of samples of cod-liver oil[4])[15]): **57** ('32) 368–72. — Vitamin D in cacao shell[10]): **59** ('34) 474–78. — Accuracy of biological estimations of vitamins: 681–85.

Biochemical J. A stock diet for rats bred for vitamin tests[2])[12]): **26** ('32) 679–90. — Variation in growth response of rats in vitamin A tests compared with the variation in rats growing normally: 691–703. — The quantitative determination of vitamin D by means of its growth-promoting property[9])[15]): 1585–92. — The determination of vitamin A in cod-liver oils, (a) biologically, (b) chemically, (c) physically, with a statistical examination of the results, 2: Further evidence that the intensity of absorption at 328 mμ gives the best agreement with the biological measure of vitamin A in cod-liver oils[4])[16]): 1593–1600. — The influence of the length of the test period on the accuracy obtainable in a vitamin A test: **27** ('33) 445–50. — The degree of accuracy obtainable by the line test in estimations of vitamin D [9]): 451–65. — The need for a standard of reference in vitamin A testing[9])[15]): 873–77. — The determination of the antineuritic vitamin[1])[13])[15]): 1719–43. — The relation of the growth response to dosage of vitamin A. Confirmation of a curve relating response to dose of vitamin A given: **28** ('34) 865–69. — Simplification of vitamin tests. The effect of given doses half-weekly for vitamin A tests, and once only for vitamin D tests, instead of giving doses daily[9]): 870–74. — The influence of the solvent on the vitamin A activity of (a) carotene and (b) cod-liver oil[4])[9]): 875–81. — The vitamin D activity of cacao shell[10]): **29** ('35) 2728–35. — The determination of vitamin A by means of its influence on the vaginal contents of the rat[2])[12]): 2736–41. — The determination of vitamin C by means of its influence on the body weight of guinea pigs[8]): **30** ('36) 1719–27. — The utilization by the rat of vitamin A and carotene administered in different media: 1878–82. — The accuracy of vitamin A determinations. The starting-point of the test period: 2009–11. — The influence of the length of the test period on the accuracy obtainable in a vitamin B_1 test: 2012–15. — Crystalline esters of vitamin A, 2: Biological potency[18]): **33** ('39) 594–600. — The biological determination of crystalline vitamin B_1[15]): 658–62. — The determination of vitamin D in food substances containing phosphorus[8]): **34** ('40) 538–41. — The determination of vitamin B_1 by means of its influence on the vaginal contents of the rat[15]): **35** ('41) 974–78. — A comparison between interlitter and intralitter variation in rats with respect to the healing of rachitic bones by vitamin D[8]): 979–82. — Relation between the increase in weight of rats during the dosing period of vitamin A and B_1 determinations and the standard deviation of that increase: **36** ('42) 795f. — Vitamin B_1 content of national flour and bread. Thiochrome method for determination of vitamin B_1 [17])[20])[21])[23])[22]): **37** ('43) 433–39. — The interdependence of the vitamins. Vitamin B_1 and riboflavin[3])[5]): **40** ('46) 458–60.

British med. J. Determination of vitamin A and D in foods cooked and fresh[15]): **1935,** II, 1041–44. — The shortage of calcium in the "poorer class" diet[8])[19]): **1938,** I, 59–64. — Relative needs of young male and female rats for vitamin A: **1942,** I, 435f. — Availability of the Ca of milk[8])[19]): **1943,** II, 39f.

Bull. offic., Office int. Fabricants Chocolat et Cacao Vitamin D in cacao shell[10]): **4** ('34) 397–400.

Bull. Organisat. Hygiène Die relative antirachitische Wirksamkeit des Vitamin D_2 (Calciferol aus bestrahltem Ergosterin) und des Vitamin D_3 (aus bestrahltem 7-Dehydrocholesterin). Zusammenfassung der für das Komitee für zusätzliche Nahrungsfaktoren (Lister Institute und Medical Research Council) organisierten Untersuchungen: **9** ('40/41) 449–59 [engl.].

Bull. World Health Organizat. The second international standard for vitamin D_1, crystalline vitamin D_3 [7]): **10** ('54) 875–94.

Food Manufacture Antivitamins: **17** ('42) 343.

J. Endocrinology The assay of prolactin by means of the pigeon crop response[6])[4]): **2** ('40) 179–93.

J. Pharm. and Pharmacol. International standard for vitamin D: **1** ('49) 737–46.

J. Physiology Influence of a deficiency of vitamin B_1 and of riboflavin on the reproduction of the rat[15])[19]): **100** ('42) 423–31.

Lancet The vitamin D potency of sun-irradiated dried yeast: **225** ('33) 920. — Vitamin C requirement of human adults[17])[11])[14])[u.a.]): **254** ('48) 853–58.

Nature [London] Mrs. R. H. A. Plimmer †: **164** ('49) 265f.

Nutrition Abstracts and Rev. The biological standardization of vitamins: **4** ('35) 705–14.

Pharmaceutical J. (and Pharmacist) The relative vitamin A and D contents of different samples of cod-liver oil: **129** ('32) 4. — The vitamins: 258f.; **131** ('33) 293f. — Nutrition in war time: **143** ('39) 425.

Quarterly J. Pharm. and Pharmacol. Accuracy of the spectrophotometric determination of vitamin B_1 [7]): **14** ('41) 329–36.

School Sci. Rev. The chemistry of the vitamins, 1: **16** ('35) 514–22; ~ 2: **17** ('35) 94–100.

Mit: [1]) J. H. Burn; [2]) M. R. Cambden; [3]) M. C. A. Cross; [4]) F. J. Dyer; [5]) J. Embleton; [6]) S. J. Folley; [7]) J. O. Irwin; [8]) E. W. Kassner; [9]) K. M. Key; [10]) A. W. Knapp; [11]) H. A. Krebs; [12]) E. M. Lee; [13]) H. W. Ling; [14]) L. W. Mapson; [15]) B. G. E. Morgan; [16]) R. A. Morton; [17]) R. A. Peters; [18]) S. W. F. Underhill; [19]) L. W. Waller; [20]) H. Chick; [21]) L. J. Harris; [22]) T. F. Macrae; [23]) B. S. Platt.

V, VI **COWELL,** Philip Herbert. Astron. — 1910-30 Superintendent, H. M. Nautical Almanac Office, Royal Naval College, London. — Gold Medal (Royal Astronomical Society).

*1870, Aug. 7, Calcutta;

†1949, Juni 6, Aldeburgh, Suffolk.

Nekr. J. Jackson, Monthly Notices roy. astron. Soc. **110** ('49) 125–28; Nature [London] **164** ('49) 133. — E. T. Whittaker, Obituary Notices Fellows roy. Soc. London **6** ('48/49) 375–84 (m. Bildn., Faks., Schr.verz.). — Observatory **69** ('49) 159. — Publ. astron. Soc. Pacific **61** ('49) 242.

VI **COX,** Henry Edward. Chem. — 1923-51 Public Analyst and Consulting Chemist for London, Hampstead, Cornwall, and the Isles of Scilly. — '34 Hon. D. Sc. (Univ. of London).

*1892, Nov. 25, Lowestoft, Suffolk;

†1951, Nov. 21, London.

Nekr. G. Taylor, J. chem. Soc., London **1952**, 1190f. — E. Voelcker, Analyst **77** ('52) 169f. — E. Voelcker, G. Taylor, Chemistry and Industry **1952**, 84 (m. Bildn.). — Chemistry and Industry **1951**, 1070 (m. Bildn.).

W. Chemical analysis of foods: a practical treatise on the examination of foodstuffs and the detection of adulterants [2](London '38) 9 + 329 S.; [3]('46) 7 + 317 S.; [4]('50) 340 S.; [5]('62) 464 S.

Analyst Chemical examination of furs in relation to dermatitis, 2: Results on tests on furs alleged to have caused dermatitis: **58** ('33) 738–43; ~ 3: Action of p-phenylenediamine on the skin: 743–48; ~ 4: The chemical reactions of dyeing with p-phenylenediamine and p-aminophenol: **59** ('34) 3–11; ~ 5: Action of acid on Bandrowski's base[2]): **60** ('35) 350–55; ~ 6: Identification of vegetable and other dyes: 793–800. — Composition of fish pastes: 71–76. — Report of the sub-committee on the determination of unsaponifiable matter in oils and fats and of unsaponified fat in soaps to the Analytical Methods Committee of the (British) Society of Public Analysts[u.a.]): 537–41; **62** ('37) 863f. — Determination of free alkali in soaps[u.a.]): 36–41, 865–68. — Determination of resin in soaps[1]): 868–70. — Hair dyes, 1: The chemistry and analysis of henna: **63** ('38) 397–404; ~ 2: The functions and reactions of phenols: **65** ('40) 393–98. — Notes on the examination of textiles in cases of suspected dermatitis: **64** ('39) 570–75. — Tests available for the identification of small quantities of the war gases: 807–13. — Role of food legislation in securing adequate nutrition: **69** ('44) 74–77. — Spectrophotometric estimation of biphenyl and of o-phenylphenol: **70** ('45) 373. — Determination of phenols in soap: **71** ('46) 301–05. — Charles Ainsworth Mitchell, 1867–1948: **73** ('48) 55–57. — Observations on the spectrophotometric estimation of vitamin D: **75** ('50) 521–24.

Chemistry and Industry C. M. Thompson †: **11** ('33) 145. — Metals in the food industry: **13** ('35) 316. — Notes on the composition of meat extracts and meat cubes: **14** ('36) 69–71. — Chemical aspects of dermatitis: 775–81. — A consultant's laboratory: **15** ('37) 913–17. — Contamination of food by war gases: **17** ('39) 966. — Dermatitis in the courts: Idiosyncrasy and supersensitivity: **18** ('40) 454f. — Forensic chemistry: 560. — Times of meetings: **21** ('43) 293. — Dietetic aspects of colours in food: **1944**, 30–32. — Charles Ainsworth Mitchell, 1867–1948: **1948**, 149. — Greek verse in translation: 286. — Problems arising from the use of chemicals in food. Surface-active agents and emulsifiers in food: **1952**, 72–75.

J. Soc. Dyers and Colourists Some notes on dyes and dermatitis: **48** ('32) 124–27.

Manufacturing Perfumer Constituents of hair of the p-phenylenediamine type: **3** ('38) 108–10. — Hair dyes, 1: The chemistry and analysis of henna: 239–41.

Nature [London] Academic scientific men and consultants: **157** ('46) 233.

Oil and Colour Trades Some aspects of chemical dermatitis: **95** ('39) 788.

Proc. roy. Soc. Med. Chemicals in fabrics as potential skin irritants: **35** ('41) 27–33.

Mit: [1]) N. Evers; [2]) J. U. Lewin.

VI **COX,** Jacques-François Jean Gérard. Astron., Geodäsie, Kartogr. — **1933-36 Chargé de Cours, '36-60 Prof. ord., Directeur de l'Institut d'Astronomie, Directeur de l'Institut d'Aéronautique,**

'44-47 Recteur, Univ. Libre de Bruxelles. — Dr. h. c. (Univ. de Besançon); '49 Dr. h. c. (Univ. de Lille); '57 Dr. h. c. (Univ. de Caen). — '32 Prix De Keyn (Acad. Roy. Belgique); '41 Prix Agathon De Potter (Acad. Roy. Belgique).

*1898, Aug. 16, Antwerpen.

Ehrung Prix Jacques Cox (Univ. Libre de Bruxelles).

Zur Biogr. Université Libre de Bruxelles. Séance d'hommage à M. le Professeur J. F. Cox, 25 novembre 1960 (Bruxelles '60) 19 S.; darin Beiträge von: De Keyser, L. de Brouckère, A. Jaumotte, F. Malaisse, J. Cox.

S. C.R. 3e Congrès national des sciences, Bruxelles 1950 (Bruxelles '50) 106: Sur l'influence de la mise en évidence de fluctuations de la rotation de la terre sur quelques vues inspirées de l'astronomie grecque[4])[8]). — Mélanges Georges Smets (Bruxelles '52) 151–62: Contribution au problème de la sécurité sociale des étudiants. — Vistas in astronomy (A. Beer) 2 (London–New York '56) (J. atmospher. and terrestr. Physics, Spec. Suppl. 4) 834–42: Seasonal fluctuations in the rate of rotation of the earth[4])[8]).

W. Observations astronomiques effectuées à l'Université de Bruxelles pour y constituer une station de Laplace (m. P. Bourgeois) (Bruxelles '32) 71 S. — Recherches sur les petites planètes (Bruxelles '32) 120 S. — Notice sur la vie et les travaux de Paul Stroobant (Bruxelles '36) 8 S. (Univ. de Bruxelles, Inst. d'Astronomie, 2e sér., 27). — Eléments d'astronomie et de géodésie (Liège '38) 226 S.; ('42) 242 S.; (Bruxelles '49, '51) 351 S. — Navigation aérienne et cartographie (Liège '41) 32 S. — Astronomie sphérique et astronomie mathématique (Liège '42) 103 S. — Influence de la rotation de la terre sur la position de la bulle du sextant d'aviation (m. F.-H. van den Dungen) (Bruxelles '52) 25 S. (Centre belge de Navigation, 10). — Exposé simplifié de la théorie de base en vue de la meilleure navigation (m. F.-H. van den Dungen, J. van Mieghem) (Bruxelles '53) (∼ 11). — Introduction à l'étude des problèmes posés aux cartographes par les navigateurs (Bruxelles '54) 82 S. (∼ 12). — Notions sur les projections équivalentes. Canevas de cartes géographiques qui conservent les aires élémentaires (Bruxelles '54) 31 S. (∼ 13).

Annales franç. Chronométrie Vers une nouvelle définition de l'échelle des temps: **21** ('51) 177–82.

Annuaire Acad. roy. Belgique Notice sur Paul Stroobant: **115** ('49) 45–84. — Albert Lancaster †: **117** ('51) 57–67. — Georges Lecointe †: **119** ('53) 247–78.

L'Astronomie (BSAF) A propos du centenaire de l'expérience du pendule de Foucault: **65** ('51) 265–87.

Astronomische Nachr. Paul-Henri Stroobant: **260** ('36) 175f. — Probabilité de la découverte et nombre des petites planètes[1]): **265** ('38) 17–36. — Sur la représentation équivalente de la sphère entière dans une circonférence[6]): **269** ('39) 279–82.

Bull. astron. [Paris] Calcul de l'ellipsoïde de dispersion des périhélies des comètes connues[1]): **8** ('34) 271–304. — Recherches sur la probabilité de la découverte des comètes et la répartition de leurs orbites[1]): **9** ('36) 349–446.

Bull. astron., Obersvat. roy. Belgique Eléments canoniques des petites planètes 1 à 1183[6]): **3** ('44) 248–65.

Bull. Cl. Sci., Acad. roy. Belgique Probabilité de la découverte d'une comète selon les éléments de son orbite et ses caractères photométriques[1]): (5) **19** ('33) 115–19. — Théorie de la lunette coudée de M. de la Baume Pluvinel, destinée à l'application de la méthode des hauteurs égales: **20** ('34) 321–32. — Représentation de la surface entière de la terre dans un triangle équilatéral: **21** ('35) 66–71. — Sur les conditions d'observation de la petite planète (1936 CA) = Adonis[1]): **22** ('36) 855–63. — Sur l'origine des comètes[1]): 1303–17. — Quelques remarques concernant une note récente de MM. Nisoli et Gérard: **23** ('37) 693–96. — Le courant de Stroobant[5]): **25** ('39) 75–80. — Sur la formation de systèmes planétaires[4]): **33** ('47) 712–17. — Sur la notion de sensibilité utilisée en topographie et son extension à la sphère[4]): **34** ('48) 152–66. — Généralisation et applications de la notion de sensibilité de la topographie[4]): 356–72. — Sur la classification des canevas des cartes géographiques[4]): 673–76. — A propos du prochain centenaire de l'expérience de Foucault[4]): 805–08. — Sur l'analyse des déplacements du pôle instantané à la surface de la terre[4]): **35** ('49) 97–103. — Sur les fluctuations de période annuelle de la rotation de la terre[4])[8]): 642–55. — Sur la réalisation d'un miroir flottant[10]): 1111f. — Sur les fluctuations saisonnières de la rotation du globe terrestre[4])[8]): **36** ('50) 388–400. — La définition de l'unité fondamentale de temps[4])[8]): 704–06. — Sur quelques astronomes qui n'ont pas postulé implicitement l'uniformité de la rotation de la terre[4])[8]): 809f. — Note sur la nécessité de renforcer l'action de l'Académie dans l'encouragement et l'organisation de la recherche scientifique[4]): 959. — Sur des observations effectuées à l'Université de Bruxelles pour y constituer une station de Laplace[12]): **37** ('51) 14–16. — Recherche d'effets de sélection attribuables aux fluctuations de la rotation du globe terrestre[4])[8]): 121–25. — Sur les fluctuations saisonnières de la rotation du globe terrestre et la compensation des échanges de quantités de mouvement entre l'atmosphère et le globe[4][8]): 427–35. — Sur la période annuelle de la fréquence des séismes[4][8]): 1037–43. — Sur la redistribution des masses d'air au-dessus des océans[4][8]): **38** ('52) 102–05. — Fluctuations de la rotation de la terre et séismicité[4][8]): 607–11. — Sur la réalisation d'un réfracteur zénithal[7]): 766–69. — Sur le transfert, de la sphère céleste à l'atome, de l'attribut permettant d'établir l'échelle des temps la plus uniforme[4][8]): 783–86. — L'effet sur la position de l'axe instantané de rotation de la terre d'échanges de quantités de mouvement entre l'atmosphère et le globe[4][8]): **39** ('53) 24–29. — Sur des variations du niveau des mers et de la vitesse de rotation de la terre[4][8]): 29–34. — Sur les déplacements par rapport aux étoiles de l'axe de rotation instantané de la lithosphère, sous la sollicitation des vents méridiens[4][8]): 590–611. — Sur les fluctuations saisonnières de la rotation de la terre[4][8]): **40** ('54) 692–95. — Comparaison des déplacements sur la sphère céleste et sur la sphère terrestre de l'axe instantané de rotation de la terre[4]): 768–78. — Estimation de l'effet, sur le moyen mouvement de la terre, des pertes de masse éprouvées par le soleil[4]): **41** ('55) 12–21. — Pertes de masse éprouvées par le soleil, variations concomitantes du moyen mouvement de la terre et échelle des temps[4]): 426–32. — Rapport sur le mémoire de M. J. Grandjean: „Vitesses différentielles dans l'atmosphère de η Aquilae et de ζ Geminorum“[11][13]): 861f. — Sur les équations de Poisson, utilisées pour le calcul de la précession et de la nutation[4]): **42** ('56) 245–51. — Sur la corrélation décelée entre la constante de l'aberration et le type spectral des étoiles[7]): **43** ('57) 319–23. — Rapport sur l'Assemblée générale de l'U.G.G.I. tenue à Toronto en septembre 1957: 810–13. — Sur les irrégularités de la rotation de la terre[4][8]): **45** ('59) 69–71. — Observation de l'occultation de Régulus par Vénus le 7 juillet 1959, à l'Observatoire Royal de Belgique[2][3]): 839–44. — Sur une relation possible entre les éruptions solaires et la variation aléatoire de la durée du jour: **46** ('60) 122f. — Rapport sur l'activité du Comité National d'Astronomie, au cours des années 1958 et 1959[1]): 281f. — Jules Bordet †: **47** ('61) 285. — L'échelle astronomique des temps: 1174–82.

Bull. géodés. The doubly equidistant projection: (N.S.) Nr. **2** ('46) 74–76; Nr. **19** ('51) 57–60.

Ciel et Terre La photométrie des planètes télescopiques[1]): **48** ('32) 146–49. — Sur certaines applications dites de la méthode des moindres carrés en astronomie: **53** ('37) 241–56. — Sur le calcul des convergents: 325–31. — La répartition des nébuleuses dans l'espace extragalactique[1]): **54** ('38) 287–94. — A. de la Baume Pluvinel: **55** ('39) 66–69. — Le temple d'Uranie: **56** ('40) 1–13. — Georges van Lerberghe: 277. — Georges Doutrepont: 283. — Sur la mesure de la déviation par rapport à la verticale dans la chute des graves[4]): **57** ('41) 1–16. — Désiré Anceau (1909–1940): 193f. — Auguste Lameere (1864–1942): **58** ('42) 198. — Observations inédites d'étoiles variables et de novae effectuées par Félix de Roy[9]): 239f. — Sur la tendence des nébuleuses extragalactiques à constituer des amas: 309f. — Hommage à la Marquise du Châtelet: **66** ('50) 1–11. — Les valeurs extrêmes de l'angle de position de l'axe de rotation du soleil[4]): 185–87. — Sur une question mise au concours, en 1752, par l'Académie Royale des Sciences et Belles-Lettres de Berlin[4][8]): **68** ('52) 61–64. — Quadricentenaire de la mort de Copernic (1543). L'œuvre de Copernic: **70** ('54) 316f.

C.R. hebd. Séances Acad. Sci., Paris Sur la répartition des inclinaisons et des excentricités des orbites des petites planètes[1]): **198** ('34) 53f. — Sur l'origine des comètes[1]): **201** ('35) 324–26; **203** ('36) 451–53. — Sur la fréquence des concentrations en nébuleuses extragalactiques décelées par les sondages de Hubble[1]): **204** ('37) 1622f.

Notes et Conf., Univ. libre Bruxelles Notre globe terraqué: **1946**, No. 2, 3–25.

Review sci. Instruments Eclipse cinematography[1]): **4** ('33) 340f.

Scientia [USA] Sur le choix d'un planisphère[6]): (4) **34** ('40) 48–51. — Les fluctuations de la rotation de la terre[4][8]): **92** ('57) 269–72.

Suisse horlogère Sur les causes qui rendent non uniforme le temps universel; l'introduction du temps des éphémérides: **70** ('55) 43f.

Tellus [Stockholm] Variations in the earth's angular velocity resulting from fluctuations in the atmospheric and oceanic circulation[4][8]): **2** ('50) 319f. — Les fluctuations saisonnières de la rotation du globe terrestre et la circulation atmosphérique générale[4][8]): **4** ('52) 1–7.

Trans. amer. geophysic. Union On some possibilities offered by the study at planetary scale of terrestrial phenomena: **32** ('51) 536f.

Mit: 1) P. Bourgeois; 2) J. F. Brouet; 3) J. Dommanget; 4) F.-H. van den Dungen; 5) A. Festraets; 6) H. Jehle; 7) J. Lemmens; 8) J. van Mieghem; 9) F. Moreau; 10) O. Goche; 11) P. Swings; 12) D. Téhérany; 13) G. Lemaître.

VI **COX,** Richard Threlkeld. Physik. — 1924-26 Instructor, '26-30 Assist. Prof., '30-33 Assoc. Prof., '33-43 Prof., New York Univ.; '43-46 Visiting Prof., '46-64 Prof., '48-51 Acting Dean, College of Arts and Sciences, '51-59 Dean, '64 Prof. Emeritus, Johns Hopkins Univ., Baltimore, Md.; '64-65 Visiting Lecturer, St. John's College, Annapolis, Md.

*1898, Aug. 5, Portland, Ore.

W. Time, space, and atoms (Baltimore, Md. '33) 10 + 154 S. — Statistical mechanics of irreversible change (Baltimore, Md. '55) 130 S. — The algebra of probable inference (Baltimore, Md. '61) 114 S.

American J. Physics Electric fish: **11** ('43) 13–22. — Probability, frequency, and reasonable expectation: **14** ('46) 1–13.

Annals New York Acad. Sci. Electrical characteristics of electric tissue[4)1)]: **47** ('46) 487–500.

J. gen. Physiol. A new form of diffractometer[13)]: **24** ('40/41) 619–24. — Electric potential and activity of choline esterase in the electric organ of Electrophorus electricus (Linnaeus)[12)4)]: **25** ('41/42) 75–88. — Electric tissue. Relations between the structure, electrical characteristics, and chemical processes of electric tissue[4)1)]: **28** ('44/45) 187–212. — Hemolysis considered as a progressive reaction in a heterogeneous system[13)]: **35** ('52) 595–603.

J. Neurophysiology Action potential and enzyme activity in the electric organ of Electrophorus electricus (Linnaeus), 1: Choline esterase and respiration[12)4)9)]: **5** ('42) 499–515; ~ 2[12)4)9)]: **6** ('43) 383–96.

J. physic. Chem. The statistical method of Gibbs in irreversible thermodynamics: **56** ('52) 1030–33.

Nature [London] Indeterminacy and electron spin[11)]: **142** ('38) 394. — Postulates of probability: **157** ('46) 517.

Physical Rev. Diffraction of electrons as a search for polarization[11)2)]: (2) **46** ('34) 777–85. — The scattering of electrons by atomic nuclei[3)]: **51** ('37) 140f. — The scattering of 50-kilovolt electrons by aluminum[3)]: **58** ('40) 243–51. — Velocity of propagation of the electric impulse along the organs of the electric eel[14)]: **59** ('41) 219. — Effect of oblique incidence on the conditions for single scattering of electrons by thin foils[6)]: **63** ('43) 37–40. — Momentum and energy of photon and electron in the Čerenkov radiation: **66** ('44) 106f.

Proc. Soc. exper. Biol. and Med. Phosphorcreatine as energy source of the action potential[12)4)9)]: **52** ('43) 97–99.

Review sci. Instruments Directionally selective ion counter[8)]: **7** ('36) 31–33.

Reviews modern Physics Statistical method of Gibbs in irreversible change: **22** ('50) 238–48. — Brownian motion in the theory of irreversible processes: **24** ('52) 312–20.

Zoologica [New York] The electric discharge of the electric eel, Electrophorus electricus (Linnaeus)[4)7)]: **22** ('37) 1–31. — Electrical characteristics of the electric tissue of the electric eel, Electrophorus electricus (Linnaeus)[4)]: **23** ('38) 203–12. — Papilloma of the skin occurring in an electric eel, Electrophorus electricus (Linnaeus)[4)15)]: 247–50. — Propagation of the electric impulse along the organs of the electric eel, Electrophorus electricus (Linnaeus)[4)14)1)]: **25** ('40) 249–56. — A comparison of some electrical and anatomical characteristics of the electric eel, Electrophorus electricus (Linnaeus)[14)5)10)4)]: 553–62. — Observations on the electric discharge of Torpedo occidentalis[4)]: **27** ('42) 25–28. — Observations on the electric discharge of Narcine brasiliensis (Ölfers)[4)]: **28** ('43) 45–51.

Mit: 1) M. V. Brown; 2) J. F. Byrne; 3) C. T. Chase; 4) C. W. Coates; 5) J. A. Cutler; 6) G. Goertzel; 7) L. P. Granath; 8) L. M. Langer; 9) A. L. Machado; 10) R. S. Mathews; 11) F. E. Myers; 12) D. Nachmansohn; 13) E. Ponder; 14) W. A. Rosenblith; 15) G. M. Smith.

VI **CRABTREE,** John Ickeringill. Chem. (photogr.). — 1913-20 Research Chemist, '20-29 Chief Photographic Chemist, '29-51 Assistant Superintendent, Research Laboratory, Eastman Kodak Co., Rochester, N.Y. — '24 Progress Medal (Soc. Franç. Photogr.); '44 Henderson Medal (Roy. Photogr. Soc.); '52 Progress Medal (Soc. of Motion Picture and Television Engineers); '56 PSA Progress Medal (Photogr. Soc. of America).

*1891, März 27, Clayton-le-Moors, Lancashire, England.

Zur Biogr. G. E. Matthews, PSA Journal **22** ('56) 23–41 (m. Bildn.). — J. Soc. Motion Picture and Television Engr. **66** ('57) 78, 80 (m. Bildn., Schr.verz.).

S. Photographic hints and gadgets (F. R. Fraprie, F. I. Jordan) (Boston, Mass. '37) 177: Removal of the gelatin backing from non-curling films[19)]; 183: Drying marks. — C. E. K. Mees, The theory of the photographic process (New York '42), [2]('54) Kap. 13: The mechanism of development[20)]; Kap. 14: Developing agents and their reactions[20)]; Kap. 15: The kinetics of development[20)]. — Progress in photography (D. A. Spencer) 1: 1940–1950 (New York–London '51) 124–30: The photographic process: Processing and aftertreatment; 2: 1951–1954 ('54) 163–65: ~.

W. Photographic chemicals and solutions (m. G. E. Matthews) (Boston, Mass. '39) 5 + 360 S.

Amateur Photographe An ammonium hypo reducer[4)14)]: **103** ('52) 346f. [franz.].

American Annu. Photogr. Temperature measurement and control as applied to photographic solutions[18)]: **48** ('34) 244–. — How to fix and wash for permanence[1)10)]: **58** ('44) 45–58.

American Cinematographer Duplication of motion picture negatives[16)]: **13** ('32) 13–. — Rapid processing methods[11)]: **17** ('36) 38–. —

Two new films for duplicating work[6]): **18** ('37) 360–63. – The effect of aeration on the photographic properties of developers[16]): **21** ('40) 253–64.

American Photogr. Verichrome film: **26** ('32) 336. – Rapid processing methods[11]): **30** ('36) 67–80, 142–50. – A new fine-grain developer[17]): 188–92. – The maintenance of negative quality, 2: **31** ('37) 800–04, 874–80. – The elimination of hypo from photographic images[1])[13]): **35** ('41) 272–86. – New stop-bath and fixing-bath formulas and methods for their revival[10])[14]): **36** ('42) Nr. 4, 28–30; Nr. 5, 12–14; ∼ 2: Combined developing and fixing solutions[5]): **42** ('48) 76–79. – Washing films and papers in sea water[1]): **37** ('43) June, 12–15. – The effect of squeegeeing on the removal of hypo from prints[1]): Aug., 12–23.

American Standards Definition of a fine-grain developer[u.a.]): **1956**, PH4.14, 1–11.

British J. Photogr. Reducing and intensifying solutions for motion-picture film[10]): **79** ('32) 106–08, 122–24, 151–53, 169–72, 184–86. – Duplication of motion-picture negatives[16]): **80** ('33) 332–34, 364f., 380f. – New fine-grain developer[17]): **81** ('34) 470; **84** ('37) 385–88. – Rapid processing methods[11]): **83** ('36) 127f., 143f., 161f., 179f. – An improved fine-grain developer formula[4]): **86** ('39) 3–5, 19–22, 39f. – Equivalence of sodium bisulfite and metabisulfite[4]): **92** ('45) 125. – Combined developing and fixing solutions[9]): **95** ('48) 339–41.

Bull. Soc. franç. Photogr. et Cinématogr. Rapid processing methods[11]): (3) **23** ('36) 123f., 128–33 [franz.].

Camera [Philadelphia] Modern darkroom practice[18]): **49** ('34) Aug., 97. – An improved fine-grain developer formula[4]): **58** ('39).

Camera Craft New fine-grain developer[17]): **42** ('35) 587. – Elimination of hypo from photographic images[1])[10]): **48** ('41) 188–200.

Complete Photographer Wetting agents[4]): **10** ('43) 3496–500.

Developments Temperature measurement and control as applied to photographic solutions[18]): **11** ('36) Nr. 5/6, 1–5, 14, 16; Nr. 7, 7f., 14–22. – Maintenance of negative quality: **12** ('37). – Materials for the construction of photographic processing apparatus[18])[10]): **13** ('38). – Scums, sludges, and stains[4]): **22** ('47). – How to save water in photographic processing: **25** ('50).

Filmtechnik Das Doppeln von Kinonegativen[16]): **8** ('32) Nr. 5, 5–8; Nr. 6, 3–6; Nr. 7, 6.

J. biol. photogr. Assoc. Modern darkroom practice[18]): **2** ('34) 197–.

J. Franklin Inst. Elimination of hypo from photographic images[1])[10]): **230** ('40) 701–25. – Determination of thiosulfate in photographic prints with silver nitrate[1])[10]): **235** ('43) 351–60.

J. photogr. Sci. Fundamental factors in rapid processing[6])[14]): **2** ('54) 7–15.

J. photogr. Soc. America Materials for the construction of photographic processing apparatus[18])[10]): **2** ('36) Dec., 14–. – A new fine-grain developer formula[4]): **4** ('38) Nr. 3/4, 1–10. – Elimination of hypo from photographic images[1])[10]): **6** ('40) Oct., 6–14. – Fixing and washing for permanence[1])[10]): **9** ('43) 115–23, 162–70. – Chromium intensification of positive transparencies[9]): 300–03. – A review of hypo testing methods, 1[1])[10]): **10** ('44) 139–46; ∼ 2: 208–14. – A prehardening bath for high-temperature processing[9])[14]): 397–404. – Rapid processing of photographic materials[14]): 541–51. – An elon-sulfite developer and an elon-sulfite-bisulfite fine-grain developer[4]): 727–37. – A single-solution intensifier for very weak negatives[10]): **11** ('45) 81–85, 119–22. – Photographic processing at low and subzero temperatures[4]): **12** ('46) 445–51. – Methods of increasing film speed [9])[4]): 586–609, 692–732. – Samuel Edward Sheppard: 629–32.

PSA Journal The relative corrosion effect on stainless steels of rapid fixing baths containing ammonium chloride and ammonium sulfate[10]): **13** ('47) 30–33. – Sulfide stain. Its nature, cause, and methods of prevention [4]): 752–58. – Scums, sludges, and stains: their sources, prevention, and removal[4]): **14** ('48) 201–09. – Rapid processing of films and papers: **15** ('49) 130–36. – Direct-positive processing of the new Kodak blue-base reversal films[9])[14]): 382–92. – Reduce with hypo: **18** ('52) 587–91.

PSA Journal, Sect. B How to save water in photographic processing: **16** ('50) 70–74. – Replenishment of the film stop bath[4]): **17** ('51) 13–18. – An ammonium hypo reducer[4])[14]): 110–13. – Two-bath fixation of prints[4])[2]): **19** ('53) 10–16. – Materials of construction for photographic processing equipment[10]): 43–47, 92–104. – A processing test kit[4]): 140–46.

Photographic Sci. and Techn. An inorganic developer reactivated by electrolysis[13]): (2) **1** ('54) 59–67. – A reference scale for hypo determination in film with acid silver nitrate[4]): 83f. – Electrolytic recovery of silver from fixing baths at low current density[13]): **2** ('55) 15–33. – Selenium reagents for residual silver in prints and films[4]): 111–13. – Thomas Howard James, PSA Technical Paper Award for 1955: **3** ('56) 106f. – An alum-organic wash-tank sludge[5])[4]): 107–12. – American standards for photographic processing: **4** ('57) 5–9.

J. Soc. Motion Picture (and Televis.) Engr. Reducing action of fixing baths on the silver image[14]): **18** ('32) 371–97. – Duplication of motion-picture negatives[16]): **19** ('32) 891–908. – Making a fade-out by aftertreatment[6])[10]): **20** ('33) 65–. – Some properties of two-bath developers for motion-picture films[12][14]: **21** ('33) 21–53. — An improved potassium alum fixing-bath containing boric acid[14]: 137–53. — Rapid processing methods[11]: **26** ('36) 406–26. — Two new films for duplicating work[6]: **29** ('37) 317–25. — Effect of aeration on the photographic properties of developers[16]: **34** ('40) 375–97. — Elimination of hypo from photographic images[1][10]: **35** ('40) 484–506. — Note on the keeping of hydrogen peroxide – ammonia hypo eliminator solutions[1][10]: **36** ('41) 555. — New stop-bath and fixing-bath formulas and methods for their revival[10][14]: **38** ('42) 353–72. — Washing photographic films and prints in sea water[1]: **40** ('43) 380–91. — Removal of hypo and silver salts from photographic materials as affected by the composition of the processing solutions[1][10]: **41** ('43) 9–68. — A review of hypo testing methods, 2[1][10]: **42** ('44) 34–57. — Calcium scums and sludges in photography[4]: **43** ('44) 426–41. — Development of motion-picture positive film by vanadous ion[13]: **62** ('54) 1–10. — The motion-picture laboratory: **64** ('55) 13–34. — Increasing the washing rate of motion-picture films with salt solutions[4]: **65** ('56) 378–81.

Kinotechnik Eigenschaften getrennter Filmentwicklungsbäder[12][14]: **15** ('33) 297–300, 311–15, 326–28, 350–53.

Photo Art Monthly New fine-grain developer[17]: **3** ('35) 608–16. — Improved fine-grain developer formula[4]: **7** ('39) 77–. — Contra "development for extremely delicate values"[9]: **8** ('40) 182–84.

Photographic Engng. Effect of salt baths on hypo and silver elimination[4][8]: **7** ('56) 153–64. — Photographic processing in metal-ion–chelate systems[3][7][13]: 182–89.

Photographic J. An improved fine-grain developer formula[4]: **79** ('39) 17–26. — Elimination of hypo from photographic images[1][10]: **80** ('40) 458–69.

Photographic J., Sect. B An elon-sulfite developer and an elon-sulfite-bisulfite fine-grain developer[4]: **85** ('45) 105–12. — A single-solution intensifier for very weak negatives[10]: **86** ('46) 32–36.

Photographische Industrie Das Silberbild[14]: **30** ('32) 126–. — Verstärker für Kinofilmnegative[10]: 641–43, 691–95. — Abschwächervorschriften für Kinofilmnegative[10]: 899–901. — Die abschwächende Wirkung von Fixierbädern auf das Silberbild[14]: 1126f., 1149f.

Popular Photogr. [USA] Save that picture, intensify and reduce: **7** ('40) Oct., 26. — Stains and how to prevent them: **11** ('42) Oct., 35, 84 f. — Pictures to last a century[1]: **13** ('43) Oct., 38f., 87–91. — High gloss on prints[4]: **14** ('44) Jan., 38f., 85, 87f. — Simplifying high temperature processing by prehardening[9][14]: **15** ('44) Oct., 30. — The present status of fine-grain developers[4]: **17** ('45) Sept., 40f., 105–08. — A new fine-grain developer[4]: Oct., 32f., 53, 86, 88. — Combating the hard water menace[4]: **18** ('46) Jan., 54f., 106.

Process Engravers' Monthly First use of hypo[18]: **60** ('53) 248–51.

Radiography and clin. Photogr. Fixer solutions for x-ray films[14]: **21** ('45) 26–33.

Medical Radiogr. and Photogr. Developer solutions for x-ray films, 1: General considerations[4]: **23** ('47) 2–12; ~ 2: The Kodak radiographic developers[4]: 38–46; ~ 3: Mixing and use[4]: **24** ('48) 10–14.

Science et Industries photogr. Renforcement et affaiblissement des films cinématographiques[10]: (2) **3** ('32) 71–77, 113–18, 151–57. — Affaiblissement de l'image argentique par les bains de fixage[14]: 190–98. — L'exécution de contretypes cinématographiques[16]: 232–38. — Etudes de développement à deux bains des films cinématographiques: **4** ('33) 238–45.

Weitere Veröffentlichungen in verschiedenen photographischen Zeitschriften.

Mit: 1) G. T. Eaton; 2) R. F. Edgerton; 3) G. M. Haist; 4) R. W. Henn; 5) K. R. Hughes; 6) C. E. Ives; 7) J. R. King; 8) N. H. King; 9) H. A. Miller; 10) L. E. Muehler; 11) H. Parker; 12) H. Parker, jr.; 13) A. A. Rasch; 14) H. D. Russell; 15) —; 16) C. H. Schwingel; 17) P. W. Vittum; 18) G. E. Matthews; 19) J. F. Ross; 20) W. Clark.

VI **CRAGOE,** Carl Susan. Physik. — 1914-16 Assistant Physicist, '16-20 Associate Physicist, '21- Physicist, United States Bureau of Standards, Washington, D.C.

*1893, Okt. 25, Oakfield, Wis.

S. Proc. 1st World petroleum congress, London 1933, 2 (London '34) 529–33: Changes in the viscosity of liquids with temperature, pressure, and composition. — Temperature. Its measurement and control in science and industry (New York '41) 89–126: Slopes of the p–v isotherms of some thermometric gases at pressures below two atmospheres.

J. Res. nation. Bur. Standards Slopes of p–v isotherms of He, Ne, A, H_2, N_2, and O_2 at 0°: **26** ('41) 495–536. — Table and Mollier chart of the thermodynamic properties of 1,3-butadiene[1][2]: **39** ('47) 507–21.

Physical Rev. The triple point of water as a fixed point on the international temperature scale[3]: (2) **72** ('47) 183.

Mit: 1) C. H. Meyers; 2) E. F. Mueller; 3) H. F. Stimson.

V, VI **CRAMÉR,** Carl Harald. Math. — 1929-58 Prof. Versicherungsmath. u. math. Statistik, '50-58 Rektor, Univ. Stockholm; '58-61 Kanzler der Schwedischen Universitäten; '46-47 Gastprof.: Princeton Univ., Princeton, N.J.; Yale Univ., New Haven, Conn.; '53 Univ. of California, Berkeley, Calif. – '47 Hon. D. Sc. (Princeton Univ.); '50 Dr. phil. h. c. (Univ. København); '64 Dr. jur. h. c. (Univ. Stockholm).

*1893, Sept. 25, Stockholm.

Zur Biogr. Festschrift: Probability and statistics. The Harald Cramér Volume (U. Grenander) (Stockholm–New York '59) 434 S.

MH. A. Wald, Selected papers in statistics and probability (New York '55).

S. C. R. 8e Congrès des mathématiciens scandinaves, Stockholm 1934 (Lund '35) 107–15: Prime numbers and probability; ~ 9e ~, Helsingfors 1938 (Helsinki '39) 67–86: Entwicklungslinien der Wahrscheinlichkeitsrechnung; ~ 10e ~, København 1946 (København '47) 28–39: On the theory of stochastic processes. – Försäkrings matematiska studier tillägnade Filip Lundberg (Stockholm '46) 25–31: Lundbergs Risikotheorie und die Theorie der stochastischen Prozesse [schwed.]. – Berkeley Symposium on mathematical statistics and probability. Proc. 2nd Symposium, Berkeley 1950 (Berkeley, Calif. '51) 329–39: Contribution to the theory of stochastic processes. – Försäkringsaktiebolaget [Versicherungsaktiengesellschaft] Skandia 1855–1955 (A. Grenholm) (Stockholm '55) 92 S.: Collective risk theory, a survey of the theory from the point of view of the theory of stochastic processes.

W. Hur mycket får jag låna på min livförsäkring? [Wieviel habe ich für meine Lebensversicherung auszugeben?] (Stockholm '36) 16 S. – Random variables and probability distributions (New York–Cambridge '37, '61) 8 + 121 S. (Cambridge tracts in mathematics and mathematical physics, 36). – Les sommes et les fonctions de variables aléatoires (m. P. Lévy, R. de Mises) (Paris '38) 68 S. (Actualités scientifiques et industrielles, No. 736). – Kring några aktuella problem inom livförsäkrings tekniken [Über einige aktuelle Probleme in der Lebensversicherungstechnik] (Stockholm '38) 12 S. – Vad är försäkring? [Was ist Versicherung?] (Stockholm '44) 32 S. – Mathematical methods of statistics (Stockholm '45, Princeton, N.J. '46) 16 + 575 S. (Princeton math. series, 9); span.: (Madrid '53). – Sannolikkhetskalkylen och några av dess användningar (Stockholm '49) 255 S.; 3('56, '61, '63) 256 S.; engl.: The elements of probability theory and some of its applications (New York–Stockholm '54) 281 S.; span.: (Madrid '60).

Acta arithmet. [Warszawa] On the order of magnitude of the difference between consecutive prime numbers: 2 ('36) 23–46.

Annals Math. On the theory of stationary random processes: (2) 41 ('40) 215–30.

Annals math. Statistics Problems in probability theory: 18 ('47) 165–93. – Richard v. Mises' work in probability and statistics: 24 ('53) 657–62.

Arkiv Mat. On the factorization of certain probability distributions: 1 ('49) 61–65. – On the linear prediction problem for certain stochastic processes: 4 ('60) 45–53. – On the structure of purely non-deterministic stochastic processes: 249–66.

Arkiv Mat., Astron. och Fysik On harmonic analysis in certain functional spaces: 28 B ('42) Nr. 12, 1–7.

Colloques int. Centre nation. Rech. sci. Remarques sur le problème de prédiction pour certaines classes de processus stochastiques: 87 ('59) 103–18.

C. R. hebd. Séances Acad. Sci., Paris Sur les propriétés asymptotiques d'une classe de variables aléatoires: 201 ('35) 441–43. – Sur une propriété de la loi de Gauss: 202 ('36) 615 f.

Giorn. Ist. ital. Attuari Su un teorema relativo alla legge uniforme dei grandi numeri: 5 ('34) 1–13. – Sugli sviluppi asintotici di funzioni di ripartizione in serie dipolinomi di Hermite: 6 ('35) 141–57.

J. London math. Soc. Some theorems on distribution functions1): 11 ('36) 290–94.

Kungl. svenska Vetenskapsakad. Årsb. Lars Edvard Phragmén †: 1958, 279–301.

Levnadsteckningar kungl. svenska Vetenskapsakad. Ledamöter Lars Edvard Phragmén: 9 ('55/64) 255–77 (= Nr. 153 ('62)).

Mathematische Z. Über eine Eigenschaft der normalen Verteilungsfunktion: 41 ('36) 405–14.

Prace mat.-fizyczne On the order of magnitude of the difference between consecutive prime numbers: 45 ('37) 51–74.

Skandinavisk Aktuarietidskr. Tables for disability insurance, based on R32 mortality: 16 ('33) 201–21. – Mortality variations in Sweden: 18 ('35) 161–241. – Deux conférences sur la théorie des probabilités: 24 ('41) 34–69. – Contribution to the theory of statistical estimation: 29 ('46) 85–94.

Teorija Verojatnostej i Primenenija Ein Satz über geordnete Mengen von Wahrscheinlichkeitsverteilungen: 1 ('56) 19–24 [m. russ. Zusammenfassg.].

Trabajos Estadística Vortragsreihe über mathematische Statistik: 2 ('51) 311–49 [span.].

Trans. amer. math. Soc. On the representation of a function by certain Fourier integrals: 46 ('39) 191–201.

University California Publ. Statistics On some questions connected with mathematical risk: 2 ('54) 99–124.

Veröff. Arbeitsgemeinsch. Forsch. des Landes Nordrhein-Westfalen Aus der neueren mathematischen Wahrscheinlichkeitslehre: **1959,** Nr. 76a, 1–28.

Z. angew. Math. u. Mech. Ein Grenzproblem in der Spieltheorie: **13** ('33) 76–79.

Mit: [1]) H. Wold.

VI **CRAMLET,** Clyde Myron. Math. — 1934-48 Assoc. Prof., '48-65 Prof., Univ. of Washington, Seattle, Wash.

*1894, Dez. 24, Crawford, Colo.

American math. Monthly On the reduction of a representation to classical canonical form: **45** ('38) 159–62. — Linear differential equations with constant coefficients: 162–65.

Bull. amer. math. Soc. Note on integrability conditions of implicit differential equations: **44** ('38) 107–09. — Differential invariant theory of alternating tensors: 110–14.

Canadian J. Math. A generalization of a theorem of Jacobi on systems of linear differential equations: **2** ('50) 420–26.

J. Math. and Physics On the foundations of electrical network theory[1]): **23** ('44) 134–55.

Trans. amer. math. Soc. A complete system of tensors of linear homogeneous second-order differential equations: **34** ('32) 626–44.

University Washington Publ., Math. On systems of partial differential equations[2])[3]): **3** ('48/52) Nr. 1, 45–54. — Modular invariants associated with resistance networks: Nr. 3, 65–70.

Mit: [1]) W. H. Ingram; [2]) E. C. Muggli; [3]) H. S. Zuckerman.

VI **CRAMP,** William. Elektrotechnik. — 1919-39 Prof. Electrical Engineering, Univ. of Birmingham. — '22 Silver Medal (Roy. Soc. of Arts); four times awarded Premium by the Institution of Electrical Engineers.

*1876, Jan. 8, Coventry;

†1939, Apr. 20, Llandudno.

Nekr. Electrician **122** ('39) 549. — Nature [London] **143** ('39) 791.

W. Michael Faraday and some of his contemporaries (London '32) 9 + 68 S.

Electrician Axial spin of magnetic field. Recent experiments bearing on an old controversy: **111** ('33) 471–. — Comments to G. W. O. Howe: "Motors and generators. Torque on the armature and poles": **114** ('35) 765f. — Torque of motors and generators[2])u.a.): **115** ('35) 141–. — Electro-magnetism. Some investigations on axial spin of a magnet and the laws of induction[3]): **116** ('36) 577–. — Open arc dynamic cyclograms. Investigation by oscillograph[1]): **119** ('37) 231f., 261–64.

Engineer [London] The engineer and the nation: **162** ('36) 292–.

Engineering The engineer and the nation: **142** ('36) 320–, 350–.

J. Instn. electr. Engr. Some investigations on the axial spin of a magnet and on the laws of electromagnetic induction[3]): **78** ('36) 481–91.

Nature [London] Dimensions of fundamental units: **130** ('32) 368, 892. — Nature of a magnetic field: **134** ('34) 139. — Magnetic and electrical dimensions: **139** ('37) 677.

Rep. annu. Meeting, Brit. Assoc. Advancement Sci. The engineer and the nation: **106** ('36) 141–54.

School Sci. Rev. Constant causes that produce oscillating effects: Nr. **51** ('32) 11 S.

Science and Culture The engineer and the nation: **2** ('36) Nr. 6, 14–.

Trans. Instn. Mining Engr. Coal-face lighting by means of magnetic induction: **83** ('32) 23 S.

Mit: [1]) E. G. Ashton; [2]) G. W. O. Howe; [3]) E. H. Norgrove.

VI **CRANSTON,** John Arnold. Chem. (physikal.). — 1912 B. Sc., '21 D. Sc., Univ. of Glasgow; '19-57 Lecturer, The Royal Technical College, Glasgow. — '63 Hon. LL. D. (Univ. of Glasgow). — '58 Lampitt Gold Medal (Soc. Chemical Industry).

*1891, Aug. 15, Shanghai, China.

Zur Biogr. Chemistry and Industry **1959,** 770 (m. Bildn.).

W. Rational approach to chemical principles (London '47, New York '48) 12 + 211 S.; [2](London '55) 12 + 231 S. — The discovery of isotopes by Soddy and his school in Glasgow (Glasgow '54) 12 S.

Aberdeen Univ. Rev. Frederick Soddy, the pioneer: **1961,** 20–27.

Chemistry and Industry The Soddy box: **1960,** 1411.

J. chem. Soc., London Hydrolysis of salts in solution[2]): **1940,** 578–83.

J. roy. Inst. Chem. Schools of chemistry in Great Britain: The Royal Technical College, Glasgow: **78** ('54) 116–24. — Concept of the isotope: 88 ('64) 38.

J. roy. techn. College, Glasgow Theoretical decay curves for various ratios of radium B to radium C, and of thorium B to thorium C [1]): **3** ('33/36) 47–51. — Factors affecting the ratio of adsorption of radium B and radium C on nickel[1]): 52–56. — Chemical union of acids with one another[2]): 569–75. — The potential developed by the hydrogen electrode and by the glass electrode in concentrated acid solutions[2]): **4** ('37) 32–45. — The hydrolysis of salts, 1: Measurement by the glass electrode[2]): 46–53; ~ 2: KCN, $CuSO_4$, $NaHSO_4$ and $Pb(NO_3)_2$[2]): 54–60.

Proc. chem. Soc., London The group displacement law: **1964**, 104–07.

Trans. Faraday Soc. The pH of distilled water and the measurement of the hydrolysis of ammonium sulfate, nitrate, chloride, and acetate[2]): **33** ('37) 1455–58.

Mit: [1]) C. Benson; [2]) H. F. Brown.

VI **CRATHORNE,** Arthur Robert. Math. — 1907 Instructor, '16 Assist. Prof., '25 Assoc. Prof., '35 Prof. Math. Statistics, '42 Prof. Emeritus, Univ. of Illinois, Urbana, Ill.

*1873, Okt. 26, Scarborough, England; †1946, März 6, Urbana, Ill.

Todesanzeige Bull. amer. math. Soc. **52** ('46) 611.

W. Mathematics of finance (m. H. L. Rietz, J. C. Rietz). Revised edition (New York '32) 15 + 346 S. (Amer. mathematical ser.). — Introductory college algebra (m. H. L. Rietz). Revised edition (New York '33) 11 + 305 + 23 S. — Trigonometry (m. E. B. Lytle) ²(New York '38) 9 + 191, 16 + 95 S. — Brief trigonometry; a text in twenty assignments (m. G. E. Moore) (New York '41) 5 + 121 S. — Intermediate algebra (m. H. L. Rietz, L. J. Adams) (New York '42) 8 + 248 S. — College algebra (m. H. L. Rietz). Revised edition (New York '51, '58) 15 + 387 S.

Annals math. Statistics Henry Lewis Rietz†: **15** ('44) 102–08.

C. R. hebd. Séances Acad. Sci., Paris Moments de la binomiale par rapport à l'origine: **198** ('34) 1202.

VI **CRAWFORD,** Russel Tracy. Astron. — 1919-46 Prof., '46 Prof. Emeritus, Univ. of California, Berkeley, Calif.; '39-46 Director, '46 Director Emeritus, Students' Observatory, Berkeley, Calif.

*1876, März 26, Davisville, Calif.; †1958, Dez. 21.

Nekr. M. W. Makemson, Publ. astron. Soc. Pacific **71** ('59) 73, 503–05.

H. Sir Isaac Newton, Mathematical principles of natural philosophy and his System of the world (Berkeley, Calif. '34).

Publ., Amer. astron. Soc. Contributions of the Students' Observatory (Berkeley Astronomical Department) to astronomy: **9** ('39) 248f. — Berkeley, California Students' Observatory: **10** ('42) 267–69.

Publ. astron. Soc. Pacific Some American observatories: **48** ('36) 247–56. — The tenth and eleventh satellites of Jupiter: **50** ('38) 344–47.

VI **CRAWLEY,** Edwin Schofield. Math. — 1899- Prof., then Prof. Emeritus, Univ. of Pennsylvania, Philadelphia, Pa.

*1862, Juli 31, Philadelphia, Pa.; †1933, Okt. 18.

Todesanzeige Bull. amer. math. Soc. **39** ('33) 860.

MH. Tables of logarithms, to five places of decimals. Revised edition (New York '37). — Plane trigonometry (New York '37).

W. First course in calculus (m. P. A. Caris) (New York '33) 10 + 342 S.

V, VI **CREHORE,** Albert Cushing. Physik. — 1898- Research Physicist, Nela Research Labor., Nela Park, Cleveland, Ohio.

*1868, Juni 8, Cleveland, Ohio; †1959.

Autobiogr. A. C. Crehore (Gates Mills, Ohio '44) 175 S.

W. Atomic theory; its application to chemistry and crystal structure, with especial reference to the steady states of atoms (Cleveland, Ohio '42) 71 S. — What the neutron is (Gates Mills, Ohio '—) 12 S. — The Crehore atom, a mathematical treatise for the steady states (Cleveland, Ohio '43) 51 S. — Electrons, atoms, molecules (Boston, Mass. '46) 133 S. — New electrodynamics; with drawings of electric fields, static and moving (Cleveland, Ohio '50) 111 S. — All-nuclear atom and its implications (Cleveland, Ohio '51) 265 S. — About atoms (Cleveland, Ohio '52) 38 S.

V, VI **CREIGHTON,** Henry Jermain Maude. Elektrochem. — 1911 Dr. phil., ETH Zürich; '12-13 Instructor, '13-24 Assist. Prof., '24-27 Assoc. Prof., '27-52 Prof., Swarthmore College, Swarthmore, Pa.; living in Glen Margaret, N.S., Can. — '48 Hon. LL. D. (Dalhousie Univ., Halifax, N.S., Can.); '57 Hon. Sc. D. (Swarthmore College, Swarthmore, Pa.). — '17 Longstreth Medal (Franklin Inst., Philadelphia); '39 Howard N. Potts Medal (Franklin Inst., Philadelphia); '40

Modern Pioneer Award (National Assoc. of Manufacturers); '46 Acheson Gold Medal and Prize (Amer. Electrochem. Soc.).

*1886, März 2, Dartmouth, N.S., Can.

Zur Biogr. Canadian Chem. and Process Industries **23**, 5 ('39) 238 (m. Bildn.). – J. electrochem. Soc. **99** ('52) 221 C; **100** ('53) 201 C (m. Bildn.).

W. Principles and applications of electrochemistry **1**: Principles of electrochemistry [3](New York '35) 486 S.; [4]('43) 586 S.

Canadian Chem. and Process Industries Mannitol and sorbitol: **26** ('42) 690–96.

Chemistry and Industry The electrolytic reduction of sugars: **18** ('40) 557.

J. chem. Educat. Honors work in chemistry at Swarthmore College: **12** ('35) 260–64.

J. electrochem. Soc. Electro-organic chemistry: **99** ('52) 127C–130C.

Trans. electrochem. Soc. Electrochemical reduction of sugars: **75** ('39) 289–306.

V, VI **CRELIER,** Louis Jacques. Math. — 1917-35 ord. Prof., Direktor d. Math. Seminars, Univ. Bern.

*1873, Nov. 3, Bure, Elsgau;

†1935, Nov. 28.

Nekr. Huguenin, Mitt. naturforsch. Ges. Bern **1936** ('37) 142f. – W. Scherrer, Verhandlungen schweizer. naturforsch. Ges. **117** ('36) 415–19 (m. Bildn., Schr.verz. 32 Nrn.).

VI **CRENSHAW,** Bolling Hall. Math. — 1905-35 Prof., Head of Math. Departm., Alabama Polytechnic Institute, Auburn, Ala.

*1867, Mai 18, Greenville, Ala.;

†1935, Nov. 25.

Todesanzeige Bull. amer. math. Soc. **42** ('36) 175.

W. Mathematics of finance (m. T. M. Simpson, Z. M. Pirenian) **1. 2** [2](New York '36) 13 + 330 + 13 S.; ~ with tables [2]('36) 13 + 330 + 126 + 13 S.; [3]('51) 335 + 126 S. – Analytic geometry and calculus (m. C. D. Killebrew) [2](Philadelphia '37) 12 + 222 S.

VI **CRESPI,** Jaume Miguel Angel. Chem. (physikal.). — 1929 Prof. auxiliar, más tarde Prof. de Sección, Instituto del Cardenal Cimeros, Madrid; '29- Prof. de Mecánica química, Univ. de Madrid; '29- Prof. ayudanto en el Laboratorio de Química física del Instituto Nacional de Física y Química (Rockefeller), Madrid.

*1893, Aug. 2, Pontevedra.

Anales real Soc. españ. Física y Quím. Die Adsorption von Gasen durch Glaswände, **9**: Stickoxydul: **30** ('32) 520–27; ~ 11: Stickoxid: **31** ('33) 825–29; ~ 12: Ammoniak an Jenaer Glas, Kinetik der Adsorption[1]): **32** ('34) 666–76; ~ 13: Schwefeldioxid an Jenaer Glas, Kinetik der Adsorption[1]): **33** ('35) 350–59. – Kinetik der Adsorption, 1: Adsorptionsgeschwindigkeit der Gase N_2O und NO an Glaswänden: **32** ('34) 30–42; ~ 2: Untersuchung der Gleichungen der Adsorptionsgeschwindigkeit und deren experimentelle Bestätigung: 639–57. – Pyrolyse von Chloraten und Perchloraten[2]) [, 1]: **34** ('36) 320–26; ~ 2: 901–05. – Ein neuer Präzisionsvolumenmesser: **35** ('37) 123–33. – – Alle Arbeiten spanisch.

Mit: [1]) V. Aleixandre; [2]) J. L. G. Caamaño.

V, VI **CREW,** Henry Cerew. Physik. — 1892-1930 Prof., '33 Prof. Emeritus, Northwestern Univ., Chicago, Ill.; '30-34 Chief of the Division of Basic Sciences, Century of Progress International Exposition, Chicago. — '14 Hon. Sc. D. (Univ. of Michigan, Ann Arbor, Mich.); '22 Hon. Sc. D. (Princeton Univ., Princeton, N.J.); '37 Hon. Sc. D. (Northwestern Univ., Chicago, Ill.). — '41 Oersted Medal (Amer. Physic. Soc.).

*1859, Juni 4, Richmond, Ohio;

†1953, Febr. 17, Evanston, Ill.

Zur Biogr. R. M. Sutton, A. G. Worthing, American J. Physics **10** ('42) 28–.

Nekr. A. A. Knowlton, Isis **45** ('54) 169–74. – W. F. Meggers, Biographical Mem., Nation. Acad. Sci. USA **37** ('64) 33–54 (m. Bildn., Faks., Schr.verz.). – School and Soc. **77** ('53) 141.

Ue. Franciscus Maurolycus (1494–1575), Photismi de lumine, a chapter in late medieval optics (New York '40) 19 + 134 S.

MUe. Galileo Galilei, Dialogues concerning two new sciences. Reissue (New York '33, '39, '52) 25 + 330 S.; (Evanston, Ill. '46) 7 + 282 S.

S. Encyclopaedia Britannica. A new survey of universal knowledge **13** (Chicago–London... '65) 695: Samuel Pierpont Langley, 1834–1906; **15** ('65) 469: Robert Andrews Millikan, 1868–1953; **17** ('65) 864–68: Physical units[2])[1])[3]); **19** ('65) 772f.: Ernest Rutherford, 1871–1937; **22** ('65) 152: Sir Joseph John Thomson, 1856–1940.

W. Official catalog of exhibits in the Division of Basic Sciences (Chicago '33) 144 S. (Century of Progress Exposition). – The rise of modern physics ²(London '35) 19 + 434 S. — Portraits of famous physicists; with biographical accounts (New York '42) (Pictorial mathematics, ser. 4).

American Physics Teacher The dynamo and motor rules, again: **3** ('35) 138. — K. K. Smith, 1887–1935: 182. — Concerning Stephen Gray, 1696–1736: **5** ('37) 233f.

American J. Physics Address of acceptance of the Oersted Medal: **10** ('42) 31f. — Early journal club: 246–. — Some recollections of Henry A. Rowland, 1848–1901: **17** ('49) 576f.

Astrophysical J. Heinrich Kayser, 1853–1940: **94** ('41) 5–11. — Henry Gordon Gale, 1874–1942: **97** ('43) 85–88.

Biographical Mem., Nation. Acad. Sci. USA Thomas Corwin Mendenhall, 1841–1924: **16** ('36) 331–51. — Joseph Sweetman Ames, 1864–1943: **23** ('44) 181–201.

Boletím União pan-amer. A sciencia ua exposicao de Chicago: **35** ('35) 596–606.

Isis Littera occidit, spiritus vivificat: **34** ('43) 300f.

Scientific Monthly The exposition of science: **35** ('32) 228–38. — The tragedy of Rudolf Diesel: **51** ('40) 512–23. — Sir Isaac Newton: **55** ('42) 279–84. — Galilei, pioneer in physics: **56** ('43) 440–46.

Scripta math. [USA] Rudolf Julius Emmanuel Clausius: **8** ('41) 111–13. — Isaac Newton: 197–99.

Trans. Illinois State Acad. Sci. An appraisal of the definitive system of units: **28** ('36) 217–23. — Charles B. Atwell, 1855–1937: **31** ('38) 37f.

Mit: [1]) E. E. Cohen; [2]) J. W. M. Du Mond; [3]) R. J. Stephenson.

VI **CRIPPA,** Giunio Bruto. Chem. (org. u. pharmaz.). — 1922-27 Assist., '26-33 Prof. incar. di Chim. fisica, '33-36 Prof. incar. di Chim. gen., '34-52 Prof. incar. di Chim. org., Univ. di Pavia; '52-62 Prof. tit. di Chim. farmac., Dir. Istituto di Chim. farmac., '58- Preside della Facoltà di Farmacia, Univ. di Ferrara. — '63 Medaglia d'Oro ai Benemeriti della Scuola, della Cultura e dell'Arte (Presidente della Repubblica Italiana).

*1892, Jan. 11, Varallo Sesia, Vercelli.

S. Atti IV Congresso nazionale di chimica pura ed applicata, Roma 1932 (Roma '33) 469–75: Comportamento degli aminoazoderivati dal punto di vista della teoria della covalenza. — Atti X Congresso internazionale di chimica, Roma 1938, 4 (Roma '39) 842–50: Ricerche sull'1-amino-2-metil-antrachinone in relazione alla ftaloilazione e alle basi di Schiff; 5 ('39) 15–25: Ricerche sulla proteolisi pepsinica. — — Einige weitere Beiträge in Kongreßberichten.

W. Chimica organica. Lezioni (G. Perroncito) ²(Pavia '36) 927 S.; ⁴('41) 815 S. — Lezioni di chimica organica 1 (Pavia '44) 492 S., 2 ('44) 543 S.; Neuauflage: 1 ('47) 493 S., 2 ('47) 546 S. — Guida alle preparazioni ed analisi organiche (Milano '48) 484 S. — Lezioni di chimica farmaceutica 1 (Milano '58) 466 S.; 2 ('62) 657 S.

Annali Chim. appl. Nuovo modello di forno elettrico a combustione[5]): **24** ('34) 82–86. — Acido nafto-1,2-chinossalin-α-β-dicarbonico[9]): **25** ('35) 618–20. — Ricerche sui pinaflavoli[15]): **26** ('36) 418–23. — Separazione cromatografica di acidi colici e derivati[8]): **31** ('41) 453–56. — Sui derivati del pirazoantrachinone: 4-nitropirazoantrachinone[10]): **41** ('51) 503–07. — Sulla copulazione del m-aminofenolo e derivati[6]): **42** ('52) 336–43. — Il piruvato d'etile in un caso di sintesi chinossalinica[12]): **46** ('56) 348–50. — Ricerche sugli acidi colanici, 1: Coniugazione dell'acido colico con α-amino-acidi naturali[16])[3]): **53** ('63) 1496–1502.

Atti Soc. ital. Progr. Sci. Nuovo modello di forno elettrico a combustione[5]): **22**, 2 ('34) 257–59. — Sulla reattività del gruppo chetometilenico in sistemi aperti e ciclici[9]): **23**, 2 ('35) 513–15.

Boll. chim.-farm. Trasformazioni effettuate sugli acidi chetocolanici[16])[3]): **102** ('63) 616–20.

Farmaco [Pavia], Ediz. sci. Trasformazione dell'acido 7-teofillinetanoico[3]): **10** ('55) 616–18. — Derivati pirazolsolfonamidici[6]): 691–98.

Gazz. chim. ital. Azione dell'etere acetacetico sopra la fenilazo-β-naftilamina[7]): **62** ('32) 394–401. — Sulla resistenza del legame fra il gruppo arilazoico ed il nucleo negli aminoazoderivati[4]): 937–44. — Ricerche sugli ossiarilazo-derivati nel gruppo del pirazolo[7]): 944–53. — Sulla ftaloilazione[4]): **63** ('33) 81–96. — Sul chimismo degli o-aminoazo-derivati. Contributo alla conoscenza delle chinossaline e degli N.arilidoimidazoli: 251–61. — Contributo allo studio dei derivati aminici della piridina[7]): **64** ('34) 83–91. — Ossidazione delle naftochinossaline[9]): 91–99. — Su un particolare caso di reattività del desossibenzoino[9]): 100–02. — Sulla reattività dei raggruppamenti chetometilico e chetometilenico[9]): 296–302. — Sulla capacità affinitaria del radicale arilazoico[9]): 415–20. — Sul 2-aminobenzimidazolo[9]): **65** ('35) 38–43. — Chimismo dei composti amino-1-arilazo-2-naftalinici in confronto agli isomeri arilazo-1-amino-2-naftalinici[9]): 678–86. — Su un nuovo raggruppamento eterotriciclico: il benzopirimidazolo[9]): 1067–70. — Sulla demolizione del gruppo arilazoico negli o-aminoazo-derivati naftalinici[9]): 1250–53. — Pirazopirazine[9]): **66** ('36) 649–52. — Sulla reattività del benzilacetone nella reazione di Pfitzinger[13]): **67** ('37) 119–22. — Contributo allo studio del chimismo dell'α-aminopiridina[13]): 327–32. — Ricerche sulla ftaloilazione. Azione dell'anidride dell'acido α-β- chinossalin-dicarbonico sull'o-fenilendiamina [1]): 352–58. — Ftaloilazione dell'antranilamide. Sintesi della 1-2-benzoilen-(N)-4-cheto-diidrochinazolina-(1-4)[2]): **68** ('38) 109–12. — Ricerche sui catalizzatori biochimici, 1: Influenza dei composti a funzione fenolica sulla proteolisi pepsinica: 224–30; ~ 3: Decadimento dell'albuminolisi pepsinica in vitro ad opera di fenoli eterovalenti[8]): **69** ('39) 171–77; ~ 4: Un attivatore della proteolisi pepsinica: l'urea[8]): 263–68; ~ 5: Modificatori della proteolisi pepsinica appartenenti al gruppo dell'urea[8]): 731–39; ~ 6: Modificatori della proteolisi pepsinica in vitro nei riguardi della loro stereoisomeria: **70** ('40) 212–16; ~ 7: Il glutatione ridotto e l'acido cianidrico nella proteolisi pepsinica in vitro[8]): **73** ('43) 164–68; ~ 8: Contributo alla conoscenza della pepsidina[14]): **78** ('48) 853–56; ~ 9: La tripsina quale agente modificatore della proteolisi pepsinica in vitro[8]): **77** ('47) 135–42. — Ricerche nel gruppo dell'antrachinone, 1: Chimismo dell'1-amino-2-fenilazometin(C)antrachinone[2]): **68** ('38) 820–25; ~ 2: Ftaloilazione[2]): **69** ('39) 268–75.— Azione dell'acido fenilacetico sui composti azoici[2]): 129–36. — Sul comportamento chimico delle arilazotiouree[2]): **70** ('40) 381–88. — Costruzioni cicliche sul nucleo del pirazolo. Trasformazioni dell'1-fenil-3-metil-5-aminopirazolo[2]): 389–95. — Ossido-riduzione pirogenica della benziliden-o-fenilendiamina[8]): **71** ('41) 194–200. — Sintesi e trasformazioni del C.amino-1-2-naftimidazolo[8]): 418–22. — Ricerche sul chimismo del nucleo pirazolico. Trasposizione da bis-4-5'- in bis-4-4'-pirazolene[2]): 574–80. — Derivati solfonamidici del pirazolo, 1: 1-(p-Solfonamidofenil)-3-metil-5-pirazolone[8]): **72** ('42) 97–99. — Sulla reattività delle N-iodoalchilpicoline[8]): **77** ('47) 416–21. — Ricerche sulle imesatine, 1: Sul meccanismo di sintesi della p-metil-p-tolilimesatina[10]): **78** ('48) 456–62; ~ 2: Nuove acquisizione a chiarimento della sintesi di Mayer[10]): **81** ('51) 195–204. — Sulla reattività dell'1-fenil-3-metil-5-amino-pirazolo[6]): **85** ('55) 199–207.

Rend., Reale Ist. lombardo Sci. e Lettere L'idrogeno metilenico mobile nella trasformazione delle basi di Schiff[8]): **76** ('43) 217–20.

Rivista Biol. Sull'azione biologica di un o-amino-azoderivato del gruppo del pirazolo[17]): **22** ('37) 504–07.

Mit: [1]) A. Aguzzi; [2]) R. Caracci; [3]) A. Crippa; [4]) P. Galimberti; [5]) M. Gallotti; [6]) M. Guarneri; [7]) M. Long; [8]) S. Maffei; [9]) G. Perroncito; [10]) S. Pietra; [11]) —; [12]) S. Sacerdoti; [13]) E. Scevola; [14]) P. Vailati; [15]) T. Verdi; [16]) A. M. Bellini; [17]) R. Ferrari.

IV, VI **CRISMER,** Léon. Chem. — 1893-1927 Prof., '27 Prof. émérite, Ecole Militaire de Belgique, Bruxelles. — '34 Dr. sc. h. c. (Univ. de Bruxelles).

*1858, Okt. 23, Stavelot;

†1944, Juni 25, Stavelot.

Ehrung Médaillon Léon Crismer (Soc. Chimique de Belgique).

Nekr. J. Timmermans, Annuaire Acad. roy. Belgique **119** ('53) 197–246 (m. Bildn., Faks., Schr.verz.); Rapport Année acad., Univ. libre Bruxelles **1939/40–1944/45** ('47) 232.

VI **CRITTENDEN,** Eugene Casson. Photometrie, Physik. — 1909-46 Physicist, '21-46 Chief of the Electrical Division, '33-46 Assistant Director of Research and Testing, '46-50 Associate Director, '50-56 Consultant to the Director, United States National Bureau of Standards, Washington, D.C. — '46 Hon. D. Sc. (Case Institute of Technology). — '46 Gold Medal (Illuminating Engineering Society); '49 United States Department of Commerce Gold Medal for Exceptional Service.

*1880, Dez. 19, Oswayo, Pa.;

†1956, März 28, Washington, D.C.

Zur Biogr. Nature [London] **167** ('51) 136.

Nekr. A. V. Astin, Procès-verbaux Séances, Comité int. Poids et Mesures **25.**1956 ('57) 161–63. — H. Barrell, Nature [London] **177** ('56) 871. — W. Brode, Science [USA] **124** ('56) 255f. — K. G. Gibson, J. opt. Soc. America **46** ('56) 562f. — M. Jacob, Bull. belge Métrol. **1956,** Nr. 193, 245f. — Chemistry and Industry **1956,** 287. — J. Washington Acad. Sci. **46** ('56) 168.

MHZ. Review sci. Instruments **5** ('34) – **7** ('36).

American J. Physics Opportunities for the physicist in the government service: **7** ('39) 148–.

Chemical and Engng. News Report on the International conference on weights and measures[2]): **27** ('49) 982–84. — Temperature scale - Centigrade or Celsius ?: 2642.

J. opt. Soc. America Terminology and standards of illumination: **29** ('39) 103–07. — Floyd K. Richtmyr † (1881–1939): 503–05. — Early work in applied optics at the National Bureau of Standards: **41** ('51) 369–76. — William W. Coblentz[2]): **43** ('53) 939f.

Scientific Monthly Work of the Bureau of Standards in electricity and radio: **37** ('33) 405–16. — Some problems in national and international standards: **78** ('54) 278–82.

Trans. illuminating Engng. Soc., New York Comments on proper use of illumination terms[3]): **32** ('38) 123–.
Mit: [1]) E. U. Condon; [2]) W. R. Brode; [3]) G. H. Stickney.

VI **CRIVELLI,** Epaminonda. Chem., Geschichte d. Chem. — Altre volte Direttore di Grandi Industr. Chim. minerali.
*1880, Aug. 7, Caluso, Torino;
†1953, Nov. 27, Caluso.

Nekr. M. Giua, Chimica e Industria **36** ('54) 144 (m. Bildn.).

W. Moderni metodi di produzione degli antiparassitari agricoli, industriali e domestici (Firenze '50) 522 S. — Il rame nella metallurgia e nelle applicazioni alla agricoltura ed alle industrie chimiche e manifatturiere (Firenze '53) 4 + 236 S.

Chimica [Milano] Il titànio, la calce e i titani: **2** ('47) 93–95. — Produzioni industriali: 127f. — Gli insetticidi specifici: 177f. — I parassiticidi degli antichi: 179–81. — Moderne vedute sul modo d'agire degli antiparassitari agricoli: 327–29. — L'impiego degli aerosoli come dispersivi dei parassiticidi: **3** ('48) 9f. — Moderni metodi di produzione del minio e del litargirio: **4** ('49) 11–16. — I mezzi chimici per la distruzione dei parassiti della lana, delle pelliccie e dei pellami: 57–60. — I mezzi chimici per la conservazione di legnami, pasta di cellulosa e carta: 385–88. — L'arte dei surrogati nella Divina Commedia: **5** ('50) 325–27. — La produzione dei fluosilicati e del gel di silice nelle fabbriche di concimi fosfatici: **6** ('51) 426–28. — I detersivi degli antichi ed il sapone: **7** ('52) 161–64. — Nuove ed antiche applicazioni tecniche del rame carbonilo: 284f. — Il passato, il presente e l'avvenire dei concimi fosfatici: 451–55.

Chimica Industria, Agric., Biol., Realizzaz. (autarch. e) corporat. Der Verbrauch von Platin in Apparaten für die Oxydation von Ammoniak: **13** ('37) 95f. — Die technische Chemie in Gallien vor der Eroberung durch die Römer: 97–101. — Die technische Chemie in der Kultur der alten Germanen: 164–67. — Die technische Chemie auf der iberischen Halbinsel zu den Zeiten der römischen Eroberung: 322–28. — Die technische Chemie im antiken Griechenland: **14** ('38) 84–88. — Die populäre Alchemie: 183–87. — Die murrinischen Gefäße: **16** ('40) 371–75. — Natrium in Flugzeugmotoren: 437–39. — Chemische Mittel zur Getreidedesinfektion: 531–35. — Die Metallisierung mit Kupfercarbonyl: **17** ('41) 185f. — Über den Schutz von Getreidekörnern bei der Lagerung: 374–79. — Kassiteros und Zinn: 575–84. — Die technisch wichtigen Bleioxide: **18** ('42) 33–35. — Spurenelemente mit Düngerwirkung: 168–72. — Von der Kunst der Ersatzstoffe zur Alchemie: 307–11. — Vor- und Nachteile der industriellen Dünger: **19** ('43) 100–02. — — Alle Arbeiten ital.

Industria Vernice Modern methods of white lead production: **4** ('50) 100–05. — Iron oxide industry: 137–40. — Lead oxide industry: 145–50. — Antiparasitic varnishes: 171–75. — Phosphorescent pigments: **5** ('51) 8–11. — Modern methods of producing the derivatives of lead: 67–70. — The origins of pigment and varnish techniques: 134–38. — The utilization of metallurgic zinc oxide in pigment production: 173–75. — Ultramarine blue: **6** ('52) 179–81. — — Alle Arbeiten ital.

Prospettive autarch. Il vetro, gli specchi e gli occhiali ai tempi di Dante: **3** ('42) 37–. — Evoluzione nell'industria dei fertilizzanti: 39–52.

VI **CROCCO,** Gaetano Arturo. Aeronautik. — 1926-47 Prof.: R. Scuola d'Ingegneria, Roma → Scuola d'Ingegneria aeronautica, R. Istituto Superiore d'Ingegneria → Facoltà d'Ingegneria aeronautica, Univ. di Roma (Preside della Facoltà); Prof. emerito, Univ. di Roma; '28- Tenente Generale nella Riserva del Genio Aeronautico e Direttore Generale delle Costruzioni e degli Approvvigionamenti nel Ministero dell'Aeronautica; '29-51 Presidente del Reparto Aeronautico nel Consiglio Nazionale delle Ricerche; '32-33 Direttore Superiore degli Studi e delle Esperienze Aeronautiche. — '07 Medaglia d'Oro Cagnola (Istituto Lombardo di Scienze e Lettere); Médaille d'Or (Acad. Sci. Paris); Premio Santoro (R. Accad. Nazion. dei Lincei); Médaille d'Argent Herman Obérth; Medaglia d'Oro (Civico Istituto Colombiano).
*1877, Okt. 26, Napoli.

Zur Biogr. Annuario pontificia Accad. Sci. **1** ('36/37) 246–57 (m. Bildn., Faks., Schr.verz.). — Annuario reale Accad. Italia **4.** 1931/32 ('33) 137–45 (m. Bildn., Faks., Schr.verz.); **5.** 1932/33 ('34) 111–14 (m. Schr.verz.); **6.** 1933/34 ('35) 119–22 (m. Schr.verz.); **7.** 1934/37 ('38) 122–25 (m. Schr.verz.). — Jahrb. dtsch. Akad. Luftfahrtforsch. **1.** 1937/38 ('38) 161f. (m. Bildn., Faks.; 249–55: Schr.verz.). — Annuario generale, Accademia Nazionale dei XL (Roma '61) 89–101 (m. Bildn., Faks., Schr.-verz.).

S. Atti II Convegno di medicina aeronautica, Milano 1937 (Milano '38): I problemi degli effetti della sopportazione sull'organismo umano.

W. Problemi aeronautici dagli albori fino alla guerra (Roma '33) 524 + 27 S. — Elementi di aviazione 1 ²(Roma '33) 636 S. — Le alte velocità in aviazione ed il Convegno Volta. Relazione al Quinto Convegno Volta (Roma '35) 13 S. — I segreti dell'arma aerea (Roma '40) 188 S. — Equazioni concettuali della meccanica del volo. Begriffsgleichungen der Flugmechanik (München '41) 169 S. (Schriften d. Deutschen Akad. d. Luftfahrtforschung, 38). — Grundsätzliche Untersuchung des Instrumentenfluges (München–Berlin '42) 91 S. — L',,ubi consistam" di Archimede nelle virtù della propulsione e reazione (Roma '51) 17 S. (Accad. nazion. dei Lincei. Problemi attuali di scienza e di cultura, Quaderno No. 23).

Aerotecnica Problemi di idroaviazione: **13** ('33) Jan./Febr. — Volo strumentale: April. — Tempi e spazi di partenza e atterramento nei velivoli: **17** ('37) Aug./Sept. — Equazioni concettuali della meccanica del volo: **20** ('40) 538–80; **21** ('41) 3–45. — Equazione generale della gran volta: **22** ('42) 5–19, 395–414. — I parametri cinematici nella meccanica del volo: **29** ('49) Jan. — La sopportazione fisiologica nei missili a reazione: **31** ('51). — Le ricerche aeronautiche in Italia: **33** ('53). — Bibliografia della ricerca aeronautica in Italia dal 1940 al 1953: ibid. — I fondamenti dell'astronautica: ibid. — Dal dirigibile al missile: ibid., Nr. 1. — Quesiti sui missili geodetici: **34** ('54) Nr. 2. — Discorso del gradiente: Nr. 3. — Il divenire del velocismo aereo: **35** ('55) Nr. 2.

Aircraft Engng. Flying in the stratosphere: **4** ('32) Nr. 41 u. 42.

Atti (reale) Accad. nazion. Lincei, Rend. Di una condizione de sicurezza nell'avvitamento dei velivoli: (6) **15** ('32) 5–11. — La stabilità nel volo strumentale: **16** ('32) 71–77. — Considerazioni sulla resistenza indotta di un'ala portante: **19** ('34) 8–12. — Sul ,,fuoco" di un biplano: 669–76. — Stabilità statica e stabilità cinetica nei motovelivoli: **20** ('34) 149–53. — Il concetto di ,,fuoco" nella stabilità dei velivoli: 233–38. — La sicurezza dei velivoli all'incontro con una raffica ascendente: **22** ('35) 3–11. — I fattori della stabilità staticocinetica nei motovelivoli: **27** ('38) 267–75. — Applicazione dell'energia atomica alla navigazione interplanetaria: (8) **1** ('46). — Il superamento della velocità del suono in aviazioni: **1** ('46); **2** ('47). — Turboelica e turbogetto: **8** ('50) 428–34. — La barriera della temperatura nei missili geodetici: **10** ('51) 97–103; ~ 2: Dinamica del missile a getto attivo: **11** ('51) 3–10. — Passaggio apparente della terra sul sole in una escursione Terra–Marte: **18** ('55) 245f. — Formulazioni di meccanica astronautica: **19** ('55) 3–12. — Modesto Panetti †: **24** ('58) 464–72.

Civiltà Macchine Anticipazioni di nautica interplanetaria: **3** ('55). — Possibilità e limiti della cosmonautica: **5** ('57).

Commentationes, Pontificia Acad. Sci. L'iperbole di stabilità laterale nella dinamica dei velivoli: **1** ('37) 176–95. — L'elisse di stabilità longitudinale nella dinamica dei velivoli e dei motovelivoli: **2** ('38) 366–410; ~ 2: Della stabilità del motovelivolo: **4** ('40) Nr. 10. — Equazione generale della gran volta: **6** ('42) Nr. 7.

Corriere Spazio La Maginot dello spazio: **1959**, Nrn. 2–4.

Illustrazione ital. Il primo passo verso l'astronautica: **1958**, Nr. 4.

Interavia [Genf] Italiens Beitrag zur Luftfahrtforschung in den ersten zwanzig Jahren unseres Jahrhunderts: 8 ('53) 382–85.

J. amer. Rocket Soc. The crucial problem in astronautics: Recovery of multistage vehicles: **24** ('54) 313–15.

Memorie Cl. Sci. fisiche, mat. e natur., Reale Accad. Italia Criteri di analisi del ,,volo strumentale": **4** ('33) 677–758.

Missiles and Rockets How to travel outside our solar system: **3** ('58) Nr. 4.

Missili Premesse scientifiche al diritto spaziale: **1** ('59) Febr.

Nuova Antol. La scienza nell'arte della guerra aerea: **1940**, 12 S. — Il diavolo e l'energia atomica: **1948**.

Rivista aeronaut. La scienza nell'arte della guerra aerea: **16** ('40) 403–18. — Contributi alla verità su la spedizione polare dell',,Italia": **21** ('45) Nrn. 5–6, 60 S. — Cronistoria dei dirigibili dal 1913: Nr. 6, 9–21.

Sapere Velocità: **1935**, Nr. 1. — Volo stratosferico: Nr. 8. — Battaglie aerodinamiche: Nr. 14. — L'aria compressibile: Nr. 21.

Tempo [Milano] Prima e dopo il satellite: **1957**, Nrn. 43–48.

Vie Aria I fenomeni del volo curvo: **1937**, Nr. 50–51. — Il coefficiente balistico: **1938**, Nr. 26.

Einige weitere Artikel, insbesondere in Kongreßberichten.

V, VI **CROMMELIN,** Andrew Claude de la Cherois. Astron. — 1891-1927 Assistant, Royal Observatory, Greenwich. — '37 Walter Goodacre Gold Medal (British Astronomical Association).

*1865, Febr. 6, Cushendum, Co. Antrim, Irland;

†1939, Sept. 20.

Nekr. C. R. Davidson, Monthly Notices roy. astron. Soc. **100** ('39/40) 234–36. — P. J. Melotte, Ciel et Terre **56** ('40) 166–68 (m. Bildn.). — E. S., Nordisk astron. Tidsskr. **21** ('40) 34f. — L'Astronomie (BSAF) **53** ('39) 439. — Bull. Assoc. astron. Nord **13** ('39) 63f.

— Nature [London] **144** ('39) 578. — Observatory **62** ('39) 278; **63** ('40) 11–13. — Populär astron. Tidsskr. **21** ('40) 80. — Popular Astronomy **47** ('39) 518. — Publ. astron. Soc. Pacific **51** ('39) 365f.

S. Encyclopaedia Britannica. A new survey of universal knowledge **2** (Chicago–London–Toronto ... '65) 634f.: Asteroids[3])[2]); **8** ('65) 687f.: Eros[1]).

W. Comets. Their nature, origin and place in the science of astronomy (m. M. Proctor) (London '37) 11 + 204 S.

Astronomische Nachr. On the identity of the three comets 1818 I, 1873 VII, 1928 III: **261** ('36) 83–86.

Circular brit. astron. Assoc. Interesting object discovered at Uccle: **164** ('36). — The Delporte object, now called planet 1936 CA: **165** ('36).

J. brit. astron. Assoc. Observations of the great comet of 1811 by John Bransby: **42** ('32) 256f. — The expected return of Finlay's comet: **43** ('33) 156–58. — The comet (or comets) 1858 III (Tuttle) and 1907 III (Giacobini): 374–76. — The past history of comet Pons-Coggia-Winnecke-Forbes: **44** ('34) 238–42. — A partial transit of Mercury: 266f. — Giovanni Virginio Schiaparelli: **45** ('35) 288. — The new minor planet Hermes (Reinmuth 1937 UB): **48** ('38) 161–63. — Note on the shape of Eros and its light-changes: 215f. — The orbit of Hermes: 242f. — The South African total solar eclipse of 1940, October 1: 296.

Monthly Notices roy. astron. Soc. Supplementary note on the orbit of comet Pons-Coggia-Winnecke-Forbes at various apparitions: **92** ('32) 451f.

Nature [London] Halley's comet in 1909–1911: **131** ('33) 282.

Observatory The centenaries of Newcomb and Schiaparelli: **58** ('35) 81f. — Do comets belong to the solar system?: 87–89.

Popular Astron. Comet 1941b Encke, ephemeride: **49** ('41) 98.

Rep. Progr. Physics Recent progress in astronomy: **5** ('39) 82–99.

Weitere Beobachtungen beschrieben in: J. brit. astron. Assoc.; Observatory; Circulaire, Union astron. int. u. a.

Mit: [1]) D. Brouwer; [2]) G. P. Kuiper; [3]) F. L. Whipple.

VI **CROMMELIN,** Claude August. Physik. — **1924-43** Lector, Adjunct-Directeur, Kamerlingh Onnes Laboratorium, Univ. Leiden; **'31-48** Directeur, Nederlandsch Historisch Natuurwetenschappelijk Museum (= 1947- Rijksmuseum voor de Geschiedenis der Natuurwetenschappen), Leiden; **'38-45** Dir. der Leidsche Instrumentmakersschool. — '49 Museumsmedaille in Silber (Königin der Niederlande).

*1878, Dez. 22, Nieuwer Amstel bei Amsterdam.

Zur Biogr. B. A. van Proosdij, Matériaux pour l'histoire des sciences du temps moderne, 9: Janus **47** ('58) 249–58 (m. Schr.-verz. 131 Nrn.).

S. 6e Congrès international du froid, Buenos Aires 1932. Première commission internationale (Commission Kamerlingh Onnes) de l'Institut international du froid. Rapports et communications (Leiden '32) 68–72: La courbe des densités du liquide et de la vapeur saturée et le diamètre rectiligne de l'oxyde de carbone[4])[1]); 73–76: Rapport sur les déterminations des tensions de vapeur, du point critique et du point triple de l'oxyde de carbone, faites au Laboratoire cryogène de Leiden. — Nederlandsche helden der wetenschap (T. P. Sevensma) (Amsterdam '47): Heike Kamerlingh Onnes. — J. S. Bartstra, W. Banning, Nederland tussen de natiën, **2** (Amsterdam '48): De bijdragen, die Nederland geleverd heeft tot de ontwikkeling der natuurkunde sinds het begin der 17de eeuw. — Orientalia Neerlandica (Leiden '48) 240–56: Un astrolabe de Lahore du XVIIème siècle dans la collection du Musée national de l'histoire des sciences exactes et naturelles à Leiden. — Eerste Nederlandse systematische encyclopaedie, **9** (Amsterdam '50): Uitvindingen en ontdekkingen, 1: Astronomie (benevens zeevaartkunde en landmeetkunde); ~ 2: Natuurkunde (benevens meteorologie). — Les inventeurs célèbres, sciences physiques et applications (Paris '50) (Galerie des hommes célèbres, 6): Heike Kamerlingh Onnes. — Tercentenary of Christiaan Huygens' pendulum clock 1656–1956: Catalogue of an exhibition arranged by the Science Museum and the Antiquarian Horological Society, Dec. 1956–Febr. 1957 (London '56) (Antiquarian Horological Soc., Publ. 2): Huygens' pendulum experiments, successful and unsuccessful.

W. Spinoza's natuurwetenschappelijk denken ('s-Gravenhage '39) 19 S. (Mededeelingen vanwege het Spinozahuis, 6). — Gids voor bezoekers, Rijksmuseum voor de Geschiedenis der Natuurwetenschappen (m. M. Rooseboom) (Leiden '43); ('47) 31 S. — Descriptive catalogue of the Huygens Collection in the Rijksmuseum voor de Geschiedenis der Natuurwetenschappen, Leiden (Leiden'49) 31 S. (Mededeelingen van het Rijksmuseum voor de Geschiedenis der Natuurwetenschappen, 70). — Descriptive catalogue of the physical instruments of the 18th century (including the Collection 's-Gravesande–Musschenbroek) in the Rijksmuseum v. d. Geschiedenis der Natuurwetenschappen, Leiden (Leiden '51) 74 S. (∼ 81).

Annales Physique Sur l'oxyde de carbone et l'hélium[4]): (11) **5** ('36) 137–66. – Le krypton[4])[5]): 8 ('37) 467–83.

Bull. annu. Soc. suisse Chronométrie La contribution de la Hollande à l'horlogerie: **1949.**

Bull. nation. Assoc. Watch and Clock Collectors Planetaria, a historical survey: **7** ('56) 132–.

Bull. nederl. oudheidkund. Bond Het Rijksmuseum voor de Geschiedenis der Natuurwetenschappen: (6) **2** ('49) 18–.

Centaurus [København] La force d'un corps en mouvement: **4** ('56) 360–.

Chemisch Weekbl. Het Nederlandsch Historisch Natuurwetenschappelijk Museum te Leiden[6])[8]): **31** ('34) Nr. 19. – Modellen van verbindingen met een of meer asymmetrische koolstofatomen: **34** ('37) 416f.

C. R. hebd. Séances Acad. Sci., Paris La courbe des densités et le diamètre rectiligne du krypton[4])[5]): **204** ('37) 630–33.

Elsevier's geillustreerd Maandschr. Over de kunstzinnige versiering van wetenschappelijke instrumenten: **46** ('36) Juli, 12–24.

Endeavour Die Uhren von Christiaan Huygens: **9** ('50) 64–69.

Faraday Een graphische methode ter bepaling van de plaats van de absorptiebanden in het spectrum bij kristalplaatjes en dunne vliezen: **1946.**

Gids Nieuwe denkbeelden en geestelijke verkeersmiddelen op het gebied der natuurwetenschappen in de 17de en 18de eeuw: **98** ('34) Nr. 2, 196–214. – De Hollandsche natuurkunde in de 18de eeuw en de oorsprong der natuurkundige instrumentmakerskunst: **100** ('36) Nr. 8, 196–211.

Isis Eine astronomische Handschrift aus dem 17. Jahrhundert: **31** ('39) 48–50.

J. suisse Horlogerie Les horloges de Christiaan Huygens: **72** ('47) 189–204. – L'horloge de Lotharius et Conrad Zumbach de Coesfeldt: **72** ('47). – Origine de la mesure des grandeurs physiques: **73** ('48) 257–. – La dilatation des corps solides: **74** ('49) 63–. – La loupe – son origine et son développement: 85–98. – L'introduction du chronomètre dans la marine militaire et marchande: **75** ('50) 294–97. – Les horloges de clocher: **77** ('52) 100–.

Jaarb. Maatsch. nederl. Letterkunde Leiden Rudolph Peter Johann Tutein Nolthenius, 1851–1939: **1939/40,** 54–74.

Janus Le premier Conseil Solvay (1911): **46** ('57) 161–. – The invention of the Leyden Jar[7]): 275–. – Le paradoxe de 's-Gravesande: **47** ('58) 160–65. – La roue d'Orffyreus: **49** ('60) 6 S.

Koeltechniek Kunstmatige koude in vroeger tijden: **4** ('33) Okt.

Leids Universiteitsbl. Colleges in de geschiedenis der natuurwetenschappen: **1932,** Nov. 4.

(Leidsch) Jaarb. Geschiedenis en Oudheidkunde Leiden en Rijnland De Leidsche leden van het geslacht van Musschenbroek: **31** ('39). – Huizen der Leidsche van Musschenbroeks: **37** ('45).

Maandbl. beeldende Kunsten Het Huygensschilderij van Andriaen Hanneman in het Mauritshuis: **21** ('46) 127–.

Natura [Amsterdam] De microscopen van Antony van Leeuwenhoek: **1932,** Okt. 15.

Natuur en Mensch Over Nederlandsche – in het bijzonder Amsterdamsche – globes uit de 16de, 17de en 18de eeuw: **1934,** Febr.

Nederlandsch Tijdschr. Natuurkunde Meten en wegen. De beteekenis van de quantitatieve bepaling voor de ontwikkeling der natuurwetenschappen in de 17de en 18de eeuw: **1** ('34) 145–. – Over tralieplaatjes van Nobert ter beproeving van microscopische objecten en ter demonstratie von interferentiekleuren: 305–. – Het uurwerk met den isochronen conischen slinger van Christiaan Huygens: **3** ('36) 273–. – Het uurwerk met den balansslinger van Christiaan Huygens: **4** ('37) 172–. – Over lenzen met niet-sphaerische oppervlakken: 193–. – Pendulum cylindricum trichordon van Christiaan Huygens: **5** ('38) 314–. – Uurwerken van Christiaan Huygens uit zijn laatste levensjaaren: **7** ('40) 321–. – Een instrument ter demonstratie van de interferentiefiguren van éénassige kristallen in convergent licht[2]): 383–90. – Het optische werk van Christiaan Huygens: **9** ('42) 298–310. – De kritische dichtheid: **10** ('43) 17–21.

Oud-Holland Hugeniana: **60** ('43) 1–6. – Een portret van Chr. Huygens door Pierre Bourguignon in het Trippenhuis: **64** ('49) 153–.

Physica Vapor pressures of liquid krypton[5]): **4** ('37) 1–4. – Le krypton[4])[5]): 1200–11.

Proc., Koninkl. Akad. Wet., Amsterdam La courbe des densités du liquide et de la vapeur saturée et le diamètre rectiligne de l'oxyde de carbone[4])[1])[3]): **35** ('32) 551–53. – Vapour pressures of liquid krypton[5]): **39** ('36) 1088f. – La courbe des densités et le diamètre rectiligne du krypton[4])[5]): **40** ('37) 259.

Simon Stevin Quelle courbe est égale à sa développée ? Un cas simple[9]): **30** ('54/55) 17–. – Sur l'attitude de Huygens envers le calcul infinitésimal et sur deux courbes intéressantes du même savant: **31** ('56) 1–14.

Sudhoffs Arch. Geschichte Med. u. Naturwiss. Die holländische Physik im 18ten Jahrhundert mit besonderer Berücksichtigung der Entwicklung der Feinmechanik: **28** ('35) 129–.

Tijdschr. koninkl. nederl. aardrijkskund. Genootsch. L'ascension du Mont-Blanc par H. B. de Saussure et un relief du Mont-Blanc de 1790: **66** ('49) 327–.

Wis- en natuurkund. Tijdschr. Christiaan Huygens: **9** ('38) 1–19.

Z. techn. Physik Die Elektrisiermaschine des Dr. Deiman und deren Verfertiger John Cuthbertson (mit einer Nachschrift über Jonathan Cuthbertson): **17** ('36) 105–08.

Mit: [1]) W. J. Bijleveld; [2]) H. B. G. Casimer; [3]) Ph. P. Grigg; [4]) E. Mathias; [5]) J. J. Meihuizen; [6]) J. van Alphen; [7]) C. Dorsman; [8]) C. J. van der Klaauw; [9]) W. van der Woude.

IV–VI **CROSS,** Charles Frederick. Chem. — 1879-81 Research Chemist at Barrow-in-Furness, 1882-85 Jodrell Laboratories at Kew; 1885-1927 in the Firm of Cross & Bevan, Analytical and Consulting Chemists, at New Court, Lincoln's Inn. — '16 Medal (Soc. of Chemical Industry); '18 Research Medal (Worshipful Company of Dyers); '24 Perkin Medal (Soc. of Dyers and Colourists).

*1855, Dez. 11, Brentford, Middlesex;
†1935, Apr. 15, Hove.

Nekr. E F. Armstrong, Obituary Notices Fellows roy. Soc. London **1** ('35) 459–64 (m. Bildn., Faks.). — C. Dorée, J. chem. Soc., London **1935**, 1337–40; Analyst **60** ('35) 437–39. — F. G. Hopkins, Proc. roy. Soc., London, Ser. A **153** ('35/36) 251f. — S. S. Napper, Nature [London] **135** ('35) 816f. — Chemistry and Industry **13** ('35) 905f.

W. A text-book of paper-making (m. E. J. Bevan) [5](London '36) 538 S.

V, VI **CROWTHER,** James Arnold. Physik. — 1924-46 Prof., '46 Prof. Emeritus, Univ. of Reading; '32-46 Honorary Secretary, '46-49 Vice-President, Institute of Physics, London; '36 President of the British Institute of Radiology, London; '44-46 Vice-Chairman of the Parliamentary and Science Committee.

*1883, Aug. 28, Sheffield;
†1950, März 25, Treyarnon Bay, Cornwall.

Zur Biogr. Nature [London] **157** ('46) 401, 761.

Nekr. G. Stead, British J. Radiol. **23** ('50) 311; Proc. physic. Soc. **63** ('50), Sect. A: 1374f. (m. Bildn.), Sect. B.: 1043f. (m. Bildn.). — R. Whiddington, Nature [London] **165** ('50) 750f.

W. Ions, electrons, and ionizing radiations [6](New York '34) 11 + 340 S.; [7](New York '39, London '45); [8]('49) 9 + 322 S. — A manual of physics [4](Oxford '36) 608 S.; [5](New York–Oxford '50) 594 S. — Handbook of industrial radiology (New York–London '44) 8 + 203 S.; [2]('49) 8 + 218 S.

British J. Radiol. The influence of x-radiation on the stability of ferric oxide sol[4])[5]): **9** ('36) 631–36. — Presidential Address. Physics and radiology: 767–75. — The biological action of x-rays – a theoretical review: **11** ('38) 132–45.

Endeavour Die Wissenschaft in der USSR: **1** ('42) 21–.

J. sci. Instruments Training of industrial physicists: **13** ('36) 141–43.

Nature [London] An effect of x-radiation on the ζ potential of colloidal graphite[4]): **140** ('37) 28f.; **141** ('38) 609. — Effect of increasing doses of x-radiation on colloidal gold: **142** ('38) 569. — An effect of gamma radiation on egg albumin[4]): **143** ('39) 598. — Sir J. J. Thomson †: **146** ('40) 351f. — Science and government: **147** ('41) 415. — Employment of physicists: **148** ('41) 756. — Impact of the physical sciences on society: **149** ('42) 96–98. — Sir William Bragg †: 350f. — Education and training of physicists: **150** ('42) 568f. — Future of university education: **151** ('43) 171. — Röntgen centenary and fifty years of x-rays: **155** ('45) 351–53. — Röntgen centenary: 548. — Discovery of radioactivity: **161** ('48) 609.

Philosophical Mag. and J. Sci. On the absorption of x-rays in gases and vapours, 2[6]): (7) **13** ('32) 505–23. — An effect of x-radiation on colloidal carbon[4])[3]): **24** ('37) 654–64. — A study of the action of ionizing radiations on colloidal graphite[4])[2]): **26** ('38) 120–28. — Further observations on the action of x-rays on the electrophoretic mobility of colloid particles[4])[2]): **28** ('39) 64–72. — Action of ionizing radiations on electrophoretic mobility of colloid particles[4])[2]): **29** ('40) 391–99.

Proc. physic. Soc. Sir J. J. Thomson[1]): **53** ('41) 305–16.

Strahlentherapie Die biologische Wirkung der Röntgenstrahlen: **62** ('38) 569–83.

Mit: [1]) M. Born; [2]) R. Jones; [3]) T. B. Lane; [4]) H. Liebmann; [5]) C. C. Mills; [6]) L. H. H. Orton.

V, VI **CROZE,** François. Physik, Astrophysik. — 1916 Maître de Conférences, puis Prof., Faculté des Sciences, Univ. de Nancy; '33-54 Prof. à la Sorbonne, Paris. — '10 Prix Trémont (Fac. des Sci., Paris); '26 Prix Hughes (Acad. Sci. Paris); '26

Prix Félix Robin (Soc. franç. de Physique); '32 Prix Louis Ancel (Soc. franç. de Photogr.); '42 Prix Paul Marguerite de la Charlonie (Acad. Sci. Paris); '46 Prix L. La Caze (Acad. Sci. Paris).

*1884, Juni 11, Courpière, Puy de Dôme.

S. Verhandelingen, op 25 Mei 1935 aangeboden aan P. Zeeman ('s-Gravenhage '35) 268–79: Sur les effets Zeeman anormaux dans les spectres atomiques[4]).

Bull. Union Physiciens Sur le minimum de déviation dans le prisme: **292/93** ('36) 397–99. — Sur quelques points de la théorie du prisme: **332/34** ('40) 145–62.

C.R. hebd. Séances Acad. Sci., Paris Sur les aberrations de coma des faisceaux de grande inclinaison: **196** ('33) 913–16. — Sur les formules générales de la réfraction d'un pinceau lumineux: **200** ('35) 1580–83, 2150–53. — Sur les expressions du principe de Huygens pour les ondes électromagnétiques[3]): **228** ('49) 236–39; ~[1]): 305–07. — Réduction à l'unité des expressions du principe de Huygens pour les ondes électromagnétiques[2]): 824–26. — Sur la signification de la loi de la propagation rectiligne de la lumière en optique ondulatoire[1]): **230** ('50) 200–03.

J. Physique et Radium Sur les aberrations de coma des faisceaux de grande inclinaison: (7) **4** ('33) 75S–77S.

Revue Opt. théor. et instrument. Sur l'optique du spectroscope, 1: Sur le grossissement et la dispersion des systèmes de prismes: **13** ('34) 1–8.

Mit: [1]) P. Boillet; [2]) G. Darmois; [3]) E. Durand; [4]) P. Jacquinot.

V, VI **CRUDELI,** Umberto. Math. Physik. — 1928-34 Prof. ord. Meccanica razion., Univ. di Cagliari; '34-35, '45-48 Prof. ord., '48 Prof. emerito, Univ. di Palermo; '35-45 Prof. ord., Univ. di Napoli.

*1878, Mai 30, Macerata;

†.

S. Verhandlungen des internationalen Mathematiker-Kongresses, Zürich 1932, **2** (Zürich '33) 309f.: Su la probabilità di presenza dell'elettrone secondo la meccanica ondulatoria.

W. On a report on Italian contributions to modern mathematics (Cagliari '32) 6 S. — Einstein's gravitational theory and terrestrial field (Cagliari '32) 4 S. — Nozioni varie di algebra e di geometria (Portici–Napoli '42). — Lezioni sulle probabilità (Napoli '43) 157 S. — Spigolature nel campo critico della costruzione scientifica (Ascoli–Piceno '48) 20 S. — Raccoglimenti (Ascoli–Piceno '52) 62 S.

Boll. Unione mat. ital. Inversione delle derivazioni: **15** ('36) 65f. — Sulla formula di Gauss nella teoria dei campi vettoriali: **16** ('37) 177.

Enseignement math. Le champ terrestre de la gravitation au point de vue relativiste: **31** ('32) 275f.

Memorie Soc. astron. ital. Su gli astri uniformemente rotanti con particolare riguardo al caso elementare della terra: **7** ('33) 131–36. — Sul teorema di Stokes per il potenziale all'esterno di un astro. Determinazione della gravità superficiale: 201–06. — Sulla ricerca di figure d'equilibrio dei fluidi rotanti: **9** ('35) 113–16.

Nuovo Cimento Sulla probabilità di presenza dell'elettrone secondo la meccanica ondulatoria: **10** ('33) 52–56.

Quarterly J. Math., Oxford Ser. The motion of the probabilistic fluid of presence of the electron in relativistic wave mechanics: **4** ('33) 113–16.

Rend. Circolo mat. Palermo Sulle velocità angolari degli astri rotanti nella teoria dell'equilibrio relativo: **57** ('33) 308–10. — Il problema fondamentale di Stekloff nella teoria dei campi vettoriali: **58** ('34) 166–74. — Problema esistenziale nella ricerca di figure d'equilibrio dei fluidi rotanti: **59** ('35) 336–42.

Rend. Semin. Fac. Sci. R. Univ. Cagliari Sul principio delle interferenze nella meccanica ondulatoria: **3** ('33) 1–6. — Sul problema fondamentale di Stekloff nella teoria dei campi vettoriali: 33f.

V, VI **CRUSSARD,** Louis. Chem. Technol. — 1901-19 Prof., Ecole des Mines, Saint-Etienne; '19 Ingénieur en Chef des Mines, '29-41 Inspecteur général des Mines, Paris; '20 Fondateur, '20-36 Directeur technique, '36 Directeur honoraire, Vice-Président du Conseil d'Administration, Ecole des Mines, Nancy; '38 Président de la Société Commerciale des Potasses d'Alsace; '38 Président du Conseil d'Administration, '40 Directeur général, '41-44 Vice-Président, '44-59 Ingénieur-conseil, Mines domaniales; '42-59 Ingénieur-conseil de la Société des Mines de l'Ouenza. — '28 Médaille d'Or (Revue de l'Industrie minérale); Médaille Trasenster (Assoc. des Ingénieurs de Liège).

*1876, Juni 10, Neufchâteau, Vosges; †1959, Jan. 2.

Nekr. Louis Crussard, sa vie, son œuvre (Paris '60) 149 S. (m. 2 Bildnissen, Faks., Schr.verz.).

Annales Mines La situation de l'industrie minérale en 1931 dans l'arrondissement minéralogique de Lyon: **2** ('32) 87–92. – La situation de l'industrie minérale en 1931 dans l'arrondissement minéralogique de Marseille: 93–95. – Les exploitations minérales de l'arrondissement minéralogique de Marseille en 1931: **4** ('33) 332f. – Les exploitations minérales de l'arrondissement minéralogique de Lyon: 334–37. – Les exploitations de l'arrondissement minéralogique de Lyon en 1933: **6** ('34) 268–71. – Les exploitations de l'arrondissement minéralogique de Marseille en 1933: 272–74. – Les exploitations de l'arrondissement minéralogique de Lyon en 1934: **8** ('35) 294–98. – Les exploitations de l'arrondissement minéralogique de Marseille en 1934: 299–301.

Chaleur et Industrie La constitution des houilles: **15** ('34) 17–23.

Fuel Sci. and Practice The constitution of coal. Significance of the problem, and methods of research: **13** ('34) 16–22.

J. Usines Gaz Etude sur l'essai d'agglutination des houilles[1]): **57** ('33) 33–41, 65–70, 82–89, 136–44. – Etudes sur la réactivité des houilles au permanganate[1]): **61** ('37) 521–31, 542–51.

Revue Industrie minérale Etude sur l'essai d'agglutination des houilles[1]): **1932**, 389–408, 409–26. – Les charges de terrain dans leurs rapports avec l'élasticité: **1934**, Mém. No. 322, 275–90. – H. LeChatelier: **1937**, 67–71. – Etudes sur la réactivité des houilles au permanganate[1]): Mém. No. 398, 373–97. – Les données récentes sur la structure des houilles: **1938**, Mém. No. 422, 331–50.

Mit: [1]) G. Gauzelin.

VI **CRUTO,** Alfonso Giuseppe Francesco. Biochem. — 1932-35 Libero Doc., Univ. di Roma; '32-35 Dir. dei Laboratori scientifici dell'Istituto Farmacologico Serono, Roma.

*1892, Jan. 2, Piossasco, Torino;

†1935, Febr. 23, Roma.

Nekr. C. Serono, Rassegna Clin., Terap. e Sci. affini **34** ('35) H. 1, 2 S. (m. Bildn.).

S. Trabajos del IX Congreso internacional de química pura y aplicada, Madrid 1934, **5** (Madrid '35) 104–07: Über die photoaktiven Ausstrahlungen einiger belichteter organischer Substanzen[2]) [ ]; 302–07: Untersuchung über Aufnahme und Ausscheidung von Kalk durch den Darm [ ].

W. Manuale di analisi chimica, clinica, fisiopatologica ed igienica ad uso dei medici e studenti (m. C. Serono) [2](Torino '32) 15 + 483 S.

Archives ital. Biol. Sur l'action des hormones préhypophysaires sur les plantes[2]): **91** ('34) 93–95.

Bull. Soc. Chim. biol. Sur les émanations photoactives de quelques substances organiques irradiées[2]): **15** ('33) 833–39.

Gazz. chim. ital. Sulle emanazioni fotoattive di alcune sostanze organiche irradiate[2]): **62** ('32) 1203–09.

Rassegna Clin., Terap. e Sci. affini La presenza della vitamina D nella Bioplastina Serono[1]): **32** ('33) 383–90. – Sull'azione degli ormoni preipofisari sulle piante[2]): **33** ('34) 1–5. – Ricerche sull'assorbimento e sull'eliminazione del calcio per via intestinale: 232–38.

Mit: [1]) R. Montezemolo; [2]) C. Serono.

VI **CULVER,** Charles Aaron. Physik. — 1907-20 Instructor and Prof., Beloit College, Beloit, Wis.; '20-23 Chief High Frequency Engineer, Canadian Radio Corporation; '23-46 Prof., '46 Prof. Emeritus, Carleton College, Northfield, Minn.; '47-51 Visiting Prof., Park College, Parkville, Mo.; '51-54 Senior Physicist, Southwest Research Institute, San Antonio, Texas.

*1875, Sept. 22, Fillmore County, Minn.

MH. H. F. Turner, Your experiment guide in physics for use with any physics textbook (New York '40). – H. F. Turner, Workbook and laboratory manual in physics for use with any physics textbook. Revised edition (New York '40).

W. Textbook of physics; for students of science and engineering (New York '36) 10 + 816 S. – Musical acoustics (Philadelphia '41) 13 + 194 S.; [2]('47) 14 + 215 S.; [3]('51) 14 + 215 S.; [4]('56) 305 S. – Theory and applications of electricity and magnetism (New York '47) 7 + 594 S.

Proc. Inst. Radio Engr. Series modulation: **23** ('35) 481–95.

Review sci. Instruments Synthephone[1]): **10** ('39) 319–21.

Science Counselor Construction and use of a Geiger-Müller counter assembly: **12** ('49) 87–89, 104.

Mit: [1]) D. T. Williams.

V, VI **CUMMING,** Alexander Charles. Chem. (analyt., industr.). — 1908-21 Lecturer, Univ. of Edinburgh; '21-38 Industrial Chemist, McFie & Sons, Ltd.

*1880, Melbourne, Australien;

†1940, Sept. 28.

Nekr. L. Dobbin, J. E. Mackenzie, J. chem. Soc., London **1941**, 54f.

W. Textbook of quantitative chemical analysis [6](London–Edinburgh '34) 15 + 482 S.; [7]('39); [8]('43); [9]('45); [10]('49); [11]('56) 16 + 541 S.

VI **CUMMING,** William Murdoch. Chem. (org.). — 1933-49 Prof. of applied Chemistry, '44-49 Director of School of Chemistry, Royal Technical College, Glasgow; External Examiner to the Universities of Glasgow, Edinburgh, Durhám, Birmingham, London; '39-45 Head of Explosives Research, Scotland, Ministry of Supply; '39-45 Senior Gas Adviser, Scotland, Ministry of Home Security; '49-56 Technical Director to the British Dyewood Co., Ltd.; '56-61 Technical Consultant.

*1891, Nov. 2, Kilsyth, Stirlingshire.

Bildn. Oil shale and cannel coal, 2nd Conference, Glasgow 1950 (London '51) 8.

Zur Biogr. Nature [London] **164** ('49) 862.

S. Conference on oil shale and cannel coal, London 1938 (London '38) 423–42: Recent survey of Scottish cannel[18]); 2nd ∼, Glasgow 1950 (London '51) 1–13: James Young and the Young Chair. — Proc. 11th International congress of pure and applied chemistry, London 1947, 5 (London '47) 1149–57: Practical training in chemical engineering[20]).

W. Systematic organic chemistry; modern methods of preparation and estimation (m. I. V. Hopper, T. S. Wheeler) [3](London '37) 24 + 548 S.; [4]('50) 28 + 556 S.

Analyst Use of aminosulfonic acid in the determination of nitrites[1]): **68** ('43) 273f.

Biochemical J. Tetryl dermatitis, 1: Ultraviolet irradiation of tetryl (2,4,6-trinitrophenylmethylnitramine)[4]): **40** ('46) 20–27; ∼ 2: The interaction of aromatic nitrocompounds with amino acids and proteins[4]): 640–44.

British J. industr. Med. Determination of air-borne trinitrotoluene, tetryl, and dinitrotoluene[25]): **2** ('45) 83–85. — Dust hazards in explosives industry: **4** ('47) 15–19. — Tetryl dermatitis and its prevention: 147–55. — Barrier creams and their evaluation[6])[8])[15]): 237–41.

Chemical Industries The trend of chemical engineering[20]): **43** ('38) 505–07.

Chemical Products and chem. News Scotland's contribution to the chemical industry: **12** ('49) 363–65.

Chemistry and Industry The trend of chemical engineering[20]): **16** ('38) 851–59. — William Murdoch: **1956**, 88.

J. appl. Chem. Physicochemical studies on dusts, 1: A high solubility layer on siliceous dust surfaces[7])[19]): **2** ('52) 31–41; ∼ 3: Factors affecting the wetting of air-borne silica dusts by aqueous sprays[16])[19]): 413–22; ∼ 4: Accuracy of chemical estimation of free silica in rocks and mineral dusts[9])[19]): 658–63. — Chromium hexacarbonyl, 1: The preparation and stability of chromium hexacarbonyl[13])[19]): 624–32; ∼ 2: Chromium hexacarbonyl as a fuel additive[13])[19]): **5** ('55) 39–52.

J. chem. Soc., London Some dinaphthyl bases, 1: Syntheses and properties[14]): **1932,** 528–34; ∼ 2: Reduction of 1,1'-azoxy- and 1,1'-azo-naphthalenes; isolation of 1,1'-hydrazonaphthalene[14]): **1933,** 133f. — The reaction of quinoline and benzaldehyde[11]): **1932,** 2666.

J. roy. Inst. Chem. Royal Philosophical Society of Glasgow: **1955,** 462–68. — George Gerald Henderson: **1956,** 325–27.

J. roy. techn. College, Glasgow The reduction of o- and p-nitrobenzaldehydes and some of their derivatives in neutral solution[10])[2])[3]): **2** ('32) 596–600. — Naphthidine bases[14]): **3** ('33/36) 26–35. — α-Sulfonic acid derivatives of naphthalene[17]): 223–30. — Substituted naphthalenesulphonic acids and their derivatives[17]): 562–68. — The formation of binaphthyldisulfonic acids[17]): **4** ('37/40) 61–71. — Metallic complexes of certain o-substituted azo dyes[5])[23]): 617–32. — Chemical analysis of milk powder[22]): 633–42. — Effect of certain amidines and related compounds on plant and bacterial growth[12]): **5** ('50) 70–79.

J. Soc. chem. Industry, Trans. The hydroferro- and hydroferricyanides of the alkaloids, 3[24]): **51** ('32) 273–76. — Estimation of impurities in tetryl (2,4,6-trinitrophenyl-methylnitramine)[4]): **67** ('48) 206–10.

J. Soc. Dyers and Colourists Chemical reactions under pressure: **52** ('36) 81–86.

Nature [London] An automatic recording infra-red spectrometer[4]): **164** ('49) 105f.

Proc. chem. Engng. Group Soc. chem. Industry The trend of chemical engineering[20]): **20** ('38) 70–80.

Mit: [1]) W. A. Alexander; [2]) H. G. A. Anderson; [3]) R. Ashcroft; [4]) I. A. Brownlie; [5]) J. L. Boyle; [6]) M. C. Cameron; [7]) D. W. Clelland; [8]) E. B. Cumming; [9]) P. B. Dempster; [10]) J. G. Duncan; [11]) J. G. Gillan; [12]) E. Golombok; [13]) J. A. Horn; [14]) G. Howie; [15]) M. C. Macraild; [16]) W. H. S. Massie; [17]) G. D. Muir; [18]) H. B. Nisbet; [19]) P. D. Ritchie; [20]) F. Rumford; [21]) —; [22]) R. O. Scott; [23]) A. B. Steven; [24]) J. A. Stewart; [25]) W. G. D. Wright.

V, VI **CUMMINGS,** Louise Duffield. Math. — 1902-15 Instructor, '15-19 Assist. Prof., '19-27 Assoc. Prof., '27-36 Prof., Vassar College, Poughkeepsie, N.Y.

— '27 Hon. D. Sc. (Univ. of Toronto, Ontario, Can.).

*1870, Nov. 21, Hamilton, Ont., Can.; †1947, Mai 9, Wayne, Mich.

Nekr. Annual Rep., Carnegie Foundat. Advancement Teaching **1946/1947**, 68f.

Bull. amer. math. Soc. Hexagonal systems of seven lines in a plane: **38** ('32) 105–10. — Heptagonal systems of eight lines in a plane: 700–02. — On a method of comparison for straightline nets: **39** ('33) 411–16.

VI **ČUPR,** Johann Karel. Math. — 1921 Privatdoz., '23 außerord. Prof., '28-51 ord. Prof., Vorstand des II. Math. Inst., Böhm. Techn. Hochsch., spätere Techn. Univ. Dr. E. Beneš, Brno.

*1883, Dez. 27, Neuschloß, Bez. Hohenmauth, Böhmen; †1956, Sept. 22, Brno.

Nekr. F. Balada, Čas. Pěst. Mat. **81** ('56) 494f. — L. Frank, ibid. **82** ('57) 117–20 (m. Bildn., Schr.verz. 60 Nrn.).

W. Organisace účtárny stredního podniku průmyslového [Organisation der Buchhaltung eines Zentralindustrieunternehmens] (Praha '41) 175 S. (Economica, 8). — Přehled geometrie ke zkouškám. Vybrané stati z elementární geometrie [Übersicht über die Geometrie für Prüfungen. Ausgewählte Aufsätze zur Elementargeometrie] (Brno '41) 56 S. — Přehled algebry ke zkouškám. Vybrané stati z elementární algebry [Übersicht über die Algebra für Prüfungen. Ausgewählte Aufsätze zur Elementaralgebra] (Brno '42) 56 S. — Aritmetické hry a zábavy [Arithmetische Spiele und Unterhaltungen] (Praha '42) 73 S.; 2('49) 81 S. (Cesta k vědění, 21). — Úvod do nomografie [Einführung in die Nomografie] (Praha '44) 92 S. (Elektrotechnický Svaz). — Numerické řešení rovnic [Numerische Lösung von Gleichungen] (Praha '45) 82 S.; 2('47) (Cesta k vědění, 28). — Matematika, I, IIA, IIB (Brno '46) 171 S., 100 S., 150 S. (Donátův fond při Benešove Technice v Brně). — Užití integrálního počtu ve vědách technických a přírodních [Anwendung der Integralrechnung in der Technik und in den Naturwissenschaften] (Brno '46) 75 S. (~). — Diferenciálni rovnice v inženýrově praxi [Differentialgleichungen in der Praxis eines Ingenieurs] (Brno '47) 80 S. (~). — Geometrické hry a zábavy [Geometrische Spiele und Unterhaltungen] (Praha '49) 101 S. (Cesta k vědění, 38). — Matematické zábavy a hry [Mathematische Unterhaltungen und Spiele] (Praha '53) 178 S.

Čas. Pěst. Mat. a Fysiky Über ein unbekanntes Manuskript über Geometrie von J. A. Komenský: **64** ('35) 244f. [tschech.]. — Zum 200. Geburtstag von Stanislav Vydra: **70** ('41) 4 S. [tschech.].

Elektrotechnický Obzor Über eine bestimmte Differenzengleichung: **22** ('33) 1 S. — Über ein bestimmtes System von Differenzengleichungen: 2 S. — Exakte Berechnung der Leitung: **23** ('34) 4 S. — Bemerkungen zur Berechnung der Leitung bei großen Spannfeldern: **25** ('36) 5 S. — Elementarbeweis von Heaviside's Verfahren: **30** ('41) 4 S. — — Alle Arbeiten tschech.

Naše Věda 75 Jahre Verein Tschechoslowakischer Mathematiker und Physiker: **19** ('38) 4 S. — Tschechische Mathematik 1940–1945: **24** ('46) 8 S. — Zur Literatur über philosophische Anstalten in Böhmen und Mähren: 6 S. — — Alle Arbeiten tschech.

Práce Moravské přírod. Společnosti Zwei Lösungsmethoden für nichthomogene lineare Differentialgleichungen: **8** ('33) Nr. 7, 25 S. — Das Verfahren von Heaviside für Gleichungssysteme: **11** ('38) Nr. 8, 10 S. — Stanislav Vydra und seine Zeit: **13** ('41) Nr. 11, 28 S. — Das Verfahren von Heaviside und die Laplace-Transformation: **14** ('42) Nr. 1, 30 S. — Über die elastische Kettenlinie: **15** ('43) Nr. 11, 16 S. — Über die Wärmeleitung in zwei konzentrischen hohlen Kugeln und in zwei gleichachsigen hohlen Zylindern: **17** ('45) 10 S. — — Alle Arbeiten tschech.

Sborn. vysoké Školy techn. Brně Beitrag zur mathematischen Seite der Außenleitung: **8** ('34) Nr. 31, 12 S. — Über das Verfahren von Heaviside: **10** ('36) Nr. 37, 21 S. — Der große Satz von Fermat für p = 23, 29, 41: **11** ('37) Nr. 41, 9 S. — Über die diophantische Gleichung $x^n + y^n = c^n$: **12** ('38) Nr. 47, 15 S. — Bewegung eines elastisch aufgehängten Körpers: **13** ('39) 12 S. — Bemerkungen zu Differenzengleichungen in der Ausgleichsrechnung: **15** ('46) 8 S. — — Alle Arbeiten tschech.

Statistický Obzor Mathematische Grundzüge der Lehre über die logistische Kurve: **23** ('42) 10 S. [tschech.].

Věstn. král. české Spol. Nauk Über den logistischen Anstieg: **1946**, 16 S. [tschech.].

Zeměměřický Obzor Anwendung der Kettenlinie bei Messungen der Länge mit dem Invarmaßstabe: **31** ('43) 4 S. [tschech.].

VI **ČUPR,** Václav. Chem. (physikal., Elektrochem.). — Privatdoz., später bis 1957 Prof. u. Direktor des Inst. f. theoret. u. physikal. Chem., Univ. Brno.

*1897, Okt. 16, Neuschloß, Bez. Hohenmauth, Böhmen.

W. Teoretické základy elektrochemie [Die theoretischen Grundlagen der Elektrochemie] (Praha '53) 9 + 262 S. — Úvod do fysikální chemie [Einführung in die physikalische Chemie] (Praha '53) 315 S. – Korose a ochrana kovů [Korrosion und Metallschutz] **1** (Praha '54) 253 S.; **2** ('54) 229 S.; **3** ('55) 252 S.

Arbeits- u. Forschungsber. sächs. Bodendenkmalpflege Die Korrosion von Metalldenkmälern und ihr Schutz[9]): **7** ('60) 7–65.

Arch. Metallkunde Die elektrochemische Untersuchung der durch basische Überzüge geschützten Metalle: **1** ('47) 264–67.

Chemické Listy Vědu a Průmysl Regelung der Wassertemperatur bei der refraktometrischen Messung[5]): **26** ('32) 522–25. – Die Quelle des Wechselstroms für Leitfähigkeitsmessungen[13]): **28** ('34) 24–27. – Über die Berührungsschicht zwischen Lösungen: **29** ('35) 253–57. – Brennstoffketten: **30** ('36) 27–29, 43–46. – Hydrolyse von Kupfersalzen[11]): **31** ('37) 106–10. – Über die Passivität des Chroms in sauren Lösungen: 133–38. – Passivität der Metalle vom Standpunkt der Theorie W. J. Müllers: 345–48, 353–58. – Über die Anwendung der Ultraschallwellen in der Elektrochemie: **32** ('38) 215–18. – Über die Korrosion der Metalle: 268–78. – Das Potential der Chromelektrode und seine Abhängigkeit von der Acidität der Lösung[7]): **33** ('39) 233–36, 257–60. – Die Polarisation der Chinhydronelektroden, 1[4]): 299–304; ~ 2[1]): 321–25. – Das Potential der Tellurelektrode vom Standpunkt der Theorie der Lokalelemente: **34** ('40) 225–30. – Ein Unterbrecher für elektrischen Strom (Kommutator) zum Studium der Polarisation von Elektroden: 281–83, 310–15. – Die Polarisation von Oxydations–Reduktions-Elektroden: 321–25. – Beitrag zum Studium der Passivitätserscheinungen mit Hilfe der Kommutatormethode: **35** ('41) 130–33, 145–50. – Über die Existenz lokaler Elemente an Metallelektroden: 185–88, 201–05. – Die Polarisation von Elektroden zweiter Art: 297–304. – W. J. Müller †: **36** ('42) 51f. – Die Polarisation von Elektroden erster Art: 326–29. – Die Gleichungen für die Stromintensität in Lösungen: **37** ('43) 38–41, 53–55. – Nachtrag zur Polarisation von Elektroden erster und zweiter Art: 83–87. – Ergänzung der Theorie von W. J. Müller über die Passivität der Metalle: 251–56, 277–81. – Bohumil Kuzma †: **38** ('44) 21f. – Elektrochemische Prüfung der von basischen Deckschichten geschützten Metalle: 44–48. – Über die nephelometrische Bestimmung des Phosphors in Eisen und Stahl: 164–69, 187–93. – Phosphatierung: **40** ('46) 48–54, 70–76. – Elektrochemische Prüfung von zu Antikorrosionsanstrichen verwendeten Ölen[10]): **41** ('47) 178–82. – Über elektrolytische Überführungszahlen und elektrolytische Überführung von Wasser: **42** ('48) 7–12. – Farbige Schichten an Wismutanoden [2]): **50** ('56) 1492f. – – Alle Arbeiten tschech.

Chemické Zvesti Schutz von Metallen: **5** ('51) 587–600. – Elchemographische Erforschung der Passivität und Korrosion von Metallen: **9** ('55) 220–27. – – Beide Arbeiten tschech.

Chemický Průmysl Vakuummetallisierung von Kunststoffen[8]): **7** (**32**) ('57) 51f. [tschech.].

Chemie [Praha] Die elektrolytische Abscheidung des Wolframs[3]): **5** ('49) 148f. – Die nephelometrische Bestimmung von Phosphat[16]): **6** ('50) 8f. – – Beide Arbeiten tschech.

Collection Trav. chim. Tchécoslov. Sur l'hydrolyse des benzènesulfonates de glucinium[11]): **6** ('34) 97–100. – The contact layer between solutions: **7** ('35) 445–50. – Sur l'hydrolyse des sels inorganiques et des benzènesulfonates de cuivre[11]): **9** ('37) 68–75. – On the diffusion potentials: **10** ('38) 190–220. – Polarization of the quinhydrone electrodes [,1]: **11** ('39) 14–27; ~ 2[1]): 494–505. – Answer to the note of D. Ilkovič: 179–83.

Deutsche Farben-Z. Rand- und Abschirmerscheinungen beim elektrostatischen Auftragen von Anstrichstoffen[14]): **14** ('60) 471–76. – Die Phosphatierung als Vorbehandlung vor dem Aufbringen von Anstrichstoffen[9]): **17** ('63) 353–59. – Unschädlichmachen von Rost vor dem Aufbringen von Anstrichmitteln[15]): **18** ('64) 476–83.

J. Chim. physique (et Physico-Chim. biol.) Sur les potentiels de diffusion entre les solutions d'acide chlorhydrique et de chlorure de potassium: **31** ('34) 326–47. – Relation entre les nombres de transport et le transport électrolytique de l'eau: **44** ('47) 277–83. – Etat actif et passif du bismuth: **54** ('57) 804–14.

J. prakt. Chem. Berylliumsalze der Paraderivate der Benzolsulfosäure und ihre Hydrolyse[11]): **136** ('33) 159–75. – Aromatische Sulfonate der Elemente der zweiten Gruppe des periodischen Systems[11]): **139** ('34) 245–53. – Aminobenzolsulfonate der zweiwertigen Elemente[11]): **142** ('35) 6–10.

Korrosion u. Metallschutz Beitrag zum elektrochemischen Studium der Metallkorrosion[7])[1]): **15** ('39) 241–51. – Über den Differenzeffekt bei Passivitätserscheinungen: 256–61. – Über Aktivierungs- und Passivierungspotentiale bei Passivitätserscheinungen: **16** ('40) 10–17. – Das Studium der Passivitätserscheinungen unter Benutzung der Kommutatormethode: **17** ('41) 98–112. – Über die Existenz von Lokalelementen an Metallelektroden: **18** ('42) 15–20. – Metallelektroden in gesättigten Lösungen: 259–71. – Die Bedeckungstheorie der Passivität der Metalle [,1]: **19** ('43) 130–40; ~ 2: **20** ('44) 98–107.

Makromolekulární Chem. Beitrag zum Studium der Beständigkeit von Novodur gegen Wasser und Schwefelsäure[17]): **1** ('56) 113–16. – Die chemische Metallisierung von Kunststoffen[18]): 147f. – – Beide Arbeiten tschech.

Metalloberfläche Bemerkungen zu den Eigenschaften und zur Struktur von Phosphatschichten: **14** ('60) 17f. — Die Auswertung der alkalimetrischen Titration von Phosphatierungsmitteln und Phosphatierungsbädern[9]): **16** ('62) 181f. — Beitrag zur Klärung der Anfangskorrosion[9]): **17** ('63) 274.

Práce brnénské Základny českoslov. Akad. Věd Die elektrochemischen Erwägungen über die Metallkorrosion: **28** ('56) Nr. 337, 41–94. — Strukturuntersuchung von Phosphatschichten und des tertiären Zinkphosphats[19])[20])[21]): **29** ('57) Nr. 349/50, 1–39. — — Beide Arbeiten tschech. m. deutscher u. russ. Zusammenfassg.

Spisy vydávané přírod. Fak. Masarykovy Univ., Brno Beryllium salts of the para-derivatives of the benzenesulphonic acid and their hydrolysis[11]): **157** ('32) 28 S. [tschech. m. engl. Zusammenfassg.]. — Influence of salts on the activity of hydrogen ions[5]): **182** ('33) 27 S. [~]. — On the diffusion potentials, 1[13]): **183** ('33) 25 S. [~]; ~ 2: **197** ('34) 14 S. [~]; ~ 3: **234** ('37) 16 S. [~]; ~ 4[7]): **237** ('37) 15 S. [~]; ~ 5[7]): **240** ('37) 14 S. [~]; ~ 6: **248** ('37) 15 S. [~]. — Salts of aromatic sulphonic acids with the elements of the second group of the periodic system[11]): **186** ('33) 23 S. [~]. — Hydrolysis of the aluminium benzenesulphonates[12]): **200** ('35) 13 S. [~]. — Passivity of chromium and ferrochromium in acid solutions[6]): **253** ('38) 16 S. [~]. — Galvanic cells with composite electrodes[4]): **262** ('38) 17 S. [~]. — Local cells on metallic electrodes: **266** ('38) 13 S. [~]. — Des rapports entre les nombres de transport et le transport électrolytique de l'eau: **291** ('47) 18 S. [tschech. m. franz. Zusammenfassg.]. — Le potentiel normal de l'électrode de bismuth: **296** ('47) 27 S. [~]. — Analyse titrimétrique des bains de phosphatation[3]): **307** ('48) 24 S. [m. tschech. Zusammenfassg.]. — Détermination néphélométrique du phosphore et des phosphates[3]): **313** ('49) 30 S. [~]. — Les mesures élchimographiques: **349** ('53) 177–216 [tschech. m. russ. u. franz. Zusammenfassg.]. — Les systèmes composés d'électrodes: **358** ('54) 261–90 [~]. — Recherches sur le traitement de la surface des métaux: **363** ('55) 141–83 [~]. — De l'influence de la capacité sur les mesures élchimographiques: **366** ('55) 295–314 [~]. — Méthode servant à la simplification des mesures exigeant un réseau de courbes de calibrage: 315–21 [~]. — Auswertung elchemographischer Messungen: **373** ('56) 117–36 [tschech. m. russ. u. deutscher Zusammenfassg.]. — Beitrag zur Kapillarität in konischen Rohren: 137–46 [~]. — Chemische kinetische Gleichungen: **380** ('56) 487–508 [~]. — Elchemographische Forschung an Elektroden: 509–21 [~]. — Überlagerungsprinzip bei Korrosionsdiagrammen: **394** ('58) 189–96 [tschech.]. — Wismutelektrode für Säurebestimmungen: **395** ('58) 237–58 [~ m. deutscher u. russ. Zusammenfassg.].

Spisy přírod. Fak. Univ. Brně Messung ohne Eichkurven: **400** ('59) 1–6. — Theoretische Grundlagen elchemographischer Messungen: **409** ('60) 1–28. — Elektrochemische Heterogenität der Eisenoberfläche: **420** ('61) 111–27. — — Alle Arbeiten tschech.

Stavivo Korrosionseinflüsse bei der Masuth-Heizung: **42** ('64) 16f. [tschech.].

Strojírenství Erscheinungen beim elektrostatischen Auftragen von Anstrichstoffen: **9** ('59) 753–58 [tschech.]. — Unschädlichmachen von Rost: **14** ('64) 701–03 [~].

Technická Práca Die Korrosion und ihr elektrochemisches Studium: **7** ('55) 242–46; **9** ('57) 398f. [tschech.].

Technika v Chem. Die Korrosion von Titan und seinen Legierungen: **11** ('61) 201–05 [tschech.].

Vesmír Die farbige Mikrophotographie bei Korrosion und Metallschutz: **35** ('56) 300f. [tschech.].

Werkstoffe u. Korrosion Graphische Darstellung der Konzeption von Lokalelementen: **8** ('57) 385–89. — Elchemographische Messungen in der Korrosionsforschung: **9** ('58) 76–82. — Bemerkungen zu Korrosionsdiagrammen[9]): **10** ('59) 544–47. — Die Bildung amorpher Phosphatschichten auf Eisenoberflächen[9]): **12** ('61) 475–85.

Z. analyt. Chem. Messung ohne Eichkurven[9]): **168** ('59) 321–25.

Z. Elektrochem. u. angew. physik. Chem. Lokalelemente auf Metallelektroden: **45** ('39) 297–303. — Die Polarisation von Redoxyelektroden: **46** ('40) 364–68.

Zprávy Památkové Péče Atmosphärische Korrosion des Eisens und seine Konservierung[9]): **16** ('56) 292–303. — Die neuen Erkenntnisse über die Konservierung von Metallen[9]): **21** ('61) 30–48. — Die chemische und elektrochemische Oberflächenbehandlung von Metalldenkmälern[9]): 159–85. — — Alle Arbeiten tschech. m. deutscher u. russ. Zusammenfassg.

Mit: [1]) A. Čížek; [2]) E. Doořáková; [3]) M. Hemala; [4]) O. Koutný; [5]) Th. Krempaský; [6]) O. Lasák; [7]) K. Marek; [8]) M. Pauček; [9]) J. B. Pelikán; [10]) J. Šimáček; [11]) J. Širůček; [12]) B. Slíva; [13]) J. Špaček; [14]) O. Slezák; [15]) B. Cibulka; [16]) O. Peroutka; [17]) L. Kišová; [18]) J. Kramář; [19]) S. Minář; [20]) V. Kleinwächter; [21]) J. Přibyl.

IV–VI **CURIE,** Marie geb. Skłodowska. Physik. — 1904-06 Chef de Travaux, '06-08 Maître de Conférences, '08-34 Prof. à la Fac. des Sci., Dir. de l'Institut du Radium (Laboratoire Curie), Paris. — Dr. h. c.: '07 (Univ. of Edinburgh), '09 (Univ. de Genève), '12 (Univ. Lemberg), '12 (Techn. Hochschule Lemberg), '13

(Univ. of Birmingham), '21 (Yale Univ., New Haven, Conn.), '21 (Univ. of Chicago, Ill.), '21 (Northwestern Univ., Chicago, Ill.), '21 (Smith College, Northampton, Mass.), '21 (Wellesley College, Wellesley, Mass.), '21 (Women's Medical College of Pennsylvania, Philadelphia, Pa.), '21 (Columbia Univ., New York, N.Y.), '21 (Univ. of Pittsburgh, Pa.), '21 (Univ. of Pennsylvania, Philadelphia, Pa.); '24 Dr. med. h. c. (Univ. Kraków); '24 Dr. phil. h. c. (Univ. Kraków); '26 Dr. chem. h. c. (Politechnika Warszawska); '29 LL. D. (Univ. of Glasgow); '29 Hon. D. Sc. (St. Lawrence Univ., Canton, N.Y.); '19 Prof. hon. (Univ. Warszawa); '19 Dir. hon. (Instituto de Radium, Madrid); Ehrenbürger: '24 Warszawa, '24 Riga, '29 Glasgow. — '03 Prix Nobel de Physique; '11 Prix Nobel de Chimie. — 1898, 1900, '02 Prix Gegner (Acad. Sci. Paris); '03 Médaille d'Honneur (La Ville de Paris); '03 Medaglia Matteucci (Soc. Italiana delle Sci.); '03 Davy Medal (Roy. Soc. London); '04 Prix Osiris (Le Syndicat de la Presse Parisienne); '07 Actonian Prize (Roy. Institution of Great Britain); '08 Médaille d'Or Kuhlmann (Soc. Industrielle de Lille); '09 Elliot Cresson Medal (Franklin Inst., Philadelphia); '10 Albert Medal (Roy. Soc. of Arts); '21 Benjamin Franklin Medal (Amer. Philos. Soc., Philadelphia); '21 John Scott Medal (Amer. Philos. Soc., Philadelphia); '21 Gold Medal (National Inst. of Social Sci., New York); '21 Willard Gibbs Medal (Amer. Chem. Soc., Chicago Section); '21 Ellen Richards Research Prize; '22 Gold Medal (Radiol. Soc. North America); '24 Grand Prix du Marquis d'Argenteuil (Soc. d'Encouragement pour l'Industrie Nationale); '29 Medal (New York City Federation of Women's Club); '31 Medal (Amer. College of Radiology); '31 Cameron Prize (Univ. of Edinburgh).

*1867, Nov. 7, Warszawa;

†1934, Juli 4, Paris.

Nekr. Gedenkband: Acta physica polon. **4** ('35) 495 S.; darin Nekr. von St. Pieńkowski: XIII–XIX (m. Bildn. vor S. XI), L. Wertenstein, L'œuvre scientifique de Madame Marie Skłodowska-Curie: XXI–XL (m. Schr.verz. 76 Nrn.). — Gedenkband: Strahlentherapie **63** ('38) 401–707. — M. Achard, C.R. (hebd.) Séances (et Mém.) Soc. Biol. **116** ('34) 903. — A. Béclere, Quarterly Rev. [London] **264** ('35) 22–30. — B. Bering, Usp. Chim. **3** ('34) 665–68. — E. Borel, C.R. hebd. Séances Acad. Sci., Paris **199** ('34) 105–07. — J. Boyer, Nature [Paris] **1934** II, 127f. — H. Bretschneider, American J. Cancer **21** ('34) 757–59. — V. Chlopin, Priroda [SSSR] **1935**, Nr. 1, 89–91. — A. Dorabialska, Roczn. Chem. **15** ('35) 1–11. — W. Friedrich, Strahlentherapie **51** ('34) 1–6 (m. Bildn., Faks.). — E. Gleditsch, Tidsskr. Kjemi og Bergvesen **14** ('34) 81–83. — J. Grünthal, Eesti Arst **14** ('35) 215–20. — J. Hesse, Madame Curie (Paris '36) 43 S. — J. Körbler, Arh. Hemiju i Farmaciju **8** ('34) 205–10. — A. F. Kovarik, American J. Sci. (5) **28** ('34) 464–66. — E. Lanari, Archivos Univ. Buenos Aires **9** ('34) 254–58. — E. Butty, ibid. 258–62. — S. Meyer, Naturwissenschaften **22** ('34) 517f. — Cl. Regaud, Marie Skłodowska-Curie, 1867–1934 (Paris '34) 30 S.; British J. Radiol. **7** ('34) 522–30; Bull. Acad. Méd. **112** ('34) 267–81. — A. S. Russell, J. chem. Soc., London **1935**, 654–63. — Rutherford, Nature [London] **134** ('34) 90f.; Slavonic and east european Rev. **13** ('34/35) 673–76. — L. J. Spencer, Mineralogical Mag. and J. mineral. Soc. **24** ('35/37) 280–. — J. St. Štěrba-Boehm, Marja Skłodowska-Curie (Praha '35) 41 S. — W. Westphal, Natur u. Geist **2** ('34) 284–86. — C.A., Z. ärztl. Fortbildung **31** ('34) 482 (m. Bildn.). — E.P.S., Scientific Monthly **39** ('34) 284–86 (m. Bildn.). — Current Sci. **3** ('34) 100–02. — Medical Rec. **147** ('38) 373f. — Münchener med. Wschr. **81** ('34) 1078f. — Proc., Koninkl. Akad. Wet. Amsterdam **37** ('34) 470. — Umschau **38** ('34) 599 (m. Bildn. auf Umschlagseite). — Wiener med. Wschr. **84** ('34) 922f. (m. Bildn.).

Zum 5. Todestag L. S. Cetlin, Nauka i Žizn' **1939**, Nr. 10, 45–51.

Zum 20. Todestag A. Dorabialska, Wiadomości chem. **8** ('54) 305–16 (m. Bildn., Schr.verz. 21 Nrn.). — J. Hoffmann, Urania [Jena] **17** ('54) 256f. — L. Rosenfeld, Marie Curie celebrations in Warsaw: Nature [London] **174** ('54) 959f. — I. Złotowski, Przemysł chem. **33** ('54) 553–55. — Nauka i Žizn' **21** ('54) Nr. 7, 42.

Zum 90. Geb.tag H. Romanowski, Farmacja polska **13** ('57) 285–88.

Zur Biogr. C. C. D. H. Abrahall, The young Marie Curie (Dallas '61) 128 S., (London '61) 128 S. (Famous childhoods ser.). — K. Bartlett, Marie Curie (London '60) 60 S. (For children) (Great endeavour series, 9). — B. Bavink, Unsere Welt [Bielefeld] **30** ('38) 271–74. — H. Bellis, Twentieth century cavalcade (London '56) 18–36. — E. Bigland, The true book about Madame Curie (London

'56) 142 S. (For children), (New York '57) 191 S. – H. Bobińská, Marie Curie-Skłodowska (Praha '50) 54 + 1 S. – M. T. Bogert u. a., Memorial meeting in honor of M. Curie: Bull. polish Inst. Arts and Sci. America **3** ('45) 200–45. – S. Bolton, Lives of girls who became famous (New York–Toronto '49) 141–58. – M. C. Borer, Women who made history (New York '63) 172–92. – R. S. Bowen, They found the unknown (Philadelphia, Pa.–Toronto '63) 39–59. – M. Braß in: K. Lück, Frauen, 9 Lebensschicksale (Reutlingen '54). – D. Carnegie, Kurzbiographien (Zürich '48) 175–82. – P. Chambers, Women and the world today (London '54) 49–60. – K. V. Čmutov, Vestn. Akad. Nauk SSSR **25** ('55) 66–68. – G. Collignon, Marie Curie (Verviers '55) 155 S. (Collection Marabout-junior. Sér. Mademoiselle, 1); engl.: (London '55). – E. Cotton, Les Curie (Paris '63) 220 S. – J. Crowther, Six great scientists (London '55) 181–221; Nineteenth Century and after **116** ('34) 194–205. – E. Curie, Madame Curie (Paris '38) 315 S. (m. Bildn.); hiervon sehr zahlreiche Auflagen in vielen Ländern der Welt in fast allen europäischen und mehreren weiteren Sprachen. – E. Curie in: Turning point (P. Dunaway, G. DeKay) (New York–Toronto '58) 297–314; in: Five world biographies (L. Edel) (New York '61) 427–716; in: Doubleday anthology (B. Moon) (New York '62) 153–75; Discovery of radium, in: Roads to greatness (L. Galloway) (New York–London '62) 251–65; British J. Radiol. **23** ('50) 409–12. – R. Dangers, Strahlen auf Leben und Tod. Die Entwicklung des Radiums durch Marie und Pierre Curie (Heidelberg–Waibstadt '49) 31 S. (Junge Welt, 10). – E. Doorly, The radium woman, a youth edition of the life of Madame Curie (London '39, '53, '55) 280 S.; deutsch: (Berlin–Wien–Leipzig '48) 276 S., (Wien '53) 276 S., (Gütersloh '55) 238 S., (Einsiedeln–Zürich–Köln '59) 156 S. (Benziger Jugendtaschenbücher, 18); schwed.: (Stockholm '48) 162 S. (Natur och Kultur). – J. Eaton, Leaders in other lands (Boston, Mass. '50) 206–40. – I. Eberle, Radium treasure and the Curies (New York '42) 105 S. – F. T. Essell, Så god som tusen män. Berättelse om Marie Curie (Stockholm '42, '45) 88 S. (Bragd och hjältedåd, 7). – T. Estreicher, Polski Słownik Biograficzny **4** (Kraków '38) 111–14. – E. Farber, Nobel Prize winners in chemistry 1901–50 (New York '53) 46–49. – D. Florentin, Quelques souvenirs sur Pierre et Marie Curie, in: Causeries radiodiffusées, Série scientifique (Paris '51) (Les Cahiers rationalistes No. 120, oct. 1951). – A. Forsee, My love and I together; the stories of six famous marriages (Philadelphia, Pa. '61) 43–74. – G. Fuchs in: Biographien bedeutender Chemiker (K. Heinig) (Berlin '64) 180–89 (m. Bildn.). – E. Gleditsch, Nordisk Tidskr. Vet., Konst och Industri **35** ('59) 417–34. – A. Hagerup-Nielsen, Marie Curie – et liv for vitenskapen (ohne Ort u. Jahr) 16 S. (Fri lesning, Nr. 65). – H. Hartmann, Schöpfer des neuen Weltbildes (Bonn '52) 26–52 (m. 2 Bildn.). – N. de V. Heathcote, Nobel Prize winners in physics 1901–50 (New York '53) 18–26 (m. Bildn.). – C. Horowitz (pseud. J. Strong), H. H. Horowitz (pseud. T. B. Leonard), Treasury of the world's great heroines (New York–Toronto '51) 157–63. – Y. Igot, Monsieur et Madame Curie (Paris '59) 71+12 S.; deutsch: (Stuttgart '61) 40 S.; schwed.: (Stockholm '63) 1 + 83 S. – A. Ivimey, Marie Curie, pioneer of the atomic age (London '64) 123 S. (Creators of the modern world) (m. Bildnissen). – B. Jaffe in: The crucibles (New York '34); russ. in: Chimija v Škole **1939**, Nr. 4, 21–32. – I. Joliot-Curie, Marie Curie, ma mère: Europe [Paris] **32** ('54) Nr. 108; La vie et l'œuvre de Marie Skłodowska Curie: Pensée (N.S.) **58** ('54) 11–30. – E. Julia, Le message de Marie Curie (Paris '46) 156 S. – E. Kaiser, Aufbau [Berlin] **4** ('48) 422–25. – A. Kerschagl, Madame Curie, Pierre Curie (Wien '50) 89 S. – H. Klamfoth, „Magische" oder „geheimnisvolle" Strahlen? Zur Biographie von Marie Curie-Skłodowska: Technische Gemeinsch. **3** ('55) 303. – H. Kuhn, Die wissenschaftliche Bedeutung der Madame Curie für die Medizin: Röntgenphotographie u. med. Photogr. **1** ('47) 33–37. – In: M.-T. Laroche, Trois femmes célèbres. Marie Curie, Madame de Sévigné, Geneviève de Galard (Dortmund '58) (Neusprachl. Texte, 130). – W. Lindenberg, Medizinische Techn. **1** ('47) 94–97. – R. McKown, Marie Curie (New York–London '59, '61) 112 S. (For children). – V. H. Matula, Madame Curie (Praha '49) 31 + 1 S. – M. F. Moore, Marie Curie, discoverer of radium (London–New York '57) 62 S. (They served mankind ser., 7) (For children). – P. de Morny, Best years of their lives (London '55) 101–10. – Ch. St. Muir, Women, the makers of history (Hollywood, Calif. '56) 196–200. – E. Norén, Marie Curie. Radium upptäckare (Göteborg '47) 16 S. (Människor, 16). – B. H. Orndorff, An interview with Madame Curie: Radiology **71** ('58) 750–52. – F. A. Paneth, Marie Skłodowska-Curie, Die Entdeckerin des Radiums, in: Forscher und Wissenschaftler im heutigen Europa (H. Schwerte, W. Spengler) (Oldenburg–Hamburg '55) (Gestalter unserer Zeit, 3) 139–48 (m. Bildn. vor S. 105). – A. Penk, Stimmen der Zeit **135** ('39) 11–28. – E. Pilgrim, Entdeckung der Elemente (Stuttgart '50) 352f. (m. Bildn.). – M. Pujmanová, Paní Curieová (Brno '57) 116 + 1 S. – P. Pringle, When they were girls (New York–London–Toronto '56) 177–92; 101 great lives (London '63) 72–75. – E. Ramstedt, Marie Curie och radium (Stockholm '32) 2 + 58 S. (De ungas bokserie). – C. Regaud in: Ehrenbuch der Röntgenologen und Radiologen aller Nationen (Berlin–Wien '37) (Strahlentherapie, Sonderband 22) 85–92. — J. Rowland, In search of radium; the story of Marie Curie (London '60) 95 S. (Courage and conquest ser.). — E. Rubin, The Curies and radium (London '61) 112 S. — E. Samms, Madame Curie (London '53) 48 S. (Women of renown ser.). — L. M. Schmied, Die magischen Strahlen. Lebensweg einer Forscherin (Berlin '55) 110 S.; russ.: (Moskva '58) 94 S. (Učebnaja ser. dlja načal'nogo čtenija). — E. Schneider, Von Röntgen zu Einstein, von Planck zu Heisenberg (Berlin–München '53) 21–30. — H. Shipp, Lives that moved the world; Stories of men and women who dared [2](London '48) 58–65. — K. B. Shippen, Bright design (New York–Toronto '49) 185–91. — S. Simmons, Great men of science (New York '55) 58–62. — W. Stevens, Famous men of science (New York–Toronto '52) 141–47. — J. Strong, Of courage and valor (New York '55) 269–75. — O. J. Tauschinski, Wer ist diese Frau? (Recklinghausen '55), (Wien '60) 114 S.; schwed.: (Stockholm '59) 1 + 104 S. — H. Thomas, D. L. Thomas, Fifty great modern lives (New York–Toronto '56) 329–40. — A. Thorne, The story of Madame Curie (New York '59) 176 S., (London '60) 177 S. — P. Ullrich, Marie Curie, die Begründerin eines neuen Zeitalters (Stuttgart '48) 43 S. — L. Untermeyer, Makers of the modern world (New York–Toronto '55) 368–78. — J. Walton, Famous physicists: Galilei, Newton, Faraday, Kelvin, Curie (Berlin–Bielefeld '49) (Cornelsen-Fremdsprachenreihe, 51). — P. Wanamaker, Short stories of famous women (New York '49) 248–55. — [Th. Watson], Pioneers of progress (Glasgow '50) 124–27. — In: M. E. Weeks, The discovery of the elements (Easton, Pa. '33). — E. Weiser, Madame Curie (Murnau–München–Innsbruck–Olten '56) 31 S. (Lux-Lesebogen, 204). — F. C. Wood, Marie Curie; her life work: Scientific Monthly **46** ('38) 377–85 (m. Bildn., Faks.); in: Great chemists (E. Farber) (New York '61) 1265–75. — E. Yost, American women of science (Philadelphia, Pa. '55) XII–XV. — E. Zamfirescu, Leben und Werke der Gelehrten Marie Curie (Viaţa şi opera savantei Marie Curie) (Bucureşti '57) 49 S. (Heftreihe der Ges. für Verbreitung von Wiss. und Kultur, 146). — A. Zhoř, Tvrdohlavá Marie (Praha '57) 281 + 1 S.; ('62) 253 + 3 S. — The Nobel Prize winners and the Nobel Foundation 1901–37 (Zürich '38) 39, 132 (m. Bildn. auf S. 398 u. 449). — Gids **98** ('34) III, 119–. — Physikalische Bl. **7** ('51) 71–73 (m. Bildn.). — Wkład Marii Skłodowskiej-Curie do Nauki [Der Beitrag Marie Skłodowska-Curies zur Wissenschaft] (Warszawa '54) 270 S. (m. Bildn., Faks., Schr.verz.). — — Zahlreiche weitere Biographien in populärwissenschaftlichen Journalen und Frauenzeitschriften.

Zur Bibliogr. Prace Marii Skłodowskiej Curie. Œuvres scientifiques complètes (I. Joliot-Curie) (Warszawa '54) 685 S. (poln. u. franz.).

Autobiogr. Marie Skłodowska-Curie (Leipzig '62) 72 S., [2]('64) (in deutscher Übersetzung).

S. C. R. Congrès international d'électricité, Paris 1932, **2** (Paris '33) 809–: Les rayons des corps radioactifs en relation avec la structure nucléaire.

W. Pierre Curie. Neuauflage (Paris '55) 126 S.; engl.: Neuauflage (New York '32) 11 + 242 S.; deutsch: (Wien '50) 4 + 89 S. — Radioactivité (Irène Joliot-Curie, Frédéric Joliot) (Paris '35) 563 S.; poln.: (Warszawa '53); russ.: (Moskva–Leningrad '47) 520 S.; [2](Paris '60) 516 + 26 S. — Radioactive substances; a translation from the French of the classical thesis presented to the Faculty of Sciences in Paris by the distinguished Nobel Prize winner (New York '61) 94 S.

C. R. hebd. Séances Acad. Sci., Paris Sur la structure fine du spectre magnétique des rayons α du radioactinium[2]): **194** ('32) 1232–35. — Sur la structure fine du spectre magnétique des rayons α du radioactinium et de ses dérivés[2]): **196** ('33) 1598–1600, 1703.

J. Physique et Radium Sur l'émission de rayons γ par l'actinium et ses dérivés[3]): (7) **4** ('33) 457 f. — La mesure de substances radioactives à l'aide d'un condensateur à plateaux de grandes dimensions: 459. — Sur les rayons α de long parcours émis par le dépôt actif de l'actinium[1]): 513–16.

Naturwissenschaften Fünfzig Jahre Radium. Wiedergabe zweier Originalarbeiten von P. Curie und Mme. Curie (mit einem Vorwort von Otto Hahn): **35** ('48) 65–67.

Ferner Mitautor des 1.–4. Berichtes der Atomgewichtskommission der Internationalen Union für Chemie, veröffentlicht 1931–1934 in zahlreichen chemischen Fachzeitschriften verschiedener Länder, darunter in: Ber. dtsch. chem. Ges.; J. chem. Soc., London; J. amer. chem. Soc.; Bull. Soc. chim. France; Anales Soc. españ. Física y Quím.

Mit: [1]) W. A. Lub; [2]) S. Rosenblum; [3]) P. Savel.

VI **CURIE,** Maurice. Physik. — 1932–60 Prof. à la Faculté des Sciences, Univ. de Paris.

*1888, Okt. 12, Paris.

S. Traité de chimie minérale (P. Pascal) **12** (Paris '34) 1–112: Radioéléments[2]).

W. Luminescence des corps solides (Fontenay-aux-Roses '34) 147 S. (Recueil des conférence-rapports de documentation sur la physique, Vol. 24). — Nécessaire mathématique, P.C.B., S.P.C.N. (m. M. Prost) (Paris '37) 116 S.; ('43) 119 S. (Actualités scientifiques et industrielles, No. 502/944). — Fluorescence et phosphorescence (Paris '46) 212 S. (~ No. 1010). — Physique [in 12 Heften] (Paris '53); [in 2 Bänden] (['60]) 522 + 3 S. [vervielfältigt]. — Précis de physique 1 (Paris '61) 2 + 336 S.; 2 ('62) S. 337–649.

Cahiers Physique Transferts d'activation dans les sulfures phosphorescents: No. 21 ('44) 12–18. — Questions actuelles en luminescence cristalline[1]), 1: No. 55 ('55) 1–36; ~ 2: Déplacement des électrons et des trous dans le réseau cristallin: No. 56 ('55) 37–55; ~3.4: No. 57/58 ('55) 57–80.

C.R. hebd. Séances Acad. Sci., Paris Sulfures phosphorescents: Intervention des chocs de seconde espèce: 194 ('32) 1566–68; ~: Action extinctrice des métaux du groupe du fer[6]): 2040–42. — Radioactivité d'un fractionnement néodyme–samarium. L'élément 61[7]): 196 ('33) 923–25. — Sur la radioactivité du samarium[3]): 198 ('34) 360–63. — Fractionnement de l'actinium en présence de terres rares[7]):1687–89. — Sur la loi hyperbolique du déclin de la phosphorescence: 201 ('35) 142f. — Hétérogénéités dans les cristaux et phosphorescence: 1352f. — Sur les théories de la phosphorescence: 202 ('36) 751–53. — Activation du thulium par les neutrons buts[4]): 203 ('36) 787f. — Verre phosphorescent. Influence de la cristallisation: 996f.; 204 ('37) 352f. — Sur l'excitation du sulfure de zinc luminescent: 217 ('43) 110–12. — Sur une des causes possibles de la triboluminescence[5]): 223 ('46) 1125f.

Trans. Faraday Soc. Phosphorescent glasses. Decay of phosphorescence: 35 ('39) 114–18.

Mit: [1]) Daniel Curie; [2]) J. Escher-Desrivières; [3]) F. Joliot; [4]) P. Preiswerk; [5]) M. Prost; [6]) J. Saddy; [7]) S. Takvorian.

VI **CURIE,** Paul Jacques. Kristallogr. — Jusqu'à 1925 Prof., '25- Prof. hon. à la Faculté des Sciences, Univ. de Montpellier. — 1895 Prix Gaston Planté (Acad. Sci. Paris).

*1855, Okt. 29, Paris;

†1941, Febr. 19, Montpellier.

Nekr. C. Fabry, Cahiers Physique 1941, Juni-Heft.

VI **CURTIS,** Harvey Lincoln. Physik. — 1928-46 Principal Physicist, U.S. National Bureau of Standards, Washington, D.C. — '15 Silver Medal (Pan-Amer. Exposition).

*1875, Dez. 14, Mason, Mich.;

†1956, Apr. 17.

Zum 80. Geb.tag J. Washington Acad. Sci. 46 ('56) 67f.

Todesanzeige Science [USA] 123 ('56) 836.

Autobiogr. Recollections of a scientist (New York '59) 128 S.

S. C. R. Congrès international d'électricité, Paris 1932 (Paris '33): Absolute measurement of current; Inductance standards and their measurements. — Encyclopaedia Britannica. A new survey of universal knowledge 6 (Chicago–London–Toronto ... '65) 912: Current balance.

W. Electrical measurements: precise comparisons of standards and absolute determinations of the units (London '37) 14 + 302 S.

American J. Physics Principles involved in determining the absolute values of the electrical units: 5 ('37) 7–.

Electrical Engng. [USA] Definitions of power and related quantities[8]): 54 ('35) 394–404.

J. Res. nation. Bur. Standards Capacitance and power factor of a mica capacitor as measured at the Bureau of Standards and the National Physical Laboratory[9])[11])[10]): 8 ('32) 507–23. — Effect of temperature and frequency on the dielectric constant, power factor, and conductivity of compounds of purified rubber and sulphur[7])[4]): 11 ('33) 173–209. — An absolute determination of the ampere[2]): 12 ('34) 665–734. — An absolute determination of the ohm[5])[9]): 16 ('36) 1–82. — A determination of the absolute ohm, using an improved self-inductor[5])[9]): 21 ('38) 375–423. — An absolute determination of the ampere, using improved coils[2])[1]): 22 ('39) 485–517. — Edge correction in the determination of dielectric constant[7]): 747–75. — A dual bridge for the measurement of inductance in terms of resistance and time[3]): 25 ('40) 1–13. — An instrument for the rapid production of a decimal series of potentials and its application to ballistic measurements[6]): 41 ('48) 45–51. — Determination of curvature by an osculometer: 44 ('50) 131–34.

J. Washington Acad. Sci. The determination of the electrical units by mechanical measurements: 22 ('32) 193–211. — A scientific recreation – the extent and accuracy of our measurable concepts: 33 ('43) 321–26. — Leon Wilson Hartman †: 34 ('44) 205. — Establishment of graduate study courses at the National Bureau of Standards: 39 ('49) 351–55.

Proc. amer. Soc. Testing Mater. Edge correction in the determination of dielectric constant (of sheet insulating materials)[7]): 36 ('36) 815–29.

Procès-verbaux Séances, Comité int. Poids et Mesures Résumé du rapport „Une détermination absolue de l'ohm"[5])[9]): 17 ('35) 222–37. — Détermination absolue de l'ampère[2]): 238–49; ~[2])[1]): 18 ('37) 149–56.

Scientific Monthly Absolute electrical measurements: 69 ('49) 9–14.

Mit: [1]) Ch. L. Critchfield; [2]) Roger W. Curtis; [3]) L. W. Hartman; [4]) A. T. McPherson; [5]) Ch. Moon; [6]) H. S. Roberts; [7]) A. H. Scott; [8]) F. B. Silsbee; [9]) C. M. Sparks; [10]) F. Astbury; [11]) L. Hartshorn.

V, VI **CURTIS,** Heber Doust. Astron., Math. — 1930-42 Prof. and Director ('42 Dir. Emeritus) of the Observatory, Univ. of Michigan, Ann Arbor, Mich.

*1872, Juni 27, Muskegon, Mich.;

†1942, Jan. 9, Ann Arbor, Mich.

Zur Biogr. One scientist's religion; from articles synthesized and edited by W. C. Rufus (Ann Arbor, Mich. '44) 52 S.

Nekr. R. G. Aitken, Biographical Mem., Nation. Acad. Sci. USA **22** ('43) 275–94 (m. Bildn., Faks., Schr.verz.). — H. S. Jones, Monthly Notices roy. astron. Soc. **103** ('42) 73–75. — D. B. McLaughlin, Popular Astron. **50** ('42) 175–81 (m. Bildn.). — R. R. McMath, Astrophysical J. **99** ('44) 245–48 (m. Bildn.); Publ. astron. Soc. Pacific **54** ('42) 54, 69–71 (m. Bildn.); Yearb., Amer. philos. Soc. **1942,** 339–44. — E. Strömgren, Nordisk astron. Tidsskr. **23** ('42) 109. — Heelal **1** ('42) 81. — Observatory **64** ('42) 185. — Populär astron. Tidskr. **23** ('42) 159.

S. Handbuch der Astrophysik (G. Eberhard, A. Kohlschütter, H. Ludendorff) **5,** 2 (Berlin '33) 774–936, **7** ('36) 546–63: The nebulae.

Observatory The Lamont-Hussey Observatory: **60** ('37) 200f.

Popular Astron. The total solar eclipse of August 31, 1932: **40** ('32) 392. — The Lamont-Hussey Observatory: **45** ('37) 173f. — The comet-seeker Hoax: **46** ('38) 71–75. — The new McGregor building and 70-foot tower telescope of the McMath-Hulbert Observatory: **48** ('40) 348–52.

Proc. United States naval Inst. Navigation near the pole: **65** ('39) 1–9.

Publ., Amer. astron. Soc. An ephemeris of 467 A.D. [1]): 8 ('35) 109–.

Publ. astron. Soc. Pacific The Lamont–Hussey Observatory: **49** ('37) 133f.

Publ. Observat. Univ. Michigan An ephemeris of 467 A.D.[1]): **6** ('37) 77–100.

Scientific Monthly Receding horizons: **47** ('38) 242–51.

Sky The dean of double-star workers. A biographical sketch of the work of Dr. R. G. Aitken: **5** ('40/41) 3–5. — The oldest known nautical almanac: 8f.

Mit: [1]) F. E. Robbins.

V, VI **CURTIS,** William Edward. Physik. — 1926-55 Prof., '55 Prof. Emeritus, Univ. of Durham, Newcastle upon Tyne; '47 Member of the Advisory Council on Scientific Research and Technical Development to the Ministry of Supply; '50-52 President of the Institute of Physics, London; '52- Senior Scientific Adviser (Northern Region), Civil Defence.

*1889, Okt. 23, London.

Zur Biogr. Nature [London] **176** ('55) 815.

J. sci. Instruments A stereoepiscope[3]): **22** ('45) 215–18.

Nature [London] Arc spectrum of iodine: **131** ('33) 398f. — Nuclear spins and magnetic moments: **133** ('34) 256. — The "specific action" of ultra-short wireless waves[1])[2]): **138** ('36) 63–65, 1100f. — Prof. E. G. Richardson †: **186** ('60) 678.

Philosophical Trans. roy. Soc. London, Ser. A Rotational analysis of the absorption bands of ICl [4]): **232** ('34) 395–430.

Proc. roy. Soc., London, Ser. A The spectra of the halogen molecules, **1**: Iodine[2]): **141** ('33) 603–25.

Science Progr. [London] The hyperfine structure of spectral lines: **28** ('34) 420–38. — The source of stellar energy: **35** ('47) 193–204.

Mit: [1]) F. Dickens; [2]) S. F. Evans; [3]) T. A. Littlefield; [4]) J. Patkowski.

V, VI **CURTISS,** David Raymond. Math. — 1909-43 Prof., Northwestern Univ., Chicago, Ill.

*1878, Jan. 12, Derby, Conn.;

†1953, Apr. 29, Redlands, Calif.

Nekr. E. J. Moulton, American math. Monthly **60** ('53) 566–69.

MHZ. Bull. amer. math. Soc. 1932–1938.

W. Brief course in trigonometry (m. E. J. Moulton) (New York '40) 8 + 118 S. — Essentials of trigonometry with applications (m. E. J. Moulton) (New York '42) 8 + 174 S. — Maxima and minima of functions of two or more variables (m. anderen) (Evanstone, Ill. '42) 43 S. (Northwestern Univ., Studies in mathematics and the physical sciences. Mathemat. monographs, 1). — Essentials of analytic geometry (m. E. J. Moulton) (Boston, Mass.–New York '47) 10 + 259 S.

American math. Monthly Fashions in mathematics: **44** ('37) 559–66.

Bull. amer. math. Soc. Thomas Franklin Holgate, 1859–1945: **52** ('46) 189–91.

VI **CURTISS,** Leon Francis. Kernphysik. — 1926-40 Senior Physicist, '40-

49 Chief of the Radioactivity Section, '49-53 Chief of the Neutron Measurements Section, '53-61 Consultant, National Bureau of Standards, Washington, D.C.; '44-46 Chairman of the Compartment of Nuclear Sciences, National Research Council.

*1895, Jan. 5, Adrian, Mich.

S. National nuclear energy series. Division IV, 9: Radiochemical studies, 2: The fission products (New York '51) 1128–31: Spectrometer measurements of the radiations from 40-hr. lanthanum 140 [23][20][17]). – Encyclopaedic dictionary of physics (J. Thewlis) 2 (Oxford–London–New York '62) 242: Curie (Unit); 5 ('62) 8–11: Neutron sources and standards.

W. Introduction to neutron physics (Princeton, N.J. '59) 380 S.

American industr. Hyg. Assoc. Quarterly Current and future environmental control problems attendant on the use of radioactive energy: 8 ('48) 14–18.

American J. Roentgenol. and Radium Therapy Hazards to physicians, patients, nurses and others from use of radioactive isotopes[24])[u.a.]): **61** ('49) 726–28.

ASTM Bull. Protection of personnel handling radium: **114** ('42) 21–24.

British J. Radiol. New units for the measurement of radioactivity[4]): (N.S.) **19** ('46) 368.

Chemical and Engng. News Measurement of radioactive isotopes: **26** ('48) 3560–62.

Circular, Nation. Bur. Standards Measurements of radioactivity: **476** ('49) 84 S. – Geiger-Müller counter: **490** ('50) 25 S.

J. appl. Physics [USA] Certification of radioactive standards: **12** ('41) 297.

J. chem. Physics New units for the measurements of radioactivity[4]): **14** ('46) 399.

J. industr. Hyg. and Toxicol. Prevention and control of hazards in the radium dial painting industry: **24** ('42) 131–41.

J. Res. nation. Bur. Standards Fluctuations of the rate of emission of α-particles for weak sources and large solid angles: **8** ('32) 339–46. – Simplified automatic Wilson chamber: 579–82. – A vacuum tube amplifier for feeble pulses: **9** ('32) 115–20. – Deflection of cosmic rays by a magnetic field: 815–23. – The elimination of background "noise" in sensitive pulse amplifiers: **10** ('33) 151–54. – Temperature effect and its elimination in Geiger-Müller tube counters: 229–32. – A resistance-coupled amplifier for measuring ionization currents: 583–89. – A gamma-ray ionization chamber for use with a direct current amplifier: **12** ('34) 167–72. – Portable detector for radium: 379–82. – A brightness meter for luminous preparations: **13** ('34) 203–05. – Brightness meter for self-luminous dials: **15** ('35) 1–4. – Portable Geiger counter unit: **21** ('38) 779–82. – An improved radio meteorograph on the Olland principle[1])[22])[2]): **22** ('39) 97–103. – Detection of radioactive contamination, using Geiger-Müller counters: **23** ('39) 137–43. – Radium exposure meter: 479–84. – Cosmic-ray observations in the stratosphere with high-speed counters[1])[22])[2]): 585–95. – Internal absorption of gamma rays in radium-beryllium neutron sources: 617–19. – Integrating circuit for vapour-type Geiger-Müller counters: **25** ('40) 369–77. – Interval selector for random pulses[5]): **29** ('42) 405–15. – Miniature Geiger-Müller counter: **30** ('43) 157f. – A counting method for the determination of small amounts of Ra and of Rn[5]): **31** ('43) 181–95. – Thin-walled aluminium beta-ray tube counters[2]): **35** ('45) 147–50. – Arrangement with small solid angle for measurement of β-rays[2]): **37** ('46) 91–94. – A magnetic-lens electron spectrometer: radiations from 5.3-year ^{60}Co [17]): **38** ('47) 359–64. – Disintegration of ^{46}Sc [8]): 411–14. – Disintegration of ^{124}Sb [8]): **40** ('48) 315–19. – Halflife of ^{14}C [16]): **46** ('51) 328–33. – Absolute calibration of the National Bureau of Standards photoneutron standard, I[12])[18]): **55** ('55) 63–69.

Physical Rev. The rôle of gas adsorption in counting chambers: (2) **41** ('32) 379. – The latitude effect in cosmic radiation at high altitudes[13])[1]): **53** ('38) 14–22. – Cosmic-ray observations in the stratosphere[1])[22])[2])[13]): 23–29, 330. – Radioactive standards[10])[14])[15])[19])[6]): **57** ('40) 457. – New units for the measurement of radioactivity[4]): **69** ('46) 672f. – Beta- and gamma-ray energies of several radioactive isotopes[17]): **70** ('46) 983. – Diamond as a gamma-ray counter[2]): **72** ('47) 643. – Reproducibility of photo-neutron standards[3]): **76** ('49) 1412. – Units of radioactivity[6])[11])[21]): **77** ('50) 142. – On the disintegration scheme of ^{131}I [8]): **78** ('50) 179f. – The sea-level latitude variation of fast cosmic-ray neutrons[9]): **84** ('51) 591f. – The variation of intensity of fast cosmic-ray neutrons with altitude[9]): **85** ('52) 309–12.

Proc. Inst. Radio Engr. Radioactive standards and methods of testing instruments used in the measurement of radioactivity: **37** ('49) 913–22.

Radiology Protective screening of radium during transportation: **37** ('41) 628f.

Review sci. Instruments Lacquer-coated resistors: **4** ('33) 679f. – An electric motor for radiometeorographs[1]): **7** ('36) 358f. – Forceps for handling radioactive substances: 393f. – Radioactive standards[10])[14])[15])[19])[6]): **11** ('40) 205. – Photometer head for brightness meter for luminous preparations: 428. — Units of radioactivity[6])[11])[21]): **21** ('50) 94.

Science [USA] High altitude stratosphere observations[1]): **83** ('36) 411f. — Radioactive standards[10])[14])[15])[19])[6]): **91** ('40) 294f.

Mit: [1]) A. V. Astin; [2]) B. W. Brown; [3]) A. Carson; [4]) E. U. Condon; [5]) F. J. Davis; [6]) R. D. Evans; [7]) —; [8]) I. Feister; [9]) P. S. Gill; [10]) C. Goodman; [11]) W. Johnson; [12]) J. A. de Juren; [13]) S. A. Korff; [14]) A. F. Kovarik; [15]) S. C. Lind; [16]) G. G. Manov; [17]) L. C. Miller; [18]) D. W. Padgett; [19]) C. S. Piggot; [20]) W. Rall; [21]) G. T. Seaborg; [22]) L. L. Stockmann; [23]) R. G. Wilkinson; [24]) W. E. Chamberlain.

VI **CURTMAN,** Louis Jacob. Chem. (analyt.). — 1934-44 Prof., '44 Prof. Emeritus, College of the City of New York.

*1878, Okt. 31, London;

†1958, Aug. 30, White Plains, N.Y.

Todesanzeige Science [USA] **128** ('58) 648.

W. A brief course in qualitative chemical analysis; from the standpoint of the laws of equilibrium and the ionization theory (New York '36) 8 + 249 S. — Qualitative chemical analysis [2](New York '38) 12 + 514 S.; span.: (Barcelona '40) 12 + 588 S. — Calculations of qualitative analysis (m. S. M. Edmonds) (New York '40, London '41) 7 + 156 S. — Introduction to semimicro qualitative analysis (NewYork '42, London '43) 10 + 377 S.; Neuauflage ('50) 16 + 391 S.

Industrial and Engng. Chem., Analyt. Edit. Separation and detection of cyanide[1]): **7** ('35) 121f. — An inexpensive metal chimney for fusions[4]): **9** ('37) 225.

J. chem. Educat. Interferences of metal ions in the detection of acids[1]): **10** ('33) 567–70. — Hydrogen sulfide precipitation[1]): **11** ('34) 305–07. — Removal of phosphate ion in qualitative analysis[2]): **13** ('36) 238f. — Removal of interfering anions in semimicro qualitative analysis[3]): **20** ('43) 399f.

Recueil Trav. chim. Pays-Bas The loss of magnesium in systematic qualitative analysis[5]): **53** ('34) 34–36. — A new procedure for the detection of bromide and its application to the systematic analysis of mixtures of thiocyanate, iodide, bromide, and chloride[7]): **54** ('35) 158–61. — The systematic detection of acetate[6]): **55** ('36) 153–56.

Mit: [1]) S. M. Edmonds; [2]) T. B. Greenslade; [3]) S. Krakauer; [4]) L. Lehrman; [5]) N. Mermelstein; [6]) A. A. Polachek; [7]) H. Schneiderman.

VI **CURZON,** Henry Edward James. Math. — 1906- Recognized Teacher of Math., Goldsmiths' College, '27- Member of the Board of Studies in pure and applied Math., Univ. of London; '24- Examiner in Math., City and Guilds College, Univ. of London.

*1880, Nov. 24, Cambridge;

†1935, Sept. 28.

W. Foundations in arithmetics **1–4** (m. T. O. Y. Davies) (NewYork–London '33); ~ Supplement A, with answers ('33). — Citizen arithmetics **1–3**, with answers (m. F. A. W. Greengrass) (NewYork–London '34).

V, VI **CUSMANO,** Guido Salvatore Celare. Chem. (org.). — 1926-53 Prof. ord., Dir. dell'Istituto di Chimica farmaceutica, Univ. di Genova.

*1882, Juni 7, Marciana Marina, Isola d'Elba;

†1956, Febr. 28, Genova.

Nekr. A. Gandini, Farmaco [Pavia], Ediz. prat. **11** ('56) 305–11 (m. Bildn., Schr.verz. 60 Nrn.). — Chimica e Industria **38** ('56) 337.

W. Guida alle preparazioni ed analisi organiche (Milano '48) 484 S. — Lezioni di chimica organica (Genova '49) 459 S. — Nozioni per il riconoscimento dei compositi organici (Genova '50) 294 S.; [2]('52) 8 + 261 S. — Lezioni di chimica farmaceutica **1**: Farmaci inorganici e metallorganici; Glucosidi e alcaloidi (Edizione aggiornata) (Genova '50) 563 S.; ('53) 584 S.; **2**: Farmaci organici ('49) 459 S.

Anales real Acad. Farm. Analogie e differenze fra canfora ed isoossicanfora: **9** ('43) 307–13.

Chimica Industria, Agric., Biol., Realizzaz. autarch. e corporat. Eucaliptus e cineolo: **18** ('42) Nr. 8.

Gazz. chim. ital. Sulla resistenza agli acidi concentrati dei composti cineolici: **72** ('42) 68–73.

Memorie Cl. Sci. fisiche, mat. e natur., Reale Accad. Italia Prodotti ossigenati di sostituzione del cineolo: **9** ('38) 219–49.

V, VI **CUTHBERTSON,** Clive. Physik. — 1925-39 Researches in Physics, Davy Faraday Laboratory, Royal Institution of Great Britain. — Fellow of the Univ. College, London; Fellow of the Institute of Physics, London.

*1863, Nov. 29, Shanghai;

†1943, Nov. 16.

Nekr. E. C. C. Baly, Obituary Notices Fellows roy. Soc. London **4** ('42/44) 629–54 (m. Bildn., Faks., Schr.verz.). — H. Dale,

Proc. roy. Soc., London, Ser. A **182** ('43/44) 226.

Nature [London] Refractive index of gaseous "heavy water": **134** ('34) 251.

Proc. roy. Soc., London, Ser. A The refraction and dispersion of neon and helium[1]): **135** ('32) 40–47. – On the refractivity of parahydrogen[1]): **139** ('33) 517–20. – The refractive index of gaseous heavy water[1]): **155** ('36) 213–17.

Mit: [1]) M. Cuthbertson.

VI **CZOCHRALSKI,** Jan. Metallurgie, Metallkunde. — 1907-17 Angestellter der Allg. Elektrizitätsgesellschaft, Kabelwerk Oberspree, Berlin-Oberschöneweide; '17 Ing., '18-28 Obering., Metallbank u. Metallurg. Ges., Frankfurt/M.; '28-30 außerord. Prof., '30-39 ord. Prof., '29 Gründer u. '29-39 Dir. des Inst. f. Metallurgie u. Metallkunde, Techn. Hochsch. Warszawa. — '29 Dr.-Ing. h. c. (Techn. Hochsch. Warszawa).

*1885, Okt. 23, Kcynia;

†1953, Apr. 22, Poznań.

Hutnik Das neuartige Metall B – klassisches Beispiel eines Ersatzmaterials für Zinnlegierungen: **8** ('36) 219–24. – Die Metalle und ihre Austauschstoffe im Hinblick auf die Selbstversorgung: **9** ('37) 337–42. – Beide Arbeiten poln.

Korrosion u. Metallschutz Die Korrosion von Messing in feuchter Ammoniakatmosphäre[21]): **13** ('37) 181–83.

Przegląd górniczo-hutniczy Rzekome występowanie ropy naftowej na Pałukach: **1935.**

Przegląd mech. Nowoczesne kolejowe metale łożyskowe jako klasyczny przykład rozwiązania namiastkowania stopów cynowych: **2** ('36) 395–99.

Przemysł chem. Bestimmung der Orientierung von Metallkristallen[22]): **21** ('37) 65–71. – Die Raffination von Silumin mittels Alkalien[8]): 71–80. – Thermische Effekte bei der Alterung[23])[5]): 253–58. – – Alle Arbeiten poln.

Schweizer Arch. angew. Wiss. u. Techn. Forschungsergebnisse auf dem Gebiet des Aluminiums in Polen: **6** ('40) 167–76.

Wiadomości Inst. Metalurgji i Metaloznawstwa Rekristallisationsdiagramm des Cadmiums[13]): **2** ('35) 3–5. – Einfluß der Verunreinigungen und der thermischen Behandlung auf die Korrosion von Lehren-Stahl[16]): 10–13. – Über die Lösungsgeschwindigkeit von Eisen, Mangan und Ferromangan in geschmolzenem Kupfer[2]): 24–26. – Beitrag zur Desoxydation von Messing und Bronze[4]): 27–30. – Beitrag zur Raffination des Aluminiums auf elektrolytischem Wege in einer Mischung von geschmolzenen Chloriden[7]): 31–33. – Methode zur quantitativen Bestimmung nichtmetallischer Einschlüsse in Metallen und Legierungen: 34–37. – Beobachtungen über die Detektoreigenschaften der als Einschlüsse im Stahl enthaltenen Verbindungen[25]): **3** ('36) 3f. – Versuche über die objektive Bestimmung des Gehaltes an nichtmetallischen Einschlüssen auf dem Schliff[25]): 5f. – Über die Kristallisationsgeschwindigkeit des Natriums und den Zusammenhang zwischen der atomaren Erstarrungswärme und der Kristallisationsgeschwindigkeit der Elemente[6]): 39–44. – Wärmeeffekte, die bei dem Vergütungsprozeß von Aluminiumlegierungen auftreten[24]): 59–68. – Bleibronzen[11]): 69–74. – Im Institut für Metallurgie und Metallkunde zur Untersuchung der Korrosion verwendete Methoden und Einrichtungen[27])[12]): 84–89. – Über die Korrosion des Aluminiums in Gegenwart von Quecksilber[26]): 90–94. – Die Kristallisationsgeschwindigkeit des Aluminiums mit 99,992% Reinheit[15]): 106f. – Die Korrosion des raffinierten Aluminiums mit einem Reinheitsgrad von 99,992%[15]): 108–10. – Das Rekristallisationsdiagramm des Antimons[18]): 113–15. – Der Einfluß eines dritten Elementes auf die Struktur von Zinklegierungen mit Eisen, Nickel oder Kobalt[17]): 116–18. – Der Einfluß der Erdalkalimetalle auf Silumin[8]): 173–76. – Das Rekristallisationsdiagramm des Zinks[10]): 177–79. – Anisotropie der Härte von Zinkeinkristallen[3]): 180–83. – Die Korrosion von Messing in feuchter Ammoniakatmosphäre[21]): **4** ('37) 3–6. – Die Raffination des Silumins mit Alkalien[8]): 18–25. – Bestimmung der Lage der Kristallachsen in Metalleinkristallen[22]): 26–28. – Thermische Effekte bei der Alterung[23])[5]): 45–50. – Rekristallisationsdiagramm von Aluminiumbronze mit 2% und 5% Al[9]): 61–64. – Rekristallisationsdiagramm des Goldes[28]): 79–81. – Rekristallisationsdiagramm des Silbers[19]): 82–84. – Kristallisationsgeschwindigkeit des Wismuts[1]): 85–88. – Rekristallisationsdiagramm des Calciums[29]): **5** ('38) 1–5. – Rekristallisationsdiagramm des Wismuts[20]): 55–57. – Elektrolytische Ausscheidung des Aluminiums aus einem Chloridgemisch[15]): 58–60. – Vergleichende Untersuchungen verschiedener Verfahren der Raffination von Aluminiumlegierungen[14]): 87–93. – – Alle Arbeiten poln.

Mit: [1]) S. Abramowski; [2]) T. Beriszwili; [3]) S. Brunne; [4]) Z. Bukowski; [5]) H. Całus; [6]) W. Garlicka; [7]) W. Gawlikowski; [8]) J. Kaczyński; [9]) N. Lewicka; [10]) O. Lubinkowski; [11]) H. Łukomski; [12]) W. Maruszewska; [13]) T. Miazga; [14]) K. Migurska; [15]) J. Mikołajczyk; [16]) J. Milej; [17]) C. Niewiadomski; [18]) E. Przyjemski; [19]) J. Rohozińska; [20]) J. Rudny; [21]) H. Schreiber; [22]) J. Skowrońska; [23]) R. Smoluchowski; [24]) W. Swiętosławski; [25]) W. Sznuk; [26]) S. Wajgman; [27]) G. Welter; [28]) E. Wrzesińska; [29]) W. Żelewska.

D

VI **DADOURIAN,** Haroutune Mugurdich. Math., Physik. — 1923-49 Prof. Math. and Natural Philos., '49 Prof. Emeritus, Trinity College, Hartford, Conn.

*1878, Dez. 5, Everek, Armenien.

W. Introduction to analytic geometry and the calculus (New York '49) 10 + 246 S. — Plane trigonometry, with tables (Cambridge, Mass. '50) 10 + 109 + 84 S. (Addison Wesley mathematics ser.). — How to study, how to solve; arithmetic through calculus (Cambridge, Mass. '51) 121 S. (~).

American J. Physics On the meaning of a constant in a physical law – a discussion by the three characters of Galileo's Two New Sciences: **7** ('39) 241–43. — Moon illusion: **14** ('46) 65f. — Equipartition of energy in a problem of impact: **16** ('48) 344f. — The action principles: **17** ('49) 511–13.

J. opt. Soc. America Arthur P. R. Wadlund †: **34** ('44) 444.

Physical Rev. Principle of the unobservable: **60** ('41) 172.

Science [USA] Force in mechanics: **87** ('38) 388.

IV, VI **DAINS,** Frank Burnett. Chem. — 1911-14 Assoc. Prof., '14-42 Prof., Univ. of Kansas, Lawrence, Kan.

*1869, Jan. 15, Gouverneur, N.Y.;

†1948, Jan. 5, Lawrence, Kan.

Zur Biogr. M. E. Weeks, Industrial and Engng. Chem., News Edit. **13** ('35) 118 (m. Bildn.).

Nekr. Chemical and Engng. News **26** ('48) 264.

MHZ. J. chem. Educat. 1924–1940.

J. amer. chem. Soc. The formation of aromatic ethers from p-nitrofluorobenzene[15])[2]): **55** ('33) 1289f. — The alkyl derivatives of the mono-substituted thiazolidones, 1[7]): 3859–63; Some alkyl derivatives of certain aryl-substituted thiazolidones [, 3][4]): **57** ('35) 2627–30; On the formation and reactions of the substituted thiazolidones, 4[7]): **58** ('36) 2544–47. — The synthesis of heterocyclic compounds by means of isothiourea ethers[5]): **55** ('33) 4986–91. — The action of amines on the esters of carboxy-substituted ureas, thioureas, and guanidines, 3[14]): **56** ('34) 144–46. — Some derivatives of benzoyl and furoyl isothiocyanates and their use in synthesizing heterocyclic compounds[6]): 719–21. — The preparation and hydrolysis of mono- and disubstituted benzoylthioureas[6]): 1408f. — The action of perthiocyanic acid on amines[19]): **57** ('35) 1768f. — Some dithiazane rings[19]): 1769–71. — Decomposition of p-iodoaniline[2])[4]): 2326f. — On the reactions of certain methylene hydrogen derivatives containing cyanide, thiocyanate, or sulfinate radicals[9]): **58** ('36) 1334–36. — Studies on the thiazoles obtained by direct thiocyanogenation[2]): 1364–66. — The syntheses of 2-thio-4-arylthiazolines[11]): **61** ('39) 1830f.

J. chem. Educat. Advances in teaching of chemistry since 1914: **9** ('32) 745–50. — Leo Africanus on alchemy: **13** ('36) 272. — Mrs. A. H. Lincoln Phelps and her services to chemical education[20]): **14** ('37) 53–57.

Kansas Univ. Sci. Bull. On some derivatives of amino and hydroxy-biphenyl[1])[16]): **20.** 1929 ('31) 173–82. — The synthesis of pseudodithiobiurets and their derivatives[19]): **24.** 1936 ('37) 5–14. — On the constitution of certain thiazolidones, 5: Phenyl, o- and p-tolyl derivatives[13])[10])[17]): 15–24; ~ 6: Some derivatives of m-toluidine[3])[18]): 25–31; ~ 7: Some derivatives of 1-amino-2-methyl-5-nitro benzene[8]): 33–36; ~ 8: Some derivatives of 2-amino-5-nitrotoluene and 2-amino-3-bromo-5-nitro-toluene[9]): 37–44. — On the alkylation of the 2-phenylimino-5-dimethyl-thiazolidone and the 2-phenylimino-4-phenyl-thiazoline[7]): 45–49. — On the alkyl derivatives of the isomeric o- and p-phenoxyphenyl thiazolidones[16]): **25** ('38) 213–27.

Organic Syntheses p-Iodophenol[7]): **15** ('35) 39f.

Trans. Kansas Acad. Sci. Triazin desulfurization products of phenyl benzamidine thiourea[21]): **35** ('32) 149–57. — On the preparation of p-iodophenol and some of its derivatives[7]): **36** ('33) 114–17. — On the constitution of certain disubstituted thiazolidones [, 2][12]): 119–24.

Mit: [1]) Th. M. Andrews; [2]) R. Q. Brewster; [3]) R. D. Coghill; [4]) J. A. Davis; [5]) J. F. Deck; [6]) I. B. Douglass; [7]) F. A. Eberly; [8]) P. Garber; [9]) C. E. Grothaus; [10]) C. O. Holmberg; [11]) O. A. Krober; [12]) W. S. Long; [13]) L. Miller-Kinsett; [14]) J. A. Murray; [15]) M. J. Rarick; [16]) M. E. Roberts; [17]) C. C. Robinson; [18]) S. S. Tihen; [19]) H. G. Underwood; [20]) M. E. Weeks; [21]) H. Werner.

VI **DAKIN,** Henry Drysdale. Chem. (org.), Biochem. — 1905-10 Assistant, '10-18 Dir., Research Laboratory of C. A. Herter, New York; '18-52 Dir., Research

Laboratory, Scarborough-on-Hudson, N. Y.; Member of the Board of Scientific Advisers of the Merck Institute for Therapeutic Research; Dir. of Merck and Co., Inc. — '18 Hon. D. Sc. (Yale Univ., New Haven, Conn.); '36 Hon. LL. D. (Univ. of Leeds); '38 Dr. phil. h. c. (Univ. Heidelberg). — '33 Conné Medal (Chemists' Club of New York); '42 Davy Medal (Royal Soc., London). (☒)

*1880, März 12, London;

†1952, Febr. 10, Scarborough-on-Hudson, N.Y.

Zur Biogr. Nature [London] **148** ('41) 700.

Nekr. H. T. Clarke, J. biol. Chemistry **198** ('52) 491–94; J. chem. Soc., London **1952**, 3319–24. — P. Hartley, Nature [London] **169** ('52) 481f.; Obituary Notices Fellows roy. Soc. London **8** ('52/53) 129–48 (m. Bildn., Faks., Schr.verz.). — British med. J. **1952 I**, 441. — Chemical and Engng. News **30** ('52) 1318. — Lancet **262** ('52) 426.

J. biol. Chemistry β-Amino-n-valeric acid: **99** ('32) 531–35. — Observations on the chemical nature of a hematopoietic substance occurring in liver[2]): **109** ('35) 489–522. — Further observations on the chemical nature of a hematopoietic substance occurring in liver[1])[2]): **115** ('36) 771–87. — The formation of betaine from hydroxy amino acids on methylation: **140** ('41) 847–52. — On methyl aspartic acids and their methylation: **141** ('41) 945–50. — On lysine and ornithine: **146** ('42) 237–40. — Hydroxyleucines: **154** ('44) 549–55. — γ-Methylproline: **164** ('46) 615–20.

Organic Syntheses Reinecke salt, $NH_4[Cr(NH_3)_2(SCN)_4]\cdot H_2O$: **15** ('35) 74–76.

Proc. Soc. exper. Biol. and Med. A hematopoietic substance in liver[2]): **40** ('39) 124–26.

Mit: [1]) C. C. Ungley; [2]) R. West.

V, VI **DALBY,** William Ernest. Mech. — 1896-1904 Prof. of Mechanical Engineering and Applied Math., Finsbury Technical College; '04-31 Prof. of Engineering, '06-31 Dean, '31 Prof. Emeritus, City and Guilds College, Univ. of London. (☒)

*1862, Dez. 21, London;

†1936, Juni 25, Ealing.

Nekr. W. Bragg, Proc. roy. Soc., London, Ser. A **157** ('36) 705f. — C. E. Inglis, Obituary Notices Fellows roy. Soc. London **2** ('36) 145–49 (m. Bildn., Faks.). — Nature [London] **138** ('36) 65f.

V, VI **DALÉN,** Nils Gustaf. Physik. — 1909- Generaldirektor, Svenskt A.-B. Gasackumulator, Stockholm. — '12 Nobelpreis für Physik. (☒)

*1869, Nov. 30, Skräddaregården vid Stenstorp, Skaraborgs Län;

†1937, Dez. 9, Stockholm.

Zur Biogr. N. de V. Heathcote, Nobel Prize winners in physics 1901–50 (New York '53) 102–07 (m. Bildn.). — M. Hollertz, Den blinde ljusspridaren. En berättelse för ungdom om G. Daléns liv och werk (Stockholm '44) 86 S. (Bragd och hjältedåd, 36). — E. Hubendick in: Svenskt biografiskt lexikon (Stockholm '31) 36–50 (m. Bildn.). — L. Mosesson, Havens ljusbringare (Stockholm '45); ²('46) 142 S. — E. Schneider, Von Röntgen zu Einstein, von Planck zu Heisenberg (Berlin–München '53) 71f. — H. Shipp, Lives that moved the world; Stories of men and women who dared ²(London '48) 41–47. — E. Wästberg, Gustaf Dalén, en stor svensk (Stockholm '38) 256 + 3 S.; ²('54) 293 S. — The Nobel Prize winners and the Nobel Foundation 1901–37 (Zürich '38) 58 (m. Bildn. S. 408). — Physikalische Bl. **7** ('51) 171–73 (m. Bildn.).

Nekr. A. Hannover, Ingeniøren **47** ('38) 93–95. — A. Hilbert, Technisches Zbl. prakt. Metallbearbeit. **48** ('38) 55 (m. Bildn.). — T. Lindmark, Kungl. svenska Vetenskapsakad. Årsb. **1945** ('45) 253–90 (m. Bildn., Faks.); Levnadsteckningar kungl. svenska Vetenskapsakad. Ledamöter **7** ('39/48) 472–510 (m. Bildn., Faks.). — Rundschau techn. Arb. **17** ('37) Nr. 51, S. 5. — Teknisk Tidskr. **67** ('37) 543. — Z. Schweißtechn. **28** ('38) 19–21.

VI **DALTON,** John Patrick. Math., Statistik. — 1914-46 Prof., Univ. of the Witwatersrand, Johannesburg, Transvaal; residence: St. Winifred's, Natal. — Hon. D. Sc. (Univ. of Cape Town, Rondebosch, South Africa). (☒)

*1886, Jan. 15, Dundalk, County Louth, Irland;

†1965, Okt. 5.

W. Introduction to social insurance; five lectures (Johannesburg '34) 8 + 116 S. — Symbolic operators (Johannesburg '54) 194 S.

Mathematical Gaz. On the graphical discrimination of the cubic and of the quartic: **17** ('33) 189–96.

Proc. Edinburgh math. Soc. A simple method of establishing relations between theta-functions of zero argument: (2) **3** ('33) 286–88.

IV, VI **DALY,** Reginald Aldworth. Geol. — 1912-42 Prof., '12-25 Chairman of the Department, '42 Prof. Emeritus, Harvard Univ., Cambridge, Mass. — '23 Hon. D. Sc. (Univ. of Toronto, Ont., Can.); '36 Dr. phil. h. c. (Univ. Heidelberg); '41 Hon. D. Sc. (Univ. of Chicago, Ill.); '42 Hon. D. Sc. (Harvard Univ., Cambridge, Mass.). — '32 Hayden Memorial Gold Medal (Acad. Natural Sci. Philadelphia); '35 Penrose Medal (Geol. Soc. America); '42 Wollaston Medal (Geol. Soc. London); Bowie Medal (Amer. Geophysic. Union). (☒)

*1871, Mai 19, on a farm near Napanee, Ont., Can.;

†1957, Sept. 19, Cambridge, Mass.

Zur Biogr. C. P. Berkey, Scientific Monthly **42** ('36) 190f. (m. Bildn.).

Nekr. M. P. Billings, Proc. Vol. geol. Soc. America **1958** ('59) 115–21 (m. Bildn., Schr.-verz.); Science [USA] **127** ('58) 19f. — F. Birch, Biographical Mem., Nation. Acad. Sci. USA **34** ('60) 31–64 (m. Bildn., Faks., Schr.-verz.). — H. A. Brouwer, Jaarb. koninkl. nederl. Akad. Wet. **1958/59**, 302f. — C. Jacob, C. R. hebd. Séances Acad. Sci., Paris **246** ('58) 2429f. — A.P. Lebedev, Izvest. Akad. Nauk SSSR, Ser. geol. **1958**, Nr. 6, 102–04. — S. P. Solovev, Zap. vses. mineral. Obšč. (2) **88** ('59) 81–85. — F. Walker, Yearb. roy. Soc. Edinburgh **1959/1960** ('60) 39f. — American J. Sci. **255** ('57) 731.

S. Proc. 5th Pacific science congress, Canada **1933** (Toronto '34) 2503–10: The sub-pacific crust. — Internal constitution of the earth (B. Gutenberg) (New York '39) 41–69, ('51) 23–49: Relevant facts and inferences from field geology. — Encyclopaedia Britannica. A new survey of universal knowledge **12** (Chicago–London–Toronto ... '65) 690: Isostasy.

W. Igneous rocks and the depths of the earth (New York '33) 16 + 598 S. — The changing world of the ice age (New Haven, Conn. '34) 19 + 271 S. (Yale Univ., Mrs. Hepsa Ely Silliman memorial lectures, 1934). — Architecture of the earth (New York '38) 13 + 211 S. (Century earth science ser.). — Strength and structure of the earth (New York '40) 9 + 434 S. (Prentice-Hall geology ser.). — The floor of the ocean; new light on old mysteries (Chapel Hill, N. C. '42) 10+ 177 S.

American J. Sci. Origin of "submarine canyons": **31** ('36) 401–20. — The strength of the earth's outer shells: **35** ('38) 401–25. — Comments on geology of Lau, Fiji: **243** ('45) 565–71. — Use of rock "norms" in geophysical investigations: **244** ('46) 697–709. — Granite and metasomatism: **247** ('49) 753–78. — Note on a "Geological map of British Columbia": **248** ('50) 741–43. — Origin of "land hemisphere" and continents: **249** ('51) 903–24.

Biographical Mem., Nation. Acad. Sci. USA Albert Sauveur: **22** ('41) 121–33. — William Morris Davis: **23** ('45) 263–303. — Charles Palache: **30** ('57) 313–28.

Bull. geol. Soc. America The depths of the earth: **44** ('33) 243–64. — Regional departures from ideal isostasy: **50** ('39) 387–419. — Meteorites and an earth model: **54** ('43) 401–56. — Volcanism and petrogenesis as illustrated in the Hawaiian Islands: **55** ('44) 1363–99. — Nature of the asthenosphere: **57** ('46) 707–26.

Geological Mag. The name "tholeiite": **89** ('52) 69f.

Harvard Alumni Bull. The mystery of the submarine "canyons": **38** ('36) 892–96.

J. Geology The Vredefort ring-structure of South Africa: **55** ('47) 125–45.

J. Washington Acad. Sci. Testing a theory of the earth's interior: **25** ('35) 389–99.

Nature [London] Glaciation and submarine valleys: **149** ('42) 156–60.

Pan-american Geologist Isostasy theory in the making: **75** ('41) 1–7.

Proc. amer. Acad. Arts and Sci. John Horne †: **69** ('35) 515 f. — Johan Herman Lie Vogt †: 555f.

Proc. amer. philos. Soc. Origin of the moon and its topography: **90** ('46) 104–19.

Proc. geol. Soc. America John Joly †: **69** ('34) 515.

Proc. nation. Acad. Sci. USA Densities of rocks calculated from their chemical analyses: **21** ('35) 657–63.

Science [USA] The depths of the earth: **77** ('33) 95–102.

Scientific American Geology: **183** ('50) 36–39.

Trans. amer. geophysic. Union The roots of volcanoes: **1938**, 35–39.

Trans. New York Acad. Sci. The problem of isostasy, illustrated by lantern slides: (2) **1** ('38) Nr. 1, S. 2.

IV–VI van **DAM,** Willem. Chem. — 1916- Direktor der chem. Abt. der Landwirtschaftl. Versuchsstation Hoorn.

*1873, Nov. 9, Wageningen;

†1956, Apr. 24, Driebergen.

Zum 80. Geb.tag H. Mulder, Nederlands Melk- en Zuiveltijdschr. 8 ('54) 1–4 (m. Bildn. u. Schr.verz.).

J. Dairy Sci. x-Ray investigation of the microcrystalline structure of butter fat[2]): **18** ('35) 45–50.

Nederlands Weekbl. Zuivelbereiding en -handel Over het begrip „concentratie" in voedingsmedia voor bacteria: **49** ('44) 245–, 249–. — Over het wezen der bufferwerking: **56** ('50) 287–. — De gevoeligheid van aromabacteriën voor azijnzuur: **57** ('51) 571–.

Officiel Orgaan koninkl. nederl. Zuivelbond Karn- en kneedproeven: **1933**, 630, 645, 662, 676, 692, 708, 725, 741, 757. — Een en ander over de samenstelling van het melkvet en de consistentie van de hieruit bereide boter: **1935**, 103–. — Een en ander over de bepaling van het droge-stof-gehalte van melk: 202–, 217–.

Versl. landbouwkund. Onderz., Rijkslandbouwproefstat. Hoorn Over het gebrek „witte rand" bij Edammerkazen[1])[3]): **39 C** ('33) 25–38. — Onderzoekingen over het karnproces[3]): **40 C** ('34) 175–213. — Een en ander over de samenstelling van morgen- en avondmelk van afzonderlijke Noordhollandse boerderijen: 347–54. — Vroegere onderzoekingen over R. M. W.-getallen van botervet, mede in verband met de vraag, of gedeeltelijke verandering van de kalftijd van ons vee misschien zou kunnen leiden tot het verkrijgen van steviger boter: **42** ('36) 145–. — De invloed van de verdeeling der kalftijden over het jaar op de samenstelling van melkvet, afkomstig van afzonderlijke boerderijen: **43** ('37) 323–. — Over de invloed van de behandeling van de room vóór het karnen op de stevigheid van de boter[4]): **44** ('38) 739–53.

Mit: [1]) J. van Beynum; [2]) W. G. Burgers; [3]) B. J. Holwerda; [4]) G. Hovinga.

VI **DAMIENS,** Augustin Amédée Louis Joseph. Chem. — 1929-46 Prof. de Chimie minérale, '38-46 Doyen de la Fac. de Pharmacie, Univ. de Paris; '18-35 Prof. de Chimie appliquée aux constructions à l'Ecole Spéciale d'Architecture, Paris; '20-38 Prof. de Chimie générale à l'Ecole Normale Supérieure de Saint-Cloud; '34-37 Prof. à l'Ecole Normale Supérieure de Fontenay-aux-Roses. — '13 Prix Gobley (Fac. de Pharmacie, Univ. de Paris); '13 Médaille d'Or (Soc. de Pharmacie de Paris); '21, '35 Prix Lonchampt (Acad. Sci. Paris); '27 Prix Houzeau (Acad. Sci. Paris) et Médaille Berthelot (Acad. Sci. Paris); '34 Prix L. La Caze (Acad. Sci. Paris).

*1886, Juli 10, Vis-en-Artois, Pas-de-Calais;

†1946, Aug. 3, Paris.

Zur Biogr. L.-G. Toraude, Le professeur Augustin Damiens, nouveau doyen de la Faculté de Pharmacie de Paris: Bull. Sci. pharmacol. **45** ('38) 137–39.

Nekr. Ch. Bedel, Pharmacie franç. **50** ('46) Nr. 4, 11–14; Revue Hist. Pharm. **1947**, 117–21. — L. Domange, Bull. Soc. chim. France, Mém. **16** ('49) 771–75 (m. Bildn., Schr.verz.). — R. Fabre, Annales pharm. franç. **4** ('46) 193–203 (m. Bildn., Schr.verz.).

H. Halogènes et composés oxygénés du chlore. Mémoires de Scheele, Berthollet, Gay-Lussac . . . [etc.] (Paris '38) (Classiques de la découverte scientifique); darin eigener Beitr.: Avant-propos.

MHZ. Annales pharm. franç. **1** ('43).

S. Traité de chimie minérale (P. Pascal) **1** (Paris '31) 411–78: Fluor; **2** ('32) 287–401: Sélénium; 403–91: Tellure. — Mathématiques, physique, chimie. La science, ses progrès, ses applications (G. Urbain, M. Boll) **1**: La science jusqu'à la fin du XIXe siècle (Paris '33): Chimie générale et chimie minérale. — Trabajos IX Congreso internacional de química pura y aplicada, Madrid 1934, **3** (Madrid '35) 535–41: Sur l'expression de la déliquescence et de l'efflorescence. — Atti X Congresso internazionale di chimica, Roma 1938, **2** (Roma '39) 10f.: Les classiques de la découverte scientifique.

W. Cours de chimie minérale **1**: Généralités, Métalloïdes (Paris '38) 288 S., ('41), ('47) 287 S.; **2**: Généralités, Métaux (Rennes '39) 184 S., (Paris '42), ('46) 275 S. — Sur les conditions d'entrée dans les facultés de pharmacie (Paris '43) 27 S.

Bull. Sci. pharmacol. A. Villiers, 1854–1932: **40** ('33) 604–11. — A nos étudiants: **47** ('40) 97–101. — L'avenir de nos étudiants: **49** ('42) Nr. 3/4, 33–37.

Bull. Soc. chim. France, Mém. Sur l'expression de la déliquescence et de l'efflorescence: (5) **2** ('35) 1893–1901. — Le fluor et ses composés: **3** ('36) 1–22.

Chemisch Weekbl. Le brome chez les êtres vivants. Son cycle dans la nature: **35** ('38) 23–28 [ ].

Chimie et Industrie Nouveau porcelaine non siliceuse à base de fluorine pure: **27** ('32) No. spéc. 3bis, 493–95.

C. R. hebd. Séances Acad. Sci., Paris Sur le brome normal (règne végétal): Plantes et fruits comestibles[1]): **194** ('32) 2077–80. — Sur l'expression de la déliquescence et de l'efflorescence: **198** ('34) 1233–35.

Revue sci. L'industrie des composés du fluor: **74** ('36) 577–83.

Ferner Mitautor des Berichtes der Internationalen Union für Chemie, Kommission für die Reform der Nomenklatur der organischen Chemie, über Richtsätze für die Benennung anorganischer Verbindungen, veröffent-

licht 1940–1942 in zahlreichen chemischen Fachzeitschriften verschiedener Länder, darunter in: Ber. dtsch. chem. Ges.; Bull. Soc. chim. France, Mém.; J. amer. chem. Soc.; Helvetica chim. Acta; Natuurwetenschappelijk Tijdschr.; Z. anorg. u. allg. Chem.
Mit: [1]) S. Blaignan.

IV–VI **DAMPIER** (früher: Whetham), Sir William Cecil. Gesch. d. Naturwiss. — 1931-35 Secretary, '35-45 Member of the Agricultural Research Council, Cambridge; '33-51 Development Commissioner; '25-42 appointed Member of the Central Agricultural Wages Board; '48 Honorary Life Governor and Vice-President of the Royal Agricultural Society of England. — '36 Gold Medal (Royal Agricultural Society of England).

*1867, Dez. 27, Hampstead, London; †1952, Dez. 11, Cambridge.

Autobiogr. Cambridge and elsewhere; memories (London '51) 10 + 149 S.

Nekr. G. Stead, Proc. physic. Soc., Ser. A **66** ('53) 1191f.; ~ Ser. B **66** ('53) 1120f. — G. I. Taylor, Nature [London] **171** ('53) 195f. — G. Taylor, E. H. E. Havelock, Obituary Notices Fellows roy. Soc. London **9** ('54) 55–63 (m. Bildn., 2 Faks., Schr.verz.).

Zur Biogr. Twentieth century authors (S. J. Kunitz), First Supplement (New York '55) 257–59.

MH. Readings in the literature of science, being extracts from the writings of men of science to illustrate the development of scientific thought (London–NewYork '35), Neuauflage ('59); (Gloucester, Mass. '60) (Harper torchbooks).

S. Background to modern science (J. Needham, W. Pagel) (Cambridge '38): From Aristotle to Galileo.

W. History of science and its relations with philosophy and religion [2](Cambridge–New York '32) 21 + 514 S., ('36); [3]('42); [4]('49) 27 + 527 S.; deutsch: (Wien–Stuttgart '52) 615 S. (Sammlung „Die Universität", 25). — Matter and change (Cambridge '35) 10 + 280 S. — A shorter history of science (London–Cambridge–NewYork '44); ('57) 10 + 189 S. — East and west; old fashioned rhymes grave and gay [2](Cambridge '46) 16 S.

J. Farmers' Club Agricultural research and the work of the Agricultural Research Council: **4** ('38) 55–73.

J. R. agric. Soc. England Agricultural education: **104** ('43) 177–90.

Nature [London] Monetary standards: **132** ('33) 205. — Sir J. J. Thomson †: **146** ('40) 352f. — The Earl of Berkeley †: **149** ('42) 163.

Obituary Notices Fellows roy. Soc. London E. H. Griffiths †: **1** ('32) 15–18. — William Robert Bousfield †: **4** ('42/44) 571–76. — Hugh Frank Newall †: 717–32.

Proc. physic. Soc. Hugh Frank Newall †: **56** ('44) 215f.

Scottish J. Agric. The future of agriculture: **24** ('43) 121–29.

III, IV, VI **DANA,** Edward Salisbury. Physik, Geol., Mineral. — 1890-1917 Prof., '17 Prof. Emeritus, Yale Univ., New Haven, Conn. (☒)

*1849, Nov. 16, New Haven, Conn.; †1935, Juni 16, New Haven, Conn.

Nekr. C. P. Berkey, Quarterly J. geol. Soc. London **92** ('36) LXXXIX–XCI. — W. E. Ford, American Mineralogist **21** ('36) 173f. (m. Bildn.); Proc. amer. philos. Soc. **76** ('36) 237–41; Science [USA] **82** ('35) 342–44. — A. Knopf, Biographical Mem., Nation. Acad. Sci. USA **18** ('38) 349–65 (m. Bildn., Schr.-verz.). — C. Palache, Proc. amer. Acad. Arts and Sci. **70** ('36) 517f. — C. Schuchert, American J. Sci. (5) **30** ('35) 161–76 (m. Bildn.); Proc. geol. Soc. America **1935** ('36) 201–14 (m. Bildn., Faks., Schr.verz.). — L. J. Spencer, Mineralogical Mag. and J. mineral. Soc. **24** ('34/37) 281–83 (m. Bildn.).

Zum 100. Geb.tag Proc. amer. Acad. Arts and Sci. **77** ('48) 51f.

W. Walks and rides in central Connecticut and Massachusetts (m. C. R. Longwell) (New Haven, Conn. '32) 10 + 229 S. — Textbook of mineralogy, with an extended treatise on crystallography and physical mineralogy [4](New York–London '32) 11 + 851 S. — System of mineralogy (m. J. D. Dana), entirely rewritten and greatly enlarged by Charles Palache and others, **1**: Elements, sulfides, sulfo-salts, oxides [7](New York '44, Boston, Mass. '45) **13** + 834 S.; **2**: Halides, nitrates, borates, carbonates, sulfates, phosphates, arsenates, tungstates, molybdates, etc. [7](New York '51) 11 + 1124 S. — Minerals and how to study them [3](New York–London '49) 10 + 323 S.

American J. Sci. The celestite locality near Clay Center, Ohio: (5) **23** ('32) 383.

Biographical Mem., Nation. Acad. Sci. USA Arthur Williams Wright, 1836–1915: **15** ('34) 241–57.

VI **DĂNĂILĂ,** Negoiță. Chem. Technol. — 1910-38 Prof., '21-38 Dir. des Chemisch-Techn. Inst. der Univ. București; '38-46 Prof., '39-46 Dekan der

Chemisch-Techn. Fak. der Techn. Hochschule București.

*1878, Apr. 17, Bucești, Bezirk Tecuci; †1953, Febr. 5, București.

Buletinul Chim. pură și apl. Soc. române Chim. Über den Einfluß verschiedener Kohlenwasserstoffe, insbesondere der ungesättigten (Olefine) und aromatischen, auf die Leuchtkraft der Lampenöle[8]): **35** ('32) 3–10, 91–102. — Sur la constitution des fractions de pétrole obtenues par distillation dans un vide très poussé[7]): 37–44. — La préparation de la chloropicrine à partir du gaz méthane[6]): 53–75. — Die volumetrische Bestimmung der olefinischen und aromatischen Kohlenwasserstoffe in Petroleum- und Teerfraktionen: Vergleichendes Studium[2])[7]): 107–35. — Die Destillation der rumänischen fossilen Kohlen bei tiefen Temperaturen und vermindertem Druck[3]): **38** ('36) 9–36. — Über die Konstitution der Mineralschmieröle[5]): **39** ('37/38) 3–13.

Bull. Sect. sci., Acad. roumaine Beiträge zum Studium der Wasserstofferzeugung durch die thermische Zersetzung des Methans und der Petroleumfraktion[4]): **19** ('37) 11–27. — Über die Konstitution der Mineralschmieröle[5]): **20** ('38) 69–78.

Erdöl u. Teer Die volumetrische Bestimmung der olefinischen und aromatischen Kohlenwasserstoffe in Petroleum- und Teerfraktionen. Vergleichendes Studium[2])[7]): **10** ('34) 56–58.

Petroleum [Berlin] Über den Einfluß verschiedener Kohlenwasserstoffe, insbesondere der ungesättigten (Olefine) und aromatischen, auf die Leuchtkraft der Lampenöle, 2[8]): **28** ('32) Nr. 17, 1–4; ~ 3: **29** ('33) Nr. 7, 1–5. — Zur Kenntnis der rumänischen Transformatorenöle[1]): **28** ('32) Nr. 45, 4–7.

Mit: [1]) M. Boltus-Goruneanu; [2]) Th. Ionescu; [3]) J. Mavrodi-Cornea; [4]) Th. Piatkowski; [5]) J. Samuel; [6]) A. Gh. Soare; [7]) R. Verona; [8]) V. Zavergiu-Stoenescu.

V, VI **DANIELE,** Pietro Ermenegildo. Math., Mechanik. — 1925-48 Prof. ord. di Meccanica razionale, Univ. di Pisa.

*1875, Okt. 13, Chivasso, Torino; †1949, März 6, Agliano d'Asti.

W. Lezioni di meccanica razionale (Pisa '35) 644 S.; ('38) 639 S.; ('42) 528 S.

VI **DANIELL,** Percy John. Math. — 1907-11 stud. Univ. of Cambridge, '12-13 Univ. Göttingen; '22 Sc. D., Univ. of Cambridge; '11-12 Assistant Lecturer, Univ. of Liverpool; '13-15 Assist. Prof., '15-23 Prof., Rice Institute, Houston, Texas; '23-46 Prof., Univ. of Sheffield. — '12 Rayleigh Prize (Univ. of Cambridge).

*1889, Jan. 9, Valparaiso, Chile; †1946, Mai 25, Sheffield, England.

Nekr. C. A. Stewart, J. London math. Soc. **22** ('47) 75–80 (m. Schr.verz.). — Nature [London] **159** ('47) 364.

Mathematical Gaz. Remainders in interpolation and quadrature formulae: **24** ('40) 238–44.

Quarterly J. Math., Oxford Ser. Ratio tests for double power series: **11** ('40) 183–92.

VI **DANIELS,** Farrington. Physikal. Chem. — 1920-24 Assist. Prof., '24-28 Assoc. Prof., '28-59 Prof., Chairman of the Departm. of Chemistry, '59 Prof. Emeritus, '59- Research Prof. Emeritus, Solar Energy Laboratory, Univ. of Wisconsin, Madison, Wis.; '44-45 Assoc. Dir., '45-46 Dir. of the Chemical Division, Metallurgical Labor., Manhattan District, Chicago, Ill. — Hon. D.Sc.: '53 (Univ. of Rhode Island, Kingston, R.I.), '58 (Univ. of Minnesota, Minneapolis, Minn.), '61 (Univ. of Dakar, Senegal), '64 (Univ. of Louisville, Louisville, Ky.). — '55 Willard Gibbs Medal (Amer. Chem. Soc.); '57 Priestley Medal (Amer. Chem. Soc.); '57 J. F. Worris Award.

1889), März 8, Minneapolis, Minn.

*) nicht 1899, wie in Poggendorff VI angegeben.

Zur Biogr. J. M. Margolis, J. electrochem. Soc. **99** ('52) 387 C (m. Bildn.). — Chemical and Engng. News **31** ('53) 54 (m. Bildn. vor S. 1); **33** ('55) 2372 (m. Bildn.).

H. National Research Council. Subcommittee on the photochemical storage of energy. Photochemistry in the liquid and solid states; based on some of the papers presented at a symposium held at Endicott House in Dedham, Mass., Sept. 1957 (New York–London '60).

MH. Challenge of our times (Minneapolis, Minn. '53). — Solar energy research (Madison, Wis. '55); darin eigene Beiträge: VIIf.: Preface; 3f.: Introduction; 125f.: Solar distillation of sea water in plastic tubes[72]); 175–77: Efficiency of photosynthesis; 239f.: Conversion of agricultural products to power; 241f.: Storage of intermittent power; 251–54: Conclusion. — Radiation biology **2**: Ultraviolet and related radiations (New York '55).

S. Proc. 5th Summer conference (at Massachusetts Inst. of Technology) on spectroscopy and its applications (New York '38) 76–78: The chemical significance of infra-red absorption spectra; 85–87: Spectroscopy in the study of reaction rates. – Symposium on the use of isotopes in biology and medicine (Madison, Wis. '49) 433–42: Comments on the development of atomic energy. – Trans. Conference on the use of solar energy. The scientific basis. Univ. of Arizona 1955. 1: The available energy; measurement of the radiation (Tucson, Ariz. '58) 37–41: Principles and problems in the utilization of solar energy. – Subsurface geology in petroleum exploration. Symposium, Golden, Colo., 1958 (J. D. Haun, L. W. Le Roy) (Golden, Colo. '58) 179–202: Thermoluminescence analysis. – Encyclopedia of x-rays and gamma rays (G. L. Clark) (New York–London '63) 316f.: Dosimetry: thermoluminescence.

W. Experimental physical chemistry (m. J. H. Mathews, J. W. Williams, P. Bender, R. A. Alberty) [2](New York–London '34) 19 + 499 S.; [3]('41); [4]('49); [5]('56); [6]('62) 625 S. – Outlines of theoretical chemistry (m. F. H. Getman) [6](New York–London '37) 9 + 662 S.; [7]('43); 8. Auflage u. d. T.: Outlines of physical chemistry [8]('48) 8 + 713 S. – Chemical kinetics: the George Fisher Baker non-resident lectureship in chemistry (Oxford '38) 262 S. – Physical chemistry (m. R. A. Alberty) (New York '55) 671 S.; [2]('61) 744 S. – Mathematical preparation for physical chemistry (New York '59) 310 S.

American Mineralogist Thermoluminescence measurements with rapid heating[37])[2]): **46** ('61) 447–50.

Analytical Chem. Direct determination of burning rates of propellant powders[14])[36])[67]): **19** ('47) 630–33.

Annual Rep. Board Regents Smithsonian Instn. The sun's energy: **1958** ('59) 237–49.

Annual Rev. physic. Chem. Chemical kinetics: **1** ('50) 233–70.

Biochimica et biophysica Acta Energy efficiency of photosynthesis by Chlorella[70])[19]): **17** ('55) 185–93.

Bull. amer. Assoc. Petroleum Geologists Factors in age determination of carbonate sediments by thermoluminescence[71])[69]): **41** ('57) 121–29.

Bull. Inst. Désert Egypte Selective radiation coatings of cupric oxide[57]): **8** ('58) 131–45. – Selective radiation coatings for solar heating[57]): 147–59.

Chemical and Engng. News Peacetime uses of atomic power: **24** ('46) 1514–17, 1588f. – Rare earths separation developed on Manhattan Project[38])[53]): **25** ('47) 2494. – Nitrogen oxides and development of chemical kinetics: **33** ('55) 2370–73. – Chemistry and world energy needs: **35** ('57) 14–19.

Chemical Reviews Symposium on the kinetics of homogeneous reactions. Introduction to the symposium: **10** ('32) 1–10. – Chemical kinetics in gas phase and in solution: **17** ('35) 79–88.

Contributions, Hayden Planetarium, Amer. Mus. natur. History Chemical research in the International Geophysical Year: (Ser. 1) **1** ('58) 29–37.

Geochimica et cosmochim. Acta [London] Kinetics and thermoluminescence in geochemistry: **22** ('61) 65–74.

Industrial and Engng. Chem. Prediction of reaction rates: **35** ('43) 504–10. – Fixation of atmospheric nitrogen in a gas-heated furnace[24]): **40** ('48) 1719–23. – Physical and inorganic chemistry. Physical and inorganic are among the major pillars supporting the entire structure of chemistry[3]): **43** ('51) 269–88. – Recovery of nitrogen oxides by silica gel[20]): 986–92. – Fixation of atmospheric nitrogen in a gas-heated furnace[30]): **45** ('53) 2613–15.

J. amer. chem. Soc. Photochemical technique, 1: A simple capillary mercury vapor lamp[29]): **54** ('32) 2381–84; ~ 2: Construction and tests of a quartz monochromator[29]): 2384–91; ~ 3: Quartz capillary arc lamps of bismuth, cadmium, lead, mercury, thallium, and zinc[32]): 4226–35. – Kinetics of the thermal dissociation of gaseous ethyl bromide[65]): 2563f. – The Einstein relation and temperature coefficient in the photobromination of cinnamic acid[4]): 2564f. – Kinetics of the unimolecular dissociation of gaseous ethyl bromide[65]): **55** ('33) 922–34. – The photolysis of gaseous acetone and the influence of water[16]): 2363–75. – Separation of photochemical and thermal action in the photobromination of cinnamic acid[4]): **56** ('34) 378–85. – The photolysis of nitrogen oxides: N_2O_5, N_2O_4, and NO_2 [33]): 630–37. – Oxygen, a factor in the bromination of cinnamic acid[4]): 2014. – The photobromination of tetrachloroethylene and of chloroform with special reference to the effects of oxygen[68]): **57** ('35) 2240–45. – The effect of association on the infra-red absorption spectrum of acetic acid[25]): **58** ('36) 1139–42. – Quantum efficiency of photosynthesis in Chlorella[45])[62])[18]): **60** ('38) 266–74; ~ 2[52])[18]): **61** ('39) 3525–29. – A study of the decomposition of gaseous ethyl bromide [23]): **60** ('38) 771–78. – The determination of dissolved oxygen by means of the dropping mercury electrode, with applications in biology[52]): 2796–802. – A photocalorimeter. The quantum efficiency of photosynthesis in algae [43])[17])[60]): **61** ('39) 3529–33. – Oxygen inhibition in the photobromination of cinnamic acid[11]): **62** ('40) 2820–25. – Heat of photobromination of the phenylmethanes and cinnamic acid and the influence of oxygen[43]): 2825–33. – Photolysis of acetaldehyde and ethyl bromide mixtures at 310° [56]): 2912–15. – Infra-red spectra of fifteen organic bromides from 500 to 800 cm^{-1} [48])[6]): **69** ('47) 822–26. – A study of the kinetics of the reaction between nitrogen pentoxide and nitric oxide[61]): 1735–41. – Activation energies and entropies of activation in the rearrangement of allyl groups in three carbon systems[20])[13]): 1893–96. – Isotopic exchange reactions of gaseous ethyl bromide with bromine, hydrogen bromide, and deuterium bromide[51]): **72** ('50) 424–32. – Kinetics of the exchange of ^{15}N between $^{15}NO_2$ and N_2O_5 [1]): **74** ('52) 6209–12. – Kinetic study of the oxidation of nitric oxide with oxygen in the pressure range 1 to 20 mm [63]): **77** ('55) 2033–36. – The application of differential thermal analysis to the study of reaction kinetics[8]): **79** ('57) 41–46. – The kinetics and carbon-13 isotope effect in the decomposition of substituted ureas[44]): 829–32. – Kinetics of the pyrolysis of ethyl bromide[26]): 1314–20. – Precipitation of calcite and aragonite[69]): 2031–34. – Concentrated solutions of NaSCN in liquid ammonia[7]): **84** ('62) 1075–83.

J. biol. Chemistry The formation of vitamin D by cathode rays[32]): **115** ('36) 119–30.

J. chem. Physics Chemical aspects of the infra-red absorption spectra of the ethyl halides[15]): **1** ('33) 48–55. – The influence of foreign gases on the intensity of infra-red absorption[15]): **2** ('34) 6–10. – Experimental determination of activation energies in the decomposition of alkyl halides[64]): **6** ('38) 175f. – The decomposition of ethyl bromide and the collision theory of first-order reactions[64]): **7** ('39) 756–66. – The heat of formation of nitric oxide and phosphorus trioxide[39]): **20** ('52) 113–15. – Thermoluminescence induced by pressure and by crystallization[71])[69]): **23** ('55) 2187. – Thermoluminescence and coloration of lithium fluoride produced by α-particles, electrons, γ-rays, and neutrons[47]): **27** ('57) 1318–24. – Luminescence during annealing and phase change in crystals[37]): **34** ('61) 1434–39.

J. gen. Physiol. The effects of some inhibitors on the rates of photosynthesis and respiration by Chlorella[70]): **39** ('56) 527–34.

J. physic. Chem. An isothermal calorimeter for slow reactions[12]): **37** ('33) 1–12. – Experimental technique in photochemistry: **42** ('38) 701–11. – A table of quantum yields in experimental photochemistry: 713–32. – An hypothesis for propellant burning[67])[50]): **54** ('50) 863–72. – Storage of radiation energy in crystalline lithium fluoride and metamict minerals[47]): **56** ('52) 546–48. – α-Radioactivity of some rocks and common materials[49]): **58** ('54) 926f. – Physical chemistry in geochemistry: **60** ('56) 705–07. – Thermoluminescence of fourteen alkali halide crystals[28]): **61** ('57) 414–18. – Thermoluminescence studies of aluminum oxide[54]): 629–33. – Kinetics of solid state reactions of silver sulfate with calcium and strontium oxides[55]): 802–05. – Differential thermal analysis of inorganic hydrates[8]): 917–21. – The heterogeneous decomposition of nitric oxide with oxide catalysts[22]): **62** ('58) 215–20. – Stability of nitric oxide over a long time interval[34]): 360f. – The reaction of reciprocal salt pairs during crystallization from the gaseous phase[46]): **63** ('59) 300–02. – Kinetics of the decomposition of nitric oxide in the range 700–1800° [70])[59])[39]): 952–56.

P. B. Rep., U. S. Dept. Commerce, Office techn. Serv. Solutions for complex systems of chemical reaction kinetics, 1: An irreversible unimolecular reaction followed by a second irreversible unimolecular reaction[41])[5])[31]): **161,408** ('59) 36 S.

Physics today Our energy resources[35])[66]): **2** ('49) 18–22.

Proc. amer. Acad. Arts and Sci. The efficiency of biological photosynthesis: **79** ('50/51) 188–95.

Proc. nation. Acad. Sci. USA Introduction to: Symposium on research frontiers in solar energy utilization: **47** ('61) 1245–1306.

Radiation Biol. Energy efficiency in photosynthesis: **3** ('56) 259–92.

Science [USA] Photons in chemistry and biology: **81** ('35) 523–28. – Plans and problems in nuclear research: **104** ('46) 91–96. – Solar energy: **109** ('49) 51–57. – Frederick Gardner Cottrell †: **110** ('49) 497f. – The thermoluminescence of rocks[58]): **111** ('50) 462. – Thermoluminescence as a research tool[10])[58]): **117** ('53) 343–49. – Symposium on the utilization of solar energy: **119** ('54) 82f. – Solar energy and wind power: **121** ('55) 121f. – Selective radiation coatings[40]): **130** ('59) 1419.

Solar Energy Solar distillation of salt water in plastic tubes by using a flowing air stream [57]): **3** ('59) Nr. 1, 19–22. – Selective radiation coatings – preparation and high temperature stability[40])[57]): Nr. 4, 19–23.

U.S. Atomic Energy Commiss. Uranium recovery, geochemistry, thermoluminescence, and related studies: **AECU 3599** ('57) 57 S.

Usp. fizič. Nauk Thermoluminescence as a research tool[10])[58]): **51** ('53) 271 [russ.].

Yearb., Amer. philos. Soc. Frederick Gardner Cottrell †: **1950**, 272–77.

Mit: [1]) A. R. Amell; [2]) W. F. Ammentorp; [3]) L. F. Audrieth; [4]) W. H. Bauer; [5]) J. E. Blair; [6]) R. B. Blodgett; [7]) G. Blytas; [8]) H. J. Borchardt; [9]) –; [10]) C. A. Boyd; [11]) R. F. Brown; [12]) E. D. Coon; [13]) A. Cope; [14]) B. L. Crawford; [15]) P. C. Cross; [16]) G. H. Damon; [17]) T. W. DeWitt; [18]) B. M. Duggar; [19]) R. W. Evans; [20]) E. G. Foster; [21]) –; [22]) J. M. Fraser; [23]) P. Fugassi; [24]) N. Gilbert; [25]) R. H. Gillette; [26]) A. E. Goldberg; [27]) –; [28]) L. F. Heckelsberg; [29]) L. J. Heidt; [30]) W. G. Hendrickson; [31]) J. O. Hirschfelder; [32]) R. M. Hoffman; [33]) H. H. Holmes; [34]) C. S. Howard; [35]) M. K. Hubbert; [36]) C. Huggett; [37]) N. M. Johnson; [38]) W. C. Johnson; [39]) W. E. Koerner; [40]) P.

Kokoropoulos; 41) D. D. Konowalow; 42) –; 43) J. L. Magee; 44) E. M. Magee; 45) W. M. Manning; 46) H. F. Mason; 47) F. F. Morehead, jr.; 48) F. S. Mortimer; 49) J. B. Ockerman; 50) S. S. Penner; 51) J. B. Peri; 52) H. G. Petering; 53) L. Quill; 54) J. K. Rieke; 55) W. P. Riemen; 56) J. G. Roof; 57) E. Salam; 58) D. F. Saunders; 59) J. I. Slaughter; 60) E. C. Smith; 61) H. Smith; 62) J. F. Stauffer; 63) J. C. Treacy; 64) P. L. Veltman; 65) E. L. Vernon; 66) E. P. Wigner; 67) R. E. Wilfong; 68) J. E. Willard; 69) J. L. Wray; 70) E. L. Yuan; 71) E. J. Zeller; 72) J. T. Herlihy.

VI **DANILOV,** Stepan Nikolaevič. Chem. (org.). — Bis 1914 Studium, '15- Mitarbeiter v. A. E. Favorskij u. Lehrbeauftragter, später Prof., '35 Dr. d. chem. Wiss., '45- Leiter der Lehrstühle „Struktur organischer Verbindungen" u. „Hochmolekulare Verbindungen", '47-49 Direktor d. Wissenschaftl. Forschungsinst. f. Chemie, Univ. Petersburg → Leningrader Staatl. Univ.; '21-27 Mitarbeiter am Staatl. Inst. f. angew. Chemie; '30- Prof., '31-37 wiss. Leiter d. Labor. f. Zellulose im Inst. f. Plaste, Leningrader Chemisch-Technol. Inst.; '36-41, '44-50 leitender Mitarbeiter d. Zweiginst. d. Ministeriums f. chem. Industrie; '49- Leiter des Zellulose-Labor., '53 Direktor, Inst. f. hochmolekulare Verbindungen, Akad. Wiss. UdSSR. — '18 Mendeleev-Preis (Akad. Wiss. UdSSR); '30 Zinin- u. Voskresenskij-Preis; 2 Lenin-Orden (UdSSR); Rotbanner-Orden (UdSSR); '44 Verdienter Wissenschaftler u. Techniker d. Tatar. ASSR.

*1889, Jan. 6 (1888, Dez. 25).

Zum 60. Geb.tag V. V. Razumovskij, Priroda [SSSR] **1949**, Nr. 4, 59–61 (m. Bildn.).

Zum 70. Geb.tag A. Anikeeva, E. Plisko, Ž. prikl. Chim. **32** ('59) 3–5 (m. Bildn.). — N. A. Domnin, Ein hervorragender Vertreter der Butlerov-Favorskijschen Schule: Vestn. leningr. Univ. **1959**, Nr. 10 (Ser. Fiziki i Chim., Nr. 2) 63–65 (m. Bildn.); Ž. obščej Chim. **28** ('58) 3157–62 (m. Bildn.). — T. I. Temnikova, A. N. Anikeeva, N. S. Tichomirova-Sidorova, ibid. 3162–73. — E. A. Plisko, M. G. Okun, N. M. Grad, N. F. Ginze, ibid. 3174–84 (m. Schr.verz. **141** Nrn.). — Izvest. Akad. Nauk SSSR, Otdel. chim. Nauk **1959**, 185 (m. Bildn.). — Vysokomolekuljarnye Soedinenija **1** ('59) Nr. 1, 162f. (m. Bildn.).

MH. (Mitredakt.) Sbornik statej po obščej chimii [Sammlung von Aufsätzen aus dem Gebiet der allgemeinen Chemie] **1** (Moskva–Leningrad '53); **2** ('54), darin eigener Beitrag: 1646–50: Anhydride, Amino- und Guanidoderivate von Kohlenhydraten und mehrwertigen Alkoholen, 2: Anhydride und Chlorhydride des Xylits und Sorbits[23]) [russ.].

MHZ. (Redakt.) Ž. obščej Chim. 1946ff.

S. A. E. Favorskij. Sbornik izbrannych trudov akademika A. E. Favorskogo, posvjaščennyj 50-letiju ego naučnoj dejatel'nosti [Sammlung ausgewählter Arbeiten des Akademiemitgliedes A. E. Favorskij. Zum 50. Jahrestag seiner wissenschaftlichen Tätigkeit] (Leningrad '34) III–XI: Kurzer Bericht über die 50jährige wissenschaftliche Tätigkeit A. E. Favorskijs [russ.]. — Plastičeskie massy [Plastische Massen] **1** (Leningrad '35) 100–16: Viskosität der Lösungen von Zelluloseäthern (Äthylzellulose)[65]) [russ.]. — Naučno-issledovatel'skij institut plastičeskich mass. Sbornik statej [Wissenschaftliches Forschungsinstitut für Plastische Massen. Sammlung von Aufsätzen] **3** (Leningrad '39) 50–57: Zelluloseester höherer Fettsäuren; Stearylpalmitylzellulose[25]) [russ.]. — A. E. Favorskij. Sbornik izbrannych trudov akad. A. E. Favorskogo. K 55-letiju naučnoj dejatel'nosti [Sammlung ausgewählter Arbeiten des Akademiemitgliedes A. E. Favorskij. Zur 55jährigen wissenschaftlichen Tätigkeit] (Moskva–Leningrad '40) 11–21: Kurzer Bericht über die wissenschaftliche Tätigkeit des Akademiemitgliedes A. E. Favorskij [russ.]. — Sovetskaja chimija za dvadcat'pjat' let 1917–1942. Sbornik statej [25 Jahre sowjetische Chemie. Sammlung von Aufsätzen] (Moskva–Leningrad '44) 245–50: 25 Jahre Forschungsarbeit über Kohlenhydrate [russ.]. — Jubilejnyj sbornik, posvjaščennyj tridcatiletiju Velikoj Oktjabr'skoj socialističeskoj revoljucii [Jubiläumssammlung, zum 30. Jahrestag der Großen sozialisti schen Oktoberrevolution] **1** (Moskva–Leningrad '47) 582–601: Die Bedeutung der Arbeiten A. E. Favorskijs auf dem Gebiete der Untersuchung von Redoxreaktionen [russ.]. — Trudy 4-oj Konferencii po vysokomolekuljarnym soedinenijam [Transactions of the conference on high molecular compounds], Moskva 1948 (Moskva '48) 64–80: Oxidation and oxidation-reduction reactions in cuprammonium and viscose cellulose solutions; 88–97: The effect of mineral acids on cellulose, and the properties of hydrocellulose; [beide Beitr. russ.]. — Problemy mechanizma organičeskich reakcij (Kiev '53) 247–65: Mechanismus der Molekularumlagerungen (Reaktionen mit gleichzeitiger Oxydation und Reduktion) [russ.]. — Materialy po istorii otečestvennoj chimii [Materialien zur Geschichte der vaterländischen Chemie] (Moskva '53) 273–87: Die Chemie des Zuckers in Rußland [russ.]. — Reakcii i metody issledovanija organičeskich soedinenij [Reaktionen und Methoden der Untersuchung organischer Verbindungen] **4** (Moskva '56) 159–319: Innermolekulare Umlagerungen und innermolekulare Redoxvorgänge; Isomerisation der Aldehyde und Ketone [russ.]. — Uglevody i uglevodnyj obmen v životnom i rastitel'nom organizmach, Materialy konferencii [Kohlenhydrate und Kohlenhydrat-Stoffwechsel in tierischen und pflanzlichen Organismen, Materialien einer Konferenz] Moskva 1958 (Moskva '59) 40–51: Gleichzeitige Oxydation und Reduktion bei der biochemischen Umwandlung von Kohlenhydraten [russ.]. — Voprosy teorii stroenija organičeskich soedinenij [Fragen zur Theorie der organischen Verbindungen] (Leningrad '60) 7–51: Entwicklung der Ansichten A. E. Favorskijs über den Verlauf chemischer Reaktionen und seine moderne Interpretation der Reaktionsmechanismen [russ.].

Ber. dtsch. chem. Ges. Isomerisation der Oxy-aldehyde, 5: Oxydativ-reduktive Umwandlungen des α-Oxyisobutyraldehyds[60]): **67** ('34) 24–35; ~ 6: Saccharin-Umlagerung der Monosen[13]): **69** ('36) 2130–41.

Chimičeskaja Nauka i Promyšl. Zellulose und andere Hexosane als Ausgangsmaterial für die organische Synthese: **4** ('59) 737–42 [russ.].

Front Nauki i Techn. Die charakteristischen Züge der Entwicklung der derzeitigen organischen Chemie: **1935**, Nr. 1, 69–74 [russ.].

Iskusstvennoe Volokno Über den Mechanismus der Viskositätsverminderung der Nitrozellulose in wäßrigen Ammoniaklösungen[35]): **4** ('33) Nr. 3, 2–7. — Einfluß der Lösungsmittel auf die Viskosität von Nitrozellulose-Lösungen [35])[70])[43]): **5** ('34) Nr. 1, 19–27. — Verteilung des Schwefelkohlenstoffs bei der Bildung des Zellulosexanthogenats und der Nebenprodukte[49]): Nr. 2, 16–21. — Physikalisch-chemische Kennzeichnung der Viskosefällungsbäder[50]): **6** ('35) 241–48. — — Alle Arbeiten russ.

Izvest. Akad. Nauk SSSR, Otdel. chim. Nauk Über den Mechanismus der intramolekularen Redox-Reaktionen in der Gruppe der α-Oxy- und α-Halogencarbonylverbindungen: **1960**, 2118–26 [russ.]. — Äther und Ester von Zellulose und Chitin und ihre Reaktionsfähigkeit [45])[44]): **1961**, 1500–06 [russ.].

Izvest. vysšich učebnych Zavedenij, Ivanovo, Chimija i chim. Technol. Bedeutung der Reaktionen und der theoretischen Ansichten A. E. Favorskijs für die zeitgenössische Chemie und Industrie: **3** ('60) Nr. 4, 761–71 [russ.].

Maslobojno-žirovoe Delo Einfluß des Kohlenmonoxids auf die Hydrierung der Fette[72]): **1933**, Nr. 6, 5–11 [russ.].

Plastičeskie Massy Zelluloseglykolsäure[71]): **1933**, Nr. 4, 6–11. — Bestimmung der Benzoxylgruppe in Benzylzellulose (Methode der Betriebskontrolle)[66]): **1934**, Nr. 1, 33–35. — Die Benzyläther des Äthylenglykols und Glycerins im Zusammenhang mit der Synthese der einfachen Zelluloseäther[8])[31])[41]): Nr. 2, 11–16. — Strukturviskosität von Zelluloseäthern, 1: Benzylzellulose[65]): **1935**, Nr. 4, 23–29. — Zelluloseester höherer Fettsäuren[25]): **1939**, Nr. 3, 50–57. — — Alle Arbeiten russ.

Priroda [SSSR] Richtungen und Fortschritte der organischen Chemie in der UdSSR: **21** ('32) Nr. 11/12, 1039–62. — Akademiemitglied S. V. Lebedev: **23** ('34) Nr. 6, 91–94. — Zur 50jährigen wissenschaftlichen Tätigkeit des Akademiemitgliedes A. E. Favorskij: Nr. 11, 74–78. — Molekulargewichte von hochpolymeren Substanzen: **24** ('35) Nr. 12, 16–30. — Zum Gedächtnis des Begründers der Strukturtheorie und des großen Meisters der chemischen Experimente (Zum 50jährigen Todestag von A. M. Butlerov): **25** ('36) Nr. 9, 103–16. — Organische Chemie in der UdSSR bis zum 20. Jahrestag der Oktoberrevolution: **26** ('37) Nr. 10, 65–82. — Erfolge der jungen chemischen Kader in der UdSSR bei der Untersuchung organischer Stoffe: **28** ('39) Nr. 2, 61–68. — Die Entwicklung der Chemie an der Akademie der Wissenschaften der UdSSR im Verlaufe von 220 Jahren: **34** ('45) Nr. 3, 24–42. — — Alle Arbeiten russ.

Promyšlennost' org. Chim. Die Umwandlung von Zuckern in den Fällbädern der Viskosefabriken[62])[61]): **2** ('36) 395–99. — Die Reinigung der verbrauchten Mercerisierlaugen von Viskosefabriken durch Oxydationsmittel[57]): 648–54. — Die Verteilung des Schwefelkohlenstoffes zur Bildung von Zellulosexanthogenat und von Nebenprodukten[49]): **3** ('37) 693–701. — Koagulierende und chemische Wirkung der Viscosefällbäder während der Fadenbildung[14]) [46])[52]): **6** ('39) 511–17. — Bekämpfung von schädlichen Gasen in Viskosefabriken: 674–78. — — Alle Arbeiten russ.

Revue gén. Matières plast. Die Benzyläther des Äthylenglykols und des Glycerins: **10** ('34) 364–67 [franz.].

Smena [Moskva] Ungewöhnliche Stoffe (Zur Geschichte der Darstellung hochmolekularer Verbindungen): **1956**, Nr. 7, 10 [russ.].

Trudy leningr. technol. Inst. im. Lensoveta Akademiemitglied A. E. Favorskij († [60]): Nr. 12 ('46) 5–11. — Pyrolytischer Abbau der Methylester der Säuren des Rizinusöls zu Önanthaldehyd und Methylundecenoat[20])[56]): Nr. **42** ('57) 16–29. — Darstellung von Azelain- und Sebacinsäure durch Oxydation der Säuren des Rizinusöls und die Undecensäure-Fraktion der Pyrolyseprodukte des Methylricinoleats[20]) [56]): 30–38. — Aufgaben der chemischen Wissenschaft und der Technik auf dem Gebiete der hochmolekularen Verbindungen: Nr. **45** ('58) 35–53. — Reaktionsverlauf der gleichzeitigen Oxydation und Reduktion organischer Verbindungen und deren biochemische und technische Bedeutung: Nr. **60** ('60) 5–31. — — Alle Arbeiten russ.

Usp. Chim. Akademiemitglied A. E. Favorskij, 1860–1945: **14** ('46) 441–62 [russ.].

Vestn. leningr. Univ. Die hauptsächlichen Züge der modernen organischen Chemie und ihre Rolle bei der Entwicklung der Butlerov-Favorskijschen Schule: **2** ('47) Nr. 1, 103–26 [russ.]. – Über die Reihenfolge des Ablaufs der chemischen Reaktionen und über die Rolle der Zwischenprodukte bei isomeren Umwandlungen: **7** ('52) Nr. 12, 93–135 [russ.].

Vysokomolekuljarnye Soedinenija Zum Mechanismus der Oxydation von Zelluloseäthern mit Sauerstoff, 15: Einfluß der Länge der Kette des Substituenten in aliphatischen Äthern der Zellulose auf die Geschwindigkeit ihrer Oxydation[69])[26])[45]): **5** ('63) 424–27 [russ. m. engl. Zusammenfassg.].

Ž. obščej Chim. Hydratation von Acetylenalkoholen mit einer primären Alkoholgruppe[60]): **2** ('32) 645–58. – Isomerisation der Oxyaldehyde, 5: Oxydativ-reduktive Umwandlungen des α-Oxyisobutyraldehyds[60]): **3** ('33) 559–72; ~ 6: Die Saccharinumgruppierung der Monosen[13]): **6** ('36) 704–14; ~ 9: Mutarotationsepimere und spaltende Umsetzung der Zellobiose[43]): **16** ('46) 923–32; ~ 12: Oxyketone mit primärer Alkoholgruppe und ihr Verhältnis zu α-Oxyaldehyden und zu isomeren α-Oxyketonen[58]): **18** ('48) 1956–62; ~ 13: Umwandlungen von α-Halogen- und α-Oxyketonen mit primärer Alkoholgruppe[58]): **24** ('54) 458–65; ~ 14: Synthese von Glycerinaldehydderivaten[21]): **27** ('57) 2093–96; ~ 15: Umwandlung von Glycerinaldehyd und seinen Halogenderivaten in Säuren[1])[30]): **30** ('60) 717–23. – Die wissenschaftliche Tätigkeit des Akademiemitgliedes A. E. Favorskij[51]): **4** ('34) 733–44. – Über die Viskositätserniedrigung der Nitrozellulose[35]): 817–29. – Thioanhydride der Zellulosexanthogensäure[3]): 995–1002. – Vinylcyclohexylcarbinol[49]): **5** ('35) 1696–98. – Glycerinabkömmlinge der Zellulose[9])[40])[47]): **9** ('39) 1674–81. – Zum Gedenken an P. P. Šorygin (16. 4. 1881–29. 4. 1939): **10** ('40) 176–92. – Der 80. Geburtstag des Mitgliedes der Akademie der Wissenschaften der UdSSR A. E. Favorskij. Überblick über die wissenschaftliche und pädagogische Tätigkeit des Jubilars während 55 Jahren: 387–401. – Zur Theorie der Nitrierung von Zellulose[34])[4]): 527–49. – Die Entwicklung der organischen Chemie in der UdSSR seit der Zeit der Oktoberrevolution: **12** ('42) 533–67. – A. E. Favorskij zum 85. Geburtstag: **15** ('45) 381–83. – [Titel nicht ermittelt][9]): 550–. – Das Weichmachen von Viskosefilmen (Cellophan) durch wässerige Glycerinlösungen[55])[12]): **17** ('47) 507–16. – Hydrolytisch-solvatolytische (intermolekulare) und intramolekulare Oxydations-Reduktions-Reaktionen, 1: Die Acetolyse der Zellulose als solvatolytische Oxydations-Reduktions-Reaktion[43]): 1140–61; ~ 2: Katalyse durch Säuren und saure Salze bei der isomeren Umwandlung von Aldehyden in Ketone: **18** ('48) 2000–07; ~ 3: Über die Rolle der Oxydoreduktionseigenschaften von α-Oxyketonen bei initiierter Polymerisation[58]): **24** ('54) 455–58; ~ 5: Umwandlung von Aldosen nach der Cannizzaro-Reaktion als zwischenmolekularer Redoxvorgang[23]): **33** ('63) 1424–29. – Gemischte Ester der Zellulose, 1: Zum Reaktionsmechanismus der Acetylierung von Nitrozellstoff mit Essigsäure bei der Gewinnung von Nitroacetylzellulose[55])[12]): **17** ('47) 1888–93. – Molekülumlagerungen organischer Verbindungen; Arbeiten sowjetischer Chemiker in den Jahren 1917–1947: 1925–80. – Akademiemitglied A. E. Arbuzov – der Begründer der Kazaner Schule organischer Chemiker: 2117–28. – Chemie der Viskose und der Xanthogenate, 2: Dixanthogenide und Thioanhydride[19]): 2193–200; ~ 3: Oxydationsreaktionen in Alkalizellulose und Viskose[19])[15]): **19** ('49) 826–42; ~ 4: Komponenten in der Viskose, die ein Schwefelatom anlagern und abspalten; oxydoreduktive Anlagerung von Schwefel[19])[76]): 1257–89; ~ 6: Wechselbeziehungen der Komponenten der Viskose[14]): **27** ('57) 3290–301; ~ 8: Untersuchung der Polyschwefelverbindungen und der Zusammensetzung der Viskose unter Anwendung von markierten Atomen[14])[28]): **28** ('58) 2948–58; ~ 9: Nachweis von Polyschwefelverbindungen in der Viskose und ihre Rolle[14])[38]): 3192–202. – Zur Erinnerung an A. M. Butlerov: **18** ('48) Nr. 10, I–IV (vor S. 1741). – Der dreidimensionale Aufbau von Molekülen, 2: Oxydationspolymerisation der Allylzellulose[26]): **18** ('48) 1823–32. – Umsetzung von N-Chloraminen mit Aminen[26]): **19** ('49) 309–17. – Charakteristische Züge der Entwicklung der Chemie in der UdSSR in den Jahren der Stalinschen Fünfjahrespläne: **20** ('50) 5–30. – Molekulare Umlagerungen organischer Verbindungen im Lichte der Strukturtheorie von Butlerov: 2301–13. – Anhydride, Amino- und Guanidoderivate von Kohlenhydraten und mehrwertigen Alkoholen, 1: 6-Amino-, 6-Methylamino- und 6-Guanidoderivate der Glucofuranose[29]): **21** ('51) 366–74; ~ 3: Aminierung und Guanidierung von Kohlenhydraten[29]): **25** ('55) 2106–17; ~ 4: Einwirkung von Phosphorpentachlorid auf Oktaacetylcellobiose und über anomere acetylierte Zucker[26])[54]): **27** ('57) 945–49; ~ 5: Derivate der Mono- und Dianhydride von Xylit[1])[58])[54]): 2434–45; ~ 8: Aminoderivate und Methacrylamide aus Xylit- und Xylitanacetaten[1])[42]): **31** ('61) 3544–50; ~ 9: Synthese der Methyläther von Xylit- und Xylitanderivaten[1]): **32** ('62) 2498–500; ~ 10: Aufspaltung des Anhydridrings in Dianhydroxylit mit Aminen[58])[74])[10]): 3614–17; ~ 11: Aufspaltung des Anhydridrings in Dianhydroxylit und dessen Derivaten mit Chlorwasserstoff und Eisessig[74])[10])[24])[58]): 3617–21; ~ 12: Neues über die Konstitution von Dianhydroxylit[74])[24])[58]): 3622–27; ~ 13: Konstitution der Acetale und Ketale von 1,4-Xylitan[1])[42]): 3913–18; ~ 14: Ein Hexitanhydrid mit β-Ring: 1,3-Anhydro-

2,4-methylen-5,6-dimethyl-d-sorbit[74][58]): **33** ('63) 453–57; ~ 15: Umsetzung von 2-Tosyl-1,4;3,5-dianhydroxylit und Aminen[10][74][58]): 1429–31; ~ 16: Methacrylsäureester von Acetalen und Ketalen des Xylits und Xylitans[1]): **34** ('64) 1063f.; ~ 17: 3,5-Äthylidenxylitan und seine Derivate[1]): 2532–34; ~ 18: Konstitution von Dianhydroxylit von 1,4-Xylitanacetalen[74][68][58]): 3905–07. – A. M. Butlerov – der Begründer der Theorie der chemischen Struktur: **21** ('51) 1733–48. – Untersuchungen auf dem Gebiet von Verbindungen mit dreigliedrigem Oxidoring, 1: Reaktion von β.β-Dimethylglycidsäureäthylester mit Ammoniak[32]): **22** ('52) 1572–76. – Untersuchung der Reaktionsprodukte von Nitrosylchlorid mit ungesättigten Kohlenwasserstoffen, 1: Reaktion mit Trimethyläthylen[37]): 2113–21. – A. M. Butlerov (1828–1886) – zum 125. Geburtstag des Begründers der Theorie der chemischen Struktur und der planmäßigen Synthese organischer Verbindungen: **23** ('53) 1601–12. – Untersuchung des Chitins, 1: Einwirkung von Säuren und Alkalien auf Chitin[45]): **24** ('54) 1761–69; ~ 2: Glycerinäther des Chitins[45]): 2071–75; ~ 3: Hydroxyäthyl- und Äthyläther des Chitins[45]): **28** ('58) 2217–23; ~ 4: Darstellung und Eigenschaften von Carboxymethylchitin[45]): **31** ('61) 469–73. – Chemie der kupferammoniakalischen Lösungen der Zellulose, 6: Über alkoholatartig gebundenes Kupfer in kupferammoniakalischen Komplexen der Zellulose[38]): **24** ('54) 2153–64; ~ 7: Reaktion von Polyhydroxyverbindungen mit dem Kupfer-Ammoniak-Komplex[38]): **26** ('56) 3005–14. – Hydrolyse der Alginsäure und Derivate der d-Mannuronsäure[48]): **25** ('55) 1590–601. – N. N. Zinin (1812–1880): 2353–74. – Die Rolle der Phosphorsäure bei der Untersuchung und Verarbeitung der Zellulose, 1: Quellung und Lösung der Zellulose in Phosphorsäure[14]): **26** ('56) 3014–20. – Anhydro-, Desoxyderivate und ungesättigte Derivate von Polysacchariden, 1: Desoxyzellulose aus Cyanäthylzellulose[30]): **28** ('58) 3184–88; ~ 2: Synthese von Anhydrozellulose aus p-Toluolsulfonsäureestern[30]): 3189–91; ~ 3: Umwandlung des Cyanäthoxyl- und des Tosylxylits unter den Bedingungen der Desoxydation und der Dehydratation der Zellulose[30]): **32** ('62) 3611–14. – A. I. Bol'šuchina[60][39][11][23]): **30** ('60) 3145–47. – Theorie und Gesetz der chemischen Struktur von Butlerov (1861–1961): **32** ('62) 333–47. – Neues über die Struktur des Dianhydro-dl-xylitols[58][74][10][24]): 656f. – – Alle Arbeiten russ.

Ž. prikl. Chim. Oxybutylzellulose und deren gemischte Äther, 1: Die Synthesen und Eigenschaften der Oxybutylzellulose[25]): **9** ('36) 1863–68. – Zur Analyse der Viskose[49]): **10** ('37) 1045–52. – Chemie der Spinnlösungen der Kupferammoniakfaser, 1: Zusammensetzung und Eigenschaften der basischen Kupfersalze[6][17][16]): 1598–1614; ~ 2: Der Einfluß von Salzen auf die Darstellung und auf die Eigenschaften von kupferammoniakalischen Zelluloselösungen[16][6][17]): 1457–67; ~ 3: Rolle organischer Zusätze in den Kupferammoniakspinnlösungen[3][33]): 1615–23; ~ 4: Einfluß von mineralischen Zusätzen bei der Herstellung auf die Zelluloseeigenschaften[7]): **11** ('38) 1522–40; ~ 5: Antioxydantien und Stabilisatoren in Schweizer-Lösungen[22]): **13** ('40) 1667–79. – Der Einfluß des Aschengehalts auf die Eigenschaften der Acetylzelluloselösungen[16][62]): **12** ('39) 85–98. – N. A. Golubickij: 1032f. – Die Chemie der Xanthogenate und der Viskose, 1: Aufbau und Zerlegung der Dixanthogenide[26]): **19** ('46) 1059–78; ~ 5: Xanthogensäurethioanhydride und ihre Reaktionen[19][67]): **22** ('49) 625–33; ~ 7: Emulsionsxanthogenierung[58][27]): **31** ('58) 765–71; ~ 10: Die Verteilung von Schwefelkohlenstoff in der Viskose in Abhängigkeit von den Bedingungen[28][43]): **33** ('60) 890–96; ~ 11: Der Einfluß oxydierender und reduzierender Zusätze zur Viskose auf deren Eigenschaften[28][43]): 896–902. – Über die Fraktionierung von Zellulose[2][53]): **34** ('61) 2578f. – Die Gewinnung von Zelluloseäthern in einer Lösung des Eisen–Weinsäure–Natrium-Komplexes[45]): **35** ('62) 2112–14. – Charakteristik und Anwendung einer alkalischen Lösung eines Eisen–Weinsäure–Natrium-Komplexes für die Lösung von Zellulose[59]): 2760–63. – Zum Mechanismus der Oxydation von Zelluloseestern mit Sauerstoff, 17: Zerfall von Zelluloseestern durch Thermooxydation[69][26]): **36** ('63) 622–28. – Synthese und Eigenschaften eines Esters der Zellulose mit Trimethylessigsäure[26][69]): 682–85. – Gewinnung von Zelluloseäthern, die Substituenten mit verzweigter Kohlenstoffkette enthalten[45][73]): 1303–07. – Wasserlösliche Sulfomethyl- und Sulfoäthylester der Zellulose[45]): 2060–64. – Synthese und Eigenschaften von N-substituierten Carbaminsäureestern der Zellulose, 1[75][26]): **37** ('64) 1578–83; ~ 2[75][26]): 2077–80; ~ 3: Katalytische Wirkung tertiärer Amine bei den Reaktionen von Phenylisocyanaten mit Zellulose[75][26]): 2327f.; ~ 4: Chemische Umwandlung von Zellulosegeweben durch Isocyanate[75][26]): 2761–63. – – Alle Arbeiten russ.

Mit: [1]) A. N. Anikeeva; [2]) L. S. Bolotnikova; [3]) D. S. Brochina; [4]) V. I. Buchgal'ter; [5]) –; [6]) A. Černjaeva; [7]) E. P. Čilina; [8]) V. Drjachlicyna; [9]) M. E. Dyn'kin; [10]) G. A. Efimova; [11]) A. G. Egorov; [12]) A. I. Evdokimova; [13]) A. M. Gachokidse; [14]) N. F. Gince; [15]) E. I. Gejne; [16]) Ju. M. Gol'dfarb; [17]) N. Gorjunova; [18]) –; [19]) N. M. Grad; [20]) M. F. Išanina; [21]) V. I. Ivaščenko; [22]) A. S. Kazakevič; [23]) V. F. Kazimirova; [24]) Ė. M. Kogan; [25]) V. A. Konkova; [26]) O. P. Koz'mina; [27]) O. M. Kulakova; [28]) K. V. Levickaja; [29]) I. S. Lišanskij; [30]) A. A. Lopatenok; [31]) O. Manochina; [32]) V. F. Martynov; [33]) E. Martynova; [34]) V. M. Matveev; [35]) L. I. Mirlas; [36]) –; [37]) K. A. Ogloblin; [38]) M. G. Okun'; [39]) A. N. Orlova; [40]) N. I. Orlova; [41]) N. V. Orlova; [42]) T. I. Orlova; [43]) P. T. Pastuchov; [44]) Ė. A. Pjajvinen;

[45]) E. A. Plisko; [46]) O. F. Pljušč; [47]) A. A. Rabinkov; [48]) L. I. Rastorgueva; [49]) S. M. Rizov; [50]) L. Roguleva; [51]) Ju. S. Zal'kind; [52]) I. S. Samarskij; [53]) T. I. Samsonova; [54]) A. N. Širšova; [55]) M. A. Sokolovskij; [56]) Ju. A. Stepanov; [57]) I. Suchovceva; [58]) N. S. Tichomirova-Sidorova; [59]) L. D. Turkova; [60]) E. D. Venus-Danilova; [61]) L. Zaplina; [62]) E. V. Zajceva; [63]) N. N. Zinin; [64]) –; [65]) R. S. Aleksandrova; [66]) A. L. Iochel'; [67]) V. O. Klesman; [68]) A. I. Kol'zov; [69]) M. P. Kozlov; [70]) L. Ja. Kremnev; [71]) N. N. Krestinskaja; [72]) R. Sviridovskaja; [73]) I. G. Topunova; [74]) G. E. Ustjužanin; [75]) A. I. Vložin; [76]) A. F. Vorob'eva.

VI **DANJON,** André Louis. Astron. – 1919-30 Astronome, '30- Dir. de l'Observatoire, '31- Prof., '35- Doyen de la Fac. des Sciences, Univ. de Strasbourg; '45- Dir. de l'Observatoire, '46- Prof. à la Fac. des Sciences, Univ. de Paris. – '35 Prix Pierre Guzman (Acad. Sci. Paris); '38 Prix Henri de Parville (Acad. Sci. Paris); '58 Gold Medal (Roy. Astron. Soc.); '59 Médaille d'Or (Centre National de la Recherche Scientifique); '59 Prix des trois Physiciens. (⊠)
*1890, Apr. 6, Caen, Calvados;
†1967, Apr. 21, Suresnes.

Zur Biogr. W. H. Steavenson, Monthly Notices roy. astron. Soc. **118** ('58) 401–03; Observatory **78** ('58) 55–58; Publ. astron. Soc. Pacific **70** ('58) 125.

MH. Astronomie populaire (Paris '55). – Le ciel et la terre (Paris '56) (Encyclopédie française, 3); darin eigener Beitr.: 3'04,3–5: Introduction: L'Astronomie.

S. Problems of cosmical aerodynamics. Proceedings of the symposium on the motion of gaseous masses of cosmical dimensions, Paris 1949 (Dayton, Ohio '51): Discussion on D. van Hulst's paper. – The solar system **2**: The earth as a planet (Chicago–London–Toronto '54) 726–38: Albedo, color, and polarization of the earth. – Vistas in astronomy (A. Beer) **1** (London–New York '55) (Journal of atmospheric and terrestrial physics. Supplement Nr. 3) 377–85: On the interferometric measurement of small angular distances. – Trudy 11-j astrometričeskoj konferencii SSSR [Publikationen der 11. astrometrischen Konferenz der UdSSR] Pulkovo 1954 (Leningrad '55) 152–57: La détermination du temps et de la latitude à l'aide de l'astrolabe impersonnel. – IGY Instruction manual (London–New York–Paris '57): Instructions pour la détermination de l'heure et de la latitude avec l'astrolabe impersonnel A. Danjon. – Institut de France. Séance publique annuelle des cinq Académies, 1958 (Paris '58): Les satellites artificiels. – Symposium on the July 1959 events and associated phenomena, Helsinki 1960 (Paris '60) (Union géodésique et géophysique internationale. Monograph Nr. 7) 5–7: Variations de la rotation de la terre liées aux éruptions solaires du 23 février 1956 et des 10-14–16 juillet 1959.

W. Méthodes interférométriques d'étude des mouvements de l'air (m. C. Fabry, R. Tremblot, J. Dupuy, P. Libessart) (Paris '34) 32 S. – Lunettes et télescopes. Théorie, conditions d'emploi, description, réglage (m. A. Couder) (Paris '35) 16 + 715 S. – L'Observatoire de Paris (m. R. Brisse) (Paris '46) 42 S. – Cosmographie, classe de mathématiques (Paris '48) 318 S. – Tables des fonctions trigonométriques à 6 décimales (Paris '48) 126 S. – Le temps et sa mesure (Alençon '49) (Les conférences du Palais de la découverte, 26 mars 1949). – Cosmographie, classe de philosophie (Paris '50) 216 S. – Astronomie générale, astronomie sphérique et éléments de mécanique céleste (Paris '52) 447 S.; [2]('59) 446 S. – Satellites artificiels et engins extra-terrestres (m. P. Muller) (Paris '60) 64 S. (Extrait de l'Astronomie populaire, de Camille Flammarion).

Annales Astrophysique Mesures interférentielles des petits diamètres apparents. Application aux satellites de Jupiter: **7** ('44) 135–42. – Sur la répartition des luminosités stellaires d'après les étoiles proches et remarques connexes[3]): **13** ('50) 211–18. – B. Lyot †: **15** ('52) 75–78.

Annales Bur. Longitudes Eclipse totale de soleil du 9 mai 1929: Rapport: **11** ('38) B1–B8; ~: Photométrie visuelle de la couronne solaire: B9–B11.

Annales franç. Chronométrie Les pendules des observatoires astronomiques et la mesure du temps: **19** ('49) 365–85.

Annales Observat. Strasbourg Recherches de photométrie astronomique: **2** ('33) 1–92. – Observations d'Eros, 1930–31[9])[8])[11])[6])[4]): 187–200. – Note sur le réglage du compensateur de trempe: **3** ('36) 135–38. – Nouvelles recherches sur la photométrie de la lumière cendrée et l'albedo de la terre: 139–80. – Description et théorie d'un micromètre interférentiel à demi-onde: 181–256. – Table pour le calcul des éléments des orbites des étoiles doubles visuelles: **5** ('56) Fasc. 5, 3–28.

Annals int. geophysic. Year Instructions pour la détermination de l'heure et de la latitude avec l'astrolabe impersonnel: **4** ('57) 151–54.

Astronomical J. Sur les perfectionnements à apporter aux instruments méridiens et aux observations de position: **59** ('54) 67–69. – Variation progressive et variation saisonnière de la rotation de la terre: **64** ('59) 102f. – Observation on the astrolabe of fundamental stars of both hemispheres: **65** ('60) 180–85. – Problems of dividing accurately the circles of meridian instruments: 227f.

Astronomičeskij Ž. Agitation atmosphérique[2]: **17** ('40) 77–89 [russ.].

L'Astronomie (BSAF) Jeunes et vieilles lunes: **46** ('32) 57–66. — Alfred Ungerer, 1861–1933: **47** ('33) 285. — Sur la prétendue lumière cendrée de Vénus: **48** ('34) 370–72. — Recherches sur la déformation des grands miroirs employés aux usages astronomiques: 419–27. — Paul Blanc: **49** ('35) 47. — Le croissant lunaire: **50** ('36) 57–65. — Th. Ungerer, 1894–1935[9]: 483. — Eclipse de soleil du 19 juin 1936: Détermination de l'heure du dernier contact: 365–67. — Les anneaux de Saturne en janvier 1937[9]): **51** ('37) 115–21. — Les planètes sont-elles habitables ?: 249–64. — Visibilité de Mercure: **57** ('43) 131–33. — Les taches et la rotation de Vénus: 161–65. — Les satellites de Jupiter: **58** ('44) 33–36. — La découverte de Neptune: **60** ('46) 255–78. — Visibilité de la lune nouvelle: **62** ('48) 347f. — Les progrès récents de l'astronomie: **63** ('49) 1–8, 60–67. — Pierre-Simon Laplace: **64** ('50) 1–4. — De la clepsydre à l'horloge à quartz: 199–202. — L'actualité astronomique: 265–74, 341–46. — Les éclipses de lune par la pénombre en 1951: **65** ('51) 51–53. — Chateaubriand, Stendhal et la lune: 75–78. — Les étoiles doubles visuelles: 149–52, 193–96. — Les conjonctions inférieures de la planète Vénus: 249–52. — Le congrès de l'Union Astronomique Internationale de Rome: **66** ('52) 457–62. — François Arago: **67** ('53) 445–64. — Quelques phénomènes d'optique atmosphérique. Arcs surnuméraires de l'arc-en-ciel: **68** ('54) 367–72. — Inauguration de l'Observatoire de Pulkovo (Mai 1954)[1]): **69** ('55) 89–102. — L'avenir de l'astrométrie: **70** ('56) 257–72. — Union Astronomique Internationale. Xe Assemblée générale: **72** ('58) 389–94; **73** ('59) 145–53. — Variations saisonnière et aléatoire de la rotation de la terre: 49–54. — Le météore du 17 novembre 1955[7]): 193–203. — Le rôle du Bureau International de l'Heure dans l'Année Géophysique Internationale: **74** ('60) 289–304.

Astronomische Nachr. Sur l'orbite de Σ 1932: **268** ('39) 157.

Bull. astron. [Paris] Un nouvel instrument des passages: (2) **9** ('35) 131–47. — Nouvelle méthode pour la détermination des éléments des étoiles doubles visuelles: **11** ('38) 191–229. — Oculaire nadiral à images brillantes sur fond obscur: **12** ('46) 415–19. — Etude de deux instruments des passages: **13** ('47) 1–18. — Photométrie et colorimétrie des planètes Mercure et Vénus: **14** ('49) 315–45; **15** ('50) 105. — Deux modes d'application de la méthode de Laplace pour la détermination des orbites (Méthode des positions fictives, méthode des variations): **16** ('51) 85–110. — L'astrolabe impersonnel de l'Observatoire de Paris: **18** ('54) 251–81. — Sur la définition de l'année tropique: **20** ('55) 363f. — Durées du jour moyen, du jour solaire, du jour sidéral moyen et de la rotation de la terre: **21** ('56/58) 145–52. — L'astrolabe impersonnel modèle O.P.L.: 323–34. — Le mouvement du pôle. Principes, définitions, méthodes et instruments: **23** ('60) 187–230.

Bull. horaire Bur. int. Heure Armand Lambert †: **1946,** Jan./April, S. 1. — Général Georges Perrier †: S. 2.

Cahiers franç. Informat. Le Centre National de la Recherche Scientifique et l'astrophysique: No. **153** ('50) 11–13. — Bernard Lyot †[12]): No. **203** ('52) 1–4.

Ciel et Terre Le centenaire de la découverte de Neptune: **62** ('46) 369–83. — La parallaxe du soleil et les distances en astronomie: **74** ('58) 1–12.

C.R. hebd. Séances Acad. Sci., Paris Sur le déplacement apparent des étoiles au voisinage du soleil éclipsé: **194** ('32) 252–54. — Sur une nouvelle méthode micrométrique interférentielle applicable aux satellites de Jupiter et aux étoiles doubles: **196** ('33) 1720–22. — Sur un nouvel instrument des passages: **199** ('34) 1580–82. — Détermination des éléments des orbites des étoiles doubles visuelles: **206** ('38) 322–24. — Sur un nouveau type d'astrolabe impersonnel: **227** ('48) 320–22. — Etude photométrique et colorimétrique visuelle des planètes Mercure et Vénus: 652–55. — Carl Östen Emanuel Bergstrand, 1873–1948: **228** ('49) 521–23. — Albedos des planètes Mercure et Vénus; valeurs corrigées: **230** ('50) 1011. — Sur la répartition des luminosités stellaires[3]): 2137–39. — Adaptation de la méthode de Laplace aux approximations successives: **231** ('50) 673–76. — Remarques sur la communication de J. Terrien et H. Moreau, Résultats de la comparaison des étalons nationaux d'intensité et de flux lumineux, exécutée au Bureau International des Poids et Mesures: **234** ('52) 2269f. — Réalisation d'un astrolabe à prisme impersonnel. Etude et résultats[10])[5]): **237** ('53) 281–84. — Sur les observations spectroscopiques et spectrophotométriques de la couronne solaire faites à Khartoum le 25 février 1952 par Bernard Lyot assisté de M. Khairy Aly: 854f. — Sur une singularité du mouvement des pôles terrestres survenue en 1926[5]): **238** ('54) 1081–83. — Magnitude et albedo visuels de la planète Mercure: 1371f. — Jean Chazy †: **240** ('55) 1161–64. — Le météore du 17 novembre 1955: **241** ('55) 1533f. — Henry Norris Russell †: **244** ('57) 1297–300. — Au sujet du satellite artificiel qui circule depuis trois jours autour de la terre: **245** ('57) 1195f. — Sur les variations de la rotation de la terre et sur une cause possible de la variation aléatoire: **247** ('58) 2061–66. — Détermination du déplacement du pôle à partir des variations périodiques des longitudes: **249** ('59) 206–11. — Sur un nouveau régime de la rotation de la terre qui se serait établi en juillet ou août 1959: 2254. – Georges Darmois †: **250** ('60) 241–45. – Sur un changement du régime de la rotation de la terre survenu au mois de juillet 1959: 1399–402. – L'éruption solaire du 29 mars 1960 et la rotation de la terre: **251** ('60) 308. – Frederick J. M. Stratton †: 1253–56. – Albert Pérard †: 2105–09. – Sir Harold Spencer Jones †: 2261–64. – Analyse des inégalités de la rotation de la terre, 1: La méthode et le terme annuel: **252** ('61) 2039–44; ∼ 2: La variation progressive et la durée de la rotation: 2343–48; ∼ 3: Examen d'une nouvelle hypothèse; conclusion: 2779–84. – La rotation de la terre et le soleil calme: **254** ('62) 3058–61.

J. Observateurs Magnitude et couleur de Sirius B: **19** ('36) 200. – Observations d'étoiles doubles avec un micromètre interférentiel à demi-onde: **35** ('52) 85–95. – Sur la résolution de l'équation de Képler: **39** ('56) 97–103.

J. Physique et Radium Le déplacement apparent des étoiles autour du soleil éclipsé: (7) **3** ('32) 281–301. – Observations photométriques de l'éclipse du 26 septembre 1931: 15S. – Discussion des observations de l'effet Einstein: 15S f. – Nouvelle méthode interférentielle pour la mesure des étoiles doubles et des petits diamètres apparents: **4** ('33) 115Sf. – Photométrie de la planète Terre: **5** ('34) 76Sf. – Etude de la biréfringence d'un objectif astronomique (expériences): **6** ('35) 93S. – Discussion des mesures astronomiques de la vitesse de la lumière: **10** ('39) 24S, 40S. – Photométrie des planètes Mercure et Vénus: 112Sf.

Météorologie Le Verrier – créateur de la météorologie: **1946**, 363–82.

Metrologia apl. Asupra definiţiei unităţii de timp: **3** ('56) Nr. 11, 11–13.

Monthly Notices roy. astron. Soc. E. Esclangon †: **115** ('54) 124. – The contribution of the impersonal astrolabe to fundamental astronomy: **118** ('58) 411–31.

Notices et Discours, Acad. Sci., Paris Cérémonies du deux-centième anniversaire de la naissance de Pierre-Simon Marquis de Laplace. Discours: **3**. 1949/1956 ('57) 19–28. – Funérailles de Bernard Lyot. Discours: 320–27. – Inauguration du nouveau monument de Félix Tisserand à Nuits-Saint-Georges, le samedi 7 octobre 1961. Allocution: **4** ('64) 559–64. – Cérémonie du deuxième centenaire de la mort de Nicolas-Louis de la Caille. Allocution: 714–24.

Observatory The contribution of the impersonal astrolabe to fundamental astronomy: **78** ('58) 107–11.

Procès-verbaux Séances, Comité int. Poids et Mesures Note sur le changement de définition de l'unité de temps: (2) **24** ('55) 119f. – Rapport sur la définition de l'unité de temps: **25** ('57) 89–94.

Revista astron. Die Spiralnebel: **4** ('32) 101–06 [span.].

Revue int. Horlogerie De la clepsydre à l'horloge à quartz: **11** ('50) Nr. 15, 43–45.

Revue Opt. théor. et instrument. Note sur le réglage du compensateur de trempe de M. André Couder: **16** ('37) 23–27.

Revue Synthèse L'évolution stellaire: **4** ('32) 15–28.

Revue universit. [Paris] L'enseignement de la cosmographie: **58** ('49) 151–54.

Sciences [Paris] La radioastronomie: **77** ('49) 230–39.

Außerdem: Rapports annuels sur les travaux du Bureau International de l'Heure, publiziert in: Bull. horaire Bur. int. Heure.

Mit: [1]) D. Chalonge; [2]) A. Couder; [3]) P. Couderc; [4]) V. Grouitch; [5]) B. Guinot; [6]) J. Huss; [7]) J. Kovalevsky; [8]) A. Lallemand; [9]) G. Rougier; [10]) J. Texereau; [11]) R. Tremblot; [12]) P. Michaut.

VI **van DANTZIG,** David. Math. — 1927-29, '31-32 Assistent, '32-38 Lektor, '38-40 außerord. Prof., '40-42, '45-46 ord. Prof., Techn. Hochsch. Delft; '32-41 Privatdoz., '46-59 ord. Prof., Univ. Amsterdam; '46 Mitbegründer, dann Direktoriumsmitglied der Stiftung "Het Mathematisch Centrum", Amsterdam. — '50-51 Gastprof., Univ. of California, Berkeley, Calif.

*1900, Sept. 23, Amsterdam;

†1959, Juli 22, Amsterdam.

Nekr. H. Freudenthal, Jaarb. koninkl. nederl. Akad. Wet. **1959/60,** 295–99 (m. Bildn.); Nieuw Arch. Wiskunde **8** ('60) 57–73. – J. Hemelrijk, Annals math. Statistics **31** ('60) 269–75; Revue Inst. int. Statistique **28** ('60) 124f.; Statistica neerland. **13** ('59) 415–32 (m. Bildn., Schr.verz.); Synthese [Holland] **11** ('59) 335–51. – J. F. Koksma, Synthese [Holland] **11** ('59) 329–34. – J. Wansik, Euclides [Groningen] **35** ('59) 1f. – Nieuw Arch. Wiskunde **7** ('59) 90. – Synthese [Holland] **11** ('59) 319–28 (m. Bildn.).

Schriftenverzeichnis Statistica [Bologna] **17** ('57) 470–74.

MH. Bibliotheca mathematica. A series of monographs on pure and applied mathematics 1ff. (Amsterdam '52ff.).

S. Verhandlungen des internationalen Mathematiker-Kongresses, Zürich 1932, **2** (Zürich–Leipzig o. J.) 302f.: Projektiver Zusammenhang mit Fundamentalquadrik[5]). – C. R. Congrès international des mathématiciens, Oslo 1936, **2** (Oslo '37) 160–62: Über den Tensorialkalkül; 225–27: Über das Verhältnis von Geometrie und Physik. – 10th International congress of philosophy, Amsterdam 1948.

Library, **2** (Amsterdam '48) 176–89: Significs and its relations to semiotics. – Zeven voordrachten over topologie (H. Freudenthal, W. Peremans) (Gorinchem '50) 56–79: Topologisch-algebraische verkenning. – Congrès international de philosophie des sciences, Paris 1949, **2**: Logique (Paris '51) (Actualités scientifiques et industrielles, 1134) 123–25: Mathématique stable et mathématique affirmative; **4**: Calcul des probabilités ('51) (~ 1146) 49–66: Sur l'analyse logique des relations entre le calcul des probabilités et ses applications. – Enquête sur la liberté (Paris '53) (~ 1199): Footnotes on the concept of liberty. – Théorie des probabilités. Exposés sur ses fondements et ses applications (Paris '52) (Collection de logique mathématique. Sér. B I) 53–65: Les problèmes que pose l'application du calcul des probabilités. – Colloque sur l'analyse statistique, Bruxelles 1954 (Liège–Paris '55) (Centre belge de recherches mathématiques) 73–91: Sur les ensembles de confiance généraux et les méthodes dites non paramétriques. – Fünfzig Jahre Relativitätstheorie (Konferenz), Bern 1955. Verhandlungen (Basel '56) (Helvetica physica Acta, Suppl. 4) 48–53: On the relations between geometry and physics and the concept of space-time. – Proc. International congress of mathematicians, Amsterdam 1954, **1** (Amsterdam '57) 218–39: Mathematical problems raised by the flood disaster 1953. – La décision (Paris '61) 129–46: Sur quelques questions de la théorie mathématique du choix pondéré. – Rapport Deltacommissie [**3**]: Bijdragen 2: Beschouwingen over stormvloeden en getijbeweging ('s-Gravenhage ['61]) 7–56: Extrapolatie van de frequentielijn der hoge waterstanden te Hoek van Holland met behulp van geselecteerde stormen[2]); 57–110: Het ekonomische beslissingsprobleem inzake beveiliging van one land tegen stormvloeden[7]); 119–90: De wiskundige behandeling van de invloed van windvelden op de waterstanden in de Noordzee[3]); 191–218: Vrije slingeringen van een vloeistof in een roterend rechthoekig bekken.

W. Over de elementen van het wiskundig denken (Groningen '32) 16 S. – Vragen en schijnvragen over ruimte en tijd. Een toepassing van den wiskundigen denkvorm (Groningen '38) 24 S. – De functie der wetenschap. Drie voordrachten met discussie (m. E. W. Beth, C. F. P. Stutterheim) ('s-Gravenhage '48) 88 S. – Blaise Pascal en de betekenis der wiskundige denkwijze voor de studie van de menselijke samenleving (Groningen '49) 37 S.

Annales Inst. Henri Poincaré Une nouvelle généralisation de l'inégalité de Bienaymé: **12** ('51) 31–43. – Chaînes de Markov dans les ensembles abstraits et applications aux processus avec régions absorbantes et au problème des boucles: **14** ('55) 145–99.

Annales sci. Ecole norm. sup. Nombres universels ou ν!-adiques avec une introduction sur l'algèbre topologique: (3) **53** ('36) 275–307.

Annals Math. On projective connections and their application to the general field theory (G. F. VI)[5]): (2) **34** ('33) 271–312.

Archives int. Hist. Sci. Laplace, probabiliste et statisticien et ses précurseurs: **8** ('55) No. 30, 27–37.

Bull. Inst. int. Statist. Statistical methods based on few assumptions[2]): **34** ('54) 239–67 (m. franz. Zusammenfassg.).

Bull. Soc. math. France Divisibilité topologique d'un ensemble compact par un arc simple: **75** ('47) 49–55.

Colloques int. Centre nation. Rech. sci. Sur la méthode des fonctions génératrices: **13** ('49) 29–45.

Compositio math. Zur topologischen Algebra, 2: Abstrakte b_ν-adische Ringe: **2** ('35) 201–23; ~ 3: Brouwersche und Cantorsche Gruppen: **3** ('36) 408–26. – On ordinary quantities and W-quantities; Classification and geometrical applications[5]): **7** ('40) 447–73.

C. R. hebd. Séances Acad. Sci., Paris Groupes monoboliques et fonctions presque périodiques: **196** ('33) 1074–76. – Le groupe fondamental des groupes compacts abstraits: 1156–59. – La notion de dérivée d'une fonctionnelle: **201** ('35) 1008–10.

Dialectica Is $10^{10^{10}}$ a finite number?: **9** ('56) 273–77.

Econometrica [USA] Economic decision problems for flood prevention: **24** ('56) 276–87.

Enseignement math. The function of mathematics in modern society and its consequence for the teaching of mathematics: (2) **1** ('55) 159–78.

Erkenntnis Some possibilities of the future development of the notions of space and time: **7** ('38) 142–46.

Euclides [Groningen] Über die Grundlagen des mathematischen Denkens: **9** ('32) 102–16 [niederländ.]. – Korrel XLIV: **16** ('40) 142–44. – Prof. G. Mannoury zum 60. Geburtstag, 17. Mai 1947: **23** ('47) 27–37 [niederländ.]. – Blaise Pascal und die Bedeutung der mathematischen Denkweise für das Studium der menschlichen Gesellschaft: **25** ('49/50) 203–32 [niederländ.]. – Das mathematische Modell in der Erfahrungswissenschaft: **29** ('53/54) 35–41 [niederländ.]. – Mathematische Beratung in der Praxis: **30** ('54) 53–67 [niederländ.]. – The function of mathematics in modern society and its consequence for the teaching of mathematics: **31** ('55/56) 88–102.

Indagationes math. [Amsterdam] On relativistic thermodynamics: **1** ('39) 212–19. – On relativistic gas theory: 219–37. – On the thermo-hydrodynamics of perfectly perfect fluids, 1: **2** ('40) 157–72; ∼ 2: 239–48. – On the affirmative content of Peano's theorem on differential equations: **4** ('42) 140–46. – A remark and a problem concerning the intuitionistic form of Cantor's intersection theorem: 147f. – On the principles of intuitionistic and affirmative mathematics, 1: **9** ('47) 429–40; ∼ 2: 505–17. – On the inversion of k-dimensional Fourier-Stieltjes integrals: **10** ('48) 286–95. – Comments on Brouwer's theorem on essentially-negative predicates: **11** ('49) 347–55. – On the consistency and the power of Wilcoxon's two-sample test: **13** ('51) 1–8. – Inequalities concerning determinants and systems of linear equations[1]): **14** ('52) 315–21. – On arbitrary hereditary time-discrete stochastic processes, considered as stationary Markov chains, and the corresponding general form of Wald's fundamental identity[4]): **16** ('54) 377–88. – Solutions of the equations of Helmholtz in an angle with vanishing directional derivatives along each side: **20** ('58) 384–98. – The North Sea problem, 1: General considerations concerning the hydrodynamical problem of the motion of the North Sea[3]): **22**, 2 ('60) 170–81; ∼ 4: Free oscillations of a rotating rectangular sea[3]): 339–54.

J. Math. pures et appl. Itérations markoviennes dans les ensembles abstraits[6]): (9) **38** ('59) 183–200.

Jaarb. Univ. Amsterdam Van „Rekening in spelen van geluck" tot besliskunde: **1956/57**, Nr. II, 39–50.

Jahresber. dtsch. Mathematiker-Vereinig. Einige Sätze über topologische Gruppen: **41** ('32) *42–44*. – Über projektive Differentialgeometrie: **42** ('33) *25*.

Matematičeskij Sborn. Neuere Ergebnisse der topologischen Algebra: **1** (**43**) ('36) 665–74.

Mathematische Ann. Theorie des projektiven Zusammenhangs n-dimensionaler Räume: **106** ('32) 400–54. – Zur topologischen Algebra, 1: Komplettierungstheorie: **107** ('32) 587–626.

Nature [London] Stress tensor and particle density in special relativity theory: **143** ('39) 855f.

Nederlandsch Tijdschr. Natuurkunde Mathematical and empirical foundations of the calculus of probability: **8** ('41) 70–93 [niederländ. m. engl. Zusammenfassg.].

Nieuw Arch. Wiskunde Another form of the weak law of large numbers: (3) **1** ('53) 129–45. – On the geometrical representation of elementary physical objects and the relations between geometry and physics: **2** ('54) 73–89. – Sur un problème de M. Karamata: **3** ('55) 89–92. – Complément à un problème de M. Karamata: **4** ('56) 109–11. – Gerrit Mannoury's significance for mathematics and its foundations: **5** ('57) 1–18.

Nieuw Tijdschr. Wiskunde Ebene Axonometrie von Inzidenzkonstruktionen im vierdimensionalen affinen Raum: **35** ('47) 141–50 [niederländ.].

Physica On the phenomenological thermodynamics of moving matter: **6** ('39) 673–704.

Proc. Cambridge philos. Soc. The fundamental equations of electromagnetism, independent of metrical geometry: **30** ('34) 421–27.

Proc., Koninkl. Akad. Wet. Amsterdam Zur allgemeinen projektiven Differentialgeometrie, 1: Einordnung in die Affingeometrie: **35** ('32) 524–34; ∼ 2: x_{n+1} mit eingliedriger Gruppe: 535–42; On the general projective differential geometry, 3: Projective pointfield-algebra and -analysis: **37** ('34) 150–55. – Zum Unifizierungsproblem der Physik. Skizze einer generellen Feldtheorie[5]): **35** ('32) 642–55. – Zur generellen Feldtheorie. Diracsche Gleichungen und Hamiltonsche Funktion[5]): 843–52. – On the conformal differential geometry, 1: The conformal gradient: **37** ('34) 216–21. – Electromagnetism, independent of metrical geometry, 1: The foundations: 521–25; ∼ 2: Variational principles and further generalization of the theory: 526–31; ∼ 3: Mass and motion: 643–52; ∼ 4: Momentum and energy; waves: 825–36; ∼ 5: Quantum-theoretical commutability relation for light-waves: **39** ('36) 126–31. – Ricci-calculus and functional analysis: 785–94. – On relativistic thermodynamics: **42** ('39) 601–07. – On relativistic gas theory: 608–25. – On the thermo-hydrodynamics of perfectly perfect fluids, 1: **43** ('40) 387–402; ∼ 2: 609–18. – On the affirmative content of Peano's theorem on differential equations: **45** ('42) 367–73. – A remark and a problem concerning the intuitionistic form of Cantor's intersection theorem: 374f. – On the principles of intuitionistic and affirmative mathematics, 1: **50** ('47) 918–29; ∼ 2: 1092–1103. – On the inversion of *k*-dimensional Fourier-Stieltjes integrals: **51** ('48) 858–67. – Comments on Brouwer's theorem on essentially-negative predicates: **52** ('49) 949–57.

Proc., Koninkl. nederl. Akad. Wet., Ser. A On the consistency and the power of Wilcoxon's two sample test: **54** ('51) 1–8. – Inequalities concerning determinants and systems of linear equations[1]): **55** ('52) 315–21. – On arbitrary hereditary time-discrete stochastic processes, considered as stationary Markov chains, and the corresponding general form of Wald's fundamental identity[4]): **57** ('54) 377–88. – Solutions of the equations of Helmholtz in an angle with vanishing directional derivatives along each side, 1: **61** ('58) 384–91; ∼ 2: 392–98. – The North-Sea problem, 1: General considerations concerning the hydrodynamical problem of the motion of the North Sea[3]): **63** ('60) 170–80; ∼ 4: Free oscillations of a rotating rectangular sea[3]): 339–54.

Proc. roy. Soc., London, Ser. A On the thermodynamics of moving matter, 1: Phenomenological theory: **170** ('39) S 22.

Statistica [Bologna] Korrespondenz mit B. de Finetti (Punti di vista): **19** ('41) 229–42 [ital.].

Statistica neerland. Proposals for the standardization of symbols in mathematical statistics and biometrics: **4** ('50) 80–86. – Enkele historische betrekkingen tussen mathematische en verzamelende statistiek: 233–48. – De natuur als tegenspeler: **5** ('51) 149–59. – Voorspelling en profetie: **6** ('52) 195–204. – De verantwoordelijkheden van de statisticus: **7** ('54) [?] 199–208. – Tien jaar wiskundige statistiek: **9** ('55) 233–42. – Statistical priesthood, 1: Savage on personal propabilities: **11** ('57) 1–16; ~ 2: Sir Ronald on scientific inference: 185–200.

Synthese [Holland] General procedures of empirical science: **5** ('47) 441–45. – Carnap's foundation of probability theory: **8** ('53) 459–70. – Some informal information on "information": **9** ('54) 137–44. – Mannoury's impact on philosophy and significs: **10a** ('58) 423–31.

Trudy Semin. vektorn. i tenzorn. Analizu, Priloženijami Geometrii, Mech. i Fizike Was ist Geometrie ?[5]): Lieferg. **2/3** ('35) 15–48.

Versl. gewone Vergad. Afd. Natuurkunde, Koninkl. nederl. Akad. Wet. Mathematische Beratung für medizinische, biologische und andere Untersuchungen: **61** ('52) 13–18. – Einige Beispiele für die Berechnung der Wasserbewegung unter dem Einfluß von Wind: **65** ('56) 39–44. – – Beide Arbeiten niederländ.

Z. angew. Math. u. Mech. Einige analytische Ergebnisse über die Wasserbewegung in einem untiefen Meere: **39** ('59) 169–79.

Z. Physik Generelle Feldtheorie[5]): **78** ('32) 639–67.

Mit: [1]) N. G. de Bruijn; [2]) J. Hemelrijk; [3]) H. A. Lauwerier; [4]) C. Scheffer; [5]) J. A. Schouten; [6]) G. Zoutendijk; [7]) J. Kriens.

VI **DANTZIG,** Tobias. Math. – 1931–46 Prof., '46 Prof. Emeritus, Univ. of Maryland, College Park, Md. (☒)
*1884, Šavli, Rußland;
†1956, Aug. 11.

Nekr. M. H. Martin, Science [USA] **124** ('56) 71f.

W. Number, the language of science; a critical survey written for the cultural nonmathematician (Paris '31); [2](New York '33) 7 + 262 S.; [3]('39, '49) 10 + 320 S.; [4]('54) 340 S., ('56) 345 S. (Doubleday anchor books). – Aspects of science (New York '37, '39) 11 + 285 S.; franz.: A la recherche de l'absolu (Paris '46) 365 S. – Henri Poincaré: critic of crisis; reflections on his universe of discourse (New York '54) 194 S. (Twentieth century library). – Bequest of the Greeks (London '55) 191 S. (Mathematics in retrospect, 1).

VI **DARLING,** Charles Robert. Physik. – Assist. Prof. of Science, Royal Military Acad., Woolwich; Lecturer in applied Physics, Finsbury Technical College. (☒)
*1870, Juli 26;
†1942, Okt. 12.

W. Modern domestic scientific appliances (New York '32, '36) 8 + 160 S.

Nature [London] Fire-walking: **136** ('35) 521; **137** ('36) 621f.

Proc. physic. Soc. Joseph Herbert Vincent †: **49** ('37) 707f.

VI **DARMOIS,** Eugène Emile. Elektrochemie. – 1910 Maître de Conférences, Fac. des Sci. de Rennes; '11-14 Ingénieur à la Soc. Westinghouse; '19 Maître de Conférences, '20-26 Prof. tit., Fac. des Sci. de Nancy; '26-57 Prof., Fac. des Sci. de Paris. – '25 Prix Kastner-Boursault, '32 Prix L. La Caze de Physique (Acad. Sci. Paris).
*1884, Apr. 10, Eply, Meurthe-et-Moselle;
†1958, Nov. 4, Paris.

Bruder von Georges Darmois[VI, VIIb]

Nekr. J. Duclaux, J. Chim. physique et Physico-Chim. biol. **56** ('59) 517–25 (m. Bildn., Schr.verz.). – L. Hackspill, Bull. Soc. chim. France **1959**, 4f. – M. Pauthenier, L'œuvre scientifique d'E. Darmois: Bull. Soc. franç. Electriciens (7) **9** ('59) 173–75 (m. Bildn.). – J. Pérès, Notices et Discours, Acad. Sci., Paris **4** ('64) 92–94. – G. Ribaud, C. R. hebd. Séances Acad. Sci., Paris **247** ('58) 1685–89. – G. Valensi, Bull. Soc. chim. France **1959**, 673–77 (m. Bildn., Schr.verz.).

Zur Bibliogr. Notice sur les travaux scientifiques de M. Eugène Darmois (Paris '37) 24 S.

H. Actualités scientifiques et industrielles, Exposés de chimie-physique **1** (Paris '34) – **7** ('43).

Ue. Paul Walden, Histoire de la chimie (Paris '53) 128 S. [aus d. Deutschen].

S. C. R. Congrès international d'électricité, Paris 1932, **2** (Paris '33) 105–29: Les électrolytes forts. – Jubilé de M. Marcel Brillouin (Paris '35) 233–: Mesure polarimétrique de la résistance des verres à l'attaque par le fluor[17]) [30]). – Traité de chimie organique (V. Grignard) **2** (Paris '36) 1–58: Propriétés optiques des combinaisons organiques. — Atti X Congresso internazionale di chimica, Roma 1938, **2** (Roma '39) 737–42: Action du borate de sodium sur le glucose et le xylose[21]). — Réactions dans l'état solide (Paris '50) (Colloques internat. du C.N.R.S., 10): Sur la pénétration de l'hydrogène dans le fer et quelques conséquences. — Polarisation de la matière (Paris '51) (∼ 17): Moment polaire du glycérol[20]). — Electrolyse (Paris '52) (∼ 39): Phénomène aux électrodes dans l'électrolyse. — Electrochimie, électrodes de référence et constitution de la couche double (Paris '58) (∼ 73) 169–: Quelques remarques sur la surtension d'hydrogène[9]). — Chimie des hautes températures (Paris '55) (Colloques nationaux du Centre national de la Recherche scientifique) 213–15: Contribution à l'étude de la constitution moléculaire des sels fondus. — Encyclopédie française **2**: La physique (Paris '55) 2·20,1–5: Electricité, 1: Conductibilité des électrolytes; 2·32,11–2·34,7 (13 S.): Principes et fonctions de la thermodynamique. — Proc. 6th Meeting of the International Committee of Electrochemical Thermodynamics and Kinetics, Royaumont and Poitiers 1954 (London '55) 79–81: Some notes on electrocapillary curves[9]); ∼ 7th Meeting ∼, London 1955 (London '57) 181f.: The nature of the hydrogen ion in various solvents[9]). — Handbuch der Physik (S. Flügge) **20**: Elektrische Leitungsphänomene II (Berlin–Göttingen–Heidelberg '57) 392–479: Electrochimie.

W. Un nouveau corps simple, le deutérium ou hydrogène lourd **1** (Paris '34) 25 S. (Actualités scientifiques et industrielles, 121. Exposés de chimie-physique, 1); **2** (Paris '36) 41 S. (∼ 344. ≈ 3). — L'activité des solutions électrolytiques (Paris '43) 58 S. (∼ 945. ≈ 7). — Progrès récents dans l'étude de la structure des solutions électrolytiques (Paris '39) 68 S. (∼ 785. Bibliothèque de la Société philomathique de Paris, 5). — Cours de thermodynamique (Paris '35) 131 S. (Les Cours de Sorbonne. Certificat d'études supérieures de physique générale). — Etude de la lumière polarisée (Paris '39) 47 S. (∼). — La photométrie industrielle (m. M. Cohu) (Paris '39) 2 + 67 S. (Mémorial des sciences physiques, 39). — Lampes à incandescence et lampes à décharge (m. M. Cohu) (Paris '41) 90 S. (∼ 45). — La solvatation des ions (Paris '46) 63 S. (∼ 48). — L'état liquide de la matière (Paris '43) 335 S.; ('47) 359 S. (Sciences d'aujourd'hui). — Spectres d'émission et d'absorption (Paris '44) 18 S. (Cours-conférences du Centre de Perfectionnement technique, 1113). — Moyens offerts par la physique pour l'étude des structures internes (Paris '54) 16 S. (∼ 2301). — Structure des liquides (Paris '54) 15 S. (∼ 2302). — Thermodynamique et rayonnement (Paris '47) 216 S. (Cours professé à la Faculté des Sciences de Paris). — L'électron. Electrons libres et électrons liés, microscope électronique, théorie électronique des métaux, production de la lumière, propriétés magnétiques et électriques de la matière (Paris '47) 236 S. — Les méthodes statistiques en physique (Malakoff '49) 23 S. (Soc. franç. des Electriciens. Ecole supérieure d'Electricité). — Thermodynamique statistique (Paris '49) 260 + 3 S. — Vibrations, acoustique (Paris '49, '53) 280 S. — Electricité **1** (Paris '53) 398 S.; **2** ('53) 330 S.; **3** ('54) 330 S. — Conductibilité des électrolytes (Paris '55) 144 S. — Electrochimie théorique (m. Geneviève Darmois) (Paris '60) 2 + 240 S.

Bull. Soc. chim. belges Remarques sur la méthode de Job pour l'étude de la formation de complexes en solution[9]): **62** ('53) 104–08.

Bull. Soc. chim. France, Mém. Sur les combinaisons de l'acide borique et des composés polyhydroxylés: (4) **53** ('33) 202f. — L'hydrogène lourd (deutérium) et ses composés: (5) **2** ('35) 1513–44. — Sur le comportement du tartrate de benzylamine en milieu acétique[23]): 1656–68. — Les radicaux libres: 2053–67. — Sur une impureté optiquement active présente dans certains alcools propyliques du commerce[23]): 2070f. — La contribution du deutérium à la chimie organique: **8** ('41) 445–62. — Un appareil enregistreur pour la cryoscopie par surfusion[11])[26]): **16** ('49) 68–72. — Sur la pénétration de l'hydrogène dans le fer et quelques conséquences: D 170. — Appareillage pour la mesure précise des constantes diélectriques des liquides: D 443–45. — Moment polaire du glycérol[20]): D 446f. — Les lois de Raoult et leur aspect moderne: **17** ('50) 1–6. — L'ion présumé $(H_3O)^+$: **18** ('51) 609.

Bull. Soc. franç. Electriciens Mesures précises de faibles différences de température[11]): (5) **9** ('39) 553–55. — Essai d'histoire d'une théorie: la dissociation électrolytique: **10** ('40) 133–48. — Quelques réflexions concernant le polissage électrolytique[13])[6]): (6) **10** ('50) 414–16. — Importance de la solvatation des ions: (7) **1** ('51) 153–55. — Sur une théorie du polissage électrolytique[13]): **4** ('54) 344–53. — Recherches sur la surtension d'hydrogène[9]): **5** ('55) 673–77. — La théorie électronique des métaux et ses applications à la conductibilité électrique des métaux et alliages: **7** ('57) 753–64.

Bull. Union Physiciens Sur la cryoscopie des électrolytes dans les hydrates salins fondus: **1933**, 193–99.

Chimie analyt. Le pouvoir dissolvant: **35** ('53) 175–81.

C. R. hebd. Séances Acad. Sci., Paris Influence des sels de thorium sur le pouvoir rotatoire de l'acide tartrique et des tartrates[17]): **194** ('32) 703–06. — Influence des molybdates sur le pouvoir rotatoire du xylose[21]): **195** ('32) 707–09. — Cryométrie de quelques électrolytes dans l'hydrate fondu $CaCl_2+6H_2O$ [7]): 786–

88. – Sur la loi de Lambert-Beer et la nature des particules absorbantes en solution: **197** ('33) 1120f. – Sur la mesure de la force des acides[17]): **199** ('34) 1123–25. – Sur la cryoscopie de l'acide molybdique en solution aqueuse[11])[21]): **208** ('39) 750f. – Sur le spectre Raman des molybdates neutres, à l'état cristallin et en solution aqueuse[28]): 1308f. – Sur la mutarotation du xylose[21]): **209** ('39) 42f. – Mobilité et hydratation des ions; viscosité des solutions salines: **221** ('45) 290–92. – Sur la nature de l'ion hydrogène dans les solutions électrolytiques[9]): **222** ('46) 1286–88. – Sur la mesure de la surface spécifique des poudres de silice[3]): **224** ('47) 1562–64. – Sur le passage de l'hydrogène à travers le fer[9]): **226** ('48) 177–79. – Sur l'électricité de frottement: 882f. – Sur les mesures de la constante diélectrique des solutions électrolytiques: 1192–94, 1558. – Sur l'osmose électrique: **227** ('48) 339–41. – Sur des oscillations de relaxation d'un type spécial[10]): **228** ('49) 389f. – Quelques données sur la conduction électrique des couches très minces de divers métaux sur différents supports[19])[31]): 992f. – Cryoscopies dans la cryolithe fondue[26]): **229** ('49) 933–35. – Résistivité électrique et composition optimum des bains de polissage électrolytique[13])[1]): **230** ('50) 386–88. – Transparence spectrale de la silice vitreuse après passage du courant électrique à température élevée[4])[15])[2]): 1851–53. – Sur le rôle de l'hydratation des ions dans les bains de polissage électrolytique[13])[1]): **231** ('50) 1222f. – Cryoscopie de quelques oxydes dans la cryolithe fondue[22]): **232** ('51) 1555f. – Cryoscopie dans le borate de lithium fondu[32]): **233** ('51) 1110–12. – Sur les propriétés triboélectriques du chlorure de polyvinyle[18]): **236** ('53) 1456–58. – Sur la résolution des mélanges racémiques par des agents symétriques: **237** ('53) 124–26. – Sur un mécanisme du polissage électrolytique[13]): 501–03. – Quelques remarques sur les courbes électrocapillaires[9]): **238** ('54) 971–75. – Sur le facteur de transfert dans la théorie de la surtension d'hydrogène[9]): **241** ('55) 916f. – Sur la force des acides: 1535–37. – Sur la théorie de Stern relative à la structure de la double couche: **244** ('57) 1111–14. – Sur la variation de tension superficielle de l'eau par dissolution d'un électrolyte: 1300–02.

Documentat. sci. Résistance des verres à l'attaque par le fluor[17])[30]): **4** ('35) 65–69.

Electricité Mesure des constantes diélectriques[5]): **24** ('40) 1–7.

J. Chim. physique Mobilité des ions et viscosité des solutions salines: **43** ('46) 1–20. – Cryoscopies dans les sels fondus[26]): **47** ('50) 176f. – Phénomènes aux électrodes dans l'électrolyse: **49** ('52) C151–C153. – Conductibilité et propriétés connexes de HF liquide: **53** ('56) 445–50.

J. Physique et Radium Sur la loi de Lambert-Beer: (7) **4** ('33) 154Sf. – Mécanisme de l'absorption et nature des particules absorbantes dans les solutions de chlorures[29]): **5** ('34) 73S–75S. – Résistance des verres à l'attaque par le fluor[17]): 169Sf. – Conductibilité du quartz à haute température[24]): **7** ('36) 16Sf. – Sur le traitement thermique et électrique du quartz[25]): 101S–103S. – Remarques sur l'état vitreux: 126S. – Utilisation des solutions concentrées de sels comme solvants: **8** ('37) 71f. – Quelques remarques sur l'hydratation des ions[16]): **9** ('38) 27Sf. – Mesure précise de faibles différences de température[11]): **10** ('39) 84Sf. – Quelques mots sur la théorie des solutions concentrées d'électrolytes: (8) **1** ('40) 41Sf. – Travaux récents sur la double couche électrique: 45S–49S. – Qu'est-ce qu'un ion électrolytique: **2** ('41) 2–11. – Sur la mesure de l'hydratation des ions: 2Sf. – La thermodynamique des solutions: **4** ('43) 129–42. – Solutions, solubilité, 2: 233–45; ~ 3: **5** ('44) 27–39; ~ 4: Intervention de la polarité des molécules: 73–84; ~ 5: 252–61; ~ 6: 279–88. – Le problème de l'ion H^+ dans les solutions électrolytiques: **11** ('50) 577–82. – Cryoscopies dans la cryolithe fondue: 89S. – Nature de la dissociation de l'alumine dissoute dans la cryolithe fondue[9]): **12** ('51) 97Sf. – Sur les propriétés triboélectriques de divers tissus en fibres synthétiques[18]): **15** ('54) 189. – Proposition d'explication pour la grandeur du travail de sortie dans les couches métalliques minces: **17** ('56) 210.

Mémoires Soc. Ing. civils France Les bains à basse teneur en alumine dans la fabrication de l'aluminium[14])[11]): **108** ('55) 522–34.

Nature [Paris] Un nouveau corps simple: l'hydrogène lourd: **1934**, 258–62. – Les molécules polaires: 295–99, 355–60. – Les radicaux libres: **1935**, 445–47, 489–94.

Revue Electr. et Mécan. L'effet Raman: **1932**, 12 S.

Revue gén. Electr. Sur les propriétés triboélectriques de divers tissus en fibres synthétiques[18]): **63** ('54) 413–15.

Revue gén. Sci. pures et appl. Les électrolytes colloïdaux: **46** ('35) 619–31.

Revue Métallurgie [Paris] Résistance électrique de la couche anodique et composition optimum des bains de polissage électrolytique [13])[1])[6]): **47** ('50) 183–86.

Revue sci. Notions sur la constitution des liquides: **79** ('41) 101–09.

Verres et Réfractaires Sur l'attaque de la silice et des verres par les fluorures: **1947**, Okt.-H., 3–9.

Z. Elektrochem., Ber. Bunsenges. physik. Chem. Recherches sur la surtension d'hydrogène[9]): **59** ('55) 659–62. – Elektrolytische

Passivierung einiger Aluminiumlegierungen[8]): **62** ('58) 794f. (m. engl. Zusammenfassg.).

Mit: 1) D. Amine; 2) N. Astoin; 3) F. Balma-Perrier; 4) R. Bauplé; 5) J. Benoit; 6) C. Chalin; 7) R. Chalin; 8) P. Charlon; 9) Geneviève Darmois = G. Sutra; 10) S. Dolinski; 11) Y. Doucet; 12) –; 13) I. Epelboin; 14) L. Ferrand; 15) A. Gilles; 16) L. Herman; 17) Yeu, Ki-Heng; 18) A. Marais; 19) N. Mostovetch; 20) L. Mouradoff; 21) M. Murgier; 22) G. Petit; 23) I. Peychès; 24) R. Radmanèche; 25) N. Rahimi; 26) M. Rolin; 27) –; 28) M. Théodoresco; 29) R. Tréhin; 30) A. Violet; 31) B. Vodar; 32) G. Zarzycki.

VI **DARMOIS,** Georges. Math., Physik. — 1921-33 Prof., Fac. des Sci. de Nancy; '33-36 Chargé de Cours et Maître de Conférences, '36-41 Prof. sans Chaire, '41-49 Prof. tit., '49-60 Prof. dans la Chaire de Calcul des Probabilités et Physique mathématique, Fac. des Sci., '44- Dir. de l'Institut de Statistique, Univ. de Paris; '53-60 Président de l'Institut International de Statistique. — Prof. hon. à la Fac. des Sci. de Nancy; Prof. hon. à la Fac. des Sci. d'Alger. — '16, '37 Prix Bordin, '28, '55 Prix Montyon de Statistique, '35 Prix Henri de Parville, '41 Prix Petit d'Ormoy des Sci. math., '54 Prix Poncelet (Acad. Sci. Paris). (⊠)

*1888, Juni 24, Eply, Meurthe-et-Moselle;

†1960, Jan. 3, Paris.

Bruder von Eugène Darmois VI, VIIb

Zur Biogr. Annales Univ. Paris **20** ('50) 52–55 (m. Bildn., Schr.verz.-Auszug). — Revue gén. Sci. pures et appl. **63** ('56) 66f.

Nekr. A. Danjon, C. R. hebd. Séances Acad. Sci., Paris **250** ('60) 241–45. — D. Dugue, Annals math. Statistics **32** ('61) 357–60. — J. Pérès, Annales Univ. Paris **30** ('60) 84–88; Notices et Discours, Acad. Sci., Paris **4** ('64)339–42. — L. de Broglie, ibid. 390–412 (m. Bildn., Faks.).

MHZ. (Chefredakt.) Revue Inst. int. Statistique.

S. Association française pour l'Avancement des Sciences, Paris. 1er Congrès de la victoire (Paris '45): Sur les régressions linéaires et paraboliques. — Congrès international de philosophie des sciences, Paris 1949 (Paris '51): Dispersion et liaisons stochastiques. — Proc. International statistical conference, Washington, D. C., 1947 **3** (o. O. '51) 231–40: Analyse des liaisons de probabilité. — Colloque sur l'analyse statistique, Bruxelles 1954 (Liège –Paris '55) (Centre belge de recherches mathématiques) 9–23: Sur la régression; résultats nouveaux; problèmes non résolus. — Encyclopédie française **2**: La physique (Paris '55) 2·10,4–6: Les géométries – Les probabilités; 2·48,7–11: La relativité généralisée, 1: Pesanteur – Gravitation – La relativité généralisée – Ses vérifications expérimentales. — Encyclopédie française, Cahiers d'actualité et de synthèse **1**: Compléments (Paris o. J.) 38–42: Les probabilités.

W. La théorie einsteinienne de la gravitation; les vérifications expérimentales (Paris '32) 30 S. (Actualités scientifiques et industrielles, 43). — Statistique et applications [3](Paris '34) 203 S.; [4]('52); [5]('57) 208 S. (Collection Armand Colin, Section de mathématiques, 174). — L'emploi des observations statistiques. Méthodes d'estimation (Paris '36) 33 S. (Actualités scientifiques et industrielles, 356. Statistique mathématique, 1). — Les mathématiques de la psychologie (Paris '40) 52 S. (Mémorial des sciences mathématiques, 98). — Cours de calcul des probabilités et de statistique (Paris '45) 53 S. — Leçons sur l'estimation statistique (m. F. Chartier) (Paris '47) 139 S. (Ministère de l'économie nationale. Institut national de la statistique et des études économiques. Direction de la statistique générale. Etudes théoriques, 3). — Calcul de probabilités **2**: Théorie générale des variables aléatoires quelconques (m. M. Girault) (Paris '54) 175 S. — Le corps solide (Paris '55) 234 S. — Notice sur la vie et les travaux de Jean Chazy, 1882–1955 (Paris '57) 12 S. (Notices et Discours, Acad. Sci., Paris). — Calcul des probabilités (Paris '61) 175 S.

Annales Inst. Henri Poincaré La méthode statistique dans les sciences d'observation: **3** ('32) 191–228.

Annuaire Bur. Longitudes Sur l'estimation des grandeurs par leurs mesures: **1952**, B1–B22.

L'Astronomie (BSAF) Laplace, probabiliste et statisticien: **64** ('50) 45–52. — La gravitation et la pensée d'Einstein: **69** ('55) 261–67.

Bull. Inst. int. Statist. Sur diverses propriétés caractéristiques de la loi de probabilité de Laplace-Gauss: **33** II ('51) 79–82. — Les mathématiciens et l'enseignement de la statistique[2]): **35** ('57) 81–91.

Colloques int. Centre nation. Rech. sci. Sur certaines formes des liaisons de probabilités: **13** ('49) 19–21. — Observations théoriques sur l'analyse factorielle, linéaire et générale: **58** ('55) 295–304.

C. R. hebd. Séances Acad. Sci., Paris La déformation de l'espace dans la théorie de la relativité: **194** ('32) 2269–71; **195** ('32) 20f. — Sur la théorie des deux facteurs de Spearman: **199** ('34) 1176–78, 1358–60. — Sur les lois de probabilité à estimation exhaustive: **200** ('35) 1265f. — Sur certaines lois de probabilité: **222** ('46) 164f. — Résumés exhaustifs et problème du Nil: 266–68. — Réduction à l'unité des expressions du principe de Huyghens pour des ondes électromagnétiques[1]): **228** ('49) 824–26. — Sur une propriété caractéristique de la loi de probabilité de Laplace: **232** ('51) 1999f. — Remarque sur la note de A. J. Thomasian, Distances et normes sur les espaces de variables aléatoires: **242** ('56) 448.

Enseignement math. Rôle du mathématicien dans la vie contemporaine: (2) **1** ('55) 149–58.

J. Soc. Statistique Paris Emile Borel, 1871–1956: **97** ('56) 21–24.

Mathematica [Cluj] Sur „l'indétermination" du facteur général dans la théorie de Spearman: **12** ('36) 211–16.

Mémoires Soc. Ing. civils France Répercussion des travaux d'Henri Poincaré dans le domaine du calcul des probabilités et de ses applications: **107** ('54) 209–12.

Revue Inst. int. Statistique Sur les limites de la dispersion de certaines estimations: **13** ('45) 9–15. — Analyse générale des liaisons stochastiques. Etude particulière de l'analyse factorielle linéaire: **21** ('53) 2–8. — Emil Borel, 1871–1956: **24** ('56) 154–56.

Revue Métallurgie [Paris] Les applications des méthodes statistiques à la métallurgie: **46** ('49) 713–15.

Revue Métrol. prat. Le rôle des méthodes statistiques dans l'exploitation des mesures: (2) **36** ('58) 155–58.

Revue Statistique appl. Comparaison des moyennes de deux populations normales d'écarts-types inconnus et différents: **2** ('54) Nr. 3, 37–42.

Mit: [1]) F. Croze; [2]) E. Morice.

VI **DARROW,** Karl Kelchner. Physik. — 1917- Research Physicist, Bell Telephone Laboratories, New York City; '29 Visiting Prof., Stanford Univ., Stanford, Calif., '31 Univ. of Chicago, Ill., '32 Columbia Univ., New York City, '41 Smith College, Northampton, Mass. — '49 Dr. h. c. (Univ. de Lyon). (⊠)

*1891, Nov. 26, Chicago, Ill.

Zur Biogr. G. Déjardin, Annales Univ. Lyon, Fasc. spéc. **1948/49** ('50) 22–25. — Endeavour **13** ('54) 112.

H. Physical science and human values. A symposium (Princeton, N. J. '47).

S. Encyclopaedia Britannica. A new survey of universal knowledge **7** (Chicago–London–Toronto . . . '65) 107: Clinton Joseph Davisson (1881–1958).

W. Elementare Einführung in die Wellenmechanik (m. E. Rabinowitsch) [2](Leipzig '32) 8 + 110 S. (Neue Probleme der Physik und Chemie, 2). — Elementare Einführung in die Quantenmechanik (Leipzig '33) 7 + 123 S. (~ 3). — Electrical phenomena in gases (Baltimore, Md.–London '32) 17 + 492 S. — Renaissance of physics (New York '36, '39) 12+306 S.; deutsch: (Berlin–Wien–Leipzig'39) 384 S.; niederländ.: (Amsterdam '41) 253 S. — Electricity in gases (Joseph W. Richards Memorial Lecture, 4) (Cincinnati, Ohio '36) 24 S. — Introduction to contemporary physics [2](New York '39) 11 + 648 S. — Atomic energy (New York–London '48) 82 S.

American J. Physics Future of physics, past and present: **12** ('44) 55–. — Concept of entropy: 183–96. — Twenty-five years of American physics: **17** ('49) 127–36.

Annual Rep. Board Regents Smithsonian Instn. Nuclear fission: **1940** ('41) 155–59.

Bell System techn. J. Contemporary advances in physics, 26: The nucleus, 1: **12** ('33) 288–330; ~ 27: ≈ 2: **13** ('34) 102–58; ~ 28: ≈ 3: 391–404, 580–613; ~ 30: The theory of magnetism: **15** ('36) 224–47; ~ 31: Spinning atoms and spinning electrons: **16** ('37) 319–36.— Radioactivity – artificial and natural: **17** ('38) 292–318. — Particles of the cosmic rays: **18** ('39) 190–217. — Nuclear fission: **19** ('40) 267–89. — Analysis of the ionosphere: 455–88. — Forces and atoms: the world of the physicist: **20** ('41) 340–58. — Memorial to the classical statistics: **22** ('43) 108–35. — New statistical mechanics: 362–92. — The scientific work of C. J. Davisson: **30** ('51) 786–97.

Electrical Engng. [USA] Cosmic rays. What physicists have learned about them: **52** ('33) 221–28. — Electric discharges in gases, 2: Ions in dense gases: **53** ('34) 388–95. — The newly discovered elementary particles: **54** ('35) 808–16. — Spinning atoms and spinning electrons: **56** ('37) 1228–35. — Ionosphere: **59** ('40) 272–83. — A study of nuclear and electronic magnetic resonance: **70** ('51) 401–04.

Endeavour Halbleiter: **13** ('54) 101–06.

Industrial and Engng. Chem., News Edit. Physics: **17** ('39) 22.

J. chem. Educat. Nuclear chemistry: **12** ('35) 76–82.

Proc. amer. philos. Soc. Neutral particles in physics: **79** ('38) 389–97. — Status of nuclear theory: **82** ('40) 351–57. — Introduction to the ionosphere: **83** ('40) 429–45. — Discussion on the symposium "Organization, direction, and support of research": **87** ('44) 321f. — Entropy: 365–67. — Growth of the physical sciences and their applications in the United States: **91** ('47) 17–21.

Research Solid state electronics, 4: **7** ('54) 137–41.

Review sci. Instruments Mobilities of recognizable ions: **4** ('33) 6–8. — Neutrons: 58–64. — New achievements in transmutation:

115–17. — The principle of indefiniteness: 188–92. — The "positive electron": 263–67. — Excerpts from nuclear theory: 324–28. — More radioactive elements: 328f. — Theories of the photoelectric effect: 467–72. — Forced oscillations of electron-clouds in dense gases: 563–70. — Pressure against a metal plate in a plasma: 641–44. — Transmutation by alpha-particles: **5** ('34) 66–77. — Current history of the positive electron: 115f. — Diversity of energies in alpha-particle emission: 205–09. — More about induced radioactivity: 209f. — Transmutation and radioactivity produced by neutron-bombardment: 383–86. — Nuclear spins and moments, 1: **6** ('35) 133–37. — New phenomena of superconductivity: **7** ('36) 124–32. — The master of those who know – Ernest Rutherford: **8** ('37) 455–57. — Debt of modern physics to recent instruments, 1: **12** ('41) 1–10; ~ 2: 53–61.

Reviews modern Physics Elementary notions of quantum mechanics: **6** ('34) 23–68, 281. — Helium the superfluid: **12** ('40) 257–66.

Science [USA] Electricity released from matter: **77** ('33) 591–95. — Nuclear fission: **91** ('40) 514–16.

Scientific Monthly Discovery and early history of the positive electron: **38** ('34) 5–14. — The progress of science. Work leading to the award of the Nobel Prize in physics: **46** ('38) 287–90. — Particles of the cosmic rays: **48** ('39) 326–44.

Trans. electrochem. Soc. Electricity in gases: **69** ('36) 5–23.

Yearb., Amer. philos. Soc. Arthur Jeffrey Dempster †: **1950**, 281–85. — John Torrence Tate, 1889–1950: 325–28.

Ferner zahlreiche Berichte über die Versammlungen der American Physical Society in: "Physical Rev." 1950–1956 und "Bull. amer. physic. Soc." 1956ff.

IV, VI **DARTON,** Nelson Horatio. Geol., Chem. — 1913–36 Geologist, United States Geological Survey, Washington, D.C. (⊠)

*1865, Dez. 17, Brooklyn, N.Y.;
†1948, Febr. 27.

Nekr. R. Brown, J. Washington Acad. Sci. **39** ('49) 114. — P. B. King, Proc. geol. Soc. America **1948** ('49) 145–69 (m. Schr.verz.). — W. H. Monroe, Bull. amer. Assoc. Petroleum Geologists **33** ('49) 116–23 (m. Bildn.). — Trans. amer. geophysic. Union **29** ('48) 428.

W. Western Texas and Carlsbad caverns. 16th International geological congress, USA 1933, Guidebook 13 (m. P. B. King) (Washington, D.C. '32) 38 S. — Guidebook of the western United States, Part F: The southern Pacific lines, New Orleans to Los Angeles (Washington, D.C. '33) 7 + 304 S. (U.S. Geological Survey, Bull. 845). — Gravel and sand deposits of eastern Maryland, adjacent to Washington and Baltimore (Washington, D.C. '39) 32 S. (U.S. Geological Survey, Bull. 906). — Geological map of South Dakota 1:500,000 (Washington, D.C. '51).

Bull. geol. Soc. America Algonkian strata of Arizona and western Texas: **43** ('32) 123–. — Geological map of Texas: **44** ('33) 82–. — Structural relations of Cretaceous and Tertiary formations in part of Maryland and Virginia: **62** ('51) 745–79.

Proc. geol. Soc. America Memorial of David Talbot Day, 1859–1925: **1933**, 185–92. — Curtis Fletcher Marbut, 1863–1935: **1936**, 221–27.

Professional Papers, U.S. geol. Survey Configuration of the bedrock surface of the District of Columbia and vicinity: Nr. **217** ('50) 42 S.

V, VI **DARWIN,** Sir Charles Galton. Naturphilos. — 1923-36 Prof. of Natural Philos., Univ. of Edinburgh; '37-39 Master, Christ's College, Cambridge; '38-49 Dir. of the National Physical Laboratory, Cambridge; '42 Scientific Adviser to the Army Council; '52- Chairman of the Radioactive Substances Advisory Committee. — '39 Hon. D. Sc. (Univ. of Manchester); '39 Hon. LL. D. (Univ. of St. Andrews). — '35 Royal Medal (Roy. Soc. London); '36 Hughes Medal (Roy. Soc. London); '37 Gunning Victoria Jubilee Prize (Roy. Soc. Edinburgh); '48 Medal of Freedom with bronze palm (Government of the United States).

*1887, Dez. 19, Cambridge;
†1962, Dez. 31, Cambridge.

Zur Biogr. F. G. Hopkins, Proc. roy. Soc., London, Ser. A **153** ('35/36) 269f. — Bull. amer. math. Soc. **42** ('36) 173. — Nature [London] **136** ('35) 921; **142** ('38) 697; **164** ('49) 15f. — Proc. roy. Soc. Edinburgh **57** ('37) 446. — Vjschr. naturforsch. Ges. Zürich **81** ('36) Beibl. Nr. 26.

Nekr. G. B. B. M. Sutherland, Nature [London] **197** ('63) 14f. — Sir G. Thomson, Biographical Mem. Fellows roy. Soc. **9** ('63) 69–85 (m. Bildn., Faks., Schr.verz.). — Physics today **16** ('63) 90.

S. Society for Pure English. Tract Nr. **48** (Oxford '37) 280–86: Terminology in physics. — British Association for the Advancement of Science. Report of the annual meeting, 1937–1938 (London '38) 21–34: Logic and probability in physics. — Proc. 6th International congress of mathematicians, Cambridge, Mass., 1950, **1** (Providence, R.I. '50) 593–600: The refractive index of an ionized gas. – Niels Bohr and the development of physics. Essays dedicated to Niels Bohr on the occasion of his seventieth birthday (W. Pauli, L. Rosenfeld, V. Weisskopf) (London '55) 1–11: The discovery of atomic number. – Man's rôle in changing the face of the earth (Cambridge, Mass. '56) 963–69: The time scale in human affairs. – Proc. 9th Symposium of the Colston Research Society, University of Bristol 1957: Observation and interpretation (London '57) 209–18: Observation and interpretation. – Humanity and subsistence symposium, Vevey, Schweiz, 1960 (Vevey '61) (Annales Nestlé 1961, No. spécial) 55–62: The future numbers of mankind. – Encyclopaedia Britannica. A new survey of universal knowledge **13** (Chicago–London–Toronto . . . '65) 1104–29: Light[1])[2]).

W. The next million years (New York '52) 210 S.; ('60) 154 S.; deutsch: Die nächste Million Jahre. Ein Ausblick auf die künftige Entwicklung der Menschheit (Braunschweig '53) 163 S.

Atomic Scientists News Atomic warfare and the veto: **1** ('47) 9a–.

BEAMA Journal Electrical units: **54** ('47) 326.

Biographical Mem. Fellows roy. Soc. Douglas Rayner Hartree: **4** ('58) 103–16. – Ezer Griffiths, 1888–1962: **8** ('62) 41–48.

Bull. atom. Scientists Population problems: **14** ('58) 322–24.

Current Sci. Laue diagrams. Twenty-five years of research on x-ray diffraction following Prof. Max von Laue's discovery. The mosaic structure of crystals: **1937**, Special Nr., 23–25.

Electrical Rev. Very low temperatures: **126** ('40) 501f.

Engineer [London] Logic and probability in physics: **166** ('39) 237–. – The extreme properties of matter: **175** ('43) 65–67.

Engineering Thermodynamics and the lowest temperatures: **149** ('40) 465f. – The extreme properties of matter: **155** ('43) 105f., 136f., 144f.

Eugenics Rev. Positive eugenic policy: **31** ('39) 13–22. – Energy in the future: **46** ('55) 237–41. – The value of unhappiness: **49** ('57) 77–79.

Geographical J. Darwin as a traveller: **126** ('60) 129–39.

J. Inst. Navigation, London Navigation with no aids at all: **10** ('57) 416f.

J. Inst. Petroleum Memorandum on the unit of heat: **37** ('51) 159–61.

J. Instn. civil Engr. The extreme properties of matter: **19** ('43) 207–23.

J. Instn. electr. Engr. Thermodynamics and the lowest temperatures: **87** ('40) 581–87.

J. Iron and Steel Inst. Memorandum on the unit of heat: **167** ('51) 445f.

J. London math. Soc. Douglas Rayner Hartree †: **34** ('59) 118–28.

Memoirs and Proc. Manchester lit. and philos. Soc. The attainment of low temperatures: **82** ('37/38) 49–66.

Nature [London] Refraction of ionized media: **133** ('34) 62. – Terminology in physics: **138** ('36) 908–11. – Physical science and philosophy: **139** ('37) 1007f. – Logic and probability in physics: **142** ('38) 381–84. – Use of the termination -tron in physics: **143** ('39) 602. – Thermodynamics and the lowest temperatures: **145** ('40) 954–58. – Statistical control of production: **149** ('42) 573–75. – The extreme properties of matter: **151** ('43) 237–42. – The Indian Science Congress Delhi Meeting: **159** ('47) 353f. – Symbols and nomenclature: **164** ('49) 262–64. – Source of the cosmic rays: 1112–14. – Avogadro's number and Loschmidt's number: **179** ('57) 145. – The clock paradox in relativity: **180** ('57) 976f. – Mr. J. R. Womersley †: **181** ('58) 1240.

New Scientist The age of leisure: **1** ('56) Dec. 27, 13f. – The present golden age: **3** ('57) Nov. 21, 16–18. – The jubilee of the atomic nucleus: **11** ('61) 87–89.

New Zealand Sci. Rev. Forecasting the future: **14** ('56) 6–. – The discovery of atomic number: 102–.

Obituary Notices Fellows roy. Soc. London Ernest William Brown †: **3** ('39/41) 19–22.

Perspectives Biol. and Med. Can man control his numbers?: **3** ('60) 252–63.

Philosophical Mag. Some conformal transformations involving elliptic functions: **41** ('50) 1–10.

Philosophy Sci. Logic and probability in physics: **6** ('39) 48–64.

Proc. amer. philos. Soc. Some episodes in the life of Charles Darwin: **103** ('59) 609–15.

Proc. Cambridge philos. Soc. Note on hydrodynamics: **49** ('53) 342–54.

Proc. physic. Soc. On the evaluation of the constants *e*, *h*, *m*: **52** ('40) 202–09.

Proc. roy. Instn. Great Britain The uncertainty principle in modern physics: **27** ('32) 311–31.

Proc. roy. Soc., London, Ser. A Notes on the theory of radiation: **136** ('32) 36–52. – The refractive index of an ionized medium [, 1]: **146** ('34) 17–46; ∼ 2: **182** ('43) 152–66. – Notes on magneto-optics: **151** ('35) 512–39. – The inertia of electrons in metals: **154** ('36) 61–66. – Diffuse reflexions of x-rays by crystals: **179** ('41/42) 65f. – A discussion on units and standards: **186** ('46) 149–52. – Electron inertia and terrestrial magnetism: **222** ('54) 471–76. — The discovery of atomic number: **236** ('56) 285–96. — The gravity field of a particle [, 1]: **249** ('59) 180–94; ~ 2: **263** ('61) 39–50.

Quarterly J. Mech. and appl. Math. On Weber's function: **2** ('49) 311–20. — Note on the algebra of elliptic functions: **13** ('60) 129–37.

Research Tercentenary of the Royal Society: **13** ('60) 334f.

Science [USA] Logic and probability in physics: **88** ('38) 155–60.

Science Progr. [London] Atomic energy: **34** ('46) 449–65.

Scientific Monthly The uncertainty principle in modern physics: **34** ('32) 387–96.

Tiers Monde La menace de la surpopulation: **1** ('60) 253–.

Trans. illuminating Engng. Soc. Tolerances and their effect on physical measurements: **9** ('44) 119–25.

Mit: [1]) F. A. Jenkins; [2]) R. M. Sutton.

V, VI **DARZENS,** Georges Auguste. Chem. — 1913-37 Prof., Ecole Polytechnique, Paris; Inspecteur honoraire des Etablissements classés du Département de la Seine; Membre du Comité consultatif des Arts et Manufactures. — '11 Prix Jecker, '11 et '33 Médaille Berthelot, '33 Prix Montyon, '37 Prix Paul Marguérite de La Charlonie de Chimie, '47 Prix Emile Jungfleisch (Acad. Sci. Paris).

*1867, Juli 13, Moskva;

†1954, Sept. 10*, Paris.

* Mitteilung der Ecole Polytechnique; Österreichische Chemiker-Ztg. gibt an: Sept. 30.

Todesanzeige Österreichische Chemiker-Ztg. **56** ('55) 30.

S. Alcools (Paris '46) (Cours-conférences du Centre de perfectionnement technique) 73–83: Les alcools aromatiques.

Bull. Soc. chim. France La vie et l'œuvre de Berthollet: **1948**, 1066–68.

Chimie et Industrie, Congr. Chim. industr. La préparation de l'éthylène-diamine: **18**, I ('38) 414–17. — Nouvelle méthode de préparation des sels cuivreux[3]): 418–20.

C.R. hebd. Séances Acad. Sci., Paris Méthode de préparation des phénols par déshydrogénation directe des cétones hydroaromatiques correspondantes[2]): **194** ('32) 181–83. — Nouvelle synthèse de l'eudaline[1]): 2056–59. — Nouvelle méthode de synthèse glycidique d'aldéhydes: **195** ('32) 884–86. — Nouvelle méthode de synthèse d'aldéhydes aliphatiques α,α-diméthylées de poids moléculaire élevé[1]): **196** ('33) 184–87, 447. — Perfectionnement de la méthode générale de préparation des aldéhydes par dégradation des acides[1]): 348–50. — Nouvelle méthode générale de synthèse des aldéhydes[5]): 489f. — Nouvelles méthodes de préparation de la diéthoxyacétone et des α,α-diéthylines β-substituées[5]): **198** ('34) 478–80. — Nouvelle méthode de synthèse de bases quinoléiques β-alcoylées dans le noyau pyridique[5]): 1428f. — Dérivés fluorés du butyltoluène et du butyl-méta-xylène. Nouveaux dérivés fluoro-nitrés à odeur de musc[1]): **199** ('34) 959–62. — Nouvelle méthode générale de synthèse d'acides tétrahydronaphtaléniques et de carbures naphtaléniques[1]): 1131–33. — Synthèse d'un acide butyltertiaire-méthyltétrahydronaphtalinique et de la butylméthylnaphtaline correspondante: 1426–28. — Synthèse d'un acide méthylméthoxytétrahydronaphtalénique, de l'acide naphtalénique correspondant et du 1.7-méthylnaphtol[1]): **200** ('35) 469–71. — Nouvelle méthode de synthèse de dérivés hydrophénanthréniques et de carbures phénanthréniques[1]): 2187–89. — Action des organomagnésiens sur les éthers méthylnaphtaléniques et phénanthréniques[1]): **201** ('35) 152–54. — Synthèse d'un acide octohydrophénanthrène-méthyl-carbonique et du 4-méthylphénanthrène[1]): 730–33. — Préparation des acides 1-naphtyl-β-propionique, 2-naphtyl-β-propionique et 2-tétrahydronaphtyl-β-propionique. Synthèse de la dihydrophénalone et de la tétrahydrobenzo-5,6-indanone-1 [1]): 902–04. — Nouvelle méthode de préparation de dérivés halogénomethyléniques de carbures naphtaléniques. Synthèse de la 1,2 et 1,4-diméthylnaphtaline[1]): **202** ('36) 73–75. — Synthèse de l'acide 1,9-diméthyl-3-carboxy-tétrahydrophénanthrénique et du 1,9-diméthyl-phénanthrène[1]): 427f. — Synthèse d'un nouvel isomère du rétène: le 1-méthyl-9-isopropylphénanthrène[1]): **203** ('36) 669–71. — Nouvelle méthode générale de condensation de l'ester dichloracétique avec les cétones et les aldéhydes par l'emploi d'amalgames métalliques très dilués: 1374–76. — Nouvelles recherches sur la condensation de l'ester dichloracétique avec les cétones et les aldéhydes par l'amalgame de magnésium[1]): **204** ('37) 272–74. — Nouvelle contribution à la synthèse de la glycérine: 506f. — Préparation de quelques glycérides phénylaliphatiques et leur réduction en alcools correspondants. Application à la préparation de l'alcool phényléthylique: **205** ('37) 682–84. — Halogénométhylation de dérivés aromatiques en milieu acétique homogène: **208** ('39) 818–20. — Action des solutions aqueuses d'ammonique sur les dérivés halogènes. Nouvelle méthode de préparation de diamines aliphatiques: 1503f. — Condensation du chlorure de l'acide diméthylacrylique avec les dérivés aromatiques. Synthèse de diméthylvinylarylcétones: **211** ('40) 435f. —

Nouvelle méthode générale de préparation de nitriles R–CN par rétrogradation des acides de formule R–CH_2–COOH [4]): **213** ('41) 268–71. — Nouvelle méthode générale de préparation des esters d'acides aromatiques par dégradation des méthylarylcétones[4]): **214** ('42) 113–15. — Nouvelle méthode générale de préparation d'alcools par réduction des acides ou de leurs esters, des cétones et des aldéhydes: **224** ('47) 570f. — Synthèse directe du nitro-2-propylèneglycol-1,3. Son utilisation pour la synthèse de la glycérine: **225** ('47) 942–44. — Nouvelle méthode générale de synthèse de γ et δ lactones: **228** ('49) 185–87. — Nouvelles méthodes générales de synthèse de cétones β-chloroethylées: **229** ('49) 60f. — Nouvelle méthode de préparation du tétranitrométhane[2]): 1081f. — Nouvelle méthode de synthèse de l'alcool β-nitroéthylique: 1148–50. — Nouvelle méthode générale de synthèse du méta crésol et de ses homologues méta alcoylés[2]): 1340–42. — L'inversion de Walden et le principe de corrélation entre les énergies de liaison des valences du carbone: **230** ('50) 1286f. — L'interprétation de l'inversion de Walden présentée par les α-glycols, les époxydes et les halohydrines au cours de leurs réactions[5]): **231** ('50) 623f. — Nouvelle interprétation générale du mécanisme des transpositions moléculaires[5]): 1234–37. — L'interprétation du mécanisme de la transposition de Beckmann[5]): **232** ('51) 1487f. — Nouvelle interprétation du mécanisme des réactions d'extension de cycles par désamination nitreuse des dérivés aminométhyl cyclaniques[5]): **233** ('51) 749 f. — Nouvelle interprétation du mécanisme de la transposition allylique[5]): 1457–59. — Nouvelle méthode de préparation des acétals α-bromés[5]): **236** ('53) 292–94. — Nouvelle méthode de préparation du diacétal du dialdehyde succinique[5]): 1041f. — Interprétation du mécanisme des réactions de Cannizzaro et de Claisen-Tischtschenko[5]): 1496–98. — Interprétation du mécanisme de la réaction de Birnbaum-Simonini[5]): **237** ('53) 1334–36. — La réaction de Meerwein, Pondorf, Verley: interprétation de son mécanisme, son extension à la réduction des cétones par l'alcool[5]): 1712f.

Industrie Parfumerie Recherches et travaux dans la chimie des parfums: **1** ('46) 33–37. — Nouveaux procédés pour la fabrication des concrètes et des essences absolues de rose: **9** ('54) 336–39.

Mémorial Poudres Nouveau procédé de nitration et d'estérification nitrique des alcools: **25** ('32/33) 437–39.

Mit: [1]) A. Lévy; [2]) G. Lévy; [3]) D. Magnant; [4]) Ch. Mentzer; [5]) M. Meyer.

VI **DAS,** Anil Kumar. Astron., Meteorol. — 1930- Officer, Instruments and Observatory Section of the Meteorological Office, Alipore, Calcutta; '37 Assist. Dir., '46-60 Dir. of the Kodaikanal Astrophysical Observatory; '60-61 Dir. of the Nizamiah Observatory, Hyderabad, Deccan; Prof. Astron., Osmania Univ., Hyderabad, Deccan. — '60 Padma Shri (Government of India). (⊠)

*1902, März 3, Chinsura, Bengal; †1961, Febr. 18, Hyderabad.

Nekr. M. K. V. Bappu, Observatory **81** ('61) 76; Quarterly J. roy. astron. Soc. **2** ('61) 278f. — S. Basu, Indian J. Meteorol. and Geophysics **12** ('61) 547–52 (m. Bildn.). — Nature [London] **192** ('61) 1238.

S. M. Saha, B. N. Srivastava, A treatise on heat [2](Allahabad '35): Meteorology. — Vistas in astronomy (A. Beer) **1** (London–New York '55) (Journal of atmospheric and terrestrial physics, Suppl. 3) 658–66: Temperature at the poles and at the equator of the sun[1]).

L'Astronomie (BSAF) Existe-t-il une corrélation entre les protubérances à disparition brusque et les perturbations géomagnétiques?[3]): **63** ('49) 177–79.

Calcutta Rev. The earth's constitution and seismic and volcanic phenomena: (3) **51** ('34) 43–56.

Gerlands Beitr. Geophysik A new upper air pressure indicator: **36** ('32) 1–3. — An inexpensive upper air temperature indicator[17]) [5]): 4–6. — A simple instrument for studying temperature inversions in the free atmosphere: **37** ('32) 224–32. — On the mechanism of thundersqualls in Bengal: **39** ('33) 144–66. — On the temperature of the earth's outer atmosphere and the forbidden oil lines of the night sky spectrum: **47** ('36) 136–48. — Mechanism of emission of the forbidden lines of neutral atomic oxygen by the night sky: **49** ('37) 241–51.

Indian J. Meteorol. and Geophysics A recording photoelectric photometer[3])[4]): **2** ('51) 157–61. — Solar radiation in the far ultraviolet and some related geophysical phenomena: **5** ('54) Special number, 141–52. — M. Saha †: **7** ('56) 97–102. — Momentary bursts of cosmic radiation[9]): **11** ('60) 50–56.

Indian J. Physics and Proc. indian Assoc. Cultivat. Sci. Measurement of cosmic rays at Agra and Kodaikanal[18]): **14** ('40) 191–205. — An apparent influence of the earth on solar prominences[7]): 311–23. — The motion of gases in the sun's atmosphere, 1: On the mechanism of formation of solar dark markings: 369–86; ∼ 2: On the westward tilt of prominences[7]): **15** ('41) 15–26; ∼ 3: On the stratification of the solar envelope: 79–93; ∼ 4: On the occurrence of highly stripped atoms in the corona[16]): **16** ('42) 277–89.

Indian Rev. The world of stars: **35** ('34) 299–305.

J. sci. and industr. Res. Sunspot activity during the current cycle – a review[3][19]): **6**, Nr. 9 ('47) 9 S.

Kodaikanal Observat. Bull. Some observations on the H and K lines in the solar spectrum[15]): Nr. **126** ('49) 209–13. – Relation between the base and the height of prominences[19]): Nr. **127** ('49) 215–23. – Principal magnetic storms: Nr. **143** ('56) 504; Nr. **145** ('57) 72; Nr. **147** ('57) 230. – Indian eclipse expedition to observe the total solar eclipse of June 20, 1955[4])[20])[13])[9])[8]): Nr. **144** ('57) 28 S. – List of magnetic storms: Nr. **146** ('57) 118. – Ionospheric data: 119–83; Nr. **147** ('57) 231–327. – Magnetic observations for the second half of 1956: Nr. **148** ('58) 8–45; ~ first half of 1957: Nr. **150** ('58) 8–46. – Ionospheric observations for the second half of 1956: Nr. **148** ('58) 46–141; ~ first half of 1957: Nr. **150** ('58) 47–143. – The solar cycle and the associated behaviours of sunspots and prominences: Nr. **152** ('59) 13 S.

Monthly Notices roy. astron. Soc. Kodaikanal Solar Physics Observatory: **109** ('49) 171f.

Nature [London] Nova Herculis and cosmic rays: **136** ('35) 29f. – Line broadening in solar flares[15])[2])[11])[19]): **164** ('49) 964f. – Kodaikanal Observatory: **170** ('52) 55f. – Eruptive prominence of February 26, 1953, and associated radio noise-burst[19]): **172** ('53) 446f. – Difference of temperature between pole and equator of the sun[1]): 496f. – Radio noisebursts from solar M-regions[4]): 855f. – Effect of lightning discharges on magnetographs: **178** ('56) 815.

Naturwissenschaften Can matter be created out of cosmic radiation?: **40** ('53) 433f.

Observatory The brilliant solar flare of 1949, January 23 and the great magnetic storm of January 24–26[14]): **69** ('49) 147–49.

Quarterly J. roy. astron. Soc. Kodaikanal Observatory, Kodaikanal: **1** ('60) 192–96. – Solar activity. Sunspots, prominences[6]): 224–26.

Science and Culture The mystery of cosmic radiation, 1: **2** ('36) 121–23; ~ 2: **3** ('37) 13–17; ~ 3: 90–92; ~ 4: 252–54.

Z. Astrophysik Distribution of radiation flux across a sunspot[12]): **32** ('53) 91–103; **33** ('53) 78.

Außerdem: Summaries of prominence observations and of prominence and calcium flocculus observations, veröffentlicht in: Kodaikanal Observat. Bull. – Kodaikanal solar, geomagnetic, and ionospheric data, veröffentlicht in: Indian J. Meteorol. and Geophysics. – Reports on the progress of astronomy, solar activity, prominences, veröffentlicht in: Monthly Notices roy. astron. Soc.

Mit: [1]) K. D. Abhyankar; [2]) H. Ananthakrishnan; [3]) R. Ananthakrishnan; [4]) B. N. Bhargava; [5]) D. N. Dasgupta; [6]) P. S. Laurie; [7]) B. G. Narayan; [8]) P. V. S. Narayan; [9]) J. V. Narayana; [10]) –; [11]) K. C. A. Rahcem; [12]) A. S. Ramanathan; [13]) S. Rangarajan; [14]) K. S. Raja Rao; [15]) N. R. Rao; [16]) Y. P. Rao; [17]) B. B. Roy; [18]) M. Salaruddin; [19]) K. Sethumadhavan; [20]) R. V. Subrahmanyan.

VI **DATTA,** Rasik Lal. Chem. — 1917-21 Assist. Prof., Univ. College of Science and Technology, Univ. of Calcutta; '21-45 Industrial Chemist of the Government of Bengal, Calcutta. (☒)
*1890, Juli 31, Calcutta;
*1955, Aug. 4.

Nekr. J. indian chem. Soc. **32** ('55) 622f. (m. Bildn.).

W. Soap making (Calcutta '–). – Writing inks (Calcutta '–). – Adhesives (Calcutta '50) 129 S.

Bull., Gov. Bengal, Dep. Industries Utilization of waste glass in the manufacture of sodium silicate[10]): Nr. **70** ('36) 4 S. – Saponification by means of sodium carbonate: Nr. **72** ('37).

Chemical Age Comparative efficiency of metallic driers and their compound efficiency in drying[5]): **40** ('39) 21f. – Indische Tanninstoffe für die Tintenfabrikation: **45** ('41) 79f. [engl.]. – Dextrins and semidextrins for minor starches, 1: Standard processes with potato and maize starch[3]): **46** ('42) 189–91; ~ 2: Standard processes with rice and sweet-potato starch[3]): 201f.

Chemistry and Industry The purification of crude saltpetre: **31** ('33) 366f.

Indian Soap J. Composition and detergency of fit and nigre[11])[7]): **6** ('39) 17f.

J. Soc. chem. Industry, Trans. The liberation of iodine from alkali iodides by means of oxygen of the air through the intervention of nitrous gases: **52** ('33) 350. – Note on the use of acid potassium sulphate in the manufacture of potassium dichromate: **53** ('34) 106.

Manufacturing Chemist Starch adhesives with metal chlorides[2]): **11** ('40) 197f. – Casein adhesives[2]): **16** ('45) 118–24. – Alkaline starch adhesives[2]): 315f., 322. – Casein adhesives: 317.

Seifensieder-Ztg. Parfümierung von Waschseifen[1]): **61** ('34) 1022f.

Soap Trade Rev. Composition and charge computing for soap: **6** ('33) 252f., 288f. – Process of saponification in strongly caustic medium[1]): 386f., 401. – Changes in saturation produced during saponification[1])[4]): **7** ('34) 6–9.

Soap, Perfumery and Cosmet. Optimum detergency in blended washing soaps[6]): 8 ('35)

34–36. — Choice of soap for emulsified creosote disinfectants[11])[2]): 12 ('39) 583–85. — Composition and detergency of fit and nigre[11])[7]): 13 ('40) 375. — Seifenemulsionen bei flüssigen Metallputzmitteln[11])[8]): 14 ('41) 440f. [engl.].

Tropical Agriculturist Die Raffination von Cocosöl: 78 ('32) 345–47. — Nahorsamenöl als Seifenmaterial: 81 ('33) 390–94. — — Beide Arbeiten engl.

Mit: [1]) T. Basu; [2]) N. N. Bose; [3]) P. K. Chatterjee; [4]) K. Chose; [5]) A. Das; [6]) S. S. DasGupta; [7]) P. K. Ghose; [8]) B. M. Kar; [9]) —; [10]) R. N. Mookerjee; [11]) S. C. Sen.

VI **DAURE,** Pierre Joseph André. Physik. — 1930-37 Prof., Fac. des Sci., Univ. de Bordeaux; '37-41, '46-63 Prof., Recteur de l'Univ. de Caen et de l'Acad. de Caen; '44 Préfet du Calvados; '57 Membre de la Commission de Sauvegarde des libertés et droits individuels.

*1892, Mai 2, Mazamet, Tarn.

S. Encyclopédie française 20: Le monde en devenir (Paris '59) 20.54.3–11: L'action et le risque.

W. Introduction à l'étude de l'effet Raman. Ses applications chimiques (Paris '33) 8 + 91 S.

Annales Droit et Sci. sociales Réflexion sur l'évolution monétaire et l'application des lois des grands nombres aux phénomènes sociaux: 4 ('36) Nr. 6.

Bull. Soc. chim. France, Mém. Effet Raman dans les composés terpéniques, 2: Sur quelques terpènes monocycliques[3])[5]): (4) 51 ('32) 921–32.

C.R. hebd. Séances Acad. Sci., Paris Fluorescence de la vapeur d'iode excitée par de la lumière polarisée circulairement et observée longitudinalement[4]): 198 ('34) 557–59. — Etat de polarisation circulaire des raies Raman du pinène éclairé en lumière circulaire et observé longitudinalement: 725–27. — Remarques sur la validité des conceptions statistiques appliquées aux phénomènes sociaux: 201 ('35) 17f. — Sur l'effet Raman de l'ammoniac[4])[1]): 202 ('36) 569–72. — Sur le spectre Raman du benzène en lumière circulaire[2]): 208 ('39) 1700–02.

J. Physique et Radium Sur les propriétés de la lumière diffusée par les colloïdes[4])[6]): (7) 7 ('36) 126S–128S.

Procès-verbaux Séances Soc. Sci. physiques et natur. Bordeaux Sur les propriétés générales de la lumière diffusée par les molécules et par les particules colloïdales[4]): 1935/1936, 26–38.

Revue philos. France et Etranger Le rôle de l'incertitude dans la science et dans l'action: 134 ('44) Nr. 10/12, 15 S.

Mit: [1]) H. Berry; [2]) J. Cabannes: [3]) G. Dupont; [4]) A. Kastler; [5]) J. Lévy; [6]) R. Tissier.

VI **DAUS,** Paul Harold. Math. — 1930-43 Assoc. Prof., '43-61 Prof., '44-50 Chairman of the Department of Mathematics, '61 Emeritus Prof., Univ. of California, Los Angeles, Calif.

*1894, Juni 19, Chicago, Ill.

W. College geometry (New York '41) 15 + 200 S. (Prentice-Hall mathematics ser.). — Basic mathematics for war and industry (m. J. W. Gleason, W. M. Whyburn) (New York '44) 11 + 277 S. (Ser. of mathematical texts). — First year college mathematics; with applications (m. W. M. Whyburn) (New York '49) 13 + 495 S. — Algebra for college students (m. W. M. Whyburn) (New York '55) 6 + 290 S. (Prentice-Hall mathematics ser.). — Introduction to mathematical analysis; with applications to problems of economics (m. W. M. Whyburn) (Reading, Mass. '58) 8 + 244 S. — Algebra; with applications to business and economics (m. W. M. Whyburn) (Reading, Mass.–London '61) 11 + 354 S.

American math. Monthly Isogonal and isotomic conjugates and their projective generalization: 43 ('36) 160–64. — Collineations and central projections: 45 ('38) 294–98. — Bisecting circles: 47 ('40) 519–29. — Ruler construction for finding the centers of three given linearly independent circles: 55 ('48) 428.

Mathematics Teacher Why and how we should correct the mistakes of Euclid: 53 ('60) 576–78.

National Math. Mag. Note on sums involving binomial coefficients: 10 ('36) 165f.

Tôhoku math. J. Ternary continued fractions in a cubic field: 41 ('35/36) 337–48.

University California Publ. Math. Correlations in terms of central collineations and central correlations: (N.S.) 2 ('44) 63–75.

IV–VI **DAUTHEVILLE,** Barthélémy François Samuel. Physik (Mech.). — 1890-1921 Prof., Univ. de Montpellier.

*1849, Okt. 28, Nîmes, Gard;
†1940, Febr. 4.

W. Précis de mécanique rationnelle. Introduction à l'étude de la physique et de la mécanique appliquée à l'usage des candidats aux certificats de licence et des élèves des écoles techniques supérieures (m. P. Appell) [5](Paris '34) 655 S.; [6]('52) 4 + 680 S.

VI **DAUVILLIER,** Alexandre Henri Georges. Astron., Physik, Geophysik. — 1925 Chargé de Cours à l'Ecole Supérieure d'Electricité; '25-40 Chargé de Conférences à la Fac. de Médecine de Paris; '31-42

Maître, '42- Dir. de Recherches, Centre National de la Recherche scientifique; '33- Membre du Comité National Français de Géodésie et de Géophysique; '35- Chef du Labor. de Physique cosmique, Observatoire de Paris à Meudon; '44- Prof. de Physique cosmique, Collège de France, Paris. – '21 Prix Montefiore (Inst. électrotechnique de Liège); '26 Prix Ancel (Soc. franç. de Physique); '26 Mackenzie Davidson Memorial Medal (Roentgen Soc.); '29 Laureat Fondation Clément-Félix (Acad. Sci. Paris); '29 Prix Cheux (Soc. franç. Electriciens); '30 Prix Hughes (Acad. Sci. Paris); '32 Médaille Janssen (Acad. Sci. Paris); '34 Prix Félix Robin (Soc. franç. de Physique); '37 Prix de la Fondation Villemot (Acad. Sci. Paris); '39 Médaille de la Fac. des Sci. de l'Univ. libre de Bruxelles; '40 Prix Saintour (Acad. Sci. Paris).

*1892, Mai 5, Saint-Lubin-des-Joncherets, Eure-et-Loire.

Zur Biogr. L'Astronomie (BSAF) **47** ('33) 123. – Publ. astron. Soc. Pacific **45** ('32) 61.

Zur Biobibliogr. Notice sur les travaux scientifiques de M. A. Dauvillier (o. O. '50) 30 S. (m. Schr.verz.).

H. Physique cosmique (Actualités scientifiques et industrielles) **1** (Paris '47) ff.

S. C.R. Congrès international d'électricité, Paris 1932, **8** (Paris '33) 209–16: Rapport sur les appareils électriques employés en thérapeutique, à la mesure des rayons de Roentgen et du rayonnement des substances radioactives. – Problèmes de géomagnétisme (Paris '50) (Bibliothèque cosmographique): Sur l'origine du magnétisme terrestre. – Union radio scientifique internationale. Recueil des travaux de l'assemblée générale, Zürich 1950, **8**, 2 (Bruxelles '50) 322–28: L'éruption chromosphérique du 19 novembre 1949 et ses conséquences géophysiques[2]). – 14ᵉ Semaine de synthèse: Naissance de la terre et de la vie sur la terre, Paris 1948 (Paris '53): L'origine de la vie.

W. Année polaire internationale 1932–1933. Participation française. Aurores polaires. Ozone atmosphérique. Rayons cosmiques (Paris '36) 415 S. – Les premiers âges de la terre (Paris '39) 39 S. – La genèse de la vie. Phase de l'évolution géochimique (m. E. Desguin) (Paris '42) 128 S. (Actualités scientifiques et industrielles, 917). – La décharge électrique dans les gaz, les tubes à vide, les rayons cathodiques et les rayons x (Malakoff, Seine '45) 6 + **94** S. (Société française des Electriciens. Ecole supérieure d'électricité); ('50) 93 S. – Genèse, nature et évolution des planètes, cosmogonie du système solaire, géogénie, genèse de la vie (Paris '47) 351 S. (Actualités scientifiques et industrielles, 1031. Physique cosmique, 1). – Le magnétisme des corps célestes **1**: Magnétisme solaire et stellaire, couronne solaire et lumière zodiacale (Paris '54) 171 S.; **2**: Variations et origine du géomagnétisme ('54) 161 S.; **3**: Les aurores polaires et la luminescence nocturne ('54) 142 S. (∼ 1208–1210. ∼ 2–4). – La théorie cosmogonique des planètes jumelles (Alençon '48) 24 S. (Les Conférences du Palais de la Découverte, 10 mai 1947). – Génétique et origine des rayons cosmiques (Alençon '52) 27 S. (∼ Sér. A, No. 169, 26 avril 1952). – Variations et origine du rayonnement cosmique (Paris '51) 83 S. – La physique cosmique (Paris '51) 248 S. (Bibliothèque de philosophie scientifique). – Les rayons cosmiques dans leurs rapports avec l'électricité atmosphérique, la météorologie, le géomagnétisme et l'astronomie (Paris '54) 10 + 10 + 565 S. – Cosmologie et chimie, l'origine des éléments chimiques et l'évolution de l'univers (Paris '55) 8 + 219 S. (Nouvelle collection scientifique). – L'origine des planètes, essai de cosmogonie (Paris '56) 227 S. (∼). – Le volcanisme lunaire et terrestre, origine des continents, des océans et des atmosphères, l'énergie géothermique (Paris '58) 303 S. (Sciences d'aujourd'hui). – L'origine photochimique de la vie (Paris '58) 214 S. (Collection Evolution des sciences, 11); ital.: (Milano '62) 311 S.; engl.: (New York '65) 193 S. – La poussière cosmique. Les milieux interplanétaire, interstellaire et intergalactique (Paris '61) 212 S. (∼ 19); engl.: (London '63, New York '64) 167 S. – Les hypothèses cosmogoniques. Théories des cycles cosmiques et des planètes jumelles (Paris '63) 258 S. (∼ 28). – Le soleil et la terre (Paris '60) 42 S. – Physique solaire et géophysique (Paris '62) 361 S.

Annales Géophysique L'éruption chromosphérique du 19 novembre 1949 et ses conséquences géophysiques[2]): **6** ('50) 77–103.

Annales Observat. astron., magnét. et météorol., Toulouse L'éruption chromosphérique et l'émission solaire de rayons cosmiques du 19 novembre 1949: **21** ('52) 13.

Archives Sci. physiques et natur. Recherches sur la genèse, la nature et l'évolution des planètes, 1: L'origine du système solaire: (5) **24** ('42) 5–24; ∼ 2: La structure et l'évolution des planètes: 65–95; ∼ 3: La terre et la lune: 125–59; ∼ [4]: 272f.

L'Astronomie [BSAF] Aurores polaires et rayons cosmiques: **48** ('34) 105–, 153–, 209–. – Sur une observation de la lumière zodiacale[7]): **50** ('36) 228f. – Observation du météore du 2 octobre 1938: **52** ('38) 463–. – La structure interne du globe et la genèse des continents et des océans: 529–41. — L'origine de la vie et le rôle géochimique de la matière vivante: **53** ('39) 145–64. — Sur la nature des planètes: **57** ('43) 91f. — Cinématographie de la lumière zodiacale: **62** ('48) 11f.

Bull. astron. [Paris] Sur le mécanisme des phénomènes cométaires: 8 ('33) 213–20. — Les enregistreurs de rayons cosmiques de l'Observatoire de Paris (Section de Meudon): **10** ('37) 123–38.

Bull. (mens.) Soc. Astron. popul. Toulouse L'origine du système solaire: **34** ('43) 222–32. — L'origine du relief terrestre: **37** ('46) 8–19.

Bull. Soc. chim. France L'origine des éléments chimiques: **1957,** 1091–99.

Bull. Soc. franç. Electriciens Recherches de physique cosmique: (5) **2** ('32) 785–. — Aurores polaires et rayons cosmiques: **4** ('34) 383–.

Cahiers Physique Variations et origine du rayonnement cosmique: No. **35/36** ('51) 1–78.

Ciel et Terre L'origine des éléments chimiques et l'évolution de l'univers: **72** ('56) 325–44.

Colloques int. Centre nation. Rech. sci. Recherches sur la lumière zodiacale: **3** (**4** ?). 1947 ('49) 293–302.

C.R. hebd. Séances Acad. Sci., Paris Sur la théorie de l'aurore polaire: **194** ('32) 192–94. — Enregistrement photoélectrique continu des aurores polaires: **197** ('33) 780f. — Observation des aurores polaires au Scoresby Sund pendant l'Année polaire: 997–1000. — Sur l'origine de l'ozone atmosphérique. Recherches faites au Scoresby Sund durant l'Année polaire: 1339–41. — Activité cosmique et activité solaire. Observation des rayons cosmiques au Scoresby Sund pendant l'Année polaire: 1741–44. — Sur la nature de la photosphère et l'émission électronique du soleil: **198** ('34) 902–04. — Etude du champ électrique terrestre, de l'ionisation atmosphérique et du courant vertical au Scoresby Sund pendant l'Année polaire: **200** ('35) 2209–11. — Sur le dosage de l'ozone atmosphérique. Comparaison de méthodes spectrographique et chimique: **201** ('35) 679f. — Sur un photomagnétron et son application à la mesure des éclairements crépusculaires: **202** ('36) 738–40. — Sur la réalité des chocs d'Hoffmann[6]): **204** ('37) 143–45. — Sur un compteur universel: **205** ('37) 36f. — Sur la structure interne du globe et la genèse des continents et des océans: **207** ('38) 452–54. — Sur l'identification des chocs d'Hoffmann avec les gerbes d'électrons produites par les rayons cosmiques: 1392f. — Sur l'origine de la vie[4]): **208** ('39) 294–96. — Etude de photocompteurs dans l'ultraviolet[7]): **209** ('39) 394–97. — Sur l'origine du magnétisme terrestre: **210** ('40) 177–79. — Sur le rayonnement ultraviolet extrême du ciel diurne et nocturne: **212** ('41) 958–60. — Sur la chaleur interne du globe et l'énergétique du volcanisme: 1156–59. — Sur l'édification des remparts des cirques lunaires et l'orogenèse terrestre: **213** ('41) 134–36. — Sur l'origine du système solaire: **214** ('42) 786–89. — Sur la nature des planètes: **215** ('42) 222–24. — Sur un nouvel électromètre enregistreur: **216** ('43) 661–63. — Sur le satellite de Neptune[3]): **218** ('44) 38f. — Photomètre enregistreur pour l'étude de la lumière zodiacale: **219** ('44) 124f. — Recherches sur la lumière zodiacale: 189f. — Recherches sur la lumière du ciel nocturne: 283–85. — Observation de l'éclipse totale de soleil du 9 juillet 1945: **221** ('45) 88f. — Un argument décisif contre la théorie des translations continentales[5]): 757f. — Spectromètre photoélectrique enregistreur pour éclairements crépusculaires: **222** ('46) 1042–44. — Avertisseur d'orages magnétiques: 1380f. — Sur le magnétisme des corps célestes: **225** ('47) 839–41. — Magnétisme cosmique et rayons cosmiques: **227** ('48) 1003f. — Sur la théorie gyromagnétique[5]): **229** ('49) 458–60. — Puissante émission solaire de rayons cosmiques: 1096–98. — Généralisation de la théorie des planètes jumelles[3]): **230** ('50) 1231–33. — Sur la nature de Pluton et de Triton: **233** ('51) 901–03. — Observation du champ électrique atmosphérique à Khartoum durant l'éclipse totale de soleil du 25 février 1952: **235** ('52) 852–54. — Sur la cosmogonie du système solaire: 1081–84. — Sur la structure interne des planètes géantes: **237** ('53) 951–53. — Sur l'état thermique interne du globe: 1202f. — Sur un modèle de galaxie: 1298–300. — Sur la signification cosmogonique des satellites de Saturne: **239** ('54) 841–43. — Sur les bases du problème cosmogonique restreint: 1257–59. — Sur les spirales barrées: **241** ('55) 1189f. — Sur le cycle du sel: **242** ('56) 47–49. — Puissant flux solaire nocturne de rayons cosmiques pénétrants: 1399–401. — Sur la nature des nuages de Vénus: **243** ('56) 1257f. — Sur un nouvel effet radiométrique et son application aux comètes: **244** ('57) 150–52. — Foudre globulaire et réactions thermonucléaires: **245** ('57) 2155f. — Sur l'origine et le maintien du géomagnétisme, sa variation séculaire et ses inversions: **246** ('58) 1345–56. — Sur le mécanisme de l'activité solaire: 1945–47. — Sur l'existence de deux familles cométaires: 2325–27. — Sur la structure et le mécanisme des taches solaires: **248** ('59) 1084–86. — Observation de l'éclipse totale de soleil du 12 octobre 1958[8]): 1265–67. — Activité aurorale et albedo planétaire: 1740–43. — Sur la présence de l'oxydrile et du sodium dans la haute atmosphère: 1901–03. — Pulvérisation cathodique et noyaux cométaires: **250** ('60) 3080–82. — Sur l'origine des radicaux NH et CN des spectres cométaires: 3925–27. — Sur l'état convectif interne du globe et les phénomènes hydromagnétiques: **251** ('60) 1449f. — Paléomagnétisme et paléoclimatologie: **252** ('61) 371–73. — Sur l'âge et la rotation des étoiles galactiques: **253** ('61) 1517f. – Sur un nouveau principe de photographie: 1891–94. – Sur le magnétisme lunaire: **255** ('62) 1428–30. – Cybernétique cosmique et évolution stellaire: 1557–59. – Aurores polaires et halos lunaires[1]): 2552–54. – Paléogéomagnétisme et évolution du système terre–lune: **256** ('63) 49f.

Documentat. sci. Die Verwendung von Pyrexglas beim Bau von Vakuumapparaturen: **2** ('33) 310–16 [französ.].

Electrician Aurorae and cosmic rays. Observations of the French expedition at Scoresby Sund: **112** ('34) 787–89.

Gerlands Beitr. Geophysik Sur les phénomènes électromagnétiques produits par le soleil sur la terre: **42** ('34) 3–11.

J. Physique et Radium Tubes électroniques: (7) **3** ('32) 229–38. – Recherches de physique cosmique: 21S–24S. – Recherches sur l'ozone atmosphérique au Scoresby Sund pendant l'Année polaire: **4** ('33) 156S–158S. – Recherches sur les rayons cosmiques, effectuées au Scoresby Sund pendant l'Annee polaire: 167S–169S; **5** ('34) 640–48. – Au sujet des „Rayons de décharge": 184. – Etude des aurores polaires au Scoresby Sund pendant l'Année polaire: 398–412, 98Sf. – Recherches sur l'ozone atmosphérique effectuées au Scoresby Sund pendant l'Année polaire: 455–62. – Etude du champ électrique terrestre, de l'ionisation atmosphérique et du courant vertical au Scoresby Sund, pendant l'Année polaire [, 1]: **6** ('35) 420–26, 103Sf.; ~ 2: Conductibilité: **7** ('36) 40–48. – Présentation d'appareils: Photomagnétron et électromètre dans le vide: 82Sf. – Sur un compteur universel: Application aux cellules photoélectriques: **8** ('37) Bull. No. 410. – L'ionisation par les rayons cosmiques et gamma de l'azote et de l'argon pur comprimés[6]): **9** ('38) 152S–154S. – Identification des chocs d'Hoffmann avec les gerbes d'électrons produites par les rayons cosmiques: 154S. – Recherches sur les photo-compteurs et leurs applications: (8) **3** ('42) 29–40. – Sur l'enregistrement des impulsions des compteurs de Geiger: **4** ('43) 127f. – La fulguration chromosphérique du 23 février 1956, ses effets cosmiques et géophysiques[2]): **18** ('57) 512–17.

J. Radiol. et Electrol. La lumière et la vie: **29** ('48) 207–10.

Mémoires Soc. roy. Sci. Liège Sur l'abondance des éléments chimiques dans le système solaire: (4) **14** ('54) 506–14.

Nature [London] Strange sounds from inland ice, Greenland: **133** ('34) 836.

Revue gén. Electr. Recherches de physique cosmique: **31** ('32) 303–, 477–, 793–.

Revue sci. Problèmes de physique cosmique: **73** ('35) 73–82. – Sur l'origine de la vie[4]): **78** ('40) 292–96. – Le cours de physique cosmique du Collège de France: **83** ('45) 215–23. – Intelligence et évolution: **86** ('48) 532–40. – L'origine des éléments chimiques et l'évolution de l'univers: **91** ('53) 90–100.

Vjschr. naturforsch. Ges. Zürich La structure interne de la terre: **99** ('54) 217–39.

Mit: [1]) C. Botley; [2]) R. Bureau; [3]) H. Camichel; [4]) E. Desguin; [5]) P. Henry; [6]) A. Rogozinski; [7]) E. Vassy; [8]) P. d'Anglejan-Chatillon.

VI **DAUZÈRE,** Jean Camille. Physik, Astron. — Directeur de l'Observatoire de Physique du Globe du Pic du Midi, Univ. de Toulouse. (⊠)

*1869, Apr. 10, Saint-Jean-Poudge, Gers;

†1938.

W. La géographie de la foudre et de la grêle dans le sud-ouest de la France (Toulouse '47) 84 S.

Annales Postes, Télégraphes et Téléphones Etude sur la foudre: **25** ('36) 166–98.

Bull. Soc. Encouragement Industrie nation. Etude sur la foudre et la grêle: **132** ('33) 505–28.

Bull. Soc. franç. Electriciens Influence de la constitution géologique du sol sur l'ionisation de l'air et les points de chute de la foudre: (5) **3** ('33) 623–46.

Cahiers Physique Ionisation de l'air dans les grottes: **5** ('41) 27–36.

C. R. hebd. Séances Acad. Sci., Paris Sur les lieux fréquemment foudroyés dans le département de l'Aveyron: **197** ('33) 1684f. – Sur les variations de la conductibilité de l'air dans les grottes[1]): **198** ('34) 490–92. – Sur la cause des variations de la conductibilité de l'air dans les grottes[1]): **199** ('34) 1645f. – Conductibilité électrique de l'air dans une mine de potasse de Catalogne: **204** ('37) 38f. – Sur les chutes de la foudre dans le département de la Haute-Garonne: **207** ('38) 1433–35. – Sur la répartition géographique des points de chute de la foudre dans le département du Gers: **208** ('39) 114–16. – Sur la répartition des coups de foudre et des chutes de grêle dans le département des Hautes-Pyrénées: 1833–35. – Sur la répartition géographique de la foudre et de la grêle dans le département de l'Ariège: **209** ('39) 896f. – Sur la répartition géographique des points de chute de la foudre dans le département de l'Aveyron: **210** ('40) 442–44.

Revue sci. Les décharges électriques atmosphériques (Etat actuel de nos connaissances sur la foudre): **70** ('32) 513–26.

Mit: [1]) J. Bouget.

VI **DAVEY,** Wheeler Pedlar. Physik, physikal. Chem. — 1926-31 Prof. of physical Chem. and industr. Research, '31-49

Research Prof. of Physics and Chem., '49 Emeritus Prof., School of Chemistry and Physics, Pennsylvania State College, State College, Pa.

*1886, März 19, Cleveland, Ohio;

†1959, Okt. 12, Bellefonte, Pa.

Zur Biogr. J. appl. Physics [USA] **10** ('39) 893 (m. Bildn.).

Todesanzeige Science [USA] **130** ('59) 1181.

S. Colloid chemistry, theoretical and applied (J. Alexander) **4** (New York '32) 3 S.: Colloidal japan. — American Society for Testing Materials. Symposium on radiography and x-ray diffraction methods, Philadelphia, Pa. 1936 (Philadelphia, Pa. '37) 284–301: Chemical analysis by x-ray diffraction methods.

W. A study of crystal structure and its applications (London '34) 11 + 695 S.

American J. Physics Place graduate work in the preparation of industrial physicists: **6** ('38) 11–13. — Statement from a special committee of the Association[19][20]: 216f. — New physics building at the Pennsylvania State College: **10** ('42) 102–09. — Proposed criterions for self-rating of physics departments: **12** ('44) 353–58. — Summary of comments, with discussion, on proposed criterions for self-rating of physics departments: **13** ('45) 116–19. — Functions of the housing-committee: 182–85.

Industrial and Engng. Chem. x-Ray study of rubber structure[1][17]: **24** ('32) 54–56. — Fibering of rubber. Time lag and its relation to rubber structure[13][17]: **26** ('34) 543–47.

J. appl. Physics [USA] x-Ray diffraction applied to chemical analysis: **10** ('39) 820–30.

J. Bacteriol. The effect of low-voltage x-rays on the electrophoretic migration velocity, viability and pH of Escherichia coli suspensions[7][21][2]: **24** ('32) 123–32.

J. chem. Educat. A graphical method of determining the coordinates of point groups[14]: **9** ('32) 1953–62.

J. chem. Physics An x-ray study of liquid benzene, cyclohexane and their mixtures[2]: **9** ('41) 441–50. — x-Ray diffraction pattern of tricalcium aluminate[3]: 663–66.

Review sci. Instruments An automatic x-ray diffraction apparatus[18][10]: **15** ('44) 37–45.

Technical Publ., Amer. Inst. Mining and metallurg. Engr. An x-ray study of the nature of solid solutions[16]: **443** ('32) 14 S.

Trans. amer. Soc. Metals An x-ray study of preferred orientations in pure cold-rolled iron-nickel alloys[15]: **25** ('37) 1084–114. — Solubility of copper in the grain-boundary material of a solid solution of copper in zinc[6]: **26** ('38) 267–78. — An x-ray study of brasses formed by the interdiffusion of Cu and Zn deposited on glass by vaporization[4][5]: **33** ('44) 73–87.

Trans. amer. Soc. Steel Treating The mechanism of crystal growth: **21** ('33) 965–1001.

Mit: [1] M. F. Acken; [2] P. H. Bell; [3] L. J. Brady; [4] A. A. Burr; [5] H. S. Coleman; [6] G. R. Dean; [7] K. P. Dozois; [8] —; [9] —; [10] S. W. Harding; [11] —; [12] M. W. Lisse; [13] J. D. Long; [14] D. McLachlan; [15] D. McLachlan, jr.; [16] R. T. Phelps; [17] Wm. E. Singer; [18] F. R. Smith; [19] R. M. Sutton; [20] L. W. Taylor; [21] R. P. Tittsler.

V, VI **von DÁVID,** Ludwig. Math. — 1929-33 außerord. Prof., '33-41 ord. Prof., '29-41 Dir. d. Mathematischen Seminars, Univ. Debrecen; '41-45 ord. Prof., Univ. Kolozsvár (früher Klausenburg, jetzt Cluj, Rumänien).

*1881, Mai 28, Kolozsvár, Ungarn;

†1962, Jan. 9, Leányfalu, Ungarn.

W. Die beiden Bolyai (Basel '51) 24 S. (Beihefte zu Elemente der Mathematik, 11).

Matematikai és term. Értesítö Verallgemeinerung iterativer Matrizen: **59,** 1 ('40) 62–71 [ungar. m. deutscher Zusammenfassg.].

IV, VI **DAVID,** Sir Tannatt William Edgeworth. Geol., physikal. Geogr. — 1882-91 Assistant Geological Surveyor, later Dir. of the Geological Survey of New South Wales; 1891-1924 Prof. and Head of the Department of Geology, '25 Prof. Emeritus, Univ. of Sydney. — '26 Hon. D. Sc. (Univ. of Manchester); '26 Hon. D. Sc. (Univ. of Cambridge); '33 Hon. D. Sc. (Univ. of Sydney). — 1899 Bigsby Medal (Geol. Soc. London); 1908 Mueller Medal (Australasian and New Zealand Assoc. for the Advancement of Sci.); '15 Wollaston Medal (Geol. Soc. London); '15 Médaille Conrad Malte Brun (Soc. géogr. France); '19 Clark Memorial Medal (Roy. Soc. New South Wales); Patron's Medal (Roy. Geogr. Soc.). (☒)

*1858, St. Fagan's Rectory, near Cardiff, Wales;

†1934, Aug. 28, Sydney, New South Wales.

Ehrungen David Memorial Fund (Univ. of Sydney); Sir Edgeworth David Chair of Geology (Univ. of Sydney).

Nekr. C. Anderson, Australian Museum Mag. **5** ('34) 283–85. — E. C. Andrews, Proc. geol. Soc. America **1935** ('36) 215–47 (m. Bildn.,

Schr.verz.). – C. A. Chant, J. roy. astron. Soc. Canada 28 ('34) 415f. – F. G. Hopkins, Proc. roy. Soc., London, Ser. A 148 ('35) 11. – D. Mawson, Obituary Notices Fellows roy. Soc. London 1 ('35) 493–501 (m. Bildn., Faks., Schr.verz.); Quarterly J. geol. Soc. London 91 ('35) XC–XCIII. – R. J. Noble, J. and Proc. roy. Soc. New South Wales 69 ('36) 6–8. – Ch. Schuchert, American J. Sci. (5) 28 ('35) 399. – G. Taylor, Geographical Rev. 24 ('34/35) 676f.; J. Geology 42 ('34) 849–51. – R. E. P., Nature [London] 134 ('34) 523f.

Zur Biogr. M. E. David, Professor David. The life of Sir Edgeworth David (London–New York '37) 320 S. (m. Bildnissen).

Zum 100. Geb.tag Festschrift: J. and Proc. roy. Soc. New South Wales 92 ('58) David centenary part = S. 97–208 (m. Bildn., Faks.).

S. International geological congress. Report of the 16th session, USA, 1933, 1 (Washington, D. C. '36) 629–44: The Carboniferous and Permian periods in Australia[1]).

W. New geological map of the Commonwealth of Australia (London '32). – Memoir on fossils of the late Pre-cambrian (newer Protozoic) from the Adelaide series, South Australia (m. R. J. Tillyard) (Sydney, N. S. W. '36) 11 + 122 S. – Geology of the Commonwealth of Australia (W. R. Browne) 1: Historical geology (London '50) 20 + 747 S.; 2: Physiography and economic geology ('50) 618 S.; 3: Coloured maps ('50).

Mit: [1]) C. A. Sussmilch.

VI **DAVID,** W. T. Physik. – 1920-21 Prof. of Engineering, Univ. College, Cardiff; '22-48 Prof. of Engineering and Administrative Head of the Engineering Departments, Univ. of Leeds. – '41 Starley Premium (Institution of Mechanical Engineers). (⊠)

*1886, Laugharne;

†1948, Mai 22.

Nekr. R. H. Evans, Nature [London] 162 ('48) 15. – Engineer [London] 185 ('48) 523.

Engineer [London] Temperature and latent energy in flame gases: 157 ('34) 558–60. – Gaseous specific heats and internal-combustion engine efficiencies: 158 ('34) 476–78. – Hopkinson's explosion experiments: 161 ('36) 368–. – Heat loss in high-speed internal-combustion engines: 162 ('36) 675f. – The distribution of the heat loss in petrol engines: 163 ('37) 154–. – Turbulence in internal-combustion engines: 164 ('37) 733f. – Thermodynamics of the petrol engine: 165 ('38) 438–40, 464–66. – Combustion turbulence: 169 ('40) 250f. – Process of combustion in spark ignition engines: 509f. – Some fallacies concerning the gasoline engine: 170 ('40) 388f. – Temperature and latent energy in flame gases: 171 ('41) 268–70. – Measurement of flame gas temperatures: 172 ('41) 186f.

Engineering The sodium line-reversal method of determining flame temperatures: 138 ('34) 475; 139 ('35) 195; 140 ('35) 232. – Combustion levels in flame gases: 144 ('37) 531–33. – Temperature of flame gases: 149 ('40) 241f.

J. appl. Physics [USA] Physics of flames and explosions of gases: 11 ('40) 157f.

J. and Proc., Instn. mech. Engr. Fuel economy in gasoline engines[5]): 143 ('40) 289P–312P. – Abnormality of flame gases: 151 ('44) 236P–247P.

Nature [London] Specific heat of gases at high temperatures: 129 ('32) 942. – Spectra and latent energy in flame gases: 134 ('34) 663, 848. – Flame temperatures: 135 ('35) 470f. – Gaseous combustion: 138 ('36) 930. – Combustion levels: 139 ('37) 67f. – Factors influencing the height of the combustion levels attained in flame gases: 289f. – Influence of hydrogen and water vapour upon the combustion of carbon monoxide mixtures[9]): 140 ('37) 1098. – Latent energy and dissociation in flame gases[9]): 145 ('40) 896f. – Temperature and latent energy in flame gases: 147 ('41) 89. – Luminous radiation from hot gases: 150 ('42) 291f. – Abnormality of flame gases: 320f. – Radiation from flames: 407f. – Influence of water vapour on flame gas temperatures[6]): 521f. – Condition of freshly burnt gases: 636. – Influence of water vapour upon the combustion of hydrocarbon mixtures[6]): 151 ('43) 392. – Temperature of flame gases: 152 ('43) 278. – The Welsbach mantle: 477. – Unreleased energy in flame gases[6]): 154 ('44) 115. – Non-luminous flame gases [6])[7]): 155 ('45) 273, 672. – Latent energy and after-glow in flame gases: 159 ('47) 407. – Unusual flame gases[6]): 160 ('47) 229f. – A Bunsen flame as a column of luminous gas[5]): 161 ('48) 524. – Atomic oxygen and dissociation in flame gases[10])[2]): 726.

Philosophical Mag. and J. Sci. The internal energy of gases after explosion[1])[3]): (7) 14 ('32) 764–77. – Radiation in gaseous explosions[8]): 15 ('33) 177–92. – Flame temperatures in carbon-monoxide and air mixtures[4]): 17 ('34) 172–81. – Flame temperatures in methane-air mixtures[4]): 18 ('34) 228–36. – The specific heats of gases at high temperatures[5]): 307–21. – The experimental determination and theoretical calculation of flame temperatures and explosion pressures: 20 ('35) 65–68. – Temperature and latent energy in flame gases: 21 ('36) 280–82. – Latent energy in explosions[5]): 22 ('36) 513–23. – The temperature of open flames: 23 ('37) 251–56. – Latent energy in combustion: 345–55. – Latent energy and dissociation in flame gases[5])[9]): 31

('41) 156–68. — Unreleased energy in hydrocarbon flame gases[6]): **34** ('43) 816–22.

Proc. Instn. civil Engr. The working fluid of internal-combustion engines: **237** ('33) 163–206.

Proc. South Wales Inst. Engr. Flame gases in the light of recent research: **51** ('36) 375–88.

Mit: [1]) J. R. Brown; [2]) N. Carpenter; [3]) A. H. El Din; [4]) J. Jordan; [5]) A. S. Leah; [6]) J. Mann; [7]) F. R. Mobbs; [8]) R. M. Parkinson; [9]) B. Pugh; [10]) C. Rounthwaite.

VI **DAVIDSON,** Arthur William. Chem. — 1921-27 Assist. Prof., '27-37 Assoc. Prof., '37- Prof., '50-56 Assoc. Dean of Graduate School, '56-61 Chairman of the Department of Chemistry, Univ. of Kansas, Lawrence, Kans. — '54-55 Visiting Prof., Univ. Turku, Finland.

*1896, Febr. 16, New York, N. Y.

H. (Bearb.) E. H. S. Bailey, H. P. Cady, Laboratory guide to the study of qualitative analysis, based upon the application of the theory of electrolytic dissociation and the law of mass action [10](Philadelphia, Pa. '37).

S. Encyclopedia of electrochemistry (C. A. Hampel) (New York '64) 48–51: Low valence states in anodic dissolution.

W. General chemistry, a systematic approach (m. H. H. Sisler, C. A. Vander Werf) (New York '49) 870 S.; [2]('59) 851 S. — College chemistry, a systematic approach (m. H. H. Sisler, C. A. Vander Werf) (New York '53) 623 S.; [2]('61) 709 S.

Annals New York Acad. Sci. Equilibrium constants of cation exchange processes[2]): **57** ('53) 105–15.

Chemical Reviews Nature of iodine solutions[15]): **42** ('48) 601–09.

Finska Kemistsamfundets Medd. Unfamiliar valence states attained by anodic oxidation of metals: **64** ('55) 73–84.

Industrial and Engng. Chem. Fugacities of paraffin hydrocarbons: **24** ('32) 1443.

Industrial and Engng. Chem., News Edit. Hamilton Perkins Cady: **20** ('39) 660f.

Inorganic Chem. Anodic dissolution of calcium in N,N-dimethylformamide[38])[15]): **2** ('63) 810–13. — Cobalt and nickel acetates in anhydrous acetic acid[39]): 823–25. — The anodic dissolution of tin[38])[15]): **3** ('64) 935–40.

J. amer. chem. Soc. The solubility of nitrates in anhydrous acetic acid[11]): **55** ('33) 642–49. — Further studies on acetic acid – acetate solutions[8]): 3531–37. — The system lead acetate – acetic acid[8]): 4524f. — Amphoteric acetates in acetic acid as solvent[12]): **57** ('35) 423–27. — Binary and ternary solutions of nitrates in anhydrous acetic acid[11]): **60** ('38) 1211–14. — The solubility of halides in anhydrous acetic acid[8]): 2043–46. — The Hittorf transference numbers of sodium and ammonium acetates in anhydrous acetic acid[16]): **61** ('39) 147–50. — Some studies in the system zinc acetate – hydrogen chloride – acetic acid[8]): 2164–67. — Binary system sodium formate – acetic acid[28]): **63** ('41) 1221–24. — Plumbic acetate – anhydrous acetic acid solutions[16])[35]): **64** ('42) 1523–27. — The system acetic acid — ammonia[30])[32]): **66** ('44) 779–82. — Amphiprotic substances, 1: Systems acetamide – ammonia and acetamide – acetic acid[30])[32])[21]): 1888–92. — Compound formation between the picolines and o-chlorophenol[19])[33]): **68** ('46) 1361–64. — Compound formation between pyridine and polyhalogenated methanes[33])[5]): **69** ('47) 3045–47. — Compound formation between 2,6-lutidine and polyhalogenated methanes[33])[25]): **70** ('48) 908–10. — Metallic aluminum in solution in liquid ammonia[15])[4])[22]): **71** ('49) 377f. — Anodic oxidation of elements of the aluminum subgroup in anhydrous acetic acid[14]): **72** ('50) 1700–05. — Metallic aluminum in solution in liquid ammonia[22])[15]): 5178–80. — Oxidation of potassium ruthenocyanide[10]): **73** ('51) 1469–74. — Studies of cation-exchange equilibrium on a synthetic resin[20])[32])[2])[37]): 2666–74. — The anodic oxidation of aluminum in liquid ammonia[4])[15]): **74** ('52) 732–35. — The anodic oxidation of higher members of the aluminum family in liquid ammonia[22])[15]): 736–39. — Factors involved in cation exchange equilibria[6])[2]): 1044–47. — Activity coefficient ratios of nitric acid and silver nitrate, and their application to ion exchange equilibria[6])[2]): 1047–50. — The reduction of potassium hexacyanomanganate(III) by potassium in liquid ammonia[9])[15]): **75** ('53) 2495–97. — The anodic oxidation of magnesium metal: Evidence for the existence of unipositive magnesium[26])[15]): **76** ('54) 363–66. — The effect of ionic strength on equilibrium in silver–sodium ion exchange[34])[2]): 3824–26. — Low valent aluminum as a product of anodic oxidation in aqueous solution[27]): **78** ('56) 556–59. — Unipositive beryllium as a product of anodic oxidation[17])[15]): 559–61. — Activity coefficients in aqueous zinc chloride – hydrochloric acid solutions, and their application to cation exchange data[24])[2]): **79** ('57) 1024–28. — Systems formic acid – ammonia and propionic acid – ammonia[3]): **85** ('63) 157–59. — Systems of methyl substituted formamides with formic acid and with ammonia[3]): 159–61.

J. chem. Educat. Solubility law for ideal solutions and its application to a water – salt system: **10** ('33) 234–37. — A simple presentation of the concep s of osmosis, osmotic pressure and osmotic work: **11** ('34) 499–502. — Solutions of electrolytes: **12** ('35) 24–30. — Recent advances in the electrochemistry of non-aqueous solutions: **14** ('37) 218–27. — Oxidation-reduction: a re-evaluation[33])[30]): **22** ('45) 450–56. — A modern approach to the teaching of electrochemistry: **25** ('48) 533–36.

J. inorg. and nuclear Chem. The anodic behavior of copper in aqueous solutions[29])[15]): **4** ('57) 115–27. — Anodic oxidation of zinc and cadmium in aqueous solution[31])[15]): **13** ('60) 64–72.

J. physic. (and Colloid) Chem. Cryoscopic behavior of carbon tetrachloride[2])[25]): **52** ('48) 332–39. — Experimental factors and activity coefficients in ion exchange equilibria[2]): **56** ('52) 92–96. — Unfamiliar oxidation states in liquid ammonia[15]): **57** ('53) 571–75. — The effect of ionic strength on equilibrium in silver-hydrogen ion exchange[18])[2]): **65** ('61) 2220–22. — Activity coefficients in mixed aqueous cadmium chloride – hydrogen chloride solutions at 25° by the electromotive force method[18])[2]): **66** ('62) 1321–26.

Kansas Univ. Sci. Bull. Some studies on the transference of ions in anhydrous acetic acid solution[13]): **21** ('33) 463–77.

P. B. Rep., U. S. Dep. Commerce, Office techn. Serv. Physicochemical investigation of ion exchangers[2])u.a.): **140 433** ('60) 94 S.

Trans. electrochem. Soc. Solvent effect on semiquinone reduction-oxidation equilibria[7]): **80** ('41) 175–92.

Trans. Kansas Acad. Sci. A new method for the preparation of anhydrous acetates[1]): **38** ('35) 129f. — Factors determining the structure of the alkali polysulfides[23]): **43** ('40) 227–34. — Thermodynamics and ion exchange phenomena[2])[6]): **53** ('50) 404–10. — Net work and free energy decrement in non-isobaric spontaneous changes: **60** ('57) 441–47. — Phase equilibria in the system strontium chloride - acetic acid – water[36]): **65** ('62) 428–32.

Mit: [1]) M. R. Adams; [2]) W. J. Argersinger, jr.; [3]) B. Becker; [4]) W. E. Bennett; [5]) L. G. Boatright; [6]) O. D. Bonner; [7]) E. Burstein; [8]) W. Chappell; [9]) V. J. Christensen; [10]) D. D. De Ford; [11]) H. A. Geer; [12]) E. Griswold; [13]) V. Holm; [14]) F. Jirik; [15]) J. Kleinberg; [16]) W. C. Lanning; [17]) B. D. Laughlin; [18]) L. Leifer; [19]) L. V. Lemmerman; [20]) W. K. Lowen; [21]) L. L. Lyon; [22]) A. D. McElroy; [23]) J. B. Martin; [24]) N. J. Meyer; [25]) C. I. Michaelis; [26]) R. L. Petty; [27]) E. Raijola; [28]) E. A. Ramskill; [29]) D. J. Royer; [30]) H. H. Sisler; [31]) D. T. Sorensen; [32]) R. Stoenner; [33]) C. A. Vander Werf; [34]) G. E. Wilson; [35]) M. M. Zeller; [36]) D. Y. P. Chou; [37]) D. N. Hume; [38]) M. L. Rumpel; [39]) W. P. Tappmayer.

VI **DAVIDSON,** Charles Rundle. Astron. — Assistant Astronomer, Royal Observatory, Greenwich; retired. (☒)

*1875, Febr. 28.

Monthly Notices roy. astron. Soc. Report of the expedition from the Royal Observatory, Greenwich, to observe the total eclipse of the sun on 1932 August 31[2]): **93** ('32) 3–9. — The zero point of the Greenwich colour temperature system[1])[3]): **94** ('34) 488–507. — A comparison image micrometer, 1: Design: **98** ('38) 176–79. — A. C. D. Crommelin †: **100** ('40) 234–36.

Observatory The Yapp reflector of the Royal Observatory of Greenwich: **57** ('34) 159–63.

Mit: [1]) W. M. H. Greaves; [2]) J. Jackson; [3]) E. Martin.

VI **DAVIES,** Cecil Whitfield. Physikal. Chem. — 1920-28 Assistant Lecturer, '44-60 Prof., '60 Prof. Emeritus, Univ. College of Wales, Aberystwyth; '28-44 Senior Lecturer, '60- Assoc. Director of Research, Battersea College of Technology, London. — '47 D. Sc. (Univ. of London).

*1895, Juli 27, Beaumaris, Wales.

Zur Biogr. Nature [London] **186** ('60) 680f.

S. Structure of electrolytic solutions (W. J. Hamer) (New York–London '59) 19–34: Incomplete dissociation in aqueous salt solutions. — Progress in reaction kinetics **1** (G. Porter) (Oxford '61) 161–86: Salt effects in solution kinetics. — Encyclopaedic dictionary of physics (J. Thewlis) **2** (Oxford–London–New York '62) 470: Electrolytic dissociation; **6** ('62) 555f.: Ideal solution.

W. The conductivity of solutions ²(London '33) 10 + 281 S. — Principles of electrolysis (London '59) 30 S. — Ion association (London '62) 190 S.

Annual Rep. Progr. Chem. Electrolytes[13]): 49.1952 ('53) 28–34.

Biochemical J. The fractionation of weak electrolyte mixtures by ion exchange resins: **45** ('49) 38–41.

Chemistry and Industry Ion exchange resins: **1948,** 51–54. — Preparation of pure water[14]): **1950,** 129f.

Discuss. Faraday Soc. Precipitation of silver chloride from aqueous solutions, 1[7]): **5** ('49) 103–11. — Interaction in ionic solutions, 2: Incomplete dissociation: **24** ('58) 83–86.

Endeavour Dissociation in salt solution: **4** ('45) 114–19.

J. amer. chem. Soc. The constant α in the Debye-Hückel limiting equation: **54** ('32) 1698f. — The dissociation constant of acetic acid: 3776f. — The conductance of potassium ferrocyanide solutions: **59** ('37) 1760f.

J. chem. Soc., London The limiting conductivities of salts in non-aqueous solvents: **1933,** 645–48. — The activity of ammonia in ammonium chloride solutions[11]): 1435–39. — Complex formation in salt solutions, 1[12]): **1934,** 400–03. — The reaction of malonic acids with metallic bases: **1935**, 910–12. — The solubility of barium iodate in salt solutions[10]): **1416–19.** — The conductivity of potassium chloride solutions: **1937**, 432–36, 1326. — The conductivity of univalent electrolytes in water[20]): 574–77. — The dissociation constant of mandelic acid in water[1]): **1938**, 73–78. — The extent of dissociation of salts in water, 5: Calcium mandelate: 271–73; ~ 6: Some calcium salts of organic acids: 277–81; ~ 7: The conductivity of mixtures: 448–53; ~ 8: An equation for the mean ionic activity coefficient of an electrolyte in water, and a revision of the dissociation constants of some sulphates: 2093–98; ~ 9: Calcium and barium salts of dicarboxylic acids[24]): **1940**, 87–93; ~ 10: Dissociation minima: **1945**, 460–64; ~ 12: Calcium salts of some amino acids and dipeptides[25]): **1950**, 301–03. — The conductivity of calcium iodate and its solubility in salt solutions[27]): **1938**, 273–77. — The solubility of barium oxalate in aqueous salt solutions[12]): 2098–100. — The second dissociation constant of barium hydroxide: **1939**, **349.** — Ionic equilibria in acid salts of dibasic acids: 1850–53. — The determination of mobilities and dissociation constants by means of conductivity titrations[17])[18]): **1940**, 84–87. — Condensed phosphoric acids and their salts, 1: Metaphosphates[13]): **1949**, 413–22; ~ 4: Dissociation constants of some trimetaphosphates[13])[8]): 2693–95. — Colorimetric measurement of pH, and the dissociation constants of the malonates of some bivalent metals[21]): 1371–74. — Amino acid separations by use of a strong-base resin[3])[16]): **1950**, 2285–87. — Dissociation constant of calcium hydroxide[2]): **1951**, 233f. — Electrolytic dissociation of metal hydroxides: 1256–58. — Adsorption and swelling experiments with an amine-type ion exchanger[9]): 2615–24. — Molecular adsorption on ion-exchange resins[22]): 2624–27. — Ion-exchange resins as catalysts in the hydrolysis of esters[22]): **1952**, 1607–10. — The interaction of calcium ions with some phosphate and citrate buffers[2]): **1953**, 4134f.; **1955**, 1038. — An electrochemical study of salmine salts[14]): **1954**, 1112–16. — The behaviour of ion-exchange resins with mixed solvents, 1[15]): **1956**, 1676–80; ~ 2: Aqueous ammonia solutions[31]): **1962**, 880–85; ~ 3: Dioxan–water mixtures[30]): **1964**, 4169–72. — Adsorption of organic acid molecules and their chromatographic separation on ion-exchange resins[15]): **1956**, 1681–85. — The conductivity of some salts in ethanol–water mixtures[23]): **1958**, 3660–63. — Some copper-(II) complexes with bases[31]): **1963**, 4716–19.

J. int. Soc. Leather Trades Chemists Determination of buffer salts and acidity in the water extracts of vegetable-tanned leathers[4]): **16** ('32) 546–57. — Determination of buffer salts and acidity in leather extracts: **22** ('38) 181–85.

J. Sci. Food and Agric. Organic acids of grass extracts: **5** ('54) 200–05.

Nature [London] Dissociation of acetic acid in water[1]): **131** ('33) 328f. — Ion-exchange resins as catalysts[22]): **159** ('47) 372. — Preparation of carbonate-free sodium hydroxide[14]): **165** ('50) 237f. — Colonel L. J. Hudleston †: **173** ('54) 1121f.

Proc. chem. Soc., London Paul Walden, 1863–1957: **1960**, 186–89.

Proc. roy. Soc., London, Ser. A The conductivity of aqueous solutions of lanthanum ferricyanide[5]): **195** ('49) 116–23.

Research Ion-exchange resins in chromatography: **3** ('50) 447–52.

Trans. Faraday Soc. Determination of the mobilities of anions of weak acids: **28** ('32) 607–09. — Extent of dissociation of salts in water, 4: Bi-bivalent salts[12]): 609–14; ~ 11: Calcium and barium thiosulphates and barium bromoacetate[28]): **45** ('49) 770–73. — Conductometric analysis, 1: Acids and acid mixtures[19]): **29** ('33) 429–37; ~ 2: Tan liquors and leather extracts[19]): 437–41. — The extent of dissociation of zinc sulphate: 834f. — The solubility product of thallous iodide at 25°[20]): **33** ('37) 633–35. — The interpretation of activity measurements: **34** ('38) 804f. — Second dissociation constant of magnesium hydroxide[21]): **44** ('48) 856–59. — Ionic reaction rates and the incomplete dissociation of salts, 1: Bromoacetate-thiosulphate reaction[28]): **45** ('49) 774–80; ~ 2: Bromoacetate + thiosulphate reaction and the reaction of bromopentamminecobalt(III) ion with hydroxide ion[26]): **54** ('58) 1547–52. — Studies of electrolytic dissociation, 1: Sulphuric acid in water[8])[13]): **48** ('52) 921–28. — Solutions: **49** ('53) 529–32. — Swelling equilibria with some cation exchange resins[29]): 968–74. — Cation exchange equilibria[29]): 975–80. — Precipitation of silver chloride from aqueous solutions, 2: Kinetics of growth of seed crystals[7]): **51** ('55) 812–17; ~ 3: Temperature coefficients of growth and solution[14]): 818–23; ~ 4: Influence of foreign ions[14]): 823–29; ~ 5: Delayed crystallization[7])[14]): 1232–34. — Conductivity of some salts of the tris-triethylenetetrammine-nickel ion[15]): **52** ('56) 998–1003. — Ion association and the viscosity of dilute electrolyte solutions, 1: Aqueous inorganic salt solutions[29]): **60** ('64) 2075–78; ~ 2: Aqueous solutions of some organic acids and their salts[29]): 2078–84.

Mit: [1]) W. H. Banks; [2]) B. E. Hoyle; [3]) R. B. Hughes; [4]) R. F. Innes; [5]) J. C. James; [6]) –; [7]) A. L. Jones; [8]) H. W. Jones; [9]) T. G. Jones; [10]) G. Macdougall; [11]) H. E. Matthews; [12]) R. W. Money; [13]) C. B. Monk; [14]) G. H. Nancollas; [15]) B. D. R. Owen; [16]) S. M. Partridge; [17]) J. P. Philpot; [18]) E. C. Rhodes; [19]) E. C. Righellato; [20]) R. A. Robinson; [21]) D. I. Stock; [22]) G. G. Thomas; [23]) G. O. Thomas; [24]) N. E. Topp; [25]) G. M. Waind; [26]) I. W. Williams; [27]) W. C. A. Wise; [28]) P. A. H. Wyatt; [29]) V. E. Malpass; [30]) A. Narebska; [31]) V. C. Patel.

VI **DAVIES,** Earl Claudius Hamilton. Physikal. Chem. — 1920-50 Prof., '31-50 Head of the Department of Physical Chemistry, West Virginia Univ., Morgantown, W. Va.

*1889, Jan. 13, Delaware, Ohio;

†1950, März 24, Pittsburgh, Pa.

Todesanzeige Chemical and Engng. News 28 ('50) 4380.

W. Fundamentals of physical chemistry (Philadelphia, Pa. '32) 7 + 370 S.; ²('40) 7 + 447 S.

Industrial and Engng. Chem., Analyt. Edit. Freezing points, densities, and refractive indexes of the system glycerol – ethylene glycol – water[4]): **15** ('43) 96–99.

J. amer. chem. Soc. The adsorption of methane by coal[5]): **57** ('35) 1785–87.

J. chem. Educat. Cellophane roll films for slide lanterns[3])[2]): **10** ('33) 92–94. — Growth of salt flowers on coal and other solids: **11** ('34) 409–12.

Proc. West Virginia Acad. Sci. Silicic-acid gel structure as shown during syneresis: **9** ('35) 64–66. — Rate and heat of sorption of methane by coal[5]): **10** ('36) 103–05. — Directional crushing of silicic-acid gel at definite temperatures: **11** ('37) 55–58. — Heats of reaction for the formation of silicic-acid gels[1]): **12** ('38). — The glass electrode for pH determinations on unbuffered solutions[8]): **13** ('40) 64–67. — The influence of moisture on the sorption of methane gas by some West Virginia coals[7]): **14** ('40) 79–81. — Correction for determination of heats of reaction with a modified electrical calorimeter[6]): **16** ('44) 77–81. — The use of solid carbon dioxide for measurements of freezing points of solutions: 82–84.

Science [USA] Cellophane roll films and the fixing of carbon paper typing on cellophane[3])[2]): **77** ('33) 217f.

Mit: [1]) L. M. Arnett, jr.; [2]) F. Bonar; [3]) R. Bonar; [4]) J. A. Spangler; [5]) J. B. Sutton; [6]) B. Tatterson; [7]) J. N. Tully; [8]) R. C. White.

VI **DAVIES,** Walter Cule. Chem. — 1929-38 Lecturer, Univ. College, Cardiff; '36 D. Sc., Univ. of Wales; '38-40 stud., '40 Ph. D., Univ. of Cambridge; '40-45 Chief Chemist, Peter Spence & Sons Ltd., Widnes; '45-63 Research Manager, Brotherton & Co. Ltd., Leeds; '63- Scientist, Associated Chemical Companies Ltd., Harrogate. — '38-48 Leverhulme Research Fellowship at Downing College, Cambridge.

*1905, Febr. 18, Penarth, Wales.

S. Sborník mezinárodního polarografického sjezdu [Proc. International polarographic congress in Prague, 1st congress], Praze 1951, 1 (Praha '51) 28–50: Polarographic determination of nitrilotriacetic acid and ethylenediamine-tetraacetic acid[12]).

Analyst Formation of ammonium phosphomolybdate in the presence of certain organic acids: **67** ('42) 1–4. — General principles of polarographic analysis: **71** ('46) 49–52. — The determination of copper and arsenic in iron pyrites by the method of internal electrolysis[17]): **72** ('47) 17–21. — Polarographic determination of ethylenediamine-tetraacetic acid[12])[6]): **74** ('49) 629–35. — Polarography of the tetrathionate ion[12]): **77** ('52) 697–707.

Biochemical J. The colorimetric determination of phosphorus in the presence of interfering substances[7]): **26** ('32) 2046–55.

Bull. Soc. chim. France, Mém. Produits d'addition des p-phénoxyphényldialcoylphosphines avec le sulfure de carbone[19]): (4) **53** ('33) 980–86. — La préparation de quelques dialcoylanilines p-substituées: (5) **2** ('35) 295f.

Chemical Age Activated alumina[13]): **50** ('44) 223–28.

Chemistry and Industry Polarographic analysis: **19** ('41) 883f.

Electrical Times Reconditioning of transformer oils with activated alumina[13]): **107** ('45) 476–80.

Industrial Chemist and Chemical Manufacturer Polarography – some interesting applications: **17** ('41) 98–102. — Organic compounds of phosphorus: **19** ('43) 7–12. — Amperometric determination of sulfates[17]): 167–69. — Polarographic determination of Cu in presence of Fe[17]): 555–59. — Internal electrolysis[17]): **20** ('44) 544–51.

J. chem. Educat. Scheme for qualitative chemical analysis employing spot tests: **17** ('40) 231–34.

J. chem. Soc., London p-Phenoxyphenyldichlorophosphine[19]): **1932**, 2880–83. — Tertiary phosphines containing secondary alkyl radicals: **1933**, 1043f. — The rates of formation of some quaternary phosphonium salts[24]): **1934**, 244. — Factors affecting -onium salt formation[25]): 1599–604. — Mesityldimethylphosphine: **1935**, 462–64. — The constitution of some additive compounds of tertiary phosphines[21]): 1786–92. — Arsonic acids of diphenylene oxide and diphenyl ether[20]): **1936**, 1236–39. — The formation and decomposition of quaternary ammonium salts in solution[4]): **1937**, 614–21. — The basis strengths of tertiary amines, phosphines, and arsines[1]): 1622–27. — The reactivities and basic strengths of the p-alkyldimethylanilines: **1938**, 1865–69. — The formation of quaternary ammonium salts from dihalogeno-paraffins, etc., in aqueous acetone solution[11])[15]): **1939**, 412–18.

— The depolarization potentials of phenyl alkyl ketones in acid, neutral, and basic media at the dropping mercury cathode[10]): 546–54. — Reactions of tertiary bases with polyhalogeno-paraffins[11])[22]): 644–46. — Mechanism of aromatic side-chain reactions, with special reference to the polar effects of substituents, 10: Depolarization potentials of p-substituted benzaldehydes in acid, neutral, and alkaline media at the dropping mercury cathode[2])[14]): **1940**, 692–702. — Stereochemistry of organic derivatives of phosphorus, 1: Synthesis of acidic and basic dissymetric tertiary phosphines; Optical resolution of phenyl-p-(carbomethoxy) phenyl-n-butylphosphine sulphide[18]): **1944**, 276–83. — Preparation and properties of allyl phosphines, arsines, and stannanes[16])[3])[9])[23])[26]): **1947**, 1446–50.

J. physic. Chem. Refractivities of liquid compounds of phosphorus[16])[8]): **37** ('33) 583–96.

J. Soc. chem. Industry, Trans. p-Alkyldimethylanilines[15]): **57** ('38) 349–51.

Power and Works Engr. Activated alumina[13]): **40** ('45) 59–62.

School Sci. Rev. Specific precipitants and colour reactions: Nr. **53** ('32) 27–31.

Mit: [1]) E. W. Addis; [2]) J. W. Baker; [3]) S. T. Bowden; [4]) R. G. Cox; [5]) —; [6]) P. Crawshaw; [7]) D. R. Davies; [8]) W. J. C. Dyke; [9]) C. Edwards; [10]) D. P. Evans; [11]) E. B. Evans; [12]) W. Furness; [13]) J. Harwood; [14]) M. L. Hemming; [15]) F. L. Hulbert; [16]) W. J. Jones; [17]) C. Key; [18]) F. G. Mann; [19]) C. J. O. R. Morris; [20]) C. W. Othen; [21]) W. P. Walters; [22]) H. R. Whitehead; [23]) V. E. Davies; [24]) S. U. Evans; [25]) W. P. G. Lewis; [26]) L. H. Thomas.

VI **DAVIES,** William. Chem. (org.). — Prof, Univ. of Melbourne, Victoria, Australia.

*1895, Febr. 2, Prestwich, Lancashire;

†1966, Okt. 20, Melbourne, Victoria, Australien.

S. Symposium on Current trends in heterocyclic chemistry, Canberra 1957 (New York–London '58) 56–58: Effect of heteroelements in modifying some cyclizations: Polycyclic aromatic compounds from the diene synthesis[29]); 58–64: ∼: Benzofuran derivatives formed by cyclization of ω-aryloxyacetophenones[24]).

W. A chemical study of some Australian fish (m. W. G. Jowett) (Melbourne '38) 40 S. (Commonwealth of Australia, Council for Scientific and Industrial Research, Pamphlet Nr. 85).

Annals Bot. The effect of ascorbic acid and certain indole derivatives on the regeneration and germination of plants[1])[17]): **1** ('37) 329–51.

Australian J. Chem. Self-condensation reactions of chloroalkyl sulphides[14]): **6** ('53) 152–55.

Australian J. exper. Biol. and med. Sci. The vitamin A and vitamin D contents of mutton bird oil: **17** ('39) 81–84.

Australian J. sci. Res., Ser. A Alkylene trithiocarbonates and attempted syntheses of 2,3-dimercaptopropanol (BAL)[6]): **1** ('48) 236–40. — Production of intermediates in the manufacture of atebrin[25])[38]): **5** ('52) 198–205.

Biochemical J. The vitamin A content of Australian fish liver oils, 1[11]): **31** ('37) 248–50.

British J. Cancer Carcinogens formed in the heating of foods. Formation of 3,4-benzopyrene from starch at 370–90° [39]): **14** ('60) 295–99.

Chemistry and Industry The direct conversion of thiophen into dicyclic and tetracyclic derivatives[12])[19])[32]): **1952**, 804. — Cyclization processes[24]): **1957**, 599f.

J. chem. Soc., London Aliphatic sulphonyl fluorides[8]): **1932**, 483–86. — The action of ephedrine on benzaldehyde: 1580f. — Benzenesulphonyl fluoride derivatives[8]): 2042–46. — The action of some metallic oxides on benzotrichloride and benzal chloride[8]): 2808f. — Phthalyl fluoride[7])[14])[27])[33]): **1933**, 15–21. — The tautomerism of phthalyl bromide[14])[33]): 1309–15. — Thionaphthen-2-acetic acid[5]): **1937**, 1697f. — ω-Bromo-o-cyanostyrenes and related compounds[16])[21]): **1939**, 357–60. — A new general synthesis of 1-isoquinoline derivatives[21])[26]): 360f. — Reactions of ethylene oxides, 1: Preparation of ethylene sulphides and trithiocarbonates[6])[28]): **1946**, 1050–52; ∼ 2: Reactions with thioamides, thiols, and inorganic sulphur salts[6])[15]): **1949**, 278–82; ∼ 3: Syntheses of some heterocyclic compounds from glycidic esters and related compounds[6])[23])[40])[32]): 2573–77; ∼ 4: Reaction of epichlorohydrin with some aromatic amines[32]): **1950**, 890–94; ∼ 5: Interaction of alkali cyanides with epichlorohydrin[6])[13]): 3123–25. — Preparation and reactions of aliphatic and alicyclic ethylene sulphides[6])[15]): **1949**, 282–87. — Some reactions of arylsulphonylpropane derivatives [6])[32]): 2198–206. — Some consequences of the additive property of the activated azomethine group[30])[35]): 2633–37. — Reactions of propylene sulphide with acetyl chloride and related compounds[32]): **1950**, 317–22. — Synthesis and properties of 2,4-diaminothiazoles[23])[37]): 3491–94. — Direction of ring opening of some unsymmetrical ethylene oxides and sulphides[32]): **1951**, 774–79. — Reaction of α-bromobenzyl cyanide with ethyl xanthamidate (thioncarbamate)[23]): 1434–37. — Structure of "isothiohydantoin" and related compounds[23]): 2595–98. — The conversion of ethylene oxides into ethylene sulphides[6])[32]): **1952**, 4480–86. — [Polymerization of thiophen derivatives, 1:]

The direct conversion of thionaphthen into derivatives of 9-thiofluorene[12,32]: 4678–83; [~ 2:] Conversion of thiophen into 4,7,8,9-tetrahydro-4,7-sulphinylthionaphthen 1,1-dioxide[19]: **1954**, 15–18; [~ 3:] The photodimerization of some unsaturated cyclic sulphones[19]: **1955, 314–17**; ~ 4: The formation of some 9-thia-1,2- and 9-thia-3,4-benzofluorene derivatives[19,24,29]: 1565–73; ~ 5: The self-condensation of 4,5- and 6,7-benzothionaphthen 1,1-dioxides; a new route to 1–1′- and 4–2′-naphthylphenanthrene[29]: **1956**, 2609–14; ~ 6: Some condensations of nitrothionaphthen 1,1-dioxides[29]: **1957**, 826–31; ~ 7: The conversion of thionaphthen 1,1-dioxide into 1,10-benzothiaxanthen 5,5-dioxide[29,39]: 3366–70. – The synthesis of thionaphthen derivatives, 1: The cyclization of arylthioacetaldehyde diethyl acetals[3,9,24,29]: **1956**, 2603–08; ~ 2: Thionaphthen derivatives formed by cyclization of acetonyl aryl sulphides and aryl phenacyl sulphides[3,12,24]: 4791–99. – Thionaphthen 1,1-dioxide as a dienophil[29]: **1957**, 459–63. – Thionaphthencarboxylic acids[2,4,10,22]: 2624–30. – Bis-2,3-dichloropropyl disulphide[31]: 3323f. – The synthesis of condensed heterocyclic systems, 1: Use of 2-vinylthiophen in the diene synthesis[29]: 4958–60; ~ 2: The use of 3-vinylthionaphthen and 3-cyclohex-1′-enzylthionaphthen in the diene synthesis[29]: 4961–67. – The synthesis of polycyclic aromatic compounds, 1: The reaction of quinones with vinylnaphthalenes and related dienes[29]: 4967–70; ~ 2: Picene-5,6- and -13,14-quinone and picene-5,6,7,8-diquinone[9]: **1959**, 915–18; ~ 3: The production of fluorene derivatives in the zinc-dust distillation of polycyclic o-quinones related to phenanthra-9,10-quinone[9]: **1960**, 1488–90; ~ 4: Convenient syntheses of chrysene and three methylchrysenes[39]: **1961**, 4079–82. – Cyclodehydration processes, 1: Benzofuran derivatives formed by cyclization of ω-aryloxyacetophenones[24]: **1958**, 822–25; ~ 2: Migration of a phenyl group during cyclization of ω-phenoxyacetophenone[24]: **1959**, 3544–47.

Nature [London] Effect of ascorbic acid and indolyl acetic acid on regeneration of willow branches and germination[1,17]: **137** ('36) 618. – Synthetic plant growth hormones[5,34]: **139** ('37) 154f.

Proc. Soc. chem. Industry Victoria Poison gas: **37** ('37) 1203–13.

Mit: 1) G. A. Atkins; 2) G. M. Badger; 3) J. E. Banfield; 4) D. J. Clark; 5) E. M. Crook; 6) C. C. J. Culvenor; 7) A. T. Dann; 8) J. H. Dick; 9) B. C. Ennis; 10) K. T. H. Farrer; 11) D. J. Field; 12) N. W. Gamble; 13) F. G. Haley; 14) A. N. Hambly; 15) N. S. Heath; 16) B. M. Holmes; 17) P. C. B. Hudson; 18) –; 19) F. C. James; 20) –; 21) J. F. Kefford; 22) N. P. Kefford; 23) J. A. Maclaren; 24) S. Middleton; 25) N. H. Olver; 26) J. L. Osborne; 27) R. E. Paul; 28) K. H. Pausacker; 29) Q. N. Porter; 30) T. H. Ramsay; 31) A. V. Robertson; 32) W. E. Savige; 33) G. S. C. Semmens; 34) N. E. Smith; 35) E. R. Stove; 36) –; 37) L. R. Wilkinson; 38) B. W. Wilson; 39) J. R. Wilmshurst; 40) P. F. Nelson.

V, VI **DAVIS**, Bergen. Physik. – 1918–39 Prof., '39 Prof. Emeritus, Columbia Univ., New York, N. Y.; '37- Member of the Consulting Board for Cancer Research, New York. – '29 Hon. D.Sc. (Columbia Univ., New York); '30 Hon. D.Sc. (Rutgers Univ., New Brunswick, N. J.). – '29 Bronze Medal of Research Corporation. (☒)

*1869, März 31, on a farm near Whitehouse, N.J.;

†1958, Juni 30.

Nekr. H. W. Farwell, Science [USA] **129** ('59) 27f. – H. W. Webb, Biographical Mem., Nation. Acad. Sci. USA **34** ('60) 65–82 (m. Bildn., Faks., Schr.verz.).

Biographical Mem., Nation. Acad. Sci. USA Michael Idvorsky Pupin †: **19** ('38) 307–23.

Science [USA] Conquest of the physical world: **76** ('32) 613–17.

VI **DAVIS**, Harold Simmonds. Chem. – 1934–45 Group Leader, '45–56 Scientific Adviser, '50–56 Director of the Library, Research Laboratories, American Cyanamid Co., Stamford, Conn.

*1889, Apr. 19, Clifton, N. S., Can.

S. Encyclopedia of chemical technology (R. E. Kirk, D. F. Othmer) **1** (New York '47) 184–89: Acrylonitrile.

Industrial and Engng. Chem. Gum stability of gasolines, 2: Observed and true oxygen bomb induction periods[4]: **25** ('33) 934–36. – Initial absorption rates of carbon dioxide by water and by dilute sodium carbonate solutions: 1023–25. – Physical properties of acrylonitrile[6]: **37** ('45) 482–85.

Industrial and Engng. Chem., Analyt. Edit. Analysis of hydrocarbon gases[3]: **4** ('32) 193–97.

J. amer. chem. Soc. The role of liquid stationary films in batch absorption of gases, 3: Rates of hydrogen absorption and relative rates of catalytic hydrogenation in alcohol[5,2]: **54** ('32) 2340–50.

J. appl. Chem. Acrylamide, its preparation and properties[1]: **7** ('57) 671–76.

S.A.E. Journal Temperature effect on determination of gum in gasoline: **1933**, Aug.-Nr., 4 S.

Mit: 1) E. L. Carpenter; 2) G. S. Crandall; 3) J. P. Daugherty; 4) J. W. Ramsay; 5) G. Thomson; 6) O. F. Wiedeman.

VI **DAVIS,** Harold Thayer. Math., Physik (math.). — 1923-29 Assist. Prof., '29-34 Assoc. Prof., '34-37 Prof., Indiana Univ., Bloomington, Ind.; '37 Prof. of Econometrics, Colorado College, Colorado Springs, Colo.; '37 Dir. of the Cowles Commission for Research in Economics; '37-60 Prof., '42-55 Chairman of the Department of Mathematics, Northwestern Univ., Evanston, Ill.; '58-59 Consultant, Lawrence Radiation Labor., Livermore, Calif.; '60- Prof., '63 Chairman of the Department of Math., Trinity Univ., San Antonio, Texas; '60- Assoc. of Southwest Foundation for Research and Education, San Antonio, Texas. — '49 LL. D. (Colorado College, Colorado Springs, Colo.).

*1892, Okt. 5, Beatrice, Nebr.

Bildn. in: R. C. Archibald, Mathematical table makers (New York '48); Economic theory and measurement (Chicago '52); Scripta math. [USA] 11 ('45) 223.

MH. Studies in differential equations (Evanston, Ill. '56) (Northwestern Univ. studies; Ser. in mathematical and physical sciences, 3); darin eig. Beitr.: 1–72: Studies relating to a non-linear differential equation of second order, with special reference to the first and second transcendents of Painlevé.

MHZ. Bull. amer. math. Soc. 1930–1941. — Econometrica [USA] 1933–1960.

S. Mathematical monographs 1 (Evanston, Ill. '41) (Northwestern Univ. studies; Ser. in mathematical and physical sciences, 1) 45–85: Statistics of time series. — Essays in economics and econometrics (R. W. Pfouts) (Chapel Hill, N. C. '56) 142–62: The influence of interest rates on time series of prices.

W. Tables of the (higher) mathematical functions 1 (m. anderen) (Bloomington, Ind. '33) 13 + 377 S.; revised and enlarged edition (San Antonio, Texas '63) 401 S.; 2 (m. anderen) (Bloomington, Ind. '35) 391 S.; revised and enlarged edition (San Antonio, Texas '63) 391 S.; 3: Arithmetical tables (m. V. Fisher) (San Antonio, Texas '62) 9 + 554 S. — Course in general mathematics (Bloomington, Ind. '35) 11 + 316 S. — Theory of linear operators from the standpoint of differential equations of infinite order (Bloomington, Ind. '36) 14 + 628 S. (Indiana Univ., Waterman Inst. for scientific research. Contributions, 72). — Elements of statistics (m. W. F. C. Nelson) ²(Bloomington, Ind. '37) 12 + 434 S.; ~ with applications to economic data (Bloomington, Ind. '35) 11 + 424 S. — The theory of econometrics (Bloomington, Ind. '41) 14 + 482 S. — The analysis of economic time series (Bloomington, Ind. '41) 14 + 620 S. — College algebra; with revisions and add. problems (New York '42) 14 + 470 S. (Prentice-Hall mathematics ser.). — Essays in the history of mathematics (Evanston, Ill. '49) 150 S. — Bibliography and index of mathematical tables (m. V. Fisher) (Evanston, Ill. '49) 286 S. — Equations of mathematical physics and methods for their solution (Evanston, Ill. '49) 308 S. — Quantitative aspects of the action of carcinogenic substances (Evanston, Ill. '50) 7 + 147 S. — Quantitative aspects of the carcinogenic radiations (Evanston, Ill. '52) 149 S. — Philosophy and modern science ²(Bloomington, Ind. '53) 465 S. — Political statistics (Bloomington, Ind. '54) 364 S. — Fine art of punning (Bloomington, Ind. '54) 288 S. — Alexandria, the golden city, 1: The city of the Ptolemies (Bloomington, Ind. '57) 236 S.; 2: Cleopatra's city ('57) 287 S. (S. 238–524). — Introduction to nonlinear differential and integral equations (New York '62) 566 S. — The summation of series (Bloomington, Ind. '62) 140 S.

American math. Monthly Mathematical adventures in social science: **45** ('38) 93–104. — The approximation of logarithmic numbers: **64** ('57) Pt. II, Nr. 8, 11–18.

Annals math. Statistics Polynomial approximation by the method of least squares: **4** ('33) 155–95.

Bull. amer. math. Soc. An extension to polygamma functions of a theorem of Gauß: **41** ('35) 243–47.

Econometrica [USA] Charles Frederick Roos: **26** ('58) 580–89.

Giorn. Economisti e Annali Economia Pareto statistico: **1949**, 244–52.

Proc. Iowa Acad. Sci. The philosophy of science: **46** ('39) 59–69.

School Sci. and Math. Archimedes and mathematics: **44** ('44) 136–45, 213–21. — The growth of power and its economic significance: **47** ('47) 124–38.

V, VI **DAVIS,** Harvey Nathaniel. Mech. — 1928- President, later President Emeritus, Stevens Inst. of Technology, Hoboken, N. J. — '28 Sc. D. (Brown Univ., Providence, R. I.); '28 LL. D. (Rutgers Univ., New Brunswick, N. J.); '36 D. Eng. (New York Univ.). (☒)

*1881, Juni 6, Providence, R. I.; †1952, Dez. 3.

Bildn. Scientific Monthly **42** ('36) 92.

Nekr. Mechanical Engng. **75** ('53) 184–.

W. Elementary practical physics (m. N. H. Black) (New York '38) 8 + 710 S.; reissue ('47); revised edition ('49) 10 + 742 S.; ~,

Teachers manual (m. N. H. Black) (New York '39) 171 S.; ('50) 175 S. – New practical physics, accompanied by: New laboratory experiments in practical physics (m. N. H. Black). Revised edition, reissue (New York '46). – Laboratory experiments in elementary physics (m. N. H. Black). Revised edition (New York '50) 11 + 279 S. – Laboratory experiments and work book (m. N. H. Black, E. C. Weaver) (New York '49) 10 + 310 S.

J. Franklin Inst. Engineering and health: **226** ('38) 429–40.

Mechanical Engng. Other current steam research: **54** ('32) 126–. – An appeal for constructive thinking: 685–88. – Engineering and health: **60** ('38) 663–. – Unconscious tuition: **61** ('39) 113–.

Scientific Monthly The science of studying human beings: **41** ('35) 454–57. – Engineering and health: **47** ('38) 328–35.

VI **DAVIS,** Herbert Leroy. Physikal. Chem., Kolloidchem. — 1932-34 Assist. Prof., Westminster College, New Wilmington, Pa.; '34-36 Assist. Prof., Lawrence College, Appleton, Wis.; '36-39 Research Associate and Instructor (Colloid Chemistry), Institute of Paper Chemistry; '39-53 Research Chemist, Johnson & Johnson, '53- Surgical Research Associate, Wayne Co. General Hospital, Eloise, Mich. (⊠)

*1897, Dez. 20, Cedarville, N. J.

S. Koninklijke Vlaamse Academie voor Wetenschappen, Letteren en Schone Kunsten van Belgie, Kl. Wetenschappen. 3. Internation. colloquium over biochemisch problemen der lipiden, Brussel 1956 (Brussel '57) 81–93: Colloidal aspects of blood lipides.

Annals New York Acad. Sci. Mechanism and evaluation of antiseptics, Introduction: **53** ('50/51) 3–5.

Bull. nation. Formulary Committee Criteria on sterility[4])[10]): **16** ('48) 69–76.

Industrial and Engng. Chem., Analyt. Edit. A fiber identification stain[9]): **14** ('42) 472.

International Rec. Med. and General Practice Clinics Blood-particle agglomeration and fat embolism[8]): **167** ('54) 439–47. – Antimicrobial activity, pharmacology, chemistry, and clinical application of oxytetracycline[8]): **168** ('55) 112.

J. amer. chem. Soc. Silica gels from various acids. Effect of concentration and mixtures on setting time[7]): **61** ('39) 1020–23.

J. amer. pharm. Assoc., Pract. Pharm. Edit. Some properties of catgut collagen[4]): **13** ('52) 182f.

J. chem. Educat. An improved boiling-point apparatus: **10** ('33) 47–49. – Ammonium chloride "chimney" [11]): **18** ('41) 292. – Industrial requirements of courses in colloid chemistry: **26** ('49) 30f., 60.

J. physic. Chem. The analysis of aluminum sulphate[1])[6]): **36** ('32) 515–22. – The dispersion of alumina by acids: 949–60. – Titration curves for aluminum salts with alkalies[6]): 1057–74. – The determination of aluminum and of excess acid in aluminum salts: 1449–53.

J. Soc. cosmet. Chemists A study of the mechanisms and evaluation of antiseptic actions: **2** ('51) 277–81.

Mit: [1]) W. D. Bancroft; [2]) –; [3]) –; [4]) A. Bloch; [5]) –; [6]) E. C. Farnham; [7]) K. D. Hay; [8]) M. M. Musselman; [9]) H. J. Rynkiewicz; [10]) A. A. Stonehill; [11]) J. W. Neckers.

VI **DAVIS,** Raymond. Technol. (photogr.). — 1911-21 Collaborator, '21-58 Chief of the Photographic Technology Section of the Optics and Metrology Division, '58-59 Consultant, '59- Guest Worker, National Bureau of Standards, Washington, D. C. — '15 Gold Medal (Pan-Pacific Exposition); '49 U. S. Department of Commerce Meritorious Service Award.

*1888, März 24, Washington, D. C.

Zur Biogr. F. M. Schneiter, Photographic Engng. **1** ('50) Nr. 1 (m. Bildn.). – J. opt. Soc. America **45** ('55) 898. – Magazine Standards **1955**, 291 (m. Bildn.).

S. Bericht über den 8. Internationalen Kongreß für wissenschaftliche und angewandte Photographie, Dresden 1931 (J. Eggert, A. v. Biehler) (Leipzig '32) 150–: An experimental study of several methods of representing photographic sensitivity[3]).

Bull. Soc. franç. Photogr. et Cinématogr. Variation de la sensibilité photographique avec la durée de développement[3]): (3) **20** ('33) 85–94.

Bur. Standards J. Res. A comparison of several developers and the specification of relative sensitivity[3]): **11** ('33) 379–407. – Filters for producing the color of the equal-energy stimulus[1]): **12** ('34) 263–67.

J. Res. nation. Bur. Standards Dimensional changes in aerial photographic films and papers[4]): **19** ('37) 613–37. – Spectral energy distribution of the International Commission on Illumination Light Sources A, B, and C [1])[2]): **50** ('53) 31–37. – Development of a photoresist for etching designs in glass[5]): **55** ('55) 139–42.

Circular, Nation. Bur. Standards Techniques for ruling and etching precise scales in glass and their reproduction by photoetching with a new light resist[5]): Nr. **565** ('55) 36 S.

J. opt. Soc. America Spectral energy distribution of the International Commission on Illumination Light Sources A, B, and C[1])[2]): **43** ('53) 172–76.

J. Soc. Motion Picture Engr. Variation of photographic sensitivity with different light sources[3]): **18** ('32) 732–. — Variation of photographic sensitivity with development time[3]): 742–51.

Photogrammetric Engng. Dimensional changes in aerial photographic films and papers[4]): **3** ('35) Nr. 3, 35–.

Science et Industries photogr. Etude expérimentale de quelques méthodes d'expression de la sensibilité[3]): (2) **3** ('32) 16–19. — Variation de la sensibilité photographique vis-à-vis de diverses sources de lumière[3]): 128f. — Variation de la sensibilité photographique avec la durée du développement[3]): 295f. — Comparaison de plusieurs révélateurs et spécification de la sensibilité relative[3]): **5** ('34) 12–16. — Filtre coloré donnant une lumière d'énergie spectrale uniforme[1]): 183. — Variations de dimensions des pellicules et papiers pour photographie aérienne[4]): **9** ('38) 108–11.

Technical News Bull., Nation. Bur. Standards Photographic developers: **16** ('32) April-Nr.

Mit: [1]) K. S. Gibson; [2]) G. W. Haupt; [3]) G. K. Neeland; [4]) E. J. Stovall, jr.; [5]) Ch. I. Pope.

VI **DAVIS,** Tenney Lombard. Chem. (org.), Gesch. d. Chem. — 1926- Assoc. Prof., later Prof., Massachusetts Inst. of Technology, Cambridge, Mass. (⊠)
*1890, Jan. 7, Somerville, Mass.;
†1949, Jan. 25, Norwell, Mass.

Nekr. H. M. Leicester, H. S. Klickstein, Chymia [Philadelphia] **3** ('50) 1–16 (m. Bildn., Schr.verz.); J. chem. Educat. **27** ('50) 222–24. — Deutsche Chemiker-Z. **2** ('50) 66. — Isis **40** ('49) 354.

HZ. Chymia [Philadelphia] **1** ('48), **2** ('49).

W. The chemistry of powder and explosives **1** (New York '41) 11 + 216 S.; **2** ('43) 9 + 299 S.

Ambix The tomb of Jofuku or Joshi, the earliest alchemist of historical record[18]): **1** ('37) 109–15.

Ber. dtsch. chem. Ges. Henry Weeden Underwood, jr.: **67 A** ('34) 111.

Chemist Chemistry at Tech: **10** ('33) 211–19. — The medallist James F. Norris: **14** ('37) 134–38.

Chymia [Philadelphia] The early use of potassium chlorate in pyrotechny. Dr. Moritz Meyer's colored flame compositions: **1** ('48) 75–92. — Pulvis fulminans: **2** ('49) 99–110.

Endeavour The Chinese beginnings of alchemy: **2** ('43) 154–60.

Harvard J. asiat. Studies Shang-Yang-Tzŭ, Taoist writer and commentator on alchemy[4]): **7** ('42) 126–29. — The preparation of ferments and wines, written by Chia Ssu-Hsich of the later Wei dynasty, translated by Huang Tzŭ-Ch'ing and Chao Yün-Ts'ung: Introduction: **9** ('45) 24–.

Industrial and Engng. Chem. Lyman Churchill Newell: **24** ('32) 1082f.

Industrial and Engng. Chem., News Edit. Samuel Parsons Mulliken †: **12** ('34) 197f. — James Flack Norris: **14** ('36) 325f.

Isis An ancient Chinese treatise on alchemy, entitled Ts'an T'ung Ch'i, written by Wei Po-Yang about 142 A.D., now translated from the Chinese into English by Lu-Ch'iang Wu: Introduction and notes: **18** ('32) 210–30, 262–89. — The dualistic cosmogony of Huai-Nan-Tzŭ and its relations to the background of Chinese and European alchemy: **25** ('36) 327–40. — Pictorial representations of alchemical theory: **28** ('38) 73–86. — An alchemical poem by Kao Hsiang-Hsien[3]): **30** ('39) 236–40.

J. amer. chem. Soc. [Studies in the urea series, 1:] The determination of the ionization constants of guanidine and some of its alkylated derivatives[10]): **54** ('32) 1499–503; [~ 10:] Alkyl-nitroguanidines; dearrangement and preparation by nitration[10]): **55** ('33) 731–40; [~ 11:] Relative velocities of reaction of alcohols with phenyl isocyanate[11]): **56** ('34) 883–85; [~ 12:] Relative velocities of reaction of amines with phenyl isocyanate[8]): 885f.; ~ 13: Alkyl-nitroureas and alkyl-nitrobiurets[7]): **58** ('36) 1800–03; ~ 14: Structure of the guanidonium ion, evidence from electrolysis [24])[17]): **59** ('37) 1993–97; ~ 15: Transformations of nitrosoguanidine; alkyl-nitrosoguanidines; N-R,N'-R'-dialkyl-guanidines[21]): 2112–15. — The pseudo-quinoid character of tribromoresorcinol[14]): **56** ('34) 129–32. — [Metal pyridine complex salts, 3:] The dissociation pressures of certain metal pyridine cyanates[19]): 1061–63; [~ 4:] Certain metal pyridine methylnitramine complexes[19]): 1064f.; ~ 5: Volume change during formation of cyanates and thiocyanates[17]): **58** ('36) 2153–56; ~ 6: Cobaltous and nickelous dipyridine salts of fatty acids[16]): **62** ('40) 1276–79. — [Asymmetric synthesis, 1:] A total asymmetric synthesis by addition of bromine to an ethylenic linkage[15]): **57** ('35) 377–79; ~ 2: Addition of chlorine to trinitrostilbene[15]): 1622–24; ~ 3: Experiments toward a total asymmetric synthesis of tartaric acid[1]): **67** ('45) 486–89. — Pyrylium derivatives by the condensation of saturated ketones[2]): **57** ('35) 1583–85. — The compound of cuprous chloride with phosphorus trichloride[9]): **58** ('36) 2151–53. — Addition of butylamine to butyl isocyanide[24]): **59** ('37) 1998f. — The explosion of chloroform with alkali metals: **60** ('38) 720–22. — Deepening of color of sodium nitrophenolate with elevation of temperature[20]): **62** ('40) 756–61. — Aldehyde complexes of copper salts[13]): 1272–74. — New reaction of formic acid[13]): 1274–76. — Reaction of copper with benzaldehyde[13]): 3014f.

J. chem. Educat. T'ao Hung-Ching. Biography of a Chinese alchemist[23]): **9** ('32) 859–62. — The Faraday celebrations, 1931: 1202–18. — Another Priestley document: **10** ('33) 159. — Further evidence of Priestley's sympathy for the American revolution: 348f. — What a student of the history of chemistry may see and do in Paris: **11** ('34) 211–16. — Ko Hung (Pao P'u Tzŭ), Chinese alchemist of the fourth century: 517–20. — Primitive science, the background of early chemistry and alchemy: **12** ('35) 3–10. — Ko Hung on the gold medicine[23]): **13** ('36) 103–05. — Ko Hung on the yellow and the white[23]): 215–18. — Lu-Ch'iang Wu: 218. — Boris N. Menshutkin's contributions to the history of chemistry: **15** ('38) 203–09. — Count Michael Maier's use of the symbolism of alchemy: 403–10. — Decorative bronzes in the George Eastman Research Laboratory of the Massachusetts Institute of Technology: **16** ('39) 3–6. — Chang Po-Tuan, Chinese alchemist of the eleventh century[3]): 53–57. — Pyrotechnic snakes: **17** ('40) 268–70. — Early Chinese military pyrotechnics[22]): **24** ('47) 522–37.

J. org. Chemistry The effects of groups on the reaction rate. Reaction of α,β-dibromides with sodium iodide[15]): **2** ('37) 470–79.

J. unified Sci. The identity of Chinese and European alchemical theory: **9** ('39) 7–12.

Nucleus The Jofuku Shrine at Shingu, a monument of earliest alchemy[18]): **15** ('37) 61–69. — The newly decorated foyer of the George Eastman Research Laboratory: **16** ('38) 11, 20.

(Army) Ordnance High explosive bombs: **20** ('39) 91–94. — Early pyrotechnics, 1: Fire of the wars of China: **33** ('48) 52f.; ~ 2: Evolution of the gun: 180f.; ~ 3: Chemical warfare in ancient China: **34** ('49) 396f.

Proc. amer. Acad. Arts and Sci. Introduction to Lu-Ch'iang Wu's translation from the Chinese of: Ko Hung on the gold medicine and on the yellow and the white: **70** ('35/36) 221–33. — Samuel Parsons Mulliken (1864–1934): 560–65. — William Henry Perkin, jr. (1860–1929): 568f. — Henry Weeden Underwood, jr. (1895–1934): 585–87. — Chang Po-Tuan of T'ien-T'ai, his "Wu Chên P'ien", essay on the understanding of the truth. A contribution to the study of Chinese alchemy[3]): **73** ('39/40) 97–117. — Four hundred word "Chin tan" of Chang Po-Tuan[3]): 371–76. — Three alchemical poems by Chang Po-Tuan[3]): 377–79. — Shih Hsing-Lin, disciple of Chang Po-Tuan, and Hsieh Tao-Kuang, disciple of Shih Hsing-Lin[3]): 381–83. — The secret papers in the jade box of Ch'ing-Hua[3]): 385–89. — A fifteenth century Chinese encyclopedia of alchemy[3]): 391–99. — Georges Urbain (1872–1938): **74** ('40/41) 160. — The inner chapters of Pao-P'u-Tzŭ[4]): 297–325. — Chao Hsüeh-Min's outline of pyrotechnics. A contribution to the history of fireworks[3]): **75** ('42) 95–97.

Pulp and Paper Mag. Canada Product of inquisitiveness and ingenuity [Nylon]: **40** ('39) 238f.

Scientific Monthly The problem of the origins of alchemy: **43** ('36) 551–58.

Tech Engng. News Joseph Priestley – the firebrand philosopher: **14** ('33) 24f., 37. — Stories of early Chinese alchemists: **16** ('35) 3–5, 18.

Technology Rev. The alchemy of Prague: **34** ('31/32) 177f. — Science and the purposes of life: 317–19. — Toward a liberal education. Relations of science to the humanities: **39** ('36/37) 69–71, 89–91. — Chemicals that cure: **40** ('37/38) 273. — Traps, but not for boobies: **47** ('44/45) 294f. — Early Chinese rockets: **51** ('48) 101f., 120, 122.

Zahlreiche Leitartikel (zum Teil anonym) in: "Technology Rev." and "J. chem. Educat." 1932–1948.

Mit: 1) J. Ackerman, jr.; 2) C. B. Armstrong; 3) Chao Yün-Ts'ung; 4) Ch'ên Kuo-Fu; 5) —; 6) —; 7) N. D. Constan; 8) F. Ebersole; 9) P. Ehrlich; 10) R. C. Elderfield; 11) J. McC. Farnum; 12) —; 13) W. P. Green, jr.; 14) V. F. Harrington; 15) R. Heggie; 16) A. V. Logan; 17) Ma Chuk-Ching; 18) R. Nakaseko; 19) Ou Chia Wei; 20) J. L. Richmond; 21) E. N. Rosenquist; 22) J. R. Ware; 23) Wu Lu-Ch'iang; 24) W. E. Yelland.

IV–VI **DAVIS,** William Morris. Geol., Geomorphol., Meteorol. — 1890-99 Prof. of Physical Geography, 1899-1912 Prof. of Geology, '12 Prof. Emeritus, Harvard Univ., Cambridge, Mass.; '12-34 Lecturer, Prof., California Inst. of Technol., Pasadena, Calif. — Visiting Prof. at the Universities of Berlin, Paris, California, Arizona, Stanford, Oregon, and at the California Inst. of Technol. — '05 Hon. Sc. D. (Univ. of the Cape of Good Hope); '06 Dr. h. c. (Univ. Greifswald); '11 Dr. h. c. (Univ. Christiania [Oslo]); '14 Hon. Sc. D. (Univ. of Melbourne, Australia). — 1886 H. H. Warner Medal; 1895 Médaille (Univ. de Paris); 1908 Cullom Medal (Amer. Geogr. Soc.); '10 Medaille (Univ. Berlin); '11 Medal (Harvard Travellers Club); '12 Medal (Philadelphia Geogr. Soc.); '13 Culver Medal (Geogr. Soc. Chicago); '13

Kane Medal (Philadelphia Geogr. Soc.); '18 Hayden Medal (Acad. Natural Sci. Philadelphia); '19 Patron's Medal (Roy. Geogr. Soc. London); '20 Vega Medalj (Svenska Sällskapet för Antropologi och Geografi); '30 Loçy Jagos Medaille (Magyar Földrajzi Társaság); '31 Penrose Gold Medal (Geol. Soc. America); '33 Distinguished Service Award (National Council of Geography Teachers). (☒)
*1850, Febr. 12, Philadelphia, Pa.;
†1934, Febr. 5, Pasadena, Calif.

Nekr. V. Auer, Terra [Helsinki] **46** ('34) 134. — I. Bowman, Boletín, Soc. geogr. nacion. **74** ('34) 280–86; Geographical Rev. **24** ('34) 177–81 (m. Bildn.). — K. Bryan, Annals Assoc. amer. Geographers **25** ('35) 23–31. — J. P. Buwalda, Scientific Monthly **38** ('34) 384–87 (m. Bildn.). — R. E. Dodge, J. Geography [USA] **33** ('34) 148–50. — D. Johnson, Science [USA] **79** ('34) 445–49. — E. de Margerie, C.R. hebd. Séances Acad. Sci., Paris **198** ('34) 1281–83. — E. de Martonne, Annales Géogr. **43** ('34) 326–29. — A. Melik, Geografski Vestn. **10** ('34) 183f. — H. R. Mill, Geographical J. **84** ('34) 93–95. — K. Oestreich, Petermanns geogr. Mitt. **80** ('34) 136. — A. Sestini, Rivista geogr. ital. **41** ('34) 60–64. — Nature [London] **133** ('34) 973f.

Zur Biogr. R. A. Daly, Biographical Mem., Nation. Acad. Sci. USA **23** ('45) 263–303 (m. Bildn., Faks., Schr.verz.). — S. Visher, Social Educat. **21** ('57) 19f.

Zum 100. Geb.tag L. Martin, Annals Assoc. amer. Geographers **40** ('50) 172–80. — G. Saarmann, Petermanns geogr. Mitt. **95** ('51) 193–95.

Zum 25. Todestag S. Judson, Z. Geomorphol. (N.F.) 4 ('60) 193–201 (m. Bildn.).

S. Report 16th International geological congress, Washington 1933, **2** (Menasha, Wis. '36) 703–14: Geomorphology of mountainous deserts.

W. Geographical essays (D. W. Johnson) (New York '54, '57, '62) 777 S.

Annals Assoc. amer. Geographers A retrospect of geography: **22** ('32) 211–30.

Bull. geol. Soc. America Piedmont bench lands and primärrümpfe: **43** ('32) 399–440. — Sheetfloods and streamfloods: **49** ('38) 1337–416.

California J. Mines and Geol. The lakes of California: **29** ('33) 175–236.

Geographical Rev. The Long Beach earthquake: **24** ('34) 1–11. — Submarine mock valleys 297–308.

J. Geology Gardiner on "Coral reefs and atolls". A discussion: **42** ('34) 200–17.

Proc. nation. Acad. Sci. USA Glacial epochs of the Santa Monica Mountains, California: **18** ('32) 659–65.

Science [USA] Basin range types: **76** ('32) 241–45.

Scientific Monthly The faith of reverent science: **38** ('34) 395–421.

Trans. amer. geophysic. Union Submarine mock valleys: **14** ('33) 231–34.

Trans. San Diego Soc. natur. Hist. Granite domes of the Mojave Desert, California: **7** ('33) 211–58.

VI **DAVISON,** Charles. Geophysik. — 1920-40 in retirement, Cambridge. (☒)
*1858, Mai 1, Sunderland;
†1940, Apr. 28, Cambridge.

Nekr. E. Tillotson, Nature [London] **145** ('40) 805.

W. Great earthquakes (London '36) 12 + 286 S. — Studies on the periodicity of earthquakes (New York–London '38) 9 + 107 S.

Bull. seismol. Soc. America The 42-minute period in the frequency of after-shocks of earthquakes: **23** ('33) 57–79. — Scales of seismic intensity; supplementary paper: 158–66. — Earthquake sounds: 28 ('38) 147–61.

Discovery Post-eruptive movements of the earth's crust: **17** ('36) 148f. — Luminous phenomena of earthquakes: **18** ('37) 278f.

Geographical J. The earthquake-series of Ito (Japan): **83** ('34) 228–31.

Geological Mag. The relative seismicity of different regions of the world: **71** ('34) 320–23. — The origin of the earthquakes as illustrated by their periodicity: 493–500. — On the effect of the Mino-Owari earthquake of 1891 on the seismic activity of other districts of Japan: 539–41. — The distribution of deep-focus earthquakes: **74** ('37) 316–24. — Founders of seismology, 4: Bunjirô Kotô, Mario Baratta, Richard Dixon Oldham: 529–34.

J. Geology The diurnal periodicity of earthquakes: **42** ('34) 449–68.

Nature [London] The eruption in the Andes: **129** ('32) 604. — The recent Japanese earthquake: **131** ('33) 351f. — The Hawke's Bay earthquake of February 3, 1931: **133** ('34) 841f. — The Sanriku (Japan) earthquake seawaves of 1933: **134** ('34) 820. — Periodic variations in the mean focal depth of Japanese earthquakes: **135** ('35) 76f. — Earthquake-proof buildings: **137** ('36) 55–57. — The Earthquake Research Institute of Japan: **139** ('37) 615f. — Earthquakes in India: 1118f.

Philosophical Mag. and J. Sci. On the eleven-year period of earthquake frequency: (7) **15** ('33) 1085–91. — On the nineteen-year period of earthquake frequency and on its connexion with the mutation period of the earth: 1092–96. — The lunar periodicity of earthquakes: 17 ('34) 737–52.

Quarterly J. geol. Soc. London Bunjirô Kotô †: 92 ('36) XCIf.

Records geol. Survey India On the earthquakes recorded by the pendulum seismographs at Shillong (Assam) from 1903 to 1931: 69 ('35) 185–202.

VI **DAVISSON,** Clinton Joseph. Physik. — 1925-46 Research Physicist, Bell Telephone Laboratories, New York City; '47-55 Visiting Prof., Univ. of Virginia, Charlottesville, Va. — '37 Hon. D. Sc. (Purdue Univ., Lafayette, Ind.); '38 Hon. D. Sc. (Princeton Univ., Princeton, N. J.); '39 Dr. hon. (Univ. de Lyon); '40 Hon. D. Sc. (Colby College, Waterville, Maine). — '37 Nobel Prize in Physics. —'28 Comstock Prize (U. S. National Acad. of Sciences); '31 Elliot Cresson Gold Medal (Franklin Institute, Philadelphia); '35 Hughes Gold Medal (Roy. Soc. London); '41 Alumni Medal (Univ. of Chicago). (⊠)

*1881, Okt. 22, Bloomington, Ill.;
†1958, Febr. 1, Charlottesville, Va.

Autobiogr. Les Prix Nobel en 1937 (Stockholm '38) 93f. (m. Bildn., Faks.).

Zur Biogr. E. Császár, Természettudományi Közlöny 69 ('37) 668–70. — N. de V. Heathcote, Nobel Prize winners in physics 1901–50 (New York '53) 353–68 (m. Bildn.). — F. G. Hopkins, Proc. roy. Soc., London, Ser. A 153 ('35/36) 271f. — J. Koch, Die Nobelpreisträger dieses Jahres: Fysisk Tidsskr. 36 ('38) 85–97. — E. Schneider, Von Röntgen zu Einstein, von Planck zu Heisenberg (Berlin–München '53) 218–21. — J. Tandberg, Teknisk Tidskr. 67 ('37) 523–25. — The Nobel Prize winners and the Nobel foundation 1901–37 (Zürich '38) 104 (m. Bildn. S. 435). — Nature [London] 136 ('35) 922; 140 ('37) 882. — Scientific Monthly 46 ('38) 287f. (m. Bildn.).

Zum 70. Geb.tag Festschrift: Clinton Joseph Davisson, Bell System research physicist: Bell System techn. J. 30 ('51) Nr. 4, Tl. I, 266 S.; darin: M. J. Kelly, Biogr.: 779–85; K. K. Darrow, The scientific work of C. J. Davisson: 786–97; Schr.verz.: 1034–37. — Physikalische Bl. 7 ('51) 460f. (m. Bildn.).

Zum 75. Geb.tag Naturwissenschaftliche Rdsch. 9 ('56) 415.

Nekr. M. J. Kelly, Biographical Mem., Nation. Acad. Sci. USA 36 ('62) 51–84 (m. Bildn., Faks., Schr.verz.). — G. Thomson, Nature [London] 181 ('58) 808f. — Bell Labor. Rec. 36 ('58) 113.

S. C.R. 2e Congrès international d'électricité, Paris 1932, 2 (Paris '33) 593–613: Conception and proof of a wave nature of the electron. — Les Prix Nobel en 1937 (Stockholm '38) 1–8: The discovery of electron waves.

Bell Labor. Rec. Laureation in Stockholm: 16 ('38) VII–XII.

Bell System techn. J. The conception and demonstration of electron waves: 11 ('32) 546–62. — Discovery of electron waves. Nobel lecture: 17 ('38) 475–82.

J. appl. Physics [USA] What electrons can tell us about metals: 8 ('37) 391–97.

J. opt. Soc. America Electron optics: (2) 23 ('33) 190f.

Physical Rev. Electron lenses[2]: (2) 42 ('32) 580. — Electron optics: 43 ('33) 777. — The theory of the transverse Doppler effect: 54 ('38) 90f. — Double Bragg reflections of x-rays in a single crystal[3]: 66 ('44) 351f.; 67 ('45) 120.

Reviews modern Physics A new variation of the rotation-by-magnetization method of measuring gyromagnetic ratios[1]: 25 ('53) 246–52.

Scientific Monthly Electron optics: 39 ('34) 265–68.

Mit: [1] J. W. Beams; [2] C. J. Calbick; [3] F. E. Haworth.

V, VI **DAWSON,** Bernhard Hildebrandt. Astron. — 1912-14, '16-18 Astrónomo de segunda, '18-22 Astrón. de primera, '22-35 Astrón. Principal, '35-46 Prof. extraord., Jefe de Departamento, '55-57 Dir. Interventor, '57-58 Prof. extraord., '58-60 Prof. contratado, Observat. Astron., Univ. Nacion. de La Plata; '48-55 Prof. extraord. contratado, Fac. Ing. y Ci. exactas, físicas y natur., San Juan, Astrón. hon. al Observat. Félix Aguilar, Univ. Nacion. de Cuyo, Mendoza. — '42 David B. Pickering Nova Gold Medal (Amer. Assoc. of Variable Stars Observers).

*1890, Sept. 21, Kansas City, Mo.;
†1960, Juni 18, La Plata, Argentinien.

Zur Biogr. Observatory 65 ('44) 156. — Revista astron. 15 ('43) 241; 18 ('46) 262–65 (m. Bildn.); 28 ('56) 85–87.

Nekr. Anales Acad. argentina Geogr. 4 ('60) 7–18 (m. Bildn., Schr.verz.). — Publ. astron. Soc. Pacific 73 ('61) 81. — Revista astron. 31/33 ('61) 58–62 (m. Bildn.).

HZ. Revista astron. 1932–1935.

MHZ. (Dir. hon. y asesor técnico) Revista astron. 1935–1960.

Acta cuyana Ingeniería Un método expeditivo de compensación: **1** ('51) Nr. 2.

Astronomical J. Observations of comet 1931b (Nagata)[1]): **42** ('32/33) 15; ~ 1932b (Houghton)[1]): 37; ~ 1932e (Kopff): 96; ~ 1932g (Geddes)[1]): 202; ~ 1932n (Dodwell): **43** ('33/34) 8; ~ 1936a (Peltier): **46** ('37) 576. – Observations of (29) Amphitrite: **42** ('32/33) 96. – Occultations observed at La Plata in 1931[1]): 169; ~ in 1932[1]): **43** ('33/34) 175. – Preliminary note on the orbit of δ 31: 15. – The approximate prediction of occultations: 57–59. – Observaciones del cometa Cosik-Peltier 1939a: **48** ('39) 156; ~ Pons-Winnecke 1939c: **49** ('40/42) 55f.

Astronomische Nachr. Medidas micrométricas de Eros en 1931: **253** ('34) 433–38. – Posiciones fotográficas de pequeños planetas: **254** ('34/35) 11f. – Observación de la estrella variable 391.1934 Aquarii: 167f. – Observaciones de pequeños planetas: **258** ('36) 303f.; **261** ('36) 223f. – Observaciones fotográficas de pequeños planetas: **266** ('38) 337f.; **268** ('39) 259f. – Observaciones del planeta (516) Amherstia: **266** ('38) 345f. – Photographische Beobachtungen von kleinen Planeten: **269** ('39) 282.

Ciencia e Investigac. El eclipse de Sol del 14 de enero: **1** ('45) 36–. – Los eclipses de este verano: 578–. – Dos palabras sobre proyecciones: **2** ('46) 534–. – El eclipse de Sol del 20 de mayo: **3** ('47) 214–. – El cometa: **4** ('48) 41–; **5** ('49) 41–. – El gran telescopio de Monte Palomar: **4** ('48) 355–. – El eclipse total de Luna: **5** ('49) 169–.

(Publ.) Observatorio astron. Univ. nacion. La Plata, Ser. Astron. Medidas micrométricas de estrellas dobles, efectuadas con el refractor de 433 mm de abertura: **6** Nr. 6 ('37) 85–127. – Fotometría de Eros: Nr. 7 ('42) 137. – Ocultaciones de estrellas por la Luna observadas en La Plata de 1933 a 1940: **24** ('47) 1–58. – Estrellas zodiacales determinadas en fotografías: 59–71.

Popular Astron. A simple procedure for photographing eclipses: **41** ('33) 292f.

Publ., Amer. astron. Soc. An atlas of the southern zodiac: **8** ('35) 140.

Revista astron. La reforma del calendario: **4** ('32) 91–97. – Impresiones del eclipse y del IV Congreso de la Unión Astronómica Internacional: 299–. – Robert Thorburn Ayton Innes †: **5** ('33) 168–. – Meteoros brillantes: 232. – La determinación de la hora, sin hacer uso de aparatos costosos: 275–84. – ¿Por qué no marca buena hora un cuadrante solar?: **6** ('34) 87–90. – Anteojos ecuatoriales y como orientarlos: 161–67. – El disco de vidrio para el telescopio de 200 pulgadas: 201–08. – La nueva estrella variable 391.1934 Aquarii: 292–. – La Cruz del Sur: **7** ('35) 112–15. – La preparación de un atlas fotográfico del zodíaco austral: 182–87. – Las distancias astronómicas: 228–32, 278–. – Zeta Aurigae: un sistema interesante: 297–300. – Una expresión de la superioridad numérica del cielo austral sobre el boreal: 348–. – Cómo hallar el sur verdadero: **8** ('36) 147–51. – El cometa Peltier 1936a: 219–28. – La aplicación de la fotografía a los estudios astronómicos: 295–303. – Periodicidades en las oposiciones de Marte: **9** ('37) 153–59. – Los eclipses: 287–300. – Un proyectil cósmico, que nos erró por poco: 377–80. – Ocultaciones de estrellas por la Luna: **10** ('38) 316–19. – Dos centenarios: 370–74. – Algunos defectos de la emulsión fotográfica: **11** ('39) 174–78. – La mancha de Saturno en 1933: **12** ('40) 197–. – La determinación de periodos: 261–. – Los pequeños planetas: **13** ('41) 309–15. – El sistema estelar más vecino al nuestro: **15** ('43) 51–100. – ¿Por dónde sale el Sol?: 211–. – Las estrellas Novae: 278–84. – Lista de objetos para el anteojo: 323–. – Los signos del zodíaco: **16** ('44) 111–. – Determinación de las coordenadas geográficas del Observatorio de la Asociación: 261–69. – Centenario del descubrimiento de Neptuno: **18** ('46) 230–32. – El eclipse del 20 de mayo (1947): **19** ('47) 98–105. – Los „Canopes" de Vespucio: Nr. **135** ('55) 78–81. – Fórmulas sencillas para la refracción astronómica: Nr. **139** ('56) 57–61. – El próximo eclipse total: Nr. **144** ('58) 127–31.

Sky and Telescope Our nearest stellar neighbor: **2** ('42) 11–14.

Vjschr. astron. Ges., Leipzig Ein Atlas vom südlichen Teil des Tierkreises: **70** ('35) 329f.

Mit: [1]) M. Dartayet.

IV–VI **DAWSON,** Harry Medforth. Physikal. Chem. – 1920-39 Prof., Univ. of Leeds.

*1875, Nov. 11, Bramley, Leeds, Yorkshire;

†1939, März 9, Leeds, Yorkshire.

Nekr. W. Bragg, Proc. roy. Soc., London, Ser. A **173** ('39) 291f. – J. W. Cobb, Nature [London] **143** ('39) 628. – R. Whytlaw Gray, G. F. Smith, J. chem. Soc., London **1940**, 564–68; Nature [London] **143** ('39) 628f.; Obituary Notices Fellows roy. Soc. London **3** ('39/41) 139–54 (m. Bildn., Faks., Schr.verz.). – Chemistry and Industry **58** ('39) 292.

J. chem. Soc., London The equilibrium $Fe^{\cdots} + I' \rightleftharpoons Fe^{\cdot\cdot} + \frac{1}{2} I_2$ in aqueous solution [9]): **1932**, 1838–44. – The nature of the catalytic action of hydrochloric acid in the intramolecular change of N-chloroacetanilide[7]): 1920–26. – Catalytic effects produced by tartaric acid, sodium hydrogen tartrate, and by first- and second-stage tartrate buffers[9]): 2612–20. — The hydrolysis of salts of the halogen-substituted aliphatic acids in aqueous solution[3]): **1933**, 49–56. — Bisulphate-ion catalysis in the hydrolysis of esters[8])[9]): 291–96. — Mechanism of substitution in organic compounds. Elimination of bromine from bromoacetic acid and the bromoacetates[3]): 1133–43. — The kinetics of the alkaline hydrolysis of the halogen-substituted acetates[8]): **1934**, 778–83. — The elimination of chlorine in the hydrolysis of aqueous solutions of chloroacetic acid and the chloroacetates[8]): **1936**, 153–58. — The progressive elimination of bromine in the aqueous hydrolysis of sodium bromoacetate[1]): 497–504. — Kinetics of the aqueous hydrolysis of natriumphenylbromoacetate and natriumphenylchloroacetate[10]): **1943**, 80–84. — Elimination of chlorine from natriumchloroacetate by the salts of weak acids[8])[11]): 517–20. — Elimination of bromide ion from aqueous solutions of phenylbromoacetic acid[10])[11]): **1944**, 90–94.

Proc. Leeds philos. and lit. Soc., Sci. Sect. Comparison of the catalytic effects produced by acids in aqueous and in aqueous-alcoholic solutions[4]): **2** ('32/34) 289–95. — Determination of ionization constants of acids in aqueous-alcoholic solutions on the basis of catalytic effects[5]): 296–300. — The catalytic effect of acids on the rate of ester hydrolysis in relation to the ester concentration and the nature of the acid[6]): 331–35. — The ionization of sulphuric acid: 359–64. — The induction period in the formation of glycolic acid by the hydrolysis of the halogen-substituted acetates[6]): 435–39. — The rate of hydrolysis of bromoacetic acid in relation to its degree of ionization[3]): 495–98. — The velocity of the reaction between sodium chloroacetate and sodium hydroxide[6]): 544–48. — The origin of the bromine liberated as bromide ion in the interaction of bromoacetic ions with bromoacetic molecules: **3** ('35/37) 22–25. — The influence of ionic environment on the dissociation of weak electrolytes: 88–91. — The course of reaction in the alkaline hydrolysis of solutions of sodium chloroacetate[8]): 135–40. — Analysis of the complex group of reactions involved in the final stages of the idealized hydrolysis of aqueous solutions of sodium bromoacetate[2]): 293–99. — Note on the kinetics of the component reactions in the idealized hydrolysis of sodium bromoacetate: 373–75.

Mit: [1]) H. Brooke; [2]) M. S. Burr; [3]) N. B. Dyson; [4]) G. V. Hall; [5]) A. Key; [6]) W. Lowson; [7]) H. Millet; [8]) E. R. Pycock; [9]) E. Spivey; [10]) W. R. Bulcraig; [11]) G. F. Smith.

V, VI **DAY,** Arthur Louis. Geophysik. — 1906-36 Dir. of the Geophysical Laboratory, Carnegie Institution, Washington, D. C. — '12 Dr. h. c. (Univ. te Groningen); '15 Hon. Sc. D. (Columbia Univ., New York City); '18 Hon. Sc. D. (Princeton Univ., Princeton, N. J.); '38 Hon. Sc. D. (Univ. of Pennsylvania, Philadelphia, Pa.). — '23 John Scott Award (City of Philadelphia); '39 Bakhuis Roozeboom Medaille (Koninkl. Akad. Wet. Amsterdam); '40 William Bowie Medal (American Geophysical Union); '41 Wollaston Medal (Geological Soc. London); '47 Penrose Medal (Geological Soc. America).

*1869, Okt. 30, Brookfield, Mass.; †1960, März 10, Bethesda, Md.

Ehrung Arthur L. Day Volume: American J. Sci. (5) **35** A ('38).

Zur Biogr. E. C. Sullivan, Industrial and Engng. Chem., News Edit. **14** ('36) 347 (m. Bildn.). — Chemical and Engng. News **35** ('57) Nr. 13, zwischen S. 50 u. 54. — Nature [London] **147** ('41) 171.

Nekr. R. B. Sosman, Bull. geol. Soc. America **75** ('64) P147–P156 (m. Bildn., Schr.verz.).

S. Ore deposits of the Western States **1** (New York '33) 58–106: Pneumatolytic processes in the formation of minerals and ores. — Proc. 5th Pacific science congress, Canada 1933, **3** (Toronto '34) 2275–83: Hot springs of the Yellowstone National Park[1]). — Cooperation in research (Washington, D.C. '38) (Carnegie Institution of Washington, Publ. 501) 3–35: An adventure in scientific collaboration.

W. Hot springs of the Yellowstone National Park (m. E. T. Allen) (Washington, D.C. '35) 18 + 525 S. (Carnegie Institution of Washington, Publ. 466).

American ceram. Soc. Bull. Natural and artificial ceramic products: **13** ('34) 85–95.

American J. Sci. The age of the monazite crystal from Portland, Conn.: **23** ('32) 327–33.

Bull. geol. Soc. America The hot-spring problem: **50** ('39) 317–36.

Economic Geol. Discussion of "Origin of the copper deposits of the Ducktown type in the southern Appalachian region": **30** ('35) 928–36.

J. Franklin Inst. Volcanoes, geysers and hot springs: **226** ('38) 341–52.

J. Geology Bore-hole investigations in Yellowstone Park: **44** ('36) 225–315.

J. Washington Acad. Sci. Some magmatic problems: **24** ('34) 113–24.

Proc. amer. Soc. Testing Mater. Developing American glass: **36**, II ('36) 5–20.

Science [USA] The mechanism of geysers: **82** ('35) 572.

Scientific Monthly Volcanoes, geysers and hot springs: **47** ('38) 309–15.

Trans. amer. geophysic. Union Experiences of a seismologist with "seismic methods": **13** ('32) 42–44. – Hydrothermal metamorphism in geyser basins of Yellowstone Park, as shown by deep drilling: **15** ('34) 240–43. – Symposium on the physics of volcanic processes, Introductory: Applying physics to volcanoes: **19**, I ('38) 8–10.

Mit: [1]) E. T. Allen.

VI **DEAGLIO**, Romolo. Physik. – Aiuto Cattedra Fisica sperim., R. Scuola d'Ingegneria di Torino; poi Prof. incar., (R.) Politecnico di Torino; Prof. ord. e Dir. dell'Istituto di Fisica teorica, Univ. di Torino. (☒)

*1899, Jan. 15, Torino.

S. Bericht über den 8. Internationalen Kongreß für Unfallmedizin und Berufskrankheiten, Frankfurt (Main) 1938, **2** (Leipzig '39) 1098f.: Il dosaggio spettrografico del piombo nel sangue col metodo della scintilla ad alta frequenza γ [9]).

W. Sorgenti di luce (Milano '38) 36 S. (Pubbl. dell'Istituto elettrotecnico nazionale Galileo Ferraris, 49). – Corso di fisica sperimentale **1**: Ottica geometrica, meccanica, calore e termodinamica (m. G. Wataghin) (Torino '54) 4 + 421 S. – Lezioni di fisica superiore: Termodinamica, teoria cinetica, statistiche (C. M. Garelli) (Torino '46) 440 S.

Alta Frequenza Sulla produzione di luce modulata: **1** ('32) 5 S.

Atti Accad. nazion. Lincei, Rend. Abbagliamento in luce gialla ed in luce bianca: (8) **3** ('47) 91–94.

Atti reale Accad. Sci. Torino Esperienze sul metodo di Wataghin di modulazione della luce: **67** ('32) 353–62. – Effetto fotoelettrico nei monocristalli Cu_2O: **68** ('33) 513–24. – Effetto fotoelettrico nei monocristalli naturali di cuprite: **70** ('34/35) 52–61. – Sull'effetto fotoelettrico di „Sperrschicht": 272–75. – Conduzione unipolare interna nei cristalli: 331–36 – Nuove ricerche sulle pellicole metalliche sottili: **71** ('36) 131–35. – Effetto fotoelettrico di „Sperrschicht" ed effetto fotoelettrico Hallwachs[5]): **72** ('37) 500–08. – Sull'effetto fotoelettrico Hallwachs a temperature elevate: **75** ('39/40) 164–66. – I fondamenti della colorimetria tricromatica moderna, in particolare del sistema C.I.I. 1931, 1: 461–87; ~ 2: 488–501. – Misura assoluta del fattore di riflessione diffusa[3]): **76** ('41) 145–52. – Sul tempo di percezione di un contrasto in luce colorata[2]): **78** ('42/43) 99–103. – Sul passaggio dal sistema colorimetrico di Ostwald al sistema colorimetrico della C.I.I. 1931[6]): 139–44.

C.R. hebd. Séances Acad. Sci., Paris Effet photoélectrique dans les monocristaux de cuprite: **196** ('33) 1303–05. – Conductivité unipolaire intérieure de certains cristaux: **200** ('35) 1303–06. – Propriétés thermoélectriques et voltaïques de films métalliques normaux et anormaux: **202** ('36) 831f.

Elettrotecnica Esperienze sul fenomeno di abbagliamento: **20** ('33) 492–.

Industrie électr. Propriétés thermoélectriques et voltaïques de films métalliques normaux et anormaux: **45** ('36) 250–.

Memorie Soc. astron. ital. Sulla taratura assoluta delle lampade fotometrice[7]): **13** ('40) 233–43.

Nature [London] Rectifying properties of crystals: **141** ('38) 1011.

Naturwissenschaften Sperrschichteffekt und Becquerel-Effekt: **20** ('32) 708. – Abhängigkeit der Leitfähigkeit sehr dünner Metallschichten vom elektrostatischen Felde: **22** ('34) 525f.

Nuovo Cimento Conducibilità di pellicole metalliche sottili in campo elettrostatico: (N.S.) **11** ('34) 288–95. – Conducibilità e suo coefficiente di temperatura nelle pellicole metalliche molto sottili: 547–49. – I fondamenti della colorimetria tricromatica moderna, in particolare del sistema C.I.I. 1931: **17** ('40) 345–77. – Riunione plenaria della Commissione Internazionale dell'Illuminazione (C.I.I.)[1]): (9) **5** ('48) 521–25.

Physikalische Z. Kristallphotoeffekt bei Monokristallen von Cuprit: **36** ('35) 144–46.

Proc. Inst. Radio Engr. Note on new methods to modulate light[8]): **21** ('33) 1495f.

Ricerca sci. Sull'effetto fotoelettrico Hallwachs a temperature elevate: **11** ('40) 89. – Tempo di percezione e ruolo di Weber-Fechner[4]): **12** ('41) 511f.

Suppl. Nuovo Cimento Significato delle costanti fondamentali in fisica: (10) **6** ('57) 28–34.

Z. Physik Photoelektrischer Effekt bei Monokristallen von Cuprit: **83** ('33) 179–83. – Temperaturkoeffizient der elektrischen Leitfähigkeit in dünnen Metallschichten: **91** ('34) 657–59.

Mit: [1]) C. M. Garelli; [2]) E. Gedda; [3]) F. Jallà; [4]) M. Panetti; [5]) E. Perucca; [6]) M. Ravazzi; [7]) G. Righini; [8]) G. Wataghin; [9]) E. C. Vigliani.

VI **DEAN**, William Reginald. Math., Hydrodynamik. – 1924-29 Assistant Prof., Imperial College of Science and Technology, London; '29-52 Lecturer, Trinity College, Univ. of Cambridge; '52–

64 Prof., Univ. College, London; '64- Visiting Prof., Univ. of Arizona, Tucson, Ariz. – '23 Rayleigh Prize (Univ. of Cambridge); '51 Adams Prize (Univ. of Cambridge).

*1896, Nov. 5.

Zur Biogr. Nature [London] **169** ('52) 779.

J. London math. Soc. Note on the evaluation of an elliptic integral of the third kind: **18** ('43) 130–32.

Mathematika [London] The Green's function of an elastic plate[1]): **1** ('54) 18–23. – On the steady motion of viscous liquid past a flat plate: 143–56. – Note on a conformal transformation: **5** ('58) 62–66. – An application in hydrodynamics of the Green's function of an elastic plate: 85–92. – Note on the motion of fluid in a curved pipe[2]): **6** ('59) 77–85. – Note on a biharmonic Green's function[9]): **8** ('61) 159–69.

Nature [London] Dr. G. B. Jeffery †: **179** ('57) 1331.

Philosophical Mag. and J. Sci. Note on the slow motion of fluid: (7) **13** ('32) 585–600; **15** ('33) 929–36; **21** ('36) 727–44. – Note on the divergent flow of fluid: **18** ('34) 759–77. – Distortion of a curved tube due to internal pressure: **28** ('39) 452–64.

Proc. Cambridge philos. Soc. Note on the slow motion of fluid: **32** ('36) 598–613; **35** ('39) 27–43; **36** ('40) 300–13. – A type of stress distribution on the surface of a semi-infinite elastic solid[5])[7]): **40** ('44) 5–19. – On the shearing motion of fluid past a projection: 19–36, 214–22. – On the reflexion of surface waves by a submerged plane barrier: **41** ('45) 231–38. – On some cases of the reflexion of surface waves by an inclined plane barrier: **42** ('46) 24–28. – Notes on waves on the surface of running water: **43** ('47) 96–99. – A note on the theory of dislocation in metals[8]): 205–12. – On the reflexion of surface waves by a submerged circular cylinder: **44** ('48) 483–91. – The change in strain energy caused by a dislocation[3]): **45** ('49) 131–40. – On the steady motion of viscous liquid in a corner[4]): 389–94. – Note on the motion of liquid near a position of separation: **46** ('50) 293–306. – Slow motion of viscous liquid in a semi-infinite channel: **47** ('51) 127–41. – Slow motion of a viscous liquid near a half-Pitot tube: **48** ('52) 149–67. – The Green's function of an elastic plate: **49** ('53) 319–26; **50** ('54) 623–27. – Note on the motion of viscous liquid past a parabolic cylinder: 125–30.

Quarterly J. Mech. and appl. Math. Note on the motion of an infinite cylinder in rotating viscous liquid: **7** ('54) 257–62.

Mit: [1]) G. Z. Harris; [2]) J. M. Hurst; [3]) E. H. Mann; [4]) P. E. Montagnon; [5]) H. W. Parsons; [6]) –; [7]) I. N. Sneddon; [8]) A. H. Wilson; [9]) G. M. Adams.

VI **DEAUX,** Roland Clément Lucien. Math. – 1924-58 Prof., Fac. Polytechnique du Hainaut, Mons. – '29 Prix François Deruyts (Acad. Roy. Sci. Belgique); '60 Prix quinquennal (Amis du Hainaut).

*1893, Jan. 4, Virelles-lez-Chimay, Belgien.

HZ. Mathesis **59** ('50) – **70** ('62).

MHZ. Mathesis **58** ('49).

S. Association française pour l'avancement des sciences, C. R. 56e session. Congrès de Bruxelles 1932 (Bruxelles '32) 31–34: Sur les géodésiques d'une développable.

W. Compléments de géométrie plane (Bruxelles '45) 7 + 156 S.; [2]('54); [3]('63) 9 + 191 S. – Introduction à la géométrie des nombres complexes (Bruxelles '47) 163 S.; engl.: (New York '57) 208 S. – Notes d'algèbre supérieure (Gembloux '64) 144 S.

Buletinul Politehn. "Gh. Asachi" Iași Sur trois homographies du plan de Gauss: **2** ('47) 106–16. – Sur quatre homographies binaires: **4** ('49) 23–29.

Bull. Cl. Sci., Acad. roy. Belgique Sur le théorème de Morley-Petersen: (5) **20** ('34) 22–29.

Euclides [Groningen] Sur deux triangles homologiques: **23** ('48) 273–76.

Mathésis Sur des équations vectorielles élémentaires: **46** ('32) 11–18. – Sur l'hexagone de Pascal: 81f., 111f. – Droites et plans divisant dans un même rapport des segments donnés: 147–49. – Sur la transformation circulaire directe: 264–82. – Identités entre fonctions circulaires ou hyperboliques: 350–53. – Sur les développées des courbes gauches: 438–44. – Sur les triangles orthogonalement inscrits à trois droites de l'espace: **47** ('33) 54–60. – Surface gauche ayant pour asymptotique la ligne de contact avec la développable isotrope circonscrite: 220–24. – Sur les triangles autopolaires: 272–76. – Sur la courbure des surfaces gauches: 382–87. – Sur la courbure des quadriques à centre: **48** ('34) 97–102. – Sur les quartiques tricuspidales: 305–10. – Sur un faisceau de cubiques nodales: 382–87. – Sur les transformées semi-combescuriennes d'une courbe gauche: **49** ('35) 419–22. – Sur le lieu des centres de courbure d'une courbe gauche: **50** ('36) 72–75. – Sur un complexe quadratique déduit d'un complexe linéaire: 117–20. – Courbes sur des cylindres ou des cônes dont les plans tangents rencontrent les plans osculateurs sous un angle constant: 174–79. – Sur la géométrie des nombres complexes: **51** ('37) 41–49. – Sur un invariant de trois systèmes de vecteurs: 107–11. – Sur une propriété métrique de trois droites: 167–71. – Sur les ellipses et les hyperboles inscrites à un triangle: 247–52. – Sur le centre instantané de similitude: 318–22. – Sur les coniques réelles inscrites dans un quadrilatère réel: **52** ('38) 283–89. – Sur les triangles homologiques: **53** ('39) 5–7. – Polarités planes harmoniques à une homographie plane non homologique: 66–71. – Racines carrées d'une homographie binaire: 161–68. – Décomposition d'une homographie plane en un produit de deux involutions: 210–13. – Sur les homographies ternaires permutables: 227–33. – Homographies racines carrées d'une homographie ternaire: 277–86. – Polarités planes transformant l'une en l'autre deux polarités données: **54** ('40) 9–18. – Réciprocités racines carrées d'une homographie ternaire: 49–59. – Projectivités ternaires permutables: 97–109. – Décompositions d'une homographie binaire: 155–61. – Conique circonscrite à un triangle réel: 237–42. – Sur les involutions harmoniques à une homographie binaire: 315–17. – Sur l'involution quadratique: 357–62. – Sur la rotation instantanée d'un solide: 378–82. – Sur quatre homographies binaires: 402–06. – Sur les imaginaires de von Staudt dans la projectivité binaire: **55** ('45/46) 67–72. – Construction d'éléments isotropes: 140–42. – Sur les cercles tangents à trois cercles tangents deux à deux: 183–92. – Involution de Möbius et point de Miquel: 223–30. – Sur le cercle de Miquel d'un pentalatère: 303–10. – Faisceaux linéaires de projectivités binaires: 400–05. – Sur les similitudes planes: **56** ('47) 11–13. – Sur le produit de deux involutions de Möbius: 65–73. – Sur le point de Lemoine: 192–94. – Affixes des points de Brocard: 313f. – Lobačevskij: **57** ('48) 40–45. – Sur les coniques homologiques: 102–09. – Le pamphlet contre Lobačevskij: 128–33. – Couples d'involutions harmoniques à une homographie binaire: 166–68. – Sur les tangentes et points communs à deux coniques coplanaires: 198–202. – Coniques coplanaires homologues dans une homologie harmonique: 281–83. – Sur des invariants de l'homographie ternaire: 321–30. – Sur deux formes homographiques ternaires: **58** ('49) 5–10. – Décomposition d'une homographie plane non homologique en produit de trois homologies harmoniques: 58–68. – Décomposition d'une homologie plane en produit de trois homologies harmoniques: 151–54. – Sur la cubique de MacCay: 225–30. – Sur les équations antiréciproques: 281–84. – Sur les triangles isologiques: **59** ('50) 44–52. – Sur l'image d'une affinité dans le plan de Gauss: 101–10. – Sur deux coniques ayant un contact triponctuel: **60** ('51) 185–87. – Sur deux complexes quadratiques associés à un système de vecteurs: **62** ('53) 102–10. – Cubiques anallagmatiques: 193–204. – Couples communs à une involution de Möbius et à une inversion isogonale: **63** ('54) 216–18. – Sur le point de Steiner et le foyer de la parabole de Kiepert: 250–54. – Sur la spirale conique: 328–34. – Géodésiques d'un hélicoïde développable ou d'un cône de révolution: 363–65. – Polarité dans un terne de points: **64** ('55) 87–93. – Sur le faisceau de Griffiths[2]): 225–31. – Sur l'antigraphie: 254–61. – Sur les trièdres: **65** ('56) 407–11. – Sur le premier point de Lemoine d'un tétraèdre: 411f. – Sur les ellipses tritangentes à l'hypocycloïde de Steiner d'un triangle: 526–34. – Calcul des intégrales $(m, n) = \int_0^\infty \frac{\sin^m x}{x^n} dx$, m et n entiers positifs, $m \geqq n$[4]): **66** ('57) 16–22. – Equations du sixième degré à racines groupées en ternes involutifs[1]): 129–38. – Hexagones bordés de triangles équilatéraux: 151–67. – Equation générale de l'inversion isogonale: 252–60. – Coniques analogues aux cercles de Tücker: **67** ('58) 113–22. – Sur le focale de van Rees: 209–13. – Quadruples hyperboloïdiques[3]): **68** ('59) 7–13. – Equation cubique et triangle: 37–42. – Cubiques autoïsogonales à pivot ayant des asymptotes concourantes: 228–39. – Sur la cubique de MacCay: 263–65. – Points cycliques, hyperbole équilatère et cercle en coordonnées normales: 266–68. – Cercles polaires dans les cubiques autoïsogonales à pivot: 337–50. – René Goormaghtigh †: **69** ('60/61) 257–73. – Sur une cubique nodale du plan d'un triangle: 294–301. – Victor Thébault †: 377–95. – Quadrilatères de Zeeman: 399–405. – Sur deux homographies binaires harmoniques: **70** ('62) 5–10. – Quadruples des cubiques circulaires autoïsogonales à pivot: 32–37.

Nieuw Arch. Wiskunde Sur des cubiques planes: (3) **5** ('57) 63–67.

Nieuw Tijdschr. Wiskunde Sur la focale de van Rees: **35** ('47) 151–55. – Sur un théorème de Zeeman: **36** ('48) 225–37. – Centres isodynamiques des trois points du plan complexe: **50** ('62) 27–38.

Simon Stevin, wis- en natuurkund. Tijdschr. Sur le champ de moments: **25** ('47) 172–78.

Mit: [1]) M. Clodic; [2]) L. Droussent; [3]) J. Depunt; [4]) M. Delcourte.

V, VI **DEBIERNE,** André Louis. Physikal. Chem., Physik. — D'abord Prof. sans Chaire de Chimie physique et Radioactivité, 1935- Prof. de Physique générale et Radioactivité et Dir. du Laboratoire de Physique et Radioactivité, Fac. des Sci., Univ. de Paris. — '02 Joule Prize (Roy. Soc. London); '08 Prix Houllevigue (Acad. Sci. Paris); '14 Prix L. La Caze (Acad. Sci. Paris); '17 Prix scientifique de la Fondation Lasserre (Ministère de l'Instruction Publique de l'Education Nationale); '24 Prix Le Conte (Acad. Sci. Paris).

*1874, Juli 14, Paris;

†1949, Aug. 31, Paris.

Nekr. R. Audubert, J. Chim. physique et Physico-Chim. biol. **46** ('49) 543. – G. Dupuy, Bull. Soc. chim. France **1950**, 1023–26 (m. Bildn., Schr.verz.).

C. R. hebd. Séances Acad. Sci., Paris Sur de nouvelles substances radioactives: **196** ('33) 770f. – Sur un nouveau mode de transformation: **205** ('37) 141–43. – Sur les nouvelles transformations produites à basse température (frigadréaction)[1]: 321f. – Sur la formation dans l'atmosphère de centres moléculaires de condensation de vapeur d'eau: **222** ('46) 1124f. – Sur les centres moléculaires de condensation et les phénomènes atmosphériques: 1352–54. – Sur le nuage de Bikini: **224** ('47) 1220–22. – Sur la guerre, la bombe atomique, la pluie, la sécheresse, le beau temps et le régime bikinien: **226** ('48) 1302–04.

Mit: [1]) L. Goldstein.

VI **DĚDEK,** Jaroslav Josef Jan. Zuckertechnol. – 1928-48 Prof., Dir. d. Inst. für Zucker- u. Nahrungsmitteltechnol., Techn. Hochsch. [später Techn. Univ.] Brno; '48-62 wiss. Berater der Raffinerie Tirlemontaise, Tirlemont, Belgien; '58-62 ständiger Gastprofessor, Techn. Univ. Berlin; wiss. u. techn. Berater zahlreicher in- u. ausländischer Zuckerfabriken. – '56 Dr. agr. h. c. (Techn. Univ. Berlin). – '38 Médaille d'Argent (Assoc. des Chimistes de Sucreries et Distilleries, Paris); '55 Prix Bergé (Soc. Technique et Chimique de Sucrerie de Belgique).

*1890, Juni 12, Královské Vinohrady;

†1962, Febr. 9, Tirlemont, Belgien.

Zum 50. Geb.tag J. Vašatke, Listy cukrovarnické **58** ('39/40) 223–.

Zum 70. Geb.tag L. Noviny, Z. Zuckerindustrie **10** ('60) Nr. 5.

Nekr. J. H., Sucrerie belge **81** ('61/62) 253f. (m. Bildn.). – Industria saccarifera ital. **55** ('62) Nr. 1/2. – Z. Zuckerindustrie **12** ('62) 95f. (m. Bildn.). – Zucker **15** ('62) 113 (m. Bildn.).

S. Rapports sur les questions, 3e Congrès international technique et chimique des industries agricoles, Paris 1934 (Paris '34): Préchaulage des jus de betterave. – 8e Congrès international des industries agricoles, Bruxelles 1950 (Bruxelles '50) 70–96: La capacité d'échangeurs d'ions. – Beet-sugar technology (R. A. McGinnis) (London '51) 177–213: Juice purification: Fundamental chemistry[1]). – Proc. 10th Congress of the International Society of Sugar Cane Technologists, Hawaii 1959 (Amsterdam '60): A granulometric analysis of massecuites.

W. Chemicka technologie (Brno '46) 253 S. – Chemicka kontrola v cukrovarne (Brno '47) 26 S. – Zaklady elektronové teorie chemické reaktivity (Praha '48) 77 S.

Annales Fermentat. L'influence des cations de l'amidon sur certaines propriétés des emplois[10])[12]): **2** ('36) 79–85. – Etudes sur la gélification de l'amidon, 1: Introduction[10])[12]): 400–18; ~ 3: Über die elektrische Leitfähigkeit von Mehlteigen bei steigenden Temperaturen, ~ 4: Einfluß steigender Temperaturen auf die Leitfähigkeit von Stärketeigen [10])[12]): 449–73 [französ.]. – Dosage des protéides dans les jus de betteraves à sucre par la méthode de Folin et Wu[9]): **3** ('37) 105–09. – Une méthode simple pour suivre les changements de la dispersoïdité des protéides dans les jus de betteraves[9]): 110–12. – Nouvelles recherches sur l'amidon[10])[12]): 257–75.

Annali Chim. L'applicazione degli scambiatori di ioni nell'industria dello zucchero da barbabietola: **43** ('53) 419–22.

Archief Suikerindustrie Nederland en Nederlandsch Indie Control of the crystallization process of sugar solutions by means of the electrical conductance[8]): **2** ('41) 114–27 [ ].

Bull. Assoc. Chimistes Conductivité électrique des pâtes: **53** ('36) 249–. – Les sels de chaux dans les jus sucrés, 1: 825–36; ~ 2: Le dosage du CO_2 dans les jus sucrés[9]): **54** ('37) 585–95; ~ 3: Nouvelle précision sur les produits de solubilité des sels de chaux[9]): 595–604; ~ 4: Composition chimique des jus sucrés de dix pays européens en 1936 et 1937[9]): **56** ('39) 491–504. – Amélioration de la filtrabilité des jus préchaulés infectés[24]): **54** ('37) 393–99. – Une récolte maxima de sucre par hectare. Ses caractéristiques: **58** ('41) 537–49.

Chemické Listy Vědu a Průmysl Theorie der Kontrolle des Zuckerkochprozesses mit Hilfe der elektrischen Leitfähigkeit[4]): **29** ('35) 324–29 [tschech.].

Chimie et Industrie Une méthode simple pour suivre les changements de la dispersoïdité des protéides dans les jus de betteraves[9]): **39** ('38) 966–.

Collection Trav. chim. Tchécoslovaquie The electric conductivity and viscosity of salts dissolved in solutions of certain carbohydrates and glycerol[4]): **8** ('36) 261–87.

Cuivre et Laiton Les tubes de chauffage dans l'industrie sucrière[2]): **10** ('37) Nr. 213.

Deutsche Zuckerindustrie Einfluß des Bodens und der Sorte auf das Verhalten der Zuckerrübe während der Verarbeitung[9)14)24)]: **65** ('39) 781–. – Der Einfluß der Endalkalität der 1. Saturation auf den Kalkgehalt des Dünnsaftes: **66** ('41) 174f.

Facts Sugar Lime salts in beet-sugar juices: **34** ('39) Nr. 11, 42–44; Nr. 12, 38f.

J. Fabricants Sucre Les questionnaires de la Station Sucrière de Brno: **77** ('36) 99–. – L'importance du contrôle de la filtrabilité des jus troubles[26)20)]: **78** ('37) 197–. – Le malaxage des masses cuites du 1er jet: 568–. – L'influence de l'épuration avec minimum de chaux sur la cristallisation du sucre: No. 36. – Est-il possible de généraliser les conditions optima d'épuration en sucrerie? L'influence de la betterave sur les conditions optima de l'épuration. Remarques critiques sur la valeur probatoire des recherches en sucrerie: **80** ('39) 63–68.

Lidové Noviny Weißes Gold: **47** ('39) 655–. – Zuckerfabrikation und Rübenanbau: **48** ('40) 247–. – – Beide Arbeiten tschechisch.

Listy cukrovarnické Tschechische Fassung aller Arbeiten, die unter „Z. Zuckerindustrie čecho-slovak. Republ." bzw. „Z. Zuckerindustrie Böhmen und Mähren" zitiert sind. – – Ferner: Kurs für technische Angestellte in der Zuckerfabrik[24)]: **53** ('34/35) 28–, 44– [tschech.]. – Je volum sedimentu mirou filtrovatelnosti ?[9)]: **54** ('35/36) 301–. – Einfluß des Bodens auf die Zusammensetzung der Zuckerrüben: **58** ('39/40) 327–32 [tschech.]. – Způsob vraceni odpadnich vod podle Wintzela-Lauritzsona a jiné novinky z cesty Svédskem: **63** ('46/47) 39–. – Cukrovarský vyzkum: 186–88. – Die Zusammenarbeit zwischen Rübenzüchter und Zuckerfabrikant: **64** ('47/48) 61–63 [tschech.]. – Ionenaustauscher in der Zuckerrübentechnologie [9)25)]: **65** ('48/49) 69–72 [tschech.].

Proc. amer. Soc. Sugar Beet Technologists Chemistry of lime salts in sugar-beet juices: **5** ('48) 595–610.

Publ. Inst. belge Améliorat. Betterave L'influence du degré de maturité de la betterave sur l'effet d'épuration en sucrerie: **3** ('35) 151–72. – La formation de la mélasse comme critère de la qualité des betteraves: 269–71. – L'épuration du jus de betteraves et de leurs parties suivant les individus[9)]: **5** ('37) 35–42. – L'influence des engrais sur le comportement de la betterave pendant la fabrication[24)] [9)]: 163–85; ~ 2[9)24)]: **6** ('38) 477–503; ~ 3[9)24)14)18)23)25)]: **7** ('39) 599–619. – L'azote ammoniacal dans les jus de sucrerie[9)]: **6** ('38) 337–47. – L'amélioration par la sélection de la valeur industrielle de la betterave[9)]: **9** ('41) 227–50.

Socker, Handl. II Lime salts – a measure of the purification of best juices, or the story of a failure: **2** ('46) 357–72. – Some aspects of ionic exchange: **6** ('50) 42–51.

Sucrerie belge La formation de la mélasse comme critère de la qualité des betteraves: **54** ('34/35) 381–84. – Sur la caramélisation des sucres[22)]: **55** ('35/36) 461–67, 474–89. – L'épuration du jus de betteraves et de leurs parties suivant les individus[9)]: **56** ('36/37) 225–31. – L'influence des engrais sur le comportement de la betterave pendant la fabrication[24)9)]: 329–38, 372–79, 390–97. – Une méthode micrométrique de détermination de la chaux des jus sucrés à l'aide de liqueur de savon[20)]: 455–59. – Une microméthode de carbonatation de laboratoire[9)]: **57** ('37/38) 101–07. – Conditions fondamentales de filtrabilité du jus de première carbonatation: **69** ('49/50) 73–83. – De la capacité des échangeurs d'ions[7)17)13)]: **70** ('50/51) 145–68. – Les récentes évolutions de la diffusion en sucrerie: **71** ('51/52) 45–49. – L'épuration des jus par le carbonate de chaux[13)]: **72** ('52/53) 405–13. – La valeur probatoire des relevés numériques: **73** ('53/54) 245–67.

Sugar Electrochemistry of carbonations: **42** ('47). – International Institute of Beet Sugar Technology: ibid. – Fundamental conditions affecting the filterability of first carbonation juices: **46** ('51) 21–25.

Z. Zuckerindustrie Forschung in der Rübenzuckerindustrie: **2** ('52) 217–23. – Die Kristallisation des Zuckers: **4** ('54) 227–38. – Charakteristische Zahlen der Zuckerfabrikdiffusion: 385–93. – Über die Bedeutung der Grundlagenforschung in der Zuckertechnologie: **6** ('56) 82–84. – Der technische Wert der Zuckerrübe: **8** ('58) 221–24. – Die Adsorption verschiedener Nichtzuckerstoffe an Calciumcarbonat: **12** ('62) 14–16.

Z. Zuckerindustrie čecho-slovak. Republ. Zur Kristallisation der Nachproduktfüllmassen: **56** ('32) 264. – Vorläufige Mitteilung zur sparsamen Scheidung der Rübensäfte mit Kalk[24)]: 399f. – Einfluß des Rübenmaterials auf die Arbeit in der Zuckerfabrik: Nr. 45/46. – Sparscheidung des Rübensaftes mit Kalk[24)]: **57** ('32/33) 1–8. – Technologische Bewertung der Rübe[9)]: 49–53, 59–63, 67–69. – Der Zuckerverlust in der Melasse als Maß der Qualität der Säfte[6)21)]: 105–10, 113–16. – Verlauf der ersten Saturation, 7: Saturation mit Salzsäure[11)]: 337–39. – Affinierbarkeit[2)]: **58** ('33/34) 41–44. – Einfluß des Kalks auf den Saturationseffekt[3)9)]: 62–64. – Invertzucker in der Verdampfstation: **59** ('34/35) 355–60. – Die optimale Koagulation mit Kalk. Der Einfluß der natürlichen Alkalität[24)]: 469–71. – Aussüßungsschwierigkeiten bei gut filtrierendem Saturationsschlamm[9)]: **60** ('35/36) 237–40. – Das Aussüßen des Saturationsschlammes[11)]: 253–56. – Kontrolle des Betriebes der Verdampfanlage durch die Saftdichten[24)]: 309–13. – Filtrierfähigkeit geschiedener und saturierter Säfte[9)], 1: **61** ('36/37) 21–24; ~ 2: Saure Vorscheidung, Überalkalisierung: 49–51; ~ 3: Der Mikrofilter: 201–06. – Reinigungseffekt der bloßen Vorscheidung[9]): 38–40. — Prüfung von Verdampferheizröhren auf ihre Resistenz gegen durch Säfte bewirkte Korrosion[2]): 265–71, 273–76. — Die Kontrolle der Kocharbeit mittels des Apparates „Ditmar Jansse“[8]): 337–42. — Die Zirkulation der Füllmasse im stehenden Kochapparat[8]): **62** ('37/38) 289–95. — Das Messen der elektrischen Leitfähigkeit von Zuckerlösungen mittels der Philipsbrücke GM_{4140}[9]): 362–64. — Neue Ansichten über den Kalksalzgehalt der Zuckersäfte: **63** ('38/39) 147–54. — Die elektrische Leitfähigkeit als Maß der Übersättigung von Zuckerlösungen, 6: Der Gültigkeitsbereich des Honigschen Prinzips[15]): 176f., 262. — Die Kochkontrolle der Zuckerlösungen mittels elektrischer Leitfähigkeit, 1: Das Ziel vorliegender Arbeit[8]): 194f. — — Weiterhin Berichte über die jährlichen Zuckerkampagnen in Mähren und Schlesien sowie über vergleichende Anbauversuche mit Zuckerrübensamen. — — Dieselben Arbeiten in tschechischer Sprache in: Listy cukrovarnické.

Z. Zuckerindustrie Böhmen und Mähren Die Einwirkung der Aktivkohle auf Zuckersäfte in verschiedenen Fabrikationsstadien[9]): **64** ('41) 63–69. — Feldversuche 1940 der Brünner Station für Zuckerindustrie, 1: Einleitung: **65** ('42) 131–38. — Ersparnisse an Filtermaterial[1]): 144–47. — Hormonisierungsversuche mit Zuckerrüben im Jahre 1941[5])[4]): 245–56. — — Dieselben Arbeiten in tschechischer Sprache in: Listy cukrovarnické.

Zbl. Zuckerindustrie Die Bedeutung des Löslichkeitsproduktes von $CaCO_3$ für die Endsättigung mit CO_2: **45** ('37) 551–56. — Neue Ansichten über den Kalksalzgehalt der Zuckersäfte: **47** ('39) 131–33, 155f. — Kampagneerfahrungen 1941: **50** ('42) 107–09. — Das Verhältnis von Zucker, schädlichem Stickstoff, Asche und Alkalisalzen in einigen schwedischen Melassen: **51** ('43) 68.

Zucker Internationales Institut für technologische Rübenzuckerforschung: **9** ('56) 53–59. — Der technische Wert der Zuckerrübe: **11** ('58) 287–91.

Einige weitere Mitteilungen in Kongreßberichten.

Mit: [1]) J. Dědková-Králova; [2]) F. Dolák; [3]) L. Dostál; [4]) J. Dykyj; [5]) R. N. D. Dykyj-Sajfertova; [6]) E. Grut; [7]) J. Henry; [8]) R. Hrubý; [9]) D. Ivančenko; [10]) B. Jelinek; [11]) J. Kmuniček; [12]) I. Kulcickyj; [13]) S. Lange; [14]) J. Novak; [15]) D. Panzer; [16]) —; [17]) G. Rens; [18]) A. Rjabocinsky; [19]) —; [20]) L. Schwarz; [21]) V. S. Pedersen; [22]) K. Svençon; [23]) Z. Valtr; [24]) J. Vašátko; [25]) V. Zerkalej; [26]) Coutouly.

VI **DEDERICK,** Louis Serle. Math. — 1909 Ph. D., Harvard Univ., Cambridge, Mass.; '24-26 Prof., Univ. of British Columbia, Vancouver, B. C.; '26-53 Mathematician, '41-53 Assoc. Dir., Ballistic Research Laboratories, Aberdeen Proving Ground, Md.

*1883, Mai 8, Chicago, Ill.

American math. Monthly The mathematics of exterior ballistic computations: **47** ('40) 628–34.

VI **DEFAY,** Raymond. Physik, Chem. (physikal.). — Ingénieur civil; 1945-46 Chargé de Cours, '46-50 Maître de Conférences, '50-56 Prof. extraord., '56- Prof. ord., '62-65 Président de la Fac. des Sci. appliquées, Univ. Libre de Bruxelles.

*1897, Febr. 1, Anderlecht, Bruxelles.

S. Colloque de thermodynamique, Bruxelles 1948 (Paris '49) 97–104: Sur la stabilité des transformations stationnaires.

W. Etude thermodynamique de la tension superficielle (Paris '34) 11 + 372 S. — Thermodynamique chimique conformément aux méthodes de Gibbs et De Donder (m. I. Prigogine) **1** (Liège–Paris '44) 16 + 348 S., **2** ('46) 21 + 430 S.; Neuaufl. in 1 Band: (Liège '50) 22 + 559 S. (Traité de thermodynamique, 1.2); engl.: Chemical thermodynamics (London–New York–Toronto '54) 32 + 543 S.; deutsch: Chemische Thermodynamik (Leipzig '62) 548 S. — Tension superficielle et adsorption (m. I. Prigogine) (Liège '51) 20 + 295 S. (Traité de thermodynamique, 3). — Eléments de chimie physique (Bruxelles '52) 436 S. (Cours polycopié). — Chimie physique et thermodynamique chimique **1–3** (Bruxelles '57) 297 S.

Beitr. Physik Atmosphäre Sur la stabilité de l'équilibre des gouttelettes en suspension dans l'atmosphère[1]): **29** ('56) 102–06.

Bull. Cl. Sci., Acad. roy. Belgique Etude thermodynamique de la tension superficielle, 12: Affinité et vitesse d'adsorption: (5) **20** ('34) 559–62. — L'hypothèse fondamentale de Th. De Donder peut se démontrer si la vitesse réactionnelle est une fonction de l'état du système: **24** ('38) 347–52. — Les deux aspects du second principe de la thermodynamique dans les systèmes à température non uniforme: 474–87, 534–44. — Les conditions générales d'azéotropie dynamique globale: **29** ('43) 465–75. — Systèmes monovariants et systèmes indifférents[7]): 525–35. — Sur l'extension de la formule de Gibbs à la tension superficielle des surfaces non en équilibre[7]): **32** ('46) 36–51. — Les potentiels chimiques latéraux d'une phase superficielle non en équilibre[7]): 176–84. — Energie libre et tension superficielle des surfaces non en équilibre[7]): 335–50. — Tension superficielle dynamique d'une surface parfaite[7]): 400–21. — Transformations stationnaires stables et transformations azéotropiques[7]): 694–703. — La stabilité des transformations azéotropiques[7]): **33** ('47) 48–63. — Méthode thermodynamique de Th. De Donder et méthode thermodynamique de Schottky, Ulich et Wagner[7]): 222–32. — Du choix arbitraire de la surface de division dans les couches capillaires non en équilibre, 1: **41** ('55) 138–50; ~ 2: 653–65.

Bull. Soc. chim. belges Les phases superficielles idéales à adsorption mobile[7]): **53** ('44) 115–43. — Tension superficielle à la surface de séparation de deux solutions régulières[7]): **59** ('50) 255–62. — Sur la définition locale des potentiels chimiques dans les systèmes électrochimiques[4]): **63** ('54) 562–79. — Mesures de tensions superficielles dynamiques par lame plongeante sur entonnoir débordant[9]): **65** ('56) 794–808. — Chaleur de fusion de la glace en présence d'une solution aqueuse de sel[10]): **68** ('59) 295–302.

Electrochimica Acta [USA] Projet d'une systématique des grandeurs rapportées à des quantités de matière: **6** ('62) 149–54.

Industrie chim. belge Les potentiels chimiques des couches superficielles: **16** ('51) 125–27. — Bibliographie critique sur les méthodes de mesure des tensions superficielles dynamiques[2]): **23** ('58) 597–614.

J. chem. Physics On the number of independent constituents and the phase rule[7]): **15** ('47) 614f.

J. Chim. physique Théorie thermodynamique de la tension superficielle dynamique[7]): **43** ('46) 217–34. — Tension superficielle dynamique des solutions régulières[7]): **46** ('49) 367–72. — Essai d'une thermodynamique des couches minces: 375–87. — Bilans thermodynamiques locaux dans les systèmes électrochimiques[7])[1]): **50** ('53) 146–55. — Calcul de la tension superficielle en dehors de l'équilibre: **51** ('54) 299–311. — Répartition d'équilibre des ions et des dipôles dans un champ électrique, 1[11])[10]): **59** ('62) 132–38; ~ 2[10])[11])[3]): 139–47.

J. Colloid Sci. Sur l'existence d'un palier dans la courbe d'évolution au cours du temps de la tension superficielle d'une solution[8]): Suppl. **1** ('54) 36–49. — [Dynamic surface tensions, 1:] Measurements of dynamic surface tensions of aqueous solutions by the oscillating jet method[2]): **13** ('58) 553–64; ~ 2: Measurement of dynamic surface tensions of aqueous solutions by the falling meniscus method[2]): **14** ('59) 401–10; ~ 3: The importance of diffusion in the adsorption process of some alcohols and acids in dilute aqueous solutions[2]): 411–18. — Correcting surface-tension data obtained by the oscillating jet method[6]): **17** ('62) 565–69.

J. electroanalyt. Chemistry Definition of the non-isothermal standard electrode potential[5]): **2** ('61) 419–31.

J. Physique et Radium Tension superficielle d'une face cristalline: (8) **11** ('50) 615–18.

J. sci. Météorol. Extension du théorème de Duhem en vue des applications à la thermodynamique de l'atmosphère[1]): **4** ('52) Nr. 13, 1–4. — Sur la formation des germes de condensation dans la vapeur d'un corps pur: **9** ('57) Nr. 34, 39–60.

Mémoires, Acad. roy. Belgique, Cl. Sci., Coll. in-8° Les extrema de tension superficielle et l'indifférence des systèmes capillaires: (2) **13**, Nr. 4 ('34) 198 S. — Les diverses manières de définir l'adsorption: **20**, Nr. 6 ('46) 73 S.

Mémorial Serv. chim. Etat, Paris Mesures des tensions superficielles dynamiques par la méthode de l'entonnoir débordant. Etude du mouvement de la surface: **41** ('56/57) 253–66.

Publ., Inst. roy. météorol. Belgique, Sér. B Température de coexistence de cristaux de glace et de gouttes salées dans l'atmosphère[1]): No. **5** ('52) 19 S. — Etude thermodynamique de la pression de saturation par rapport à une gouttelette en suspension dans l'atmosphère[1]): No. **9** ('53) 20 S. — Sur l'impossibilité de nucléation homogène de glace dans l'air humide[1]): No. **28** ('60) 12 S.

Revue gén. Sci. appl. Ecoulement du temps, entropie, évolution: **1** ('52) 109–14.

Tellus Sur la formation des germes de condensation et de solidification autour d'un noyau solide insoluble[1]): **5** ('53) 293–301.

Trans. Faraday Soc. Surface tension of regular solutions[7]): **46** ('50) 199–204.

Mit: [1]) L. Dufour; [2]) J. R. Hommelen; [3]) H. Hurwitz; [4]) P. Mazur; [5]) G. Milazzo; [6]) G. Pétré; [7]) I. Prigogine; [8]) J. Roba-Thilly; [9]) M. de Rycker; [10]) A. Sanfeld; [11]) A. Steinchen-Sanfeld.

VI **DEHALU,** Marcel Jacques Joseph. Astron., Topogr., Geophysik, Geodäsie. — 1897 Dr. en Sci. physiques et mathématiques, 1897-1923 Assistant et Répétiteur, '23-43 Prof. Astronomie, Géodésie et Calcul des Probabilités, en outre Administrateur-Inspecteur, près de 25 années Dir. de l'Institut d'Astrophysique de Cointe, '43 Prof. émér., Univ. de Liège; 1897-1907 Collaborateur, '23-43 Dir. de l'Observatoire de Cointe, Liège. — '36 Prix Edouard Mailly (Acad. Roy. Belgique).

*1873, Sept. 1, Montegnée, Liège;

†1960, Juni 15, Liège.

Ehrung Prix Marcel Dehalu (Assoc. anciens Elèves, Inst. Astrophysique Cointe).

Gedenkheft Hommage de la Société royale des Sciences de Liège à son Secrétaire général Marcel Dehalu (mit biogr. Beiträgen von L. J. Pauwen, E. u. H. Sauvenir, P. Swings,

L. Dor, L. Koenigsfeld, L. Hermans, P. Horion, F. Campus, M. Migeotte, P. Ledoux, L. D'Or, M. Minette): Mémoires Soc. roy. Sci. Liège, Mém. hors-série No. 3 ('61) 164 S. (m. Bildn., Faks., Schr.verz.).

Nekr. L. J. Pauwen, Bull. trimestr., Assoc. Amis Univ. Liège 32 ('60) Nr. 3, 53–60. — A. Pérard, C. R. hebd. Séances Acad. Sci., Paris 251 ('60) 7f. — Bull. Cl. Sci., Acad. roy. Belgique (5) 47 ('61) 676f. — Bull. Soc. roy. Sci. Liège 29 ('60) 221–27 (m. Bildn., Faks.).

H. Liège, la Meuse et le Bassin mosan. Association française pour l'Avancement des Sciences, 63e Congrès, Liège 1939 (Liège '39); darin eig. Beitr.: 15–29: Université de Liège: Les nouveaux Instituts de la Faculté des Sciences appliquées; 30–36: La maison des étudiants.

W. Cours de topographie (Paris–Liège '47) 16 + 563 S.

Annales Soc. roy. zool. Belgique Application des séries logarithmiques de Fisher-Williams à la classification des hyménoptères craboniens[4]): 82 ('51) 67–82.

Bâtir [Bruxelles] Les instituts universitaires du Val-Benoît à Liège: 7 ('38) Febr.-Nr.

Bull. Cl. Sci., Acad. roy. Belgique Sur la théorie de Bernstein relative aux probabilités héréditaires des groupes sanguins: (5) 22 ('36) 424–37. — L'orage magnétique des 24–25 mars 1940, enregistré à la Station magnétique de Manhay[2]): 26 ('40) 129–32. — La figure de la terre et la théorie de l'isostasie d'après les mesures de l'intensité de la pesanteur: 27 ('41) 699–716.

Bull. Séances, Inst. roy. colonial belge Quelques études géophysiques à entreprendre dans notre colonie: 3 ('32) No. 81. — L'année polaire et la création d'une station magnétique temporaire au Congo Belge: 479–88; 4 ('33) 245–. — Note préliminaire sur les observations magnétiques effectuées à l'occasion de l'année polaire: 574–; 5 ('34) 533–, 735–. — La Station magnétique d'Elisabethville: 7 ('36) 166–. — La prospection géomagnétique à l'aide des nouveaux magnétomètres La Cour (Copenhague): 905–. — Le Laboratoire de Photogrammétrie de l'Université de Liège: 9 ('38) 146–.

Bull. Soc. roy. Sci. Liège Sur la deuxième approximation du calcul d'une orbite planétaire[1])[3]): 6 ('37) 11–19. — Cercle méridien de l'Institut d'Astrophysique de l'Université de Liège, 1: Description générale: 143–49. — Sur la démonstration de la formule de K. Pearson dans le cas du schéma simple des urnes: 11 ('42) 146–51. — Théorie du niveau de Wild: 212–19. — Confrontation des méthodes de Pearson et Charlier à propos d'une expérience de Arne Fisher: 18 ('49) 239–49. — Un système électro-mécanique de dimensions MLT: 21 ('52) 389–402. — In memoriam: R. H. Germay: 23 ('54) 251–54. — Probabilités et erreurs par E. Borel, R. Deltheil et R. Huron: 24 ('55) 121–48. — La formule de R. A. Fisher relative au coefficient de régression multiple: 27 ('58) 171–84.

Bull. trimestr. Assoc. Amis Univ. Liège In memoriam: Henri Germay: 26 ('54) Nr. 2, 82f.

Ciel et Terre La figure de la terre et la théorie de l'isostasie d'après les mesures de l'intensité de la pesanteur: 59 ('43) 65–78.

Mémoires Inst. roy. colonial belge, Sect. Sci. techn., Collect. in-4° Laboratoire de Photogrammétrie de l'Université de Liège. Description, théorie et usage des appareils de prises de vues, du stéréoplanigraphe C_5 et de l'aéromultiplex Zeiss[5]): 1938. — La gravimétrie et les anomalies de la pesanteur en Afrique Orientale: 1941. — Observations magnétiques à la frontière du Congo Belge et de l'Ouganda entre les latitudes 1°10′ Nord et Sud en plusieurs points de l'Ouganda et du Kenya: 1953.

Mémoires Soc. roy. Sci. Liège Le magnétisme terrestre en Belgique et au Congo Belge: (4) 11 ('51) 51 S.

Procès-verbaux Séances, Comité int. Poids et Mesures John Cunningham McLennan †: 18 ('37) 287–89.

Revue univ. Mines, Métallurgie, Trav. publ., Sci. et Arts appl. Industrie Aperçu des travaux cartographiques effectués au Congo Belge: (8) 13 ('37) 111–14. — Prospections géophysiques: 193–201. — Les nouvelles installations de la Faculté des Sciences appliquées: 14 ('38) No. 2. — Description du service de topographie: 202–07. — Discours prononcé à l'occasion des fêtes du Centenaire de l'Ecole des Mines de Liège, 25–28 novembre 1937: 233–51.

Mit: [1]) E. Goffin; [2]) L. Koenigsfeld; [3]) H. Sauvenier; [4]) J. Leclercq; [5]) L. J. Pauwen.

V, VI **DEHN, William Maurice.** Chem. (org.). — 1902 Ph. D., '02-07 Instructor, Univ. of Illinois, Urbana, Ill.; '07-40 Prof., '40 Prof. Emeritus, Univ. of Washington, Seattle, Wash.

*1872, Juni 24, Chesning, Mich.;
†1951, Mai 21, Seattle, Wash.

Todesanzeige Chemical and Engng. News 29 ('51) 5387.

Bull. chem. Soc. Japan An isomer of cymene from camphor[10]): 12 ('37) 493f.

Industrial and Engng. Chem. Leuco crystal violet by pressure synthesis[9]): 26 ('34) 1073f. — Oils from resins by distillation with phosphoric acid[10]): 29 ('37) 1440.

Industrial and Engng. Chem., Analyt. Edit. Identification of some common carbohydrates [8])[1]): 4 ('32) 413–15. — A modified soxhlet[9]): 5 ('33) 306. — A multiple steam bath[2]): 327. — Identification of common glucosides[8]): 6

('34) 382. — Vial Holder[11]): 11 ('39) 483. — Microscopic identification of sugars[11]): 555–59. — Simple hot filtrations and crystallizations[4]): 12 ('40) 317. — Microscopic identification of certain sugars and polyhydric alcohols[11]): 556–60. — A time-saving adaptation for photomicrography[11]): 13 ('41) 68.

J. amer. chem. Soc. Salts of phenolphthalein: 54 ('32) 2947–51. — Alkaline persulfate as an analytical reagent[1]): 3264. — Preparation of certain reduction products of benzoin[1]): 3969–71. — Desulfurization of thioureas by bromate and iodate solutions[3]): 4301–05. — Phosphoric acid in organic reactions[8]): 55 ('33) 4284–87. — Reductions of benzil[10]): 60 ('38) 57–59. — Derivatives of picramic acid and some of their rearrangements[10]): 925–27. — Certain diethers and triethers[14]): 1264. — Some new esters by automatic processes without catalysts[9]): 1264f. — Reactions of sodium and potassium on acid chlorides[10])[13]): 2478–80. — Halogen-acetylureas[10]): 61 ('39) 1377f. — Additive compounds formed in the desulfurization of thioureas by copper hydroxide: 62 ('40) 3189f. — Isomerism of the guanidines[12]): 3506–08. — Aryl diazomorpholides[7]): 65 ('43) 479f. — Some derivatives of morpholine[7]): 71 ('49) 2274f. — Aromatic isocyanates as reagents for the identification of some heterocyclic compounds[7]): 2297–300. — N-Chloromorpholine and related compounds[7]): 72 ('50) 2280f. — Substituted α-(4-morpholinyl) acetonitriles and related compounds[7]): 2804–06. — Miscellaneous derivatives of morpholine[7]): 2806. — Morpholinyl substituted quinones[7]): 74 ('52) 278f.

J. amer. pharm. Assoc. Diazo color reactions[8]): 27 ('38) 576–78. — Methenamine as a qualitative reagent[8]): 578f.

J. chem. Educat. Useless chemical knowledge: 9 ('32) 1075–77.

J. Labor. and clin. Med. The diazo reaction for detection of certain local anesthetics in urine and tissues[6]): 19 ('34) 1018f.

Plant Physiol. Pectic content of plant materials[5]): 14 ('39) 809–16.

Mit: [1]) D. A. Ballard; [2]) W. L. Beuschlein; [3]) H. H. Capps; [4]) J. W. Dawson; [5]) W. E. Elwell; [6]) W. E. Gibb; [7]) R. A. Henry; [8]) K. E. Jackson; [9]) T. R. Liston; [10]) I. A. Pearl; [11]) J. A. Quense; [12]) R. P. Sieg; [13]) T. W. Evans; [14]) L. Liston.

VI **DÉJARDIN,** Georges Louis Charles Léon. Physik. — 1925 Maître de Conférences, '27 Prof. sans Chaire, '30-63 Prof., '35-63 Dir. de l'Institut de Physique générale, Univ. de Lyon. — '25 Prix Clément-Félix, '29 Prix Hébert (Acad. Sci. Paris); '29 Prix Ancel (Soc. franç. de Physique); '61 Prix Melsens (Soc. d'Encouragement pour l'Industrie nationale). *1893, Juni 30, Roye, Somme.

Autobiogr. Notice sur les travaux scientifiques de Georges Déjardin (Lyon '44) 49 S. (m. Schr.verz.).

S. Les courbes spectrales étalons (Paris '37) (Réunions de l'Institut d'Optique, 3e réunion, 1936): Sur la distribution de l'énergie dans le spectre continu moléculaire de l'hydrogène[31]). — The emission spectra of the night sky and the aurorae. Papers read at an international conference held under the auspices of the Gassiot Committee of the Royal Society, London 1947 (London '48) 3–8: Le rayonnement du ciel nocturne: description du spectre et identification des radiations observées. — Relations entre les phénomènes solaires et géophysiques. Colloque international, Lyon 1947 (Paris '49) 215–: Analyse spectrale du rayonnement du ciel nocturne. — Travaux 3e Congrès technique national de sécurité et d'hygiène du travail, Avignon 1952 (Paris '53) 101–: Recommandations relatives à l'utilisation des lampes à fluorescence dans les locaux de travail ou occupés d'une manière permanente. — ∼ 5e ∼, Strasbourg 1954 (Paris '56) 33–: A propos de la communication de MM. E. Baumgardt et A. Dubois-Poulsen sur la fréquence des syndromes d'irritation conjonctivale en fonction du mode d'éclairage. — C. R. des séances, Journées de l'éclairage, Tours 1956 (– '–) 109–: La production du rayonnement stérilisant; aspects physiques du problème. — C. R. Journées de la lumière et illumination du Marais, Paris 1960 (Paris '60) 130–: Georges Destriau (1903–1960).

W. Cours de physique, conforme aux programmes officiels du P. C. B. 1: Généralités, mécanique, statique des fluides, chaleur, thermodynamique; 2: Electricité, optique géométrique, acoustique, optique physique, compléments divers (Paris '36) 487 S. (Les cours de l'Université de Lyon).

Annales Géophysique Le rayonnement ultraviolet du ciel nocturne, 2: Origine probable du spectre d'émission[10]): 2 ('46) 249–75.

Annales Univ. Lyon, Fasc. spéc. Karl K. Darrow: 1948/49 ('50) 22–25. — La réorganisation de l'Institut de Physique Générale de l'Université de Lyon: 1952/53 ('54) 67–71. — Rapport sur l'activité de l'Université de Lyon au cours de l'année scolaire 1953–1954: 1953/54 ('55) 5–20.

L'Astronomie (BSAF) Recherches récentes sur le spectre continu du soleil. La courbe d'énergie du spectre solaire[6]): 55 ('41) 193–98.

Bull. Union Physiciens Sources intenses de radiations ultraviolettes: 30 ('35) 10–. — La photographie directe ou indirecte des spectres infrarouges: 45 ('51) 324–.

Cahiers Centre sci. et techn. Bâtiment Le papillotement des lampes à fluorescence. Aspect physique du problème[11]): No. 246 ('57) 7–.

Cahiers Physique Sur l'origine de certaines radiations observées dans le spectre ultraviolet du ciel nocturne et sur l'altitude des couches luminescentes: Nr. **1** ('41) 71–. – Défauts d'homogénéité d'un grand plateau de silice fondue[5]): Nr. **2** ('41) 17–23. – Sur une expérience simple permettant de caractériser le danger d'électrolyse des canalisations souterraines sous l'action de courants vagabonds [12]): 66–68. – Décharge lumineuse dans l'air en présence de chlorure de sodium: 75f. – Les bandes de Lyman de la molécule d'azote dans le spectre du ciel nocturne: Nr. **4** ('41) 62–. – Nouveaux modèles de lampes pour la production du spectre continu moléculaire de l'hydrogène[5]): Nr. **5** ('41) 49–60. – Remarques sur le spectre de l'aurore boréale du 1er mars 1941 observé à Saint-Genis-Laval (Observatoire de Lyon) par J. Dufay, J. Gauzit et Tcheng Mao-Lin: Nr. **6** ('41) 43–46. – Le rayonnement ultraviolet du ciel nocturne, I: Description du spectre d'émission[10]): Nr. **12** ('42) 35–45. – Nouvelle détermination des coefficients d'absorption et de la température moyenne de l'ozone atmosphérique: Nr. **16** ('43) 1–14. – Sur la détermination de l'épaisseur réduite et de la température moyenne de l'ozone atmosphérique: 68–. – Distribution spectrale de l'énergie dans le rayonnement de lampes à vapeur de mercure[5]): 76–. – Cellules photoélectriques au magnésium: Nr. **21** ('44) 70–. – Les méthodes physiques de mesure des activités biologiques des rayonnements ultraviolets: Nr. **23** ('44) 1–. – Analyse des bandes 4–0, 5–1 et 6–2 du spectre de vibration-rotation de la molécule OH [14])[18]): Nr. **46** ('53) 1–16. – Jean-François Thovert †: Nr. **51** ('54) 1–5. – L'émission thermionique des cathodes à la thorine en régime d'impulsions[17])[23]): Nr. **74** ('56) 1–21. – L'impédance des diodes comportant une cathode à oxydes[17])[23]): **12** ('58) 175–84. – Photoconductibilité des halophosphates de calcium[14])[7]): **13** ('59) 217–24.

Canadian J. Res. Applications spectroscopiques de la décharge sans électrodes: **7** ('32) 556–70.

C.R. Assoc. franç. Avancement Sci. Utilisation d'un oculaire électronique en spectroscopie infrarouge[11])[18]): **68** ('49).

C.R. Congr. Soc. savantes Paris et Dép. Analogies entre les spectres du ciel nocturne et de l'aurore boréale et certains spectres obtenus au laboratoire: **68** ('35) 88f. – Etude systématique des fumées dans l'atmosphère lyonnaise: 90f. – Récepteur photoélectrique de faible sélectivité destiné aux mesures énergétiques dans l'ultraviolet: 92–.

C.R. hebd. Séances Acad. Sci., Paris Sur la sensibilité spectrale des cathodes photoélectriques à l'oxyde de caesium[15]): **196** ('33) 470–73. – Propriétés photoélectriques du magnésium[20]): 1585–87. – Luminescence excitée par le roulement du mercure dans une ampoule de verre renfermant du néon impur sous faible pression[20]): **199** ('34) 1110–12. – Remarques sur la fluorescence du salicylate de sodium[13]): **202** ('36) 651–54. – Coefficients d'absorption et température moyenne de l'ozone atmosphérique[1])[5]): **205** ('37) 809–11. – Sur le spectre d'absorption ultraviolet de l'ozone atmosphérique[1]): 1000–02. – Sur l'absorption atmosphérique et les coefficients d'absorption de l'ozone dans le spectre visible[1])[11]): 1086–88. – Présence possible de certaines raies de l'atome neutre de sodium dans le spectre du ciel nocturne: **206** ('38) 930–33. – Les bandes de la molécule OH dans le spectre du ciel nocturne[3]): 1747–49. – Sur l'altitude de la couche atmosphérique où sont émises les raies D et sur l'origine des atomes de sodium présents dans cette couche[3]): **207** ('38) 81–83, 384. – Décharge lumineuse dans l'azote en présence de chlorure de sodium: **208** ('39) 510–13. – Les bandes rouges du cyanogène dans le spectre du ciel nocturne: 751–53. – Nouvelle description du spectre du ciel nocturne dans la région ultraviolette[1])[3])[5]): 1329–31. – Sur la distribution de l'énergie dans le spectre continu du soleil entre 4500 et 3300 Å [1])[6]): **210** ('40) 325–27. – Sur le spectre continu des étoiles du type G0 [6]): 558–60. – Les bandes d'émission de l'ozone dans le spectre du ciel nocturne: **212** ('41) 95–98. – Présence possible des bandes du système de Lyman de la molécule d'azote dans le rayonnement ultraviolet du ciel nocturne: **213** ('41) 360–63. – Observation des radiations du proche infrarouge à l'aide d'un oculaire électronique[11]): **228** ('49) 1417–19. – Observation du spectre de l'hydrogène dans le proche infrarouge à l'aide d'un oculaire électronique[11]): 1857–59. – Utilisation d'un télescope électronique en spectroscopie infrarouge[11]): **229** ('49) 1211–13. – Dispositif pour l'étude spectrale de faibles luminescences dans le proche infrarouge[11]): **234** ('52) 200–02. – Observation des bandes de vibration-rotation de la molécule OH dans les flammes oxhydrique et oxyacétylénique [14])[18]): 1866–68. – Analyse de certaines bandes de vibration-rotation de la molécule OH [14])[18]): **235** ('52) 538f. – Dispositif pour l'étude spectrophotométrique de faibles rayonnements dans le proche infrarouge[14])[18]): **238** ('54) 224–26. – L'effet redresseur des contacts germanium-électrolyte[17])[9]): **246** ('58) 1016–18. – Propriétés diélectriques de céramiques au titanate de baryum entre 50 kHz et 25 MHz [17])[24]): **251** ('60) 660f. – Photoluminescence verte du fluorogermanate de magnésium à diverses températures[14])[22]): 2678–80. – Photoconductibilité du fluorogermanate de magnésium[14])[8]): **252** ('61) 400–02. – Etude de l'évolution, sous l'action des radiations, de la photoconductibilité du fluorogermanate de magnésium[14])[8]): **255** ('62) 1601–03. – Contribution à l'étude de l'évolution des matériaux

FSC
www.fsc.org
MIX
Papier | Fördert
gute Waldnutzung
FSC® C083411

Kolibri 360 GmbH
Ferdinand-Jühlke-Straße 7
99095 Erfurt, Deutschland
produktsicherheit@kolibri360.de